水文地质勘查方法

主　编　徐智彬　朱朝霞
副主编　裴　灵
参　编　刘鸿燕　王明秋

中国地质大学出版社有限责任公司
ZHONGGUO DIZHI DAXUE CHUBANSHE YOUXIAN ZEREN GONGSI

前　言

2011年10月，按照教育部、财政部《关于支持高等职业学校提升专业服务产业发展能力的通知》（教职成［2011］11号）的精神和要求，重庆市教委根据《重庆市国民经济和社会发展“十二五”规划纲要》《重庆市教育事业“十二五”规划》和《重庆市“十二五”职业教育发展规划》，结合重庆市高职院校的具体情况，对中央财政支持建设的专业进行了充分的论证和布局。考虑重庆市统筹城乡综合配套改革和建设长江上游地区经济中心的战略、重庆经济社会发展、重庆市三峡库区建设，尤其是蓄水后的库区地质环境保护工作等对水文与工程地质专业人才的需要，为加快培养高端技能型水文与工程地质人才，确定重庆工程职业技术学院水文与工程地质专业为中央财政支持的专业服务产业发展能力建设专业。

根据《水文与工程地质专业服务产业发展能力建设方案》，专业建设中要求配套建设核心课程的教材，其中包含了《水文地质勘查方法》教材的建设。按照专业建设“项目导向”工学结合人才培养模式的要求，我们对水文与工程地质专业的岗位群、职业岗位能力、岗位典型工作任务进行分析，结合高职学生的特点和工作需要，开发了基于水文地质勘查工作过程的“项目课程”。

教材按勘查工作一般程序，以“实用”为宗旨，以着重培养学生的岗位能力为原则对课程内容进行选择和编排，摒弃过于理论化和抽象的内容，突出实践性、可操作性，并具有前瞻性，将本学科的发展趋势及实际工作中的新技术、新规范等纳入教材之中。

教材文字表述简明扼要，内容展现图文并茂、重点突出，旨在提高学生学习的主动性和积极性。

本教材由徐智彬编写绪论、第二章第一节和第九节、第三章、第五章、第七章及附录；朱朝霞编写第一章、第二章第二节、第四节至第八节；裴灵编写第八章、第九章；刘鸿燕、徐智彬共同编写第四章、第六章；王明秋编写第十章；李博编写第二章第三节。统稿由徐智彬完成。

需要说明的是，本教材编撰前，我们着手搜集了大量与水文地质勘查有关的论文、图书、规范及我国在地下水资源领域的新成果及新技术。教材内容涉及国内外水文地质方面最新的论著、新近颁布的有关规范及网络相关资料等，可谓是汇集了无数人的科研成果和实践经验，在此我们对相关学者表示由衷的敬意和深深的谢意。另外，在教材编写的过程中，始终得到重庆工程职业技术学院李慧民副院长、系主任粟俊江的大力支持和帮助；李红老师对教材“遥感技术”内容提出了修改意见，在此一并表示衷心的感谢。

考虑水文与工程地质专业高职高专学生就业岗位的要求，教材中编写了“勘查工程的施工管理及原始地质编录”内容，主要是参考《固体矿产原始地质编录规程》（DD 2006-01）并结合水文地质勘查特点编写的。我们希望通过此次尝试，抛砖引玉，获取各方面的意见，不断修正教材内容，以使其逐渐完善。

由于本教材涉及的内容多，而本课程的课时有限，我们要在大量的资料中挑选出适合于教学用的内容，难度无疑是非常大的；加上我们的知识面有限，交稿的时间紧迫，教材内容难免有错漏和不妥之处，恳请读者批评指正。

编　者

2013年8月25日

目　录

绪 论

水既是重要的自然环境要素，又是重要的自然资源，是可持续发展的基础与条件。21世纪可持续发展的水资源战略问题是一个关系人类前途和命运的重大问题。水资源的极端重要性已成为国际社会的共识。

地下水是水资源的重要组成部分，在保障我国城乡居民生活用水、支持社会经济发展、维持生态平衡等方面具有十分重要的作用。尤其是在地表水资源相对缺乏的我国北方干旱、半干旱地区，地下水具有不可替代的作用。通过水文地质调查和勘查，科学地认识和掌握我国地下水资源的时空分布及其变化规律，是实施我国水资源可持续利用战略的基础。

第一节 水文地质勘查的一般含义

水文地质勘查是在水文地质基本理论指导下，借助一定的勘查技术手段和方法，结合国家及行业的相关经济政策和规范，研究和查明工作区的水文地质条件、特征和规律，进行区内地下水资源评价，对地下水资源的开发、保护与管理作出科学论证的一门地质学科。它是为查明一个地区的水文地质条件而进行的野外和室内水文地质工作的总称。水文地质勘查应遵循国家现行相关标准、规范、规程等，合理选择勘查手段和方法，在保证工程质量和提交成果能够利用的前提下，全面满足勘查设计提出的任务和成果要求，优质、高效、安全地完成水文地质勘查任务。

水文地质勘查实质上主要是针对地下水资源而进行的勘查工作过程。地下水资源勘查工作可以分为三类：第一类是区域水文地质勘查，以查明区域水文地质条件和规律为主，以圈定水源地（是指对城镇或工农业供水具有价值的已集中开采和可能集中开采地下水资源的地段）范围和确定允许开采量为辅，其成果具有多方面的用途；第二类是水源地勘查，是地下水水源地供水水文地质勘查的简称，以查明水源地开采条件和确定允许开采量为主；第三类是区域地下水资源评价，以一个水文地质单元、自然单位或行政单元为单位，在充分搜集分析前人资料的基础上，通过对开采量的调查和地下水动态观测数据的分析计算，提出这一地区不同类别和级别的地下水资源量和合理开采方案。

水文地质勘查的目的就是要查明水文地质条件，为开发利用地下水资源等提供水文地质资料。但不同种类和不同勘查阶段的水文地质勘查，其具体目的有一定的差别。如1：25万区域水文地质调查（DD 2004-01规定）的目的是：①为地下水资源的合理开发利用与管理、国土开发与整治规划、环境保护和生态建设、经济建设与社会发展规划提供区域水文地质资料和决策依据；②为城市建设和矿山、水利、港口、铁路、输油输气管线等大型工程项目的规划提供区域水文地质资料；③为更大比例尺的水文地质勘查，城镇、工矿供水勘查，农业与生态用水勘查，环境地质勘查等各种专门水文地质工作提供设计依据；

④为水文地质、工程地质、环境地质等学科的研究提供区域水文地质基础资料。

水文地质勘查的基本任务就是运用各种不同的勘查手段(测绘、物探、坑探、钻探、试验、观测等)、按照一定的勘查程序去查明工作区基本的水文地质条件和解决专门性的水文地质问题和生产实际问题,保证在较短时间内取得符合精度要求的勘查成果,为地下水资源评价、开发、利用、管理、保护以及地下取水论证提供依据。不同种类的水文地质勘查,其具体的勘查任务是不同的。例如,1∶25万区域水文地质调查(DD 2004-01规定)的基本任务是:①基本查明区域水文地质条件,包括含水层系统或蓄水构造的空间结构及边界条件,地下水补给、径流和排泄条件及其变化,地下水水位、水质、水量等;②基本查明区域水文地球化学特征及形成条件,地下水的年龄及更新能力;③基本查明区域的地下水动态特征及其影响因素;④基本查明地下水开采历史与开采现状,计算地下水天然补给资源,评价地下水开采资源和地下水资源开采潜力;⑤基本查明存在或潜在的与地下水开发利用有关的环境地质问题的种类、分布、规模大小和危害程度以及形成条件、产生原因,预测其发展趋势,初步评价地下水的环境功能和生态功能,提出防治对策建议;⑥采集和汇集与水文地质有关的各类数据,建立区域水文地质空间数据库;⑦建立或完善地下水动态区域监测网点,提出建立地下水动态监测网的优化方案。

水文地质勘查各个阶段,勘查的程序一般是:接受任务——→确定工作方案——→编制勘查设计或纲要——→野外施工及原始地质编录——→资料整理——→编制勘查报告——→检查验收——→质量评定等。

第二节 水文地质勘查的课程性质和内容

水文地质勘查是地质学与水文学交叉渗透形成的一门地质分支学科,是水文与工程地质专业的专业必修课和核心课程之一。它的先修课程有地质学基础(矿物学、岩石学、地层学、构造学等)、地貌与第四纪地质学、地理信息系统、遥感地质学、地下水动力学、水文地质学基础等。

按照水文地质勘查的一般工作程序,本教材主要从以下几个方面说明了水文地质勘查的内容。

(1)水文地质勘查的技术基础。包括勘查阶段的划分、勘查技术手段及选择、勘查采样、勘查工程系统等内容。

(2)水文地质勘查设计的编制。

(3)勘查工程的施工管理及原始地质编录。主要说明常用坑探工程和钻探工程的施工管理及原始地质编录方法。

(4)综合地质编录。包括水文地质图件的编制、地下水资源评价与开发、保护、管理等内容。

(5)各类专门水文地质勘查。

第三节 我国水文地质学科和水文地质调查与勘查工作的发展概况

一、水文地质学科的产生和发展阶段

"水文地质学"这一术语,于19于世纪初在欧洲被正式提出来,但直到20世纪三四十年代

才真正成为地质科学中一门独立的学科。特别是在第二次世界大战结束后，在地质科学的基础上，地下水的研究与其他自然科学（如数学、物理学、化学、生物学等）以及水文科学相互结合、相互渗透，逐渐发展成为一门跨学科的综合性学科。

我国对地下水的认识和开发利用历史悠久，但水文地质学科作为地质科学领域内一门独立的应用地质学科，是在20世纪50年代新中国成立后才迅速发展起来的。陈梦熊院士曾把我国水文地质学科的发展大致划分为四个阶段。

(1) 萌芽阶段(20世纪前)。我国在5 000多年前就开始利用地下水，开发利用地下水的历史悠久，其间“瓦圈水井”“卓筒井的冲击式顿钻法”等打井技术和对地下水性质的认识及泉水灌溉等，为我国凿井技术的应用和水文地质理论的建立作出了突出的贡献。

(2) 初始阶段(1900～1950年)。我国只有极少数的地质工作者开始应用地质学的基本理论研究地下水。例如，谢家荣在1929年发表《钟山地质与南京井水供给关系》、傅建在1935年发表《陕西西安市地下水》、梁文郁在1948年写有《兰州附近水源地质之研究》等调查报告。

(3) 奠基阶段(1950～1970年)。我国主要在前苏联学术思想影响下，奠定水文地质的理论基础，是区域水文地质学(20世纪50年代)与农业水文地质学(20世纪60年代)的开创时期。这一时期，我国建立水文地质专业队、组建科学研究机构和开展专业教育，使我国有了完整的水文地质学科体系。

(4) 成长阶段(1970年至今)。主要受西方系统论、系统工程、计算机技术等新理论、新技术的影响，使我国的传统水文地质学科发展到一个以研究水资源与环境问题为重点的现代水文地质学，即进入环境水文地质学(20世纪70年代)、水资源水文地质学(20世纪80年代)及信息水文地质学(20世纪90年代)的发展时期。

二、现代水文地质学的特征与发展趋势

1. 现代水文地质学的特征

(1)与现代科学的新理论、新学科紧密结合，如系统论、信息论、控制论与相应产生的系统科学、环境科学、信息科学等，对水文地质学科的发展产生了重大影响。

(2) 现代应用数学与水文地质学科的结合，特别是数值模拟方法得到普遍应用，模型研究成为水资源研究的主要内容，使水文地质学从定性研究发展到定量研究的新阶段。

(3) 地下水的研究，从地下水系统与自然环境系统相互关系的研究扩大到与社会经济系统相互关系的研究。地下水资源的研究，从数学模型发展到管理模型与经济模型的研究。

(4) 许多新的分支学科的产生与发展，如区域水文地质学，岩溶水文地质学、遥感水文地质学、环境水文地质学、污染水文地质学，以及数学水文地质学、水资源水文地质学等。

(5) 新技术、新方法的应用，除计算机技术外，如“3S”技术、同位素技术、自动监测技术、室内模拟技术以及有关水质分析技术等，都得到了普遍应用，对推动水文地质学科的发展发挥了重要作用。

2. 现代水文地质学的发展趋势

现代水文地质学的各分支学科，按其性质可划分为三个方面，即理论水文地质学、应用水

文地质学及技术方法水文地质学。

1）理论水文地质学

（1）普通水文地质学逐渐向区域水文地质学发展，并派生岩溶水文地质学、古水文地质学等分支。

（2）地下水动力学与水文地球化学相互结合，逐渐演变为以研究地下水资源为重点的水资源水文地质学，并向以研究数学模型为主的数学水文地质学和资源管理水文地质学方向发展。

2）应用水文地质学

（1）专门水文地质学逐渐发展为城市水文地质学、农业水文地质学和矿区水文地质学，并在此基础上发展成为环境水文地质学。

（2）环境水文地质学的发展，形成区域环境水文地质学、污染环境水文地质学、医学环境水文地质学、生态环境水文地质学以及地震水文地质学等分支。

3）技术方法水文地质学

由普查勘探水文地质学逐渐发展为钻探水文地质学、物探水文地质学、遥感水文地质学、同位素水文地质学、监测水文地质学、计算机水文地质学、制图水文地质学以及地下水分析化学等分支。

总之，在 21 世纪，理论水文地质学方面将着重向水资源水文地质学发展；而应用水文地质学方面将着重向环境水文地质学发展。今后水文地质学的发展趋向可能为资源环境水文地质学。

三、我国水文地质调查与勘查工作的发展

从建国以来，我国水文地质调查与勘查工作在机构设置、法律、规范、学科和教材建设、各种专题研究著述和研究、调查与勘查技术方法和成果等方面都取得了巨大的进步和发展。现以表 1 对这些方面作一简单归纳。

表 1　我国各时期水文地质调查与勘查工作的发展（据蓝俊康等，2008，整理）

年代 \ 内容		机构、法律	学科、教材	专题著述、研究	调查与勘查
20 世纪	50 年代	地质部成立；各省（自治区、直辖市）先后建立了水文地质专业队伍及有关的科研机构、地质院校	前苏联专家克里门托夫教授结合其在原长春地质学院的讲学编著了《水文地质学》《水文地质学概论》《普查与勘探水文地质学》《地下水动力学》《矿床水文地质学》等教材，是我国最早的水文地质专业教科书；1959 年出版第一本用我国资料编著的《实用水文地质学》	前苏联著名学者如朗格的区域水文地质的分区理论、卡明斯基的地下水的渗流理论、普洛特尼柯夫的地下水的储量分类与评价、列别捷夫的灌区地下水动态预测以及奥弗琴尼柯夫的矿水方面的专著等；1957 年正式出版发行我国第一种水文刊物《水文地质工程地质》；1958 年我国编制和出版第一本水文专著《中国区域水文地质概论》	有计划地在全国开展区域水文地质普查；1958 年我国编制和出版了第一幅比例尺为 1：300 万的中国水文地质图；北京、西安、包头、太原等城市进行水源地的勘查评价
	60 年代		为农业水文地质学的开创时期。从区域水文地球化学方向研究环境地球化学与人体健康和疾病关系，形成医学环境地球化学新的学科体系	对克山病、高氟病等地方病的形成机理与防治措施进行了深入研究	创立了一套具有本国特色的水文地质图编图方法；编制出版了许多按地区编制的图幅、图系或图集

续表 1

年代		机构、法律	学科、教材	专题著述、研究	调查与勘查
20世纪	70～80年代	1988年1月在第六届全国人大常委会第24次会议上通过了我国第一部《水法》(1988年7月～2002年9月实施)；国家相关部门颁布了一系列标准；重组了水利部	我国城市水文地质学的开创时期。地下水系统理论、非稳定流理论的输入，以数值解或解析法为代表的现代应用数学以及计算机系统的广泛应用，使水文地质学科及地下水资源的研究发生了根本性的变化，由研究地下水系统与自然环境系统之间的相互关系扩大到研究与社会经济系统的相互关系；产生了环境水文地质学、水资源水文地质学	对重点经济发展区开展区域地下水资源与环境水文地质评价的调查和研究；开展了许多为发展农业服务的专题研究，如潜水资源与人工调蓄、水盐均衡和盐土治理等；我国的水质模型的研究取得了很大进展；开展了对红层裂隙水、玄武岩裂隙孔洞水、黄土地下水北方岩溶水等许多专题研究；参加国际水文计划(IHP)关于“水资源开发的环境效应与管理”的研究；80年代后期地下水资源研究逐渐转向对管理模型的研究	1978年出版《中华人民共和国水文地质图集》；我国区域水文地质普查基本完成；建立了许多水均衡试验场；引进了负压计、中子仪等新的测试技术；开展了城市水文地质调查和地下水的环境质量评价，采用了室内模拟试验等新方法；在普查中普遍应用了遥感技术；开展了第一轮全国地下水资源评价
20世纪	90年代	修改以往勘查规范，颁布了一系列国家标准，如《区域水文地质工程地质环境地质综合勘察规范》(GB/T 14158—1993)	出版了大量教材；应用水文地质学科和技术水文地质学科不断完善，形成了信息水文地质学	出版了《中华人民共和国地方病与环境图集》；遥感水文地质扩展到应用热红外和多光谱影像进行地下水流系统内的地下水分析和管理，目前它的研究焦点转移到了地下水的空间补给模式、污染评价中植被、区域测图单元参数的确定和空间地下水模型中地表水文地质特征的监测	引进和推广空气钻进技术、无固相冲洗液钻进等先进的钻凿技术和先进的物探技术，如瞬变电磁法(TEM)、EH-4电磁成像系统等；采用GIS技术对水文地质勘查资料和监测数据进行整理
21世纪初		2002年8月29日第九届全国人大常务委员会第二十九次会议通过了我国的第二部《水法》，于2002年10月1日起实施；颁布新规范	出版了大量水文地质学科的教材	2003年中国地质调查局出版《严重缺水地区地下水勘查论文集》；建立了以城市供水为目标的水资源管理模型、水质水量联合管理模型、水量调配和供排结合的管理模型、地表水—地下水联合调度模型及全流域为工农业生活用水优化分配的规划管理模型等	开发出地下水资源智能管理系统；引进了国外先进的地下水资源优化管理模型软件(RE-MAX)；2004年完成了第二轮地下水资源评价；应用“3S”技术处理水文地质空间数据

第四节　我国地下水资源开发利用现状及问题

一、我国地下水资源开发利用现状

根据2000～2002年最新完成的全国水资源调查评价成果，全国地下淡水天然资源多年平均为8 837亿m^3，约占全国水资源总量的1/3。地下水资源分布方面，南方比北方丰富。南方地区地下淡水天然资源量每年为6 094亿m^3，占全国地下淡水天然资源量的69%；可开采资源量为1 991亿m^3/a，占全国地下水可开采资源量的56%。北方地区地下淡水天然资源量每年为2 743亿m^3，占全国地下淡水天然资源量的31%；可开采资源量为1 536亿m^3/a，占全国地下水可开采资源量的44%。目前全国有400多个城市开采利用地下水，地下水的开采量(含少量微咸水)已超过1 000亿m^3/a，约占全国总供水量的1/5，其中北方地区地下水现状开采量占全国开采总量的76%。中国地下水开发利用主要是以孔隙水、岩溶水、裂隙水三类为主。孔隙水在开发利用上占主要的地位，孔隙水的天然资源量为2 810亿m^3/a、可开采资源量为1 686亿m^3/a；岩溶水的天然资源量为2 116亿m^3/a、可开采资源量为870亿m^3/a；裂隙水的天然资源量为4 308亿m^3/a、可开采资源量为971亿m^3/a。根据国土资源部2006年发布的统计资料，全国目前有310多个城市以开采地下水作为城市供水水源，约占全国城市的71%；全国有70%的人口饮用地下水，北方城市的生活和工业用水中地下水占90%左右，南方地区地下水资源利用量也在不断增加。由此可见，地下水资源已成为支持我国国民经济可持续发展的重要支柱。

二、我国地下水资源开发利用中的主要问题

地下水的大规模开发，在保障经济社会快速发展的同时，也引发了一系列的资源、环境问题，给我国地下水资源可持续利用和生态环境保护带来了一系列的严峻挑战。其主要表现如下。

1. 地下水资源紧缺和浪费问题并存

从1980～2000年，全国用水量急剧增长，地下水开采量平均以25亿m^3/a的速度增加。由于工农业及生活用水需求量逐年增加，中国（特别北方地区）的大中城市本已十分严峻的水资源的供需形势将面临更大的压力。如甘肃省天水市目前地下水的可采量仅为8 957万m^3/a，而其城市的发展规划预测该城市的总需水量将达33 154万m^3/a，存在巨大的供需缺口，水资源已成为影响当地经济发展的一个主要制约因素。目前，全国600多座城市中有一半左右不同程度地存在缺水问题，全国还有数千万人需解决饮用水问题。但同时，水资源浪费问题仍相当突出。农业生产过程中水资源的浪费问题最为突出，每千克粮食的耗水量是发达国家的2～3倍；我国工业用水量的浪费也很大，万元工业产值耗水量一般是发达国家的10～20倍，大部分城市工业水的重复利用率平均只有30%～40%，远低于发达国家的水平。

2. 地下水超采诱发严重的环境地质问题

目前，北方已有相当一部分地区地下水处于超采状态（图1），其中河北省整体超采，北京、天津、呼和浩特、沈阳、哈尔滨、济南、太原、郑州等一些大中城市地下水已超采或严重超采；20世纪90年代以来，地下水超采量呈持续上升趋势。

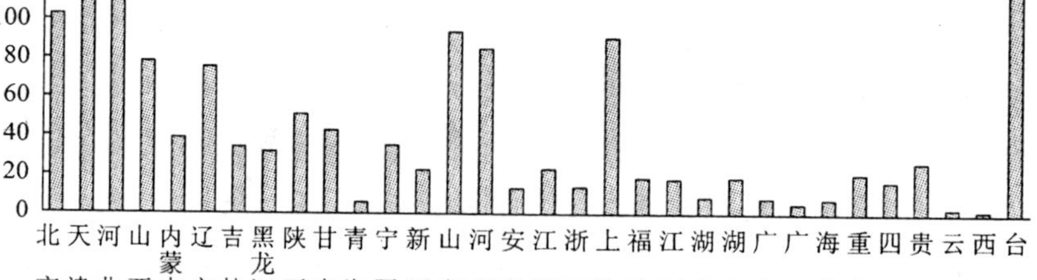

图1　各省（自治区、直辖市）地下水开采程度

（据中国地质环境信息网，2010，中国地下水资源——新一轮全国地下水资源评价成果）

地下水大规模开发，导致地下水位持续下降，含水层疏干，地下水资源面临枯竭，大量机井

报废，造成农村饮水严重困难。许多地区盲目大量开发深层承压水，如不加以严格控制管理，深层承压水将面临枯竭的危险。我国北方部分地区因不合理开采地下水，出现地下水位持续下降，形成区域地下水位降落漏斗。据初步统计，全国已形成区域地下水降落漏斗 100 多个，面积达 15 万 km^2，华北平原深层地下水已形成了跨冀、京、津、鲁的区域地下水降落漏斗，有近 7 万 km^2 面积的地下水位低于海平面。区域地下水位下降还使平原或盆地湿地萎缩或消失、地表植被破坏，导致生态环境退化。

由于过量开采深层承压水，我国沿海河口三角洲地区、东部和南部沿海地区、华北和东北平原地区、河谷平原和山间盆地均发生了地面沉降。全国有 40 多座城市由于不合理开采地下水而发生了地面沉降，其中沉降中心累计最大沉降量超过 2m 的有上海、天津、太原、天津塘沽，个别点最大沉降量已达 3.1m。在河北平原、西安、大同、苏锡常（苏州、无锡、常州）等地区，过量开采地下水还导致了地裂缝，对城市基础设施构成严重威胁。

在我国的沿海城市地区，由于大量开采地下水后，引起海水入侵，导致地下水水质恶化。发生海水入侵的地区从北向南有辽宁、河北、山东、广西、海南等，问题比较严重的地区主要有辽宁省大连市、河北省秦始岛市、山东省青岛市、福建省厦门市以及广西壮族自治区北海市等。近年来，环渤海地区的海水入侵发展迅速，2003 年海水入侵面积达 2 457km^2，比 20 世纪 80 年代末增加了 937km^2，平均每年增加 62km^2。

3. *地下水污染日渐加剧、导致水质恶化问题*

随着经济的发展，农药、化肥、生活污水及工业“三废”的排放量日益增大，这些污水大部分都未经处理就直接排放，构成了地下水的主要污染源；过量开采造成的地下水位的持续下降客观上为废污水的加速入渗创造了有利条件。我国现利用污水灌溉的农田有2 000多万亩，直接污染了地下水，有的还受到农药和化肥的污染。在 185 个城市的 253 个主要地下水开采地段中，污染趋势加重的有 63 个，占 25%；污染趋势减轻的有 45 个，占 18%；保持基本稳定的为 145 个，占 57%。污染组分主要有硝酸盐、亚硝酸盐、氨氮、氯化物、重金属等。淮河流域浅层地下水面状污染加重；“三致”（致癌、致畸、致突变）有机污染物在京津地区、长江三角洲等地区的地下水中被检出。目前全国城市地下水资源遭受污染的情况较为严重，据不完全统计，全国已有 136 个大中城市的地下水受到不同程度的污染，其中比较严重的有包头、长春、郑州、鞍山、太原、沈阳、哈尔滨、北京、西安、兰州、乌鲁木齐、上海、无锡、常州、杭州、合肥、武汉等城市。

据全国水资源调查评价成果，在全国地下水资源中，按分布面积统计，有 63%的地下水资源可供直接饮用、17%需经适当处理后方可饮用、12%为不宜饮用但可作为工农业供水水源、约 8%的地下水资源不能直接利用（需经专门处理后才能利用）。在评价的 197 万 km^2 平原区面积中，Ⅰ类和Ⅱ类水质的面积仅为 5%、Ⅲ类水质面积占 35%、Ⅳ类和Ⅴ类水质面积占 60%。太湖流域、辽河、淮河、海河区域地下水污染最为严重。据对全国 115 个地下水水源地水质评价分析，水质不合格的比例达 35%，部分地区水源地甚至检出有毒有机物。

全国约有 7 000 多万人仍在饮用不符合饮用水水质标准的地下水。各省（自治区、直辖市）不同程度地存在着与饮用水水质有关的地方病区。我国北方丘陵山区分布着与克山病、大骨节病、砷中毒、氟中毒、甲状腺肿大等地方病有关的高氟水、高砷水、低碘水和高铁锰水等。截至 2003 年底，全国有氟斑牙患者 3 877 万人、氟骨症患者 284 万人、地方性砷中毒患者9 686 人、大骨节病患者 81 万人（其中 12 岁以下患者 5.59 万人）、潜在型克山病患者 2.99 万人、慢型克山病患者 1.09 万人。全国有 4 194 万饮水型地方性氟中毒病区的人口和 115 万饮水型地方性砷中毒病区的人口需要改水；有7个省（自治区、直辖市）尚未实现消除碘缺乏病的目标。

地下水一旦污染，治理非常困难，不仅代价高昂，而且时间长久、难以治理，应引起高度警觉和重视。

4. 土地沙化、荒漠化、石漠化趋势问题

我国西北内陆河地区由于地下水位持续下降，导致天然绿洲退缩和严重退化，土地沙化面积不断扩大。如石羊河流域由于地表径流减少而大量开发地下水使地下水位持续下降，造成河流区外围土地严重沙化，大量土地弃耕，产生大量生态难民；新疆塔里木流域由于过渡开发利用导致地下水补给减少，地下水位下降，草场覆灭，大量土地废耕，绿色走廊消失。

调查表明，中国北方地区共有荒漠化土地达175.81万km^2，其中沙漠化土地面积达58.76万km^2、水蚀荒漠化土地面积达98.59万km^2、土地盐渍化面积达18.46万km^2，加上北方地区的戈壁和以流沙为主的沙漠面积(112.66万km^2)，北方地区荒漠和荒漠化土地面积总和达到288.47万km^2，占国土总面积的30%。

20世纪末，在西南岩溶石山区74万km^2调查区内，石漠化的面积达10.5万km^2，占调查区面积的14.2%，其中轻度石漠化面积为4.0万km^2、中度石漠化面积为3.9万km^2、重度石漠化面积为2.6万km^2。石漠化主要发生在云南、贵州和广西三省（自治区），总面积为8.8万km^2。目前西南岩溶地区石漠化面积年均增长1 650km^2，年增长率为2%。

5. 采矿等开发建设活动造成地下水严重破坏问题

我国西北、华北、华中、西南等许多地区煤水共生，煤炭开采业发达。煤炭开采不仅疏干了含水层，采矿过程中形成的巷道和开采后形成的采空区严重地破坏了地表水和地下水运移、赋存的天然状态，造成河水断流、地下水位下降、泉水流量锐减甚至干涸、水污染加重等。据调查，山西采煤对水资源的破坏面积已达20 352km^2，占全省总面积的13%。其中，严重破坏区面积占全省面积的1.7%、一般破坏区面积占全省面积的6.5%、影响区面积占全省面积的4.9%。山西每挖1 t煤损耗2.48 t的水资源，全省每年采煤破坏水资源达12亿m^3；采煤排水引起矿区水位下降，导致泉水流量下降或断流，近600万人以及几十万头大牲畜饮水出现严重困难。

三、我国地下水资源开发利用中需加强的研究领域

在我国地下水资源开发利用中，需加强对“三水”的统一规划与管理、水资源评价方法及管理模型实用性研究、多重介质模型与污染模型的研究、矿井突水和环境地质问题的预报与防治、地下水生态系统的研究方法、同位素技术的应用与推广、深部地下水的探测技术、高原沙漠和森林高山地区水文地质调查与勘查技术等领域的研究工作，以进一步提高我国地下水资源利用的综合效益。

第一章　水文地质勘查阶段

第一节　水文地质勘查阶段划分的必要性

水文地质勘查一般都是分阶段进行的，其原因主要如下。

(1) 水文地质勘查是为工程建设项目设计服务的，而项目的设计工作一般都是分阶段进行的，不同设计阶段所需水文地质资料的内容和精度也有不同的要求。为满足设计的需要，水文地质勘查工作亦应划分为相应的阶段来进行，以防止所提供的水文地质资料出现不符合各设计阶段需要的情况。

(2) 勘查工作之所以分为不同的阶段，是人们由浅入深正确认识事物规律在水文地质勘查工作中的反映。将其分为不同的勘查阶段，可以防止我们对勘查区水文地质条件认识上的疏忽、遗漏或片面性；可以使整个勘查工作逐渐深入地进行，就可以避免在工作中犯重大的、全局性的错误。

例如，某工厂的供水工程，由于未进行工程前期论证(或规划设计)阶段和普查阶段的勘查工作，没有提出不同水源地的方案进行比较，仅在工厂附近几平方千米的小范围进行详查阶段的水文地质勘查工作，结果投资上百万元，打了 20 多个钻孔，只有一个产水量为 $800m^3/d$ 的钻孔可供开采，远远满足不了工厂 $3\ 000m^3/d$ 的需水量要求，不得不另选新区进行勘查工作。

第二节　水文地质勘查阶段的划分及各阶段的任务与要求

在进行水文地质勘查工作时，首先要明确的是水文地质勘查阶段的划分，即要搞清楚在从事哪一个阶段的水文地质勘查工作及该阶段的任务与要求。我国不同种类、不同行业部门的水文地质勘查工作，其阶段的划分、名称及各阶段的任务与要求等一般是各不相同的，具体要根据各类水文地质勘查规范来确定。

例如，我国供水水文地质勘查、天然矿泉水地质勘探、矿区水文地质工程地质勘探、地下水资源勘查等不同种类的水文地质勘查工作，其阶段划分、名称及各阶段的任务与要求就不完全相同(表 1-1)。

表 1-1 不同种类水文地质勘查的阶段划分及各阶段的任务与要求

供水水文地质勘查（GB 50027—2001 规定）		天然矿泉水地质勘查（GB/T 13727—1992 规定）			矿区水文地质工程地质勘探（GB 12719—1991 规定）		地下水资源勘查（SL 454—2010 规定）	
阶段	任务与要求	阶段	任务与要求		阶段	任务与要求	阶段	任务与要求
普查	概略评价区域或需水地区的水文地质条件，提出有无满足设计所需地下水水量可能性的资料；推断的可能富水地段的地下水允许开采量应满足 D 级的精度要求，为设计前期的城镇规划、建设项目的总体设计或厂址选择提供依据	普查	从地质—水文地质角度研究水源地与地层、地质构造、近代地下流体引起的蚀变、沉淀析出物等在空间位置上的联系及其对水源地富水性的影响；研究矿泉水组分与岩石化学成分、矿物成分间可能存在的联系；研究矿泉水系统形成的区域水文地质条件；对水源地进行调查，查明矿泉水出露地的水文地质结构和卫生保护条件并对可能的污染源、必须的卫生保护区作出评价	为详查工作提供依据	普查	结合矿产普查进行，对于已进行过区域水文地质工程地质普查的地区，其资料可直接利用或只进行有针对性的补充调查，大致查明工作区的水文地质工程地质和环境地质条件	普查	应调查区域或地下水资源评价区的地质条件和地下水资源分布状况；为进行地下水资源粗略评价及地下水取水规划提供依据时，地下水允许开采量应满足 E 级精度要求；为地下水资源概略评价及工程规划、立项水资源论证和地下水取水预申请提供依据时，地下水允许开采量应满足 D 级精度要求
详查	应在几个可能的富水地段基本查明水文地质条件，初步评价地下水资源，进行水源地方案比较；控制的地下水允许开采量应满足 C 级精度的要求，为水源地初步设计提供依据	详查		为勘探及建设立项提供依据	详查	基本查明矿区的水文地质工程地质和环境地质条件，为矿床初步技术经济评价、矿山总体建设规划和矿区勘探设计提供依据	初勘	应初步查明评价区或地下水水源区的水文地质条件和地下水资源量，为地下水资源评价、工程立项或可行性研究水资源论证以及地下取水申请提供依据；地下水允许开采量评价应满足 C 级精度要求
勘探	查明拟建水源地范围的水文地质条件，进一步评价地下水资源，提出合理开采方案；探明的地下水允许开采量应满足 B 级精度的要求，为水源地施工图设计提供依据	勘探	是在已确定立项开发的矿泉水水源地进行工作。应详细查明矿泉水形成的地质—水文地质条件，确定矿泉水生产井位置及卫生保护区边界，取得不少于一年的水质、水量、水位、水温连续观测资料，在动态观测或生产性抽水资料的基础上计算评价矿泉水允许开采量，其精度一般应满足 B 级要求，提出技术经济最佳开采方案，并对可能提供二期开发的远景区做出初步论证和评价；为水源地建设可行性研究和设计提供依据		勘探	详细查明矿区水文地质工程地质条件，评价地质环境，为矿床的技术经济评价及矿山建设可行性研究和设计提供依据	详勘	应查明评价区或地下水水源地的水文地质条件和地下水资源量，提出开采方案，并预测开采后地下水资源的变化趋势及可能产生的环境地质问题，为地下水资源评价、开采、利用、管理和保护以及水源地设计提供依据；地下水允许开采量评价应满足 B 级精度要求

续表 1-1

供水水文地质勘查（GB 50027—2001 规定）		天然矿泉水地质勘探（GB/T 13727—1992 规定）		矿区水文地质工程地质勘探（GB 12719—1991 规定）		地下水资源勘查（SL 454—2010 规定）	
阶段	任务与要求	阶段	任务与要求	阶段	任务与要求	阶段	任务与要求
开采	查明水源地扩大开采的可能性，或研究水量减少、水质恶化和不良环境工程地质现象等发生的原因；在开采动态或专门试验研究的基础上，验证的地下水允许开采量应满足A级精度的要求，为合理开采和保护地下水资源，为水源地的改、扩建设计提供依据	开采	对适于井采的矿泉水水源地应进行钻孔抽水试验，计算矿泉水含水岩层的渗透性等参数，确定井（孔）涌水量并研究长期开采后出现越流补给影响矿泉水水质的可能性；对泉（孔）及其周围地表水体应布置动态观测点，观测矿泉水的水质、水量、水位、水温动态，确定其在枯、丰、平水期的动态特征，研究各类水体与矿泉水之间的联系			开采	应结合地下水的开采运行，检验前期勘查成果，分析论证出现的水文地质和环境地质问题，为完善地下水资源的开采、管理，调整地下水年度开采计划和可开采总量，以及地下水水源地的改、扩建提供依据；地下水允许开采量评价应满足A级精度要求

我国不同部门对供水水文地质勘查阶段的划分如表1-2所示。由此可见，就供水水文地质勘查来说，其同一阶段的任务是基本一致的，仅阶段名称有所不同。

表 1-2　我国不同部门对供水水文地质勘查阶段的划分

不同部门对供水水文地质勘查阶段的划分 / 任务	地矿部《城镇及工矿供水水文地质勘察规范》(DZ 44—1986)	国家地质矿产储量委员会规定(1989)	建设部《城市供水水文地质勘察规范》(GJJ 16—1988)	现行国家标准:《供水水文地质勘察规范》(GB 50027—2001)
为城市总体规划或供水工程立项提供水文地质依据	前期论证阶段	调查阶段	规划阶段	普查阶段
进行不同水源地方案的比较，确定拟建水源地段，为供水工程初步设计提供水文地质依据	初步勘查阶段	普查阶段	初勘阶段	详查阶段
对选定的水源地地下水资源作出可靠评价，提出开采方案，预测开采地下水对环境的影响	详勘阶段	详查阶段	详勘阶段	勘探阶段
确定已开采水源地扩大开采的可能性，解决开采地下水引起的环境地质问题	开采阶段	勘探阶段	开采阶段	开采阶段

综上所述，可将水文地质勘查分为普查、详查（初勘）、勘探（详勘）和开采四个阶段，具体各阶段的一般任务和要求如下。

1. 普查阶段

水文地质普查阶段是一项区域性的、小比例尺的水文地质勘查工作，是为经济建设规划提供水文地质资料而进行的区域性综合水文地质调查工作。通常进行水文地质测绘工作，其比例尺的选择应根据国民经济建设的要求和水文地质条件的复杂程度来确定，一般为1∶25万～1∶10万，通常选用1∶20万。若进行地下水允许开采量E级精度评价时宜选用1∶100万～1∶20万；在严重缺水或工农业集中发展地区也可采用1∶10万。其主要任务是查明区域性的水文地质条件及其变化规律，查明区域地下水形成的初步规律，提供区域水文地质资料，并概括地对区域地下水量和开发远景作出评价；具体要求是初步查明区域内各类含水层的形成和赋存条件、地下水类型和分布规律、地下水的补给、径流和排泄、地下水的水质、水量等，为国民经济远景规划和为水文地质勘查设计提供依据。

2. 详查(初勘)阶段

水文地质详查阶段是在水文地质普查的基础上，为国民经济建设部门提供所需的水文地质依据而进行的水文地质勘查工作或是为某项生产任务而进行的专门性水文地质勘查工作，如为城镇或工矿企业供水、为农田灌溉供水、为矿山开采等进行水文地质调查。多采用1∶10万～1∶5万的大中比例尺。本阶段的任务是较确切地查明地质条件和地下水形成条件、赋存特征，初步评价地下水资源，进行水源地方案比较，初步圈定供水开采地段(或重点排水地段)，预测水量、水质和水位变化，提出合理开发(或疏干)措施，为供(排)水初步设计或布置勘探工作提供依据。

3. 勘探(详勘)阶段

水文地质勘探阶段是在详查圈定的地段上，对水文地质条件进行进一步勘查和研究，为提出合理的开采方案和为技术(施工)设计提供依据进行的水文地质勘查工作。采用的比例尺通常是1∶5万～1∶2.5万。该阶段的任务是精确地查明勘查区的水文地质条件；对含水层的水文地质参数、地下水动态的变化规律、各种供水的水质标准以及开采后井的数量和布局提出切实可靠的数据，对水质、水量作出精确的全面评价，并预测将来开采后可能出现的水文地质问题(如海水入侵、水质恶化等)和工程地质问题(如地面沉降、岩溶地区地面塌陷等)。

4. 开采阶段

水文地质开采阶段是在勘探的基础上，针对开采过程中出现的水文地质和工程地质问题进行的水文地质勘查工作。由于它带有研究的性质和地下水系统的区域性，比例尺一般应大于1∶2.5万。其主要任务是查明水源地扩大开采的可能性，或研究水量减少、水质恶化和不良工程地质现象等发生的原因，验证地下水的允许开采量(可开采量)，为合理开采和保护地下水资源，为水源地的改、扩建提供依据，在具备条件时，建立地下水资源管理模型及数据库。

在开采阶段产生的水文地质问题和工程地质问题，有的是因为在开采前从未进行过水文地质勘查工作而必然要发生的；有的则是因为以前的勘查工作精度不够高，数据不可靠，不能准确作出预测而产生的。比如，在详查阶段，由于比例尺太小，不能满足基坑排水设计的要求，就要更准确地了解勘查区的水文地质条件，进行补充勘查和实验；又比如，在供水水文地质工作中，由于井距不合理导致水井间严重干扰、地下水降落漏斗不断扩大及由此引发的地面沉降、水量枯竭、水质恶化等，都属于开采阶段应该解决的水文地质问题。

第三节　水文地质勘查各阶段的勘查内容

水文地质勘查各阶段的内容是不同的。不同种类的水文地质勘查规范、标准等对各阶段的勘查内容都有明确的规定。下面以《地下水资源勘察规范》(SL 454—2010)为例进行说明(表1-3)。

表1-3　各勘查阶段勘查内容[据《地下水资源勘察规范》(SL 454—2010)]

勘查阶段	勘查内容
普查	(1)了解区域地理、地质条件，初步分析地下水资源分布状况； (2)了解气象条件，初步分析其对地下水形成、分布的影响； (3)调查地表水体类型、水系分布及其流域面积、流量、水位、蒸发量等水文特性，初步分析其对地下水形成、分布的影响及动态关系； (4)调查人类活动对地下水及地下水资源的影响； (5)调查地形地貌特征及成因类型，调查水文地质指示植物的分布及生态特征，初步分析地下水的分布条件； (6)调查地层的成因类型、年代、层序、厚度、分布特征、岩性组成、地层结构及其变化规律，初步分析含水层和隔水层的分布特征及地下水的分布条件，第四纪地层应调查松散沉(堆)积物的沉(堆)积环境及物质组成、结构特征，初步分析地下水的分布条件，基岩地层应调查岩石的产出条件、岩性特征、空隙结构特征及矿物组成和化学成分，初步分析岩体的区域含水性和含水层的类型； (7)调查地质构造的类型、性质、产状、规模、地层岩性及分布特征，初步分析储水构造和阻水构造的分布特征及地下水的形成、分布条件，褶皱应调查轴部和两翼的节理、裂隙发育特征，断层应调查破碎带、影响带的宽度、构造岩的性质及其导水性； (8)岩溶区应调查可溶岩地层的埋藏条件及岩溶地貌形态特征、可溶岩性质、类型、分布规律及岩溶发育程度、发育规律，初步分析岩溶地下水的类型及埋藏、分布条件； (9)调查泉、井等地下水露头的分布位置、成因类型、地质条件、流量(出水量)及物理化学特性，初步分析含水层、隔水层或储水构造、阻水构造的分布特征； (10)调查地下水、地表水的水质，初步评价其适用性； (11)提出主要水文地质参数的估计值； (12)初步分析地下水的分布、埋藏条件、动态变化特征及补给、径流、排泄条件，初步划分地下水资源评价类型区及地下水和含水层的类型，概略评价水文地质条件和地下水资源状况，初步划分可能富水地段； (13)调查生态与环境恶化、地面沉降、塌陷及海水入侵等环境地质现象，初步分析其与地下水的关系

续表 1－3

勘查阶段	勘查内容
初勘	(1) 初步查明地表水与周围地下水的变化特征，分析两者的补排关系和形式； (2) 初步查明第四纪沉(堆)积物的厚度、成因、分布、物质组成、结构特征、透水性、富水性及地下水的埋藏、分布特征，初步分析地下水赋存、补给、径流、排泄条件； (3) 初步查明基岩地层的年代、分布、岩性类别、结构构造、透水性、富水性及含水层，隔水层的埋藏、厚度、分布特征，初步分析地下水的赋存、补给、径流、排泄条件； (4) 初步查明褶皱、断裂等各类地质构造和构造结构面的性质、分布、规模、级别序次、组合特征及储水构造、阻水构造的埋藏、规模、分布特征，初步分析地下水的赋存、补给、径流、排泄条件； (5) 岩溶区应初步查明可溶岩的岩性、分布及岩溶发育程度、发育规律、规模、连通性，初步分析岩溶地下水的赋存、补给、径流、排泄条件，初步划分岩溶地下水系统，覆盖型、埋藏型岩溶区应初步查明上覆地层的岩性、厚度、物质组成、结构特征等； (6) 泉源水源地应初步查明泉域范围，泉的分布、类型、所在地层岩性、构造部位及流量动态，初步分析其补给、径流、出露条件； (7) 初步查明主要含水层(带)的类型、分布特征、含水特性、边界条件及各含水层之间的水力联系，初步分析地下水的赋存、富集规律； (8) 初步查明地下水动态特征； (9) 初步查明地下水水质，初步进行地下水质量评价； (10) 初步查明地下水、地表水的开采、利用情况； (11) 初步确定主要水文地质参数； (12) 初步进行地下水补给量、储存量、排泄量和允许开采量计算； (13) 初步查明地下水污染状况； (14) 初步评价地下水开采可能产生的环境地质问题； (15) 初步评价水文地质条件和地下水资源状况，圈定富水地段，提出开采方案建议
详勘	(1) 查明地表水与周围地下水的变化特征，分析两者的转化关系和形式； (2) 查明含水层和相对隔水层的埋藏、厚度、分布特征及富水性； (3) 查明褶皱、断裂、裂隙密集带等各类储水构造的性质、规模、分布特征及其导水性、富水性； (4) 岩溶区还应查明岩溶发育程度、发育规律、规模、连通性及岩溶水文地质结构和岩溶地下水分布特征，划分岩溶地下水类型，覆盖型、埋藏型岩溶区应分析上覆地层对岩溶地下水开采利用的影响； (5) 泉源水源地应查明泉域范围及泉的类型、分布特征、出露条件和流量动态； (6) 分析、论证地下水的赋存、补给、径流、排泄条件，确定可开采含水层(带)； (7) 查明地下水的动态特征及变化规律； (8) 查明地下水水质，进行地下水质量评价； (9) 确定水文地质参数； (10) 评价计算地下水补给量、储存量、排泄量和允许开采量，并进行可靠性分析； (11) 查明地下水开采利用情况； (12) 评价水文地质条件、富水程度和地下水资源状况，圈定宜井区； (13) 提出地下水取水建筑物类型、布局及主要技术参数建议； (14) 圈定水源保护区，当地下水有污染时，应查明污染源、污染方式和污染途径，提出防治措施建议； (15) 预测评价地下水开采可能引发的环境地质问题； (16) 复杂的水文地质问题，宜进行专题研究
开采	(1) 查明水文地质条件的变化情况，分析产生的原因，评价其对开采运行的影响； (2) 进行地下水可更新能力评价； (3) 查明出现的水文地质、环境地质问题，分析产生的原因，预测评价发展变化趋势，提出防护、治理措施建议； (4) 验证地下水允许开采量，评价其对开采运行的保证性； (5) 提出开采方案的调整建议； (6) 论证扩大开采的可能性，提出地下水水源地改造、扩建的建议措施，并预测评价扩大开采后可能产生的环境影响，泉源水源地的扩大开采，应进一步论证其成因类型、补给条件及泉域范围； (7) 对前期勘查工作的布置、方法及计算模型和评价结论进行基本评价

第四节　水文地质勘查阶段的简化

水文地质勘查阶段一般分为上述四个阶段，但对某个具体的勘查项目应划分为几个勘查阶段，应根据当地水文地质条件的复杂程度、工程建设项目的规模和重要性及已有的水文地质研究程度等具体确定，适当条件下可以简化。

（1）地下水资源勘查时，水文地质条件简单、已有资料较多或中小型地下水水源地，勘查阶段可适当合并，但合并后的勘查工作量、勘查方法和工作布置应满足高阶段的要求。

（2）已有 1∶20 万或 1∶10 万比例尺的区域水文地质调查成果或者供水工程项目规模较小，可不进行普查阶段（或规划阶段、前期论证阶段）的工作或只进行补充性的勘查工作。

（3）如供水工程项目无不同的水源地比较方案，则可将详查和勘探合并为一个勘查阶段。

（4）需水量较小的单个厂、矿、企事业单位的供水工程项目，当水文地质条件又不是十分复杂，只需开凿两三个钻孔即可满足需水量需要时，可采用探采相结合的方式，直接进入开采阶段的调查。

思考题

1. 为什么要划分水文地质勘查阶段？各种类、部门的水文地质勘查阶段是如何划分的？
2. 通常水文地质勘查阶段是如何划分的？各阶段的主要任务是什么？

第二章　水文地质勘查技术手段

水文地质勘查技术手段是指在水文地质勘查工作中取得各种水文地质资料的方法和途径。目前在水文地质勘查中所使用的基本手段主要有11种:水文地质测绘、水文地质物探、水文地质坑探、水文地质钻探、水文地质野外试验、地下水动态长期观测、室内分析测定与实验、同位素技术的应用、遥感(RS)技术的应用、地理信息系统(GIS)的应用、全球定位系统(GPS)的应用等。另外,核磁共振技术、水文地质参数的直接测定方法等新技术方法已被应用于水文地质勘查中,大大提高了水文地质勘查的精度和工作效率。

任何一项水文地质勘查工作都是通过不同勘查手段的有机配合而获得相应的水文地质资料,而且这些手段的精度直接决定了勘查成果的质量。下面对水文地质勘查中常用的勘查技术手段进行简要说明。

第一节　遥感技术在水文地质勘查中的应用

一、遥感技术概述

遥感(RS)顾名思义就是遥远的感知,即借助于专门的探测仪器,把遥远的物体所辐射(或反射)的电磁波信号接收记录下来,再经过加工处理,变成人眼可以直接识别的图像,从而揭示出所探测物体的性质及其变化规律。遥感属于空间科学的范畴,是物理、计算数学、电子、光学、航空(天)、地学等密切结合的新兴学科,对工农业、国防、自然科学研究具有重大的意义。

1839年,第一张黑白航片问世;到了20世纪30年代,遥感主要应用于军事侦察;进入20世纪50年代,前苏联、美国广泛应用黑白、彩色航片进行军事、地质测量,取得了明显的效果;1937～1960年,航空摄影机、电视摄像机、图像扫描仪制造技术及航空大孔径成像雷达技术有了显著的进步,记录图像的波长范围从近紫外到远红外并扩大到微波,使遥感技术迅速发展;1957年苏联发射第一颗人造卫星、1972年美国发射第一颗地球资源卫星,遥感技术实现了从航空遥感到航天遥感的飞跃,从真正意义上实现了对地观测的需要,遥感技术也由此进入到全新的航天遥感时代。我国1970年4月24日发射人造地球卫星(东方红1号),1971年3月3日发射科学实验卫星并回收,中国风云系列气象卫星(包括3颗极轨卫星和1颗同步卫星)已经能获取全球多种气象数据;中巴地球资源卫星于1999年10月14日升空至2005年第二颗已发射升空。目前我国已形成较为完整的遥感卫星技术系统和实用化的应用系统,进入同地理信息系统和全球定位系统相融合的产业化进程。

遥感技术可以根据不同的依据进行划分(表2-1)。

表 2-1　遥感分类

分类依据	分类	说明
按遥感平台的高度分类	航天遥感（太空遥感）	指利用各种太空飞行器为平台的遥感技术系统，在大气层之外飞行，高度为几百至几万千米。以人造地球卫星为主体，包括载人宇宙飞船、探控火箭、航天飞机和太空站，有时也把各种行星探测器包括在内
	航空遥感	泛指从飞机、飞艇、气球等空中平台对地观测的遥感技术系统，在大气层内飞行，高度为100m～30km
	地面遥感	指以高塔、车、船为平台的遥感技术系统，将地物波谱仪或传感器安装在这些地面平台上，可进行各种地物波谱测量
按所利用的电磁波的光谱段分类	可见光/反射红外遥感	主要指利用可见光（0.4～0.7μm）和近红外（0.7～2.5μm）波段的遥感技术
	热红外遥感	指通过红外敏感元件探测物体的热辐射能量，显示目标的辐射温度或热场图像的遥感技术（8～14μm 波段范围）
	微波遥感	指利用波长 1～1 000mm 电磁波遥感
按研究对象分类	资源遥感	以地球资源作为调查研究对象的遥感方法和实践，调查自然资源状况和监测再生资源的动态变化，是遥感技术应用的主要领域之一
	环境遥感	对自然与社会环境的动态变化进行监测或作出评价与预报
按遥感的工作方式分类	被动式遥感	传感器不向目标发射电磁波，仅被动接收目标物的自身发射和对自然辐射源的反射能量，就可以测量、记录远距离目标物的性质和特征
	主动式遥感	利用探测仪器发射信号（如雷达或激光雷达波和声呐等），并通过接受其反射回来的信号而了解被研究对象或现象的性质和特征
根据传感器类型的不同划分遥感图像		可分为可见光摄影、红外摄影和扫描、多光谱扫描、微波雷达和成像光谱图像等

按国际上的习惯，可以把遥感遥测理解为摄影测量、电视测量、多光谱测量、红外测量、雷达测量、激光测量和全息摄影测量等，而不包括使用航空物探方法。陆地资源卫星照片属于多光谱测量的资料，又称遥感影像。

二、遥感技术在水文地质勘查中的应用

遥感技术应用于水文地质学中是近 30 年的事情。近 30 年来，遥感技术依靠传感器技术、图像处理技术及计算机技术的提高，在水、工、环领域的应用取得了长足的发展。迄今它已走过了从定性评价到半定量、定量评价、从指示要素分析到计算机模型模拟、从单一解译到综合方法互补等阶段，已充分显示了其信息量大、宏观、快速、节省经费且具有多时相动态监测等优势。

遥感水文地质开始逐步发展成为一门独立的学科。传统的遥感水文地质着重于水文地质测绘系统中对定性特征的解释和对特殊标志的识别，近期的研究则扩展到应用热红外和多光谱影像进行地下水流系统内的地下水分析和管理，目前的研究重点则集中到了地下水空间的补给模式、污染评价中植被、区域测图单元参数的确定和空间地下水模型中地表水文地质特征

的监测。

近30年来，国土资源部在各种比例尺的水文地质调查中都广泛采用了遥感技术。遥感方法作为先导，密切配合常规调查方法，有效地减少了野外调查工作量，减轻了水文地质工作者的劳动强度，加快了调查速度，提高了成果质量。尤其在一些人迹罕至或根本难以抵达的高山、密林、沼泽、滩涂、盐湖等地区，遥感方法更加体现出了它在技术上的先进性和优越性。

在地下水勘查中，利用遥感图像上的色调、形态、纹理、结构等影像特征，运用遥感技术对勘查区各类地质要素进行解译和提取，并结合多学科、多信息的综合分析，可以对区域的水文地质条件和地下水的分布特征得出系统、客观的结论；可以圈定相对富水地段、判断含水层的层位和各种边界条件；通过编制水文地质下垫面图，并结合多年降水量及入渗系数等水文地质参数分析，可估算出地下水天然补给量；可用以揭示地表水与地下水之间的空间关系，推测地下暗河的展布，为进行岩溶发育规律的研究和寻找地下富水地段提供直观依据等。

另外，热红外影像及雷达图像在水文地质调查与勘查中有特殊的作用。热红外影像可以反映因地下水露头或浅层地下水存在而导致的地热异常；雷达图像对地表水点及土壤湿度反应敏感，用于探测浅层地下水及含水古河道等效果较好。傅磬宏曾运用 Landsat 卫星的 TM 热红外遥感数据定量反演干旱地区地下水富集带的温度信息，结果表明：遥感反演的温度与当地3月下旬地表实际温度误差在0.8K以内，地下水富集带的温度比地表水体的温度高5K左右，而比其他类型的低7K以上。据此，可利用热红外遥感技术有效地探测干旱地区地下水富集带的信息。

用热红外遥感方法勘查地下热水资源的效果更佳。在美国亚利桑那州斯塔福得附近红外成像时，发现山脚处地表温度比其他地方的高，后经钻探证实，在地表下127m深处有118℃的热水。

三、不同水文地质单元区遥感技术的应用

遥感技术在水文地质勘查中应用的一般步骤为：确定数据源→选取合适的数据时相及光谱的波段→图像处理→提取地下水信息。由于我国地域辽阔，东西部地区气候差异较大，故对不同水文地质区进行遥感解译时，要有针对性地选择遥感数据源。通过获得的卫星图像，可以推断出岩石类型、结构、地层以及地层中岩石的组成。总体来说，对航空相片或卫星图像的分析应在实地调查之前进行，这样可以排除含水较少的地层，确定需要进一步调查的区域。地下水遥感信息提取的基本流程一般包括图像处理、地下水提取方法、富水区圈定、专题图制作等内容，如图2-1所示。

从遥感数据中能够获取地下水信息量的多少，取决于区域地质、气候条件和地表覆盖类型等因素。在干旱、半干旱地区，地表覆盖物较少，很容易从遥感图像上解译出地质特征；在有植被覆盖的地区，航空和卫星图像的解译结果需要结合实地调查进行。合成孔径雷达(SAR)数据在干旱、半干旱地区地下水的监测中有很大的潜力，由于长波雷达的穿透能力和雷达具有探测土壤含水量的能力，使得SAR在干旱地区地下水探测中成为一个比较重要的工具。下面对主要的水文地质单元区遥感技术的应用作简单介绍。

1. *基岩山区遥感技术的应用*

基岩山区地貌地质单元种类较多，既有山间盆地、河川谷地，又有构造盆地、熔岩台地。地下水类型较多，补、径、排关系复杂，应用水文地质遥感信息分析与环境遥感信息分析相结合，

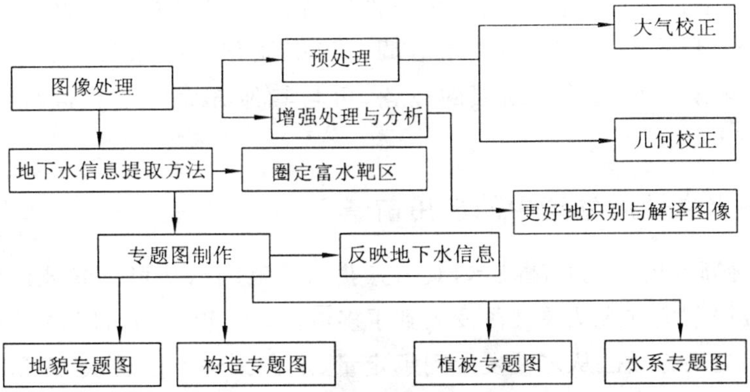

图2-1　地下水遥感信息提取流程图

（据水文地质工程地质技术方法研究所，2006）

可以解译不同地貌、不同地质单元的分布范围，建立不同地下水类型的解译标志。

（1）数据源的选择方法。基岩山区地下水勘查，主要数据源应选择TM/ETM，而寻找基岩裂隙水、构造裂隙水以红外波段及微波图像为主；为解译河谷川地地下水溢出带、泉水出露点等，应以TM6/ETM6图像为主。数据时相选择应为受干扰因素较少的冬、春季节，热红外图像选择春初、秋末季节较好。

（2）图像处理与地下水信息提取。基岩山区多为基岩裸露或覆盖物较少，图像处理应侧重区分不同的地层岩性、增强断裂构造特征信息，以提高图像的可读性，利于地下水信息的提取。采用多光谱图像波段组合或波段比值组合，能起到增强、突出构造形态和地层岩性特征信息的作用，以TM图像为主，TM7、TM4、TMl及TM5、TM4、TM3波段组合，效果较好。

（3）应用效果。以辽西丘陵山区为例。在辽宁西部丘陵山区地下水勘查中应用遥感技术应根据遥感技术的特点，结合勘查区的水文地质条件，以寻找基岩裂隙水和松散层孔隙水。在松散层中提取地下水遥感信息效果较好，提取时宜选用ETM图像；基岩断层在影像上的特征明显，水信息异常在主断裂层反映较好，而小断层反映异常较差。

2. 红层地区遥感技术的应用

红层地区地形起伏不大，水文地质单元分区不明显，植被发育，基岩较少裸露，利用环境遥感信息分析技术建立地层岩性、微地貌解译标志，能达到勘查浅层风化裂隙水和构造裂隙水的目的。

（1）数据源选择方法。红层地区碎屑岩孔隙裂隙水量小而分布广泛，可作为居民分散供水水源，浅层孔隙裂隙水遥感数据源的选择应以春季ETM图像为主，勘查深部基岩裂隙水、构造裂隙水应选用TM、ETM及SPOT或SAR图像。

（2）图像处理与地下水信息的提取。由于红层地区主要分布在四川盆地及云南、贵州的少部分地区，气候湿润，植被发育，对该区遥感图像的处理主要以TM/ETM可见光波段图像假色彩合成，或采用TM/ETM与SAR图像融合进行图像增强处理，在图像经过增强处理的基础上，采用主成分分析方法，提取与地下水信息有关的因子进行专题图分析解译。

（3）应用效果。以红层丘陵区为例。利用遥感技术寻找红层丘陵区浅层风化裂隙水，除解译地层岩性、地质构造外，微地貌条件的解译是圈定富水靶区的主要目的。实践表明，在红层地区，利用地下水遥感技术对调查浅层风化裂隙水效果较好；构造裂隙水也可通过遥感技术来解译出岩性和断层的位置，再与其他方面的信息进行综合分析即可确定出找水靶区。

四、遥感在水文地质勘查中的应用前景

遥感作为一种新兴的对地观测技术，其信息获取的范围已从可见光波段延伸到了红外波段和微波波段；数据采集方式从单波段发展到了多波段、多极化、多角度，从空间维扩展到了光谱维；数据处理和应用方法已从定性发展到了定量、定位。一个多层次、多角度、全方位、立体化、全天候、全天时的对地观测网正在迅速形成。各种遥感技术的应用深入到资源、环境各领域。遥感技术的发展新趋向将使其成为推动地质科学研究和包括地下水资源勘查在内的地质矿产资源调查工作的新手段。

1. 高空间分辨率的遥感资料广泛地应用于地下水资源勘查

随着水文地质调查与勘查工作精度的不断提高，人们对遥感数据源质量的要求也越来越高。其中衡量地物可识别尺度的空间分辨率是最受普遍关注的质量指标之一。因此，航空遥感方法仍然广泛地被应用于水文地质调查和地下水勘查工作；除此以外，近年国外多种高空间分辨率的卫星数据已经商业化，如美国的 IKONOS（分辨率为 1m）、QuickBird（分辨率为 0.68m）、俄罗斯的 SPIN－2（分辨率为 2m）、以色列的 EROS－1（分辨率优于 1m）和法国 SPOT－5（分辨率为 2.5m）等。这些数据都将为开展大比例尺、高精度的地下水资源勘查工作提供新的数据来源。

2. 热红外遥感技术在探测地下水中具有特殊作用

热红外遥感图像能敏感地反映目标地物与背景之间的热辐射能量差异，在地下水勘查中常用于确定溢出带、泉点等地下水的排泄部位，因而在圈定浅层地下水分布范围，寻找热水源和监测环境热污染等方面可发挥特殊的作用。目前在轨运行的多颗遥感卫星，包括我国的中巴地球资源一号卫星都可以获取热红外数据，机载成像光谱仪和多波段红外扫描仪也能获取航空热红外图像，均可为地下水勘查中采用热红外遥感技术提供必要的数据。

3. 微波遥感技术在探测浅层地下水方面有较好效果

微波雷达技术是一种全天时、全天候的主动遥感技术，是通过对微波传播到地物后发生的后向散射强度的测量来研究地物表面和浅层的物理特性，近年来除了被广泛应用于地形测绘，地貌、地质构造和地物属性的识别外，还因其对水体敏感，对沙体、冰雪等物体有一定穿透能力的特性被应用于地下水勘查。中国国土资源航空物探遥感中心在塔克拉玛干沙漠科学考察中从航空侧视雷达图像所反映的已枯萎胡杨林带的分布状态，成功地揭示了克里雅河下游古河床的走势，找到了受古河床控制的地下潜水，解决了穿越沙漠过程中的骆驼饮水问题，使考察任务得以顺利完成。

目前加拿大的 Radarsat、欧空局的 ERS－2 等卫星所提供的微波雷达数据有多种数据采集方式和多种空间分辨率，可供用户选择。可以预计，微波遥感技术将成为今后我国地下水勘查的最重要手段之一。

4. "3S"技术的结合将进一步提高地下水资源调查的水平

"3S"技术是现代高新技术发展的结晶，为人类观测和研究地球提供了全新的手段。它们的相互结合或融合是科学技术发展的必然趋势和各领域技术应用的需要。"3S"技术之间存在着相互依存和相互促进的密切关系，一方面 RS 可以快速、高精度地获取地物的属性数据，GPS 可以精确地提供地物三维空间的定位数据，GIS 为储存—管理—分析上述数据提供了有效工具；另一方面 RS 的影像识别需要在 GIS 的支持下改善其准确性，在 GPS 的结合下提高几何精度，而 GIS 则随时需要用新的 RS 和 GPS 数据不断地充实和更新其数据库。实践证明，"3S"技术的结合将进一步提高地下水资源调查的水平，产生巨大的社会经济效益。

另外，在具体手段配合上，也出现了遥感技术与物探技术、钻探技术等相结合的新方法，不断拓展着遥感技术的应用领域。

第二节　水文地质测绘

水文地质测绘也称水文地质填图，是以地面调查为主，对地下水和与其相关的各种现象进行现场观察、描述、测量、编录和制图的一项综合性水文地质工作。水文地质测绘是水文地质勘查工作的基础与先行工作，是认识和掌握测区地层、地质构造、地貌、水文地质条件等的重要调查研究方法。就水文地质勘查工作程序而言，一般应做到先测绘后钻探。在特殊情况下，测绘和钻探也可以同时进行，但测绘工作仍应尽量先行一步，以便为及时调整勘查设计提供依据。

水文地质测绘的工作过程是通过现场观察、记录及填绘各种界线与现象，以及室内的进一步分析整理，最终编制出从宏观和三维空间上反映区内水文地质条件的图件，并编写出相应的水文地质测绘报告。

进行水文地质测绘时，要求有相同比例尺的地质图作为底图。如无地质图或已有地质图的精度不合要求时，则应在水文地质测绘中同时填出地质图，这种测绘又称为综合性地质-水文地质测绘。此种测绘所用的地形底图比例尺一般要求比最终成果图的比例尺大一倍。

一、水文地质测绘的目的与任务

1. 水文地质测绘的目的

水文地质测绘的目的在于通过对地质、地貌、新构造运动、地下水点的调查和填绘水文地质图等，查明勘查区内地下水形成与分布的基本规律，在此基础上作出初步的开发利用远景评价，并对区内存在的环境水文地质问题等提出防治措施的论证。水文地质测绘还将进一步为水文地质钻探、试验和观测工作提供设计依据。

2. 水文地质测绘的任务

水文地质测绘的主要任务如下。

(1) 调查与地下水形成有关的区域地质、区域水文、气象因素、地貌及第四纪地质特征。

(2) 调查研究测区内的主要含水层、含水带及其埋藏条件；隔水层的特征与分布。

(3) 查明测区内地下水的基本类型及各类型地下水的分布状态、相互联系情况。

(4) 查明地下水的补给、径流、排泄条件。

(5) 概略评价各含水层的富水性、区域地下水资源量和水化学特征及其动态变化规律。

(6) 调查研究各种地质构造的水文地质特征。

(7) 了解区内现有地下水供水、排水设施以及地下水开采情况。

(8) 论证与地下水有关的环境地质问题。

二、水文地质测绘的精度要求

水文地质测绘所取得的成果主要反映在各种图件上，因此，测绘的精度要求主要是通过图幅的比例尺大小来反映的。不同比例尺填图的精度，取决于地层划分的详细程度和地质界线描绘的精度以及对地区的水文地质现象的研究和阐明的详细、准确程度。

(1) 测绘填图时所划分单元的最小尺寸。一般规定为 2mm 或 5mm，即大于 2mm 的相应比例尺的闭合地质体和长度大于 5mm 的构造线等均应标示在图上。根据这一要求，各种单元地质体标示在图上的允许尺寸为 2mm 乘以图幅比例尺的分母。但在实际填图时还应结合具体情况灵活掌握，对于具有特别重要意义的地质体，即使小于 2mm 宽度者，也应该用放大比例尺的方法标示在图上；相反，对于与水文地质条件关系不大且相近似的几种单元，可合并表示。

(2) 填图单位的地层厚度。以 1∶5 万比例尺为例，其褶皱岩层不大于 500m、缓倾斜岩层不大于 100m。岩性单一时可适当放宽精度。厚度小于 3m 的第四纪残积物应按基岩填图。

(3) 根据不同比例尺的精度要求，规定在单位面积内必须有一定数量的观测点及观测路线，一般在 1∶5万地形图上每隔 1～2cm 布置一条观测线，每隔 0.5～1.0cm 即应有一个观测点。条件简单者可以放宽一倍。观测点的布置应尽量利用天然露头，当天然露头不足时，可布置少量的勘探(坑探、钻探)点，并选取少量的试样进行实验。

(4) 为了达到所规定的精度要求，一般在野外测绘填图中，采用比例尺较提交成果图件比例尺大一级的地形图作为填图底图。例如，当进行 1∶5万比例尺测绘时，常采用 1∶2.5 万比例尺的地形图作为外业填图底图。外业填图完成后，再缩制成 1∶5万比例尺图件作为正式资料提交。

三、水文地质测绘的内容

水文地质测绘的主要内容有：基岩地质调查、地貌及第四纪地质调查、地表水体的调查、地下水露头的调查、与地下水有关的环境地质状况的调查。

(一) 基岩地质调查

地下水的形成、类型、埋藏条件、含富水性等都严格受到当地地质条件的制约，因此基岩地质调查是水文地质测绘中最基本的内容。但水文地质测绘中对地质的研究与地质测绘中对地质的研究是不同的：水文地质中对地质的研究目的在于阐明控制地下水的形成和分布的地质条件，也就是要从水文地质观点出发来研究地质现象。因此，在水文地质测绘中进行地质填图时，不仅要遵照一般的地层划分原则，还必须考虑决定含水条件的岩性特征，允许不同时代地层合并或将同一时代的地层分开。

1. 岩性调查

岩性特征往往决定地下水的含水类型、影响地下水的水质和水量。如第四纪松散层往往分布着丰富的孔隙水，岩浆岩、碎屑岩地区往往分布着裂隙水，而碳酸岩地区则主要分布着岩溶水。对于岩石而言，影响地下水水量的关键在于岩石的空隙性，而岩石的化学成分和矿物成分则在一定程度上影响着地下水的水质。因此，在水文地质测绘中要求观测研究岩石对地下水的形成、赋存条件、水量、水质等诸多影响因素，具体观察的内容如下。

（1）松散地层。要着重观察土的粒径大小、排列方式、颗粒级配、组成矿物及其化学成分、包含物等。

（2）非可溶性坚硬岩石。岩石的裂隙发育情况影响地下水赋存，因此要重点调查和研究裂隙的成因、分布、张开程度和充填情况等。

（3）可溶性坚硬岩石。要重点调查、研究岩石的化学和矿物成分、溶隙的发育程度及影响岩溶发育的因素。

2. 地层调查

地层是构成地质图的最基本要素，也是识别地质构造的基础。在水文地质测绘中，研究地层的方法如下。

（1）如测区已有地质图，在进行水文地质测绘时，首先要到现场校核和充实标准剖面，再根据其岩性和含水层进行补充分层（即把地层归纳为含水岩组和隔水岩组）。

（2）如测区还没有地质图，就需要进行综合性地质-水文地质测绘。在进行测绘时，首先要测制出调查区的标准剖面。

（3）在测制或校核好标准地层剖面的基础上，确定出水文地质测绘时所采用的地层填图单位，即要确定必须填绘的地层界线。

（4）野外测绘时，应实地测绘所确定地层的界线，并对其作描述。

（5）根据测区内地层的分布及其岩性，判断区内地下水的形成、赋存等水文地质条件。

3. 地质构造调查

地质构造不仅对地层的分布产生影响，它对地下水的赋存、运移等也起到很大的作用。在基岩地区，构造裂隙和断层带是最主要的贮水空间，一些断层还能起到阻隔或富集、引导地下水的作用。在水文地质测绘中，对地质构造的调查和研究的重点如下。

1）褶皱构造

（1）应查明其形态、规模及其在平面上和剖面上的展布特征与地形之间的关系，尤其注意两翼的对称性和倾角大小变化及其变化特点。

（2）查明主要含水层在褶皱构造中的部位和在轴部中的埋藏深度。

（3）研究张应力集中部位裂隙的发育程度。

（4）研究褶皱构造和断裂、岩脉、岩体之间的关系及其对地下水运动和富集的影响。

2）断裂构造

（1）对裂隙的调查。裂隙是基岩地下水的主要贮水空间运移通道，在水文地质测绘中应详细测量各种地层岩性的裂隙长度、宽度、产状、密度和充填情况。

（2）对断层的调查。具体包括的内容如下。

a. 要仔细观察断层本身（断层面、构造岩）及影响带的特征和两盘错动的方向，并据此判断断层的性质（正断层、逆断层、平移断层），分析断裂的力学性质。

b. 调查各种断层的分布范围、空间展布及彼此之间的接触关系，以确定有利于地下水贮存的构造部位。

c. 规模较大的断裂，要详细地调查其成因、规模、产状、张开程度，构造岩的岩性结构、厚度，断裂的填充情况及断裂后期的活动特征。

d. 查明断层各个部位的含水性以及断层带两侧地下水的水力联系程度。

e. 调查、研究各种构造及其组合形式对地下水的赋存、补给、运移和富集的影响。

（二）地貌调查

地貌与地下水的形成和分布有着密切的关系，通常地形的起伏控制着补给、径流和排泄。地貌调查在水文地质测绘中占有重要位置，对调查区的地貌条件认识不清，对该区水文地质条件的分析也必定会出现问题。

在基岩区，地貌单元常可反映出当地可能存在的含水层类型、埋深和补、径、排条件。如在侵蚀构造山区，地形陡，切割剧烈，第四系地层薄；降水易流失，入渗条件差，地下水径流条件好，且多被沟谷排泄；孔隙水不发育，地下水贮存条件不好。在基岩中，除局部分布有大面积层状含水层外，多有脉（带）状地下水存在，但贮存量一般不大、埋藏较深。在剥蚀堆积的丘陵区，第四纪盖层虽不太厚，但风化壳较厚，故风化裂隙水较发育。在构造盆地或单面山地貌区，常有丰富的承压水分布。

地貌调查一般是与地质调查同时进行的，故在布置观测路线时要考虑穿越不同的地貌单元，并将观测点布置在地貌控制点及地貌变化界线上。

在野外进行地貌调查时，主要任务是对各种地貌单元的形态特征进行观察、描述和测量，查明其成因类型和地貌单元形成的地质年代及发育演变历史（表 2－2），分析其与地层岩性、构造和地下水之间的关系，从而揭示地貌与地下水形成与分布的内在联系。同时，还要对各种地貌的不同形态进行详细、定性的描述和定量测量，并编制地貌图。

表 2－2　地貌单元分类表（据《工程地质手册》，1992）

<table>
<tr><th>成因类型</th><th colspan="3">地貌单元</th><th>主导地质作用</th></tr>
<tr><td rowspan="6">构造、剥蚀地貌</td><td rowspan="3">山地（m）</td><td>高山</td><td>3 500～5 000</td><td>构造作用为主，强烈的冰川刨蚀作用</td></tr>
<tr><td>中山</td><td>1 000～3 500</td><td>构造作用为主，强烈的剥蚀切割作用和部分冰川刨蚀作用</td></tr>
<tr><td>低山</td><td>500～1 000</td><td>构造作用为主，长期强烈的剥蚀切割作用</td></tr>
<tr><td colspan="2">丘陵（m）</td><td>＜500</td><td>中等强度的构造作用，长期剥蚀切割作用</td></tr>
<tr><td colspan="3">剥蚀残山</td><td>构造作用微弱，长期剥蚀切割作用</td></tr>
<tr><td colspan="3">剥蚀准平原</td><td>构造作用微弱，长期剥蚀和堆积作用</td></tr>
<tr><td rowspan="4">山麓斜坡堆积地貌</td><td colspan="3">洪积扇</td><td>山谷洪流沉积作用</td></tr>
<tr><td colspan="3">堆积裙</td><td>山坡片流坡洪积作用</td></tr>
<tr><td colspan="3">山前平原</td><td>山谷洪流洪积作用为主，夹有山坡片流坡积作用</td></tr>
<tr><td colspan="3">山间凹地</td><td>周围的山谷洪流洪积作用和山坡片流坡积作用</td></tr>
</table>

续表 2-2

成因类型	地貌单元		主导地质作用
河流侵蚀堆积地貌	河谷	河床	河流的侵蚀切割作用或冲积作用
		河漫滩	河流的冲积作用
		牛轭湖	河流的冲积作用或沼泽堆积作用
		阶地	河流的侵蚀切割作用或冲积作用
	河间地块		河流的侵蚀作用
河流堆积地貌	冲积平原		河流的冲积作用
	河口三角洲		河流的冲积作用，间有滨海堆积或湖泊堆积
大陆停滞水堆积地貌	湖泊平原		湖泊堆积作用
	沼泽地		沼泽堆积作用
大陆构造-侵蚀地貌	构造平原		中等构造作用，长期堆积和侵蚀作用
	黄土塬、梁、峁		中等构造作用，长期黄土堆积和侵蚀作用
海成地貌	海岸、海岸阶地		海水冲蚀或堆积作用
	海岸平原		海水堆积作用
岩溶地貌	岩溶盆地、坡立谷		地表水、地下水强烈的溶蚀作用
	峰林地形、石芽残丘		地表水强烈的溶蚀作用
	溶蚀准平原		地表水长期的溶蚀作用及河流的堆积作用
冰川地貌	冰斗、幽谷、冰蚀凹地		冰川刨蚀作用
	冰碛丘陵、冰积平原、终碛堤		冰川堆积作用
	冰前扇地		冰水堆积作用
	冰水阶地		冰水侵蚀作用
	蛇堤、冰碛阜		冰川接触堆积作用
风成地貌	沙漠	石漠	风的吹蚀作用
		沙漠	风的吹蚀和堆积作用
		泥漠	风的堆积作用和水的再次堆积作用
	风蚀盆地		风的吹蚀作用
	砂丘		风的堆积作用

在野外进行地貌调查时应注意的问题如下。

(1) 地貌观测路线大多是地质观测线，观测点应布置在地貌变化显著的地点，如阶地最发育的地段、冲沟、洪积扇、山前三角面以及岩溶发育点等。

(2) 划分地貌成因类型时，必须考虑新构造运动这个重要因素。新构造运动是控制地形的重要因素，我国是一个新构造运动强烈的国家，从新近纪末期至今的新构造运动对于我国各地地貌的形成起着十分重要的作用。对新构造运动强度的判别，在很大程度上还依赖于对地形（河流曲切割深度、古代剥蚀面隆起所达到的高度、水文网分布情况、阶地的变形、沉积厚度等）的分析。如果新构造运动强烈上升，会形成切割强烈的高山；而新构造运动下降，常形成宽谷、沉积平原等。洪积扇发生前移或后退现象也是新构造运动作用的标志。地质构造的影响有时也可以反映在地形的特征上，例如单斜构造在地形上常表现为单面山、断层构造常表现为断层陡坎等。

（3）注意岩性对地形形成的影响。岩石性质对地形形成的影响也十分明显，因为不同岩性的岩石常能形成不同成因及形态的地形，很多峡谷与开阔盆地的形成常常与岩性的软硬有关的。

（4）应编制地貌剖面图。地貌剖面法是沿着一定方向（尽可能直线）来详细地研究当地地形的成因与变化的一种方法。剖面线应布置在可以很好地判定最重要地形要素的性质和相互关系并获得关于整个地形成因和发展史资料的地方。编制地貌剖面图是地貌观测工作中的一种极其重要的调查方法，它能很明显地、准确地和真实地反映出当地的地貌结构、地层间的接触关系、厚度及成因类型。

现以图 2－2 所示的地形、岩性和泉水出露等情况，尤其是地貌特征分析该区的水文地质条件。

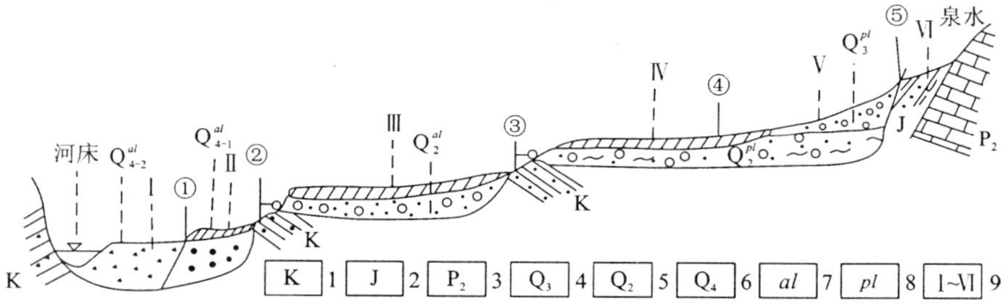

图 2－2　某河谷地形剖面和底层岩性分布图

1. 白垩系；2. 侏罗系；3. 二叠系上统；4. 上更新统；5. 中更新统；
6. 全新统；7. 冲积层；8. 洪积层；9. Ⅰ～Ⅵ为地貌单元

（1）如果不知道该剖面中的地貌与第四纪的成因类型，很可能认为①、②、③处有断层；也可能认为阶地Ⅲ、Ⅳ、Ⅴ的组成都是山前冲洪积物。当有了地貌和第四纪成因年代的概念，就能分析出该区的地质结构和水文地质条件。

（2）从平行河流的阶梯状地形和向上堆积的河流冲积物便可认定这些平台是河流的阶地，其时代由低到高逐渐变老。据岩性和结构特征，则可确定阶地的类型：Ⅰ、Ⅱ为内叠阶地，冲积物厚度较大；Ⅲ、Ⅳ为基座阶地，冲积物厚度较薄。地貌单元Ⅴ从④往右地形坡度突然变大，平面上具扇形，由颗粒从平原到山区逐渐变粗为洪积物可知，地貌单元Ⅴ为近期的比阶地Ⅳ年轻的山前洪积扇，并覆盖在阶地Ⅳ之上。

（3）洪积扇的后缘与由侏罗系碎屑岩组成台地Ⅵ的接触处，有一沿山麓方向分布的平直的陡坎，说明两者为断层接触。

（4）水文地质条件。由于从山前到河床，第四纪含水层的厚度范围均有限，且被基座阶地分割成各自的水文地质单元，使阶地之间的地下水无直接水力联系，故地下水资源有限。从补给条件看，由于侏罗系和断层阻水，山区岩溶水不能直接补给河谷内的含水层。阶地Ⅲ、Ⅳ只能在其分布范围内接受大气降水的入渗补给。阶地Ⅰ、Ⅱ在天然条件下有降水入渗补给，在开采条件下可接受河水的反补给，故开采资源较丰富。

（三）水文地质调查

地下水不是孤立存在的，地下水的埋藏、赋存、分布、补给、径流、排泄等，与地表水及周围环境密切相关，因此在水文地质调查过程中，必须详细观测和记录测区的地下水点，包括天然露头、人工露头与地表水体，并绘制地形和地质剖面图或示意图；对地下水的天然露头（如泉、沼泽和湿地）、地下水的人工露头（如井、钻孔、矿井、坎儿井以及揭露地下水的试坑和坑道等），均应进行统一编号，并以相应的符号准确地标在图上。

1. 地表水调查

对于没有水文站的较小河流、湖泊等，应在野外测定地表水的水位、流量、水质、水温和含沙量，并通过走访水利工作者和当地群众了解地表水的动态变化。对于设有水文站的地方，调查地表水体则应搜集有关资料进行分析整理。还应重点调查和研究地表水的开发利用现状及其与地下水的联系。

2. 地下水露头的调查

地下水露头是地下水存在的直接标志，对地下水露头点进行全面调查研究是水文地质测绘的核心工作。在测绘中，要正确地把各种地下水露头点绘制在地形地质图上，并将各主要水点联系起来分析调查区内水文地质条件；还应选择典型部位，尽可能多地通过地下水露头点绘制水文地质剖面图。

地下水露头通常分为两类：一类是地下水天然露头，包括泉、地下水溢出带、某些沼泽、湿地、岩溶区的暗河出口及岩溶洞穴、落水洞等；另一类是地下水人工露头，如水井、钻孔、矿山井巷、地下开挖工程等。

在地下水露头调查中，最常见的是泉和井孔。

1）泉的调查研究

泉是地下水直接流出地表的天然露头，是基本的水文地质点，通过对大量泉水（包括地下暗河）的调查研究，我们就可以认识工作区地下水的形成、分布与运动规律，也为开发利用地下水的前景提供了直接可靠的依据。一些大泉，由于其水量丰富、水量良好和动态稳定，供水意义大，应成为重点研究对象。对泉水的调查主要内容如下。

（1）根据地形、地貌、地质条件，结合调查访问寻找泉点。

（2）查明泉水出露的地质条件（特别是出露的地层层位和构造部位）、补给的含水层，确定泉的成因类型和出露高程，判明地下水类型。通过对泉水出露条件和补给水源的分析，可帮助确定区内的含水层层位，根据泉的出露标高，可确定地下水的埋藏条件。

（3）观测泉的流量、涌势及高度。测量泉流量的常用方法包括容量法、堰测法、流速仪法或浮标法。

a. 容量法。当泉流量较小（＜1L/s），地形上有跌水陡坎时可采用容量法（流量＝水体积/时间）。

b. 堰测法。一般情况下可用堰测法，即用堰板测量泉流量，堰板有三角堰、梯形堰和矩形堰三种（图 2-3）。常用三角堰，当流量较大（＞10L/s）时采用梯形堰或矩形堰。测量的方法是：在泉口下游一定距离（3～10m）将堰板垂直水流铅直平正埋好，不能漏水，使上游水流平稳，下游形成跌水，测量堰口水层高度（h），查表或用公式计算泉流量（图 2-3）。

c. 流速仪法或浮标法。当水量很大、不能用堰测时，可用流速仪法或浮标法测定泉流量。流速仪法指用流速仪测定水流速（v），并测定输水沟渠的过水断面面积（ω），二者乘积，即为泉

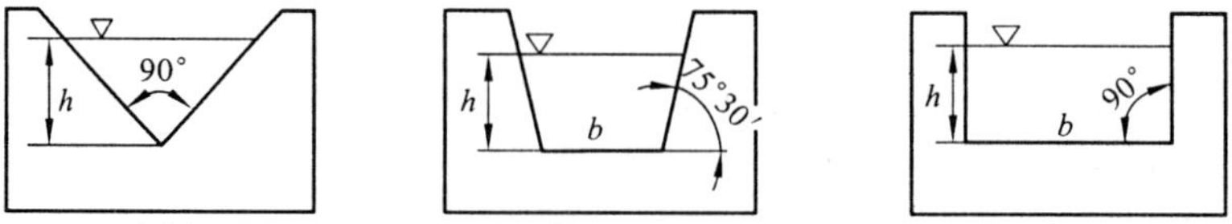

三角堰 $Q=0.014h^{\frac{5}{2}}$　梯形堰 $Q=0.0186bh^{\frac{3}{2}}$　矩形堰 $Q=0.0183bh^{\frac{3}{2}}$

图 2-3　堰测法示意图及公式

Q. 泉流量；h. 堰口水层高度；b. 堰底宽度

流量($Q=\omega v$)；浮标法是近似法，即用木块、作物杆等做浮标，测定水的流速，与过水断面的乘积即为泉流量。

(4) 调查泉的动态。根据泉的不稳定系数 α，确定泉的动态类型(表 2-3)，判断泉的补给情况。通常 α 愈大，说明泉的补给面积愈大、补给来源愈远、含水层调节容量大、泉水愈稳定。

表 2-3　泉的动态类型与不稳定系数

泉的动态类型	极稳定的	稳定的	变化的	变化极大的	极不稳定的
$\alpha=\frac{年最小流量}{年最大流量}$	1	0.5～1	0.1～0.5	0.03～0.1	<0.03

(5) 对重要的泉点，取水样进行水质分析。

(6) 调查泉的开发利用状况及居民长期饮用后的反映。

(7) 对于泉流量出现衰减或干枯的泉，应分析原因，提出恢复措施。

(8) 对矿泉、温泉，在研究前述各项的基础上，还应查明其特殊组分及出露条件与周围地下水的关系，并对其开发利用的可能性作出评价。

2) 地下水的人工露头(水井、钻孔)的调查

在缺乏泉的工作区，要把重点放在现有水井、钻孔的观测中。当两者都缺时，则应布置重点揭露工程。如当含水层埋藏较浅时，可采用洛阳铲、麻花钻等工具揭露；当含水层埋藏较深时，可用钻机揭露。

在水文地质测绘中，井孔调查比泉的调查意义更大。井孔调查能可靠地帮助查明工作区内现有开采深度内含水层的分布、埋藏规律和地下水的动态等。井孔的调查内容如下。

(1) 井孔所处的位置、标高、地形、地貌、地质环境及其附近的卫生防护状况。

(2) 调查和搜集井孔的地质剖面和开凿时的水文地质观测资料。

(3) 测量井孔的水位埋深、井深，井孔的出水量、水质、水温等。

(4) 调查井孔内水的动态。

(5) 查明井孔的储水层位，确定地下水的类型、补给、径流、排泄特征，水井的结构、使用年限，长期使用井孔水的反映。

(6) 对主要含水层中典型地段上有代表性的井孔进行简易的抽水试验，以取得必要的参数，并取水样，测定其化学成分。

(7) 井孔开采地下水量的情况，注意含水层之间的水力联系。

3. 地下水与地表水的联系性调查

地下水与地表水之间的水力联系，主要取决于两者之间的水头差及两者之间介质的渗透

性。野外调查时，一般选择河流平直而无支流的地段进行流量测量，测量其上下游两个断面之间的流量差，如果上游断面流量大于下游断面流量，说明河流补给地下水，反之，则地下水补给河流。

有下降泉出露的地段，说明是地下水补给地表水。泉水出露高出地表水面的高度，即为该处地下水位与地表水位的水位差。

应注意的是，有时虽然存在水位差，但是由于不透水层的阻隔，地表水与地下水不发生水力联系。

野外调查时，还需查明地下水与地表水的化学成分的差异性。可通过采取地下水与地表水的水样分析来对比它们的物理性质、化学成分和气体成分，判断它们之间有无水力联系。

（四）地表植物的调查

植物生长离不开水，某些植物的分布、种类可以指示该地区有无地下水及其水文地质特征，因而在某些地区，特别是干旱、半干旱和盐渍化地区进行水文地质测绘时，应注意对地表植物的调查。如在干旱、半干旱地区，某些喜水植物的生长常指示该处有地下水，若其生长繁茂，说明该段地下水埋藏较浅；在盐渍化地区，可依据植物的分带现象来判断土壤的盐渍化程度；在松散层覆盖区，如植物成线状分布则指示下面可能有含水断裂带存在等。

在野外对地表植物描述一般包括下列内容。

（1）植物分布区周围的环境。包括地理位置、地形、土壤、地貌特点、地表水情况等。

（2）植物的群落及生态特征。包括植物群落种类名称，植物的高度、分层、覆盖密度和均匀程度及其与地下水的关系（耐寒性、喜水性、喜盐性等）。

（五）与地下水有关的环境地质调查

地下水是导致许多环境地质作用发生的最活跃、最重要的因素。许多环境地质问题的产生，都可不同程度地反映出地下水的存在及地下水的埋藏条件或活动情况。因此，在供、排水的水文地质测绘中，应对现存的或可能发生的环境地质问题进行观察研究。

1. 分清环境地质问题的类型

（1）在天然条件下，与地下水活动有关的环境地质问题有滑坡、地震、塌陷、崩坍、沼泽化、盐渍化、冻胀以及地方病等。

（2）在供、排水条件下（人为条件下），与地下水作用有关的环境地质问题有地下水位持续大幅度下降、地面沉降、塌陷、地裂缝、崩坍、地震、井（泉）水枯竭、水质恶化、海水入侵、土地沙漠化、植被衰亡、次生盐碱化及地方病等。

上述有些问题，在天然条件下可以发生，在开采条件下（人为条件下）也可以发生，调查中应仔细区分。

2. 与地下水有关的环境地质调查

（1）研究、调查区内地下水开采或排水前后产生的环境地质问题的类型、规模。将重点放在供、排水后可能发生的环境地质问题上。

（2）调查、研究各种环境地质现象与区域地质构造、地下水状况和开发利用的关系。

（3）了解各种环境地质作用的时、空变化规律，预测其发展趋势。

（4）对现存和预测出的环境地质问题，提出防治措施。

四、水文地质测绘的基本工作方法

水文地质测绘的基本工作方法和步骤包括准备工作、野外工作及室内整编三个方面。

(一) 准备工作

主要的准备工作内容如下。

(1) 搜集与熟悉测绘区自然地理、地貌、地质资料。

(2) 对已有的航片、卫片进行解释。

(3) 确定各项工作量,对测绘点、测绘路线作出合理安排。

(4) 现场踏勘,建立地层层序并确定标志层。

(5) 按照相关规范编制各项技术要求、工作规程和成果标准,制定有关的规章制度。

(二) 野外工作

1. 观测剖面的选择

观测剖面有两种:一种为全区综合性地层、构造剖面;另一种为典型地段控制性地貌、岩性剖面,例如河流阶地、洪积扇轴部、泉水出露地段等。剖面长度视需要和所要说明的问题而定。全区综合性剖面一般应与勘查线相结合,必要时应进行实测。

2. 实测地层剖面

野外水文地质测绘应从研究或实测控制性地层剖面开始。其目的是为了查明区内各类地层的层序、岩性、结构和构造、岩相、厚度及接触关系,裂隙岩溶发育特征,确定标志层或层组及填图单位,研究各类岩石的含水性和其他水文地质特征,最后编制出所测地区的地层综合柱状图。

实测地层剖面应选在地层发育较全、地质构造简单、没有或很少岩浆岩穿插的地段上;剖面方向尽可能垂直地层走向或主要构造线方向布置,一般来说两者间的夹角不宜小于60°;剖面地层分层的详细程度应根据测绘的需要而定;选择一定的比例尺绘制实测地层剖面图,比例尺一般应为测绘比例尺的5～10倍。要在现场进行草图的测绘,以便发现问题及时补充。按要求采取地层、构造、化石等标本和水、土、岩样等,以供分析鉴定使用。在水文地质条件复杂的地区,最好能多测一两条剖面,以便于对比。如控制剖面上某些关键部位掩盖不清,还应进行一定量的剥土或轻型坑探工作。

3. 布置观测线、观测点

在野外进行水文地质测绘时要布置观测线和观测点,并将各在观测线和观测点观察到的各种地质现象、实测资料及测定的各种界线按规定的图例符号在野外就地标记于地形底图上,作为室内资料分析和编制各种成果图件的基础。

1) 观测线的布置

观测线的布置原则是花费最少的时间、以最短的路线观察到最多的有意义的地质现象。观测线一般根据地质图、地形图结合实际情况进行布置。具体布置观测线的要求如下。

(1) 从主要含水层的补给区向排泄区,即水文地质条件变化最大的方向布置。

(2) 沿能见到更多的井、泉、钻孔等天然和人工地下露头点及地表水体的方向布置。

(3) 所布置的观测线上应有较多的地质露头。

在基岩山区或丘陵地带,一般是垂直区域岩层走向或褶皱、断层等构造的走向,尽量控制整个工作区来布置观测线;其次是沿河谷、沟谷和地下水露头较多的地方,根据测绘填图的实际需要,有时也沿岩层走向和构造线方向布置。在第四纪松散沉积物分布区,一般应沿着沉积作用方向和地貌单元较多、地貌形态较完整的方向去布置观测线,在山前地区观测线由山区到平原,应穿越洪积扇的顶端至前缘来布置;在平原地区一般垂直河流,按控制所有阶地的方向布置观测路线;对于自流盆地或潜水盆地则应穿越盆地的补给区及排泄区。

2）观测点的布置

（1）观测点分类。在水文地质测绘过程中,为便于记录,可将观测点分为如下三类。

a. 地质点。主要描述地层岩性及地质构造。地质点可分为基岩点与第四纪松散沉积物点。

b. 地貌点。以描述景观地理、地貌形态及现代自然地质现象为主。

c. 水文地质点。以描述泉、井、钻孔等水文地质现象为主。

（2）观测点的布置。野外测绘时,观测点的布置要求既能控制全区,又能照顾到重点地段。通常,观测点应布置在具有地貌、水文地质意义等有代表性的地段。一般的地质点可以布置在地层界面、断裂带、褶皱变化剧烈部位、裂隙岩溶发育部位及各种接触带;地貌点应布置在地形控制点、地貌成因类型控制点、各种地貌分界线以及物理地质现象发育点;水文地质点应布置在泉、井、钻孔和地表水体处,主要的含水层或含水断裂带的露头处,地表水渗漏地段,水文地质界线上,以及一些能反映地下水存在与活动的各种自然地理、地质现象等的标志处,对已有的取水和排水工程也要布置观测点。

不宜平均布点、同等对待,要善于寻找好的露头,进行详细观察研究,将所观察的地层、构造、地貌、水文地质现象、各种观察点界线等及时用统一规定的符号准确标绘在地形图上,必要时应作实测剖面、素描或摄影。要注意采集动、植物化石,孢子花粉和古地磁测试样品,作为鉴定地层时代和判断岩石成因的依据。

观测点的数量应满足设计要求,布置时一方面是考虑有控制性的地点,如在地层界线、断层线、褶皱轴线、岩浆岩与围岩接触带、标志层、典型露头和岩性、岩相变化带、构造不整合等地,各种不同地貌成因、形态界线,各种自然地质现象和岩溶发育地段,以及各种天然、人工地下水露头(井、泉、钻孔、矿井、坎儿井、地下暗河出入口、地下潮),地表水水体,不同水文地质单元界线,各种水文地质现象分布地段均应布点;另一方面则应照顾到均匀性,即在水文地质条件简单地区也应有适当的点控制。

（3）观测点的测定。根据不同比例尺的精度要求,常采用仪器法、半仪器法、目测法等方法测定观测点的位置。

（4）观测点的记录与描述内容如下。

a. 露头的地点、位置和类型。首先记录图幅的编号及该点所在县、乡、村。观测点离开标志点的方位和距离,并说明观测点位置的具体特征(山顶、坡脚、悬崖及冲沟、河谷、河岸等);然后写明是基岩露头还是第四纪松散沉积物露头,以及是天然露头还是人工露头(钻孔、浅井、探槽或剥土等);最后应注明调查日期和调查人姓名。

b. 基岩露头点的野外观测与描述内容。主要观测描述内容有岩石的名称、岩层的顺序、地质时代、颜色(新鲜面、风化面)、结构、构造、岩层厚度及产状、岩层的接触关系和观测点所处构造部位;对于构造形迹及结构面的地质力学性质特征、节理的类型、发育程度(深、宽、高)、产状和充填物都应进行详细地观测和描述,对典型地段进行节理统计;还要描述风化裂隙的发育程度和充填情况以及观测点所处的地形、地貌特征和沿途地质现象。

c. 第四纪松散沉积物地层露头点的野外观测与描述内容。主要包括:地层的颜色、成分、结构、构造等岩性特征;它们的松散性和固结性、孔隙裂隙的发育情况、含不含钙质结核和铁锰结核以及遇稀盐酸起泡的程度等。除用文字描述外,还应有素描图。

d. 地层中的特殊夹层。如含矿层、泥炭层、风化壳、古土壤及火山沉积层等也要进行详细地描述。

e. 化石及人类遗迹(文化层)。对于化石名称、数量、形态大小、保存状况、石化程度、分布状况等要详细描述。化石层位应在地质剖面上注明。对人类遗迹如石器、灰烬和猿人洞穴等都应详细描述。

f. 地层的厚度。要认真测量露头上的出露厚度,并注意它在空间上的变化。

g. 层间界线。主要指层与层之间的接触关系,要确定界线性质并描述其特点。

h. 沉积物和岩石组成的地貌特征。包括露头的地貌位置、沉积物和岩石本身所组成的地形形态。

i. 标本。在现场要记录下标本采集的地点和层位并进行编号,将其标示在剖面图上。

3) 观测线、观测点的密度

观测线、观测点的间距即观测线、观测点布置的密度,主要依据地质填图要求的精度及地质条件的复杂程度并结合地质研究程度而定,必须根据实际情况有目的地布置观测线、观测点,使观测线、观测点既能起到控制填绘各类界线的需要,又不遗漏重要的地质现象,以利于提高测绘工作地区的地下水分布规律和找水标志的研究程度,达到多、快、好、省地完成工作任务的目的。

4. 水文地质测绘方法

野外水文地质测绘要采用文字记载和素描图结合、观测点的描述和沿线观察结合及全面观察与解剖典型剖面相结合的方法,具体有以下三种方法。

1) 横向穿越法

横向穿越法是垂直或大致垂直于工作区的地质界线、地质构造线、地貌单元、含水层走向的方向进行观测,有"S"型或直线型。穿越测区沿线作详细的地质观察,这样可以在较短的路线上观察到较多的内容(地层界线、岩性界线、地貌界线、接触关系、褶曲、断层线、岩层产状、各种水文地质现象等),测绘出较多的地质界线。该种方法效率高,以最少的工作量能获得最多的成果,在基岩区或中小比例尺测绘时多用该种方法。

2) 纵向追索法

纵向追索法是一种辅助测绘方法,是沿着地质界线、地质构造线、地质单元界线、不良地质现象周界等布点追索(顺层追索)。当地质条件复杂而横向穿越的观测又不能控制各类界线的正确填绘时,往往需要沿地质体、地质界线或构造线的走向进行追索,力求弄清它们沿走向的变化和接触关系。利用该方法可以详细查明地质界线和地质现象分布规律,但工作量较大,主要用于大比例尺水文地质测绘。

3) 全面观察法

全面观察法是在工作区内,采用穿越法与追索法相结合的方法观测。例如,在松散分布区，要垂直于现代河谷或平行地貌变化最大的方向观测，并要求穿越分水岭，必要时可沿河追索，对新构造现象要认真研究；在山前倾斜平原区，应沿山前至平原观测，从洪积扇顶至扇缘、平行山体岩性变化显著的方向也应观测；在露头较差的地段，有时可用全面勘查法，以寻找地层及地下水露头；在第四系地层广泛分布的平原区，基岩露头较少，可采用等间距均匀布点形成测绘网络，以达到面状控制的目的。全面观察法是水文地质测绘的主要方法，适用于大比例尺及中比例尺的部分复杂地区地质填图。

4）信手剖面图、地质素描、地质摄影（像）

在野外地质测绘中，除文字描述外，必须有观测线信手剖面图和各种地质素描图并配合地质摄影，使测绘资料记录图文并茂并互相印证。

5）动用必要的勘查工程

水文地质测绘中，除全面观测、搜集区内现有的地面、井孔、坑道等资料外，还要求在测区动用必要的勘查工程进行一些勘查工作。为取得被掩埋的地层、断层的确切位置，裂隙或岩溶发育地段，揭露地下水等资料，可以布置些试坑、探槽、浅钻或物探工作；为取得含水层的富水性资料，需布置一些机井进行抽水试验；为取得松散层厚度及被覆盖的基岩构造等，可布置物探工作。

6）野外资料整理工作

野外工作期间，应做到当天的资料当天整理，避免积压及以后发生遗忘，造成差错。经常性的资料整理内容如下。

（1）检查、补充和修正野外记录簿和草图，并进行着墨。检查地质点在图幅内的坐标位置，修正地质草图，编制各种综合图及辅助的地质剖面。对野外所拍摄的照片或录像资料进行编号和附文字说明。

（2）整理试验结果，并进行相关的计算，按规定绘制相关的图表。

（3）整理和记录所采集的各种样品及标本，对各种标本、样品按统一的编号进行登记和填写标签，并分别进行包装。

（4）与邻区进行接图，进行路线小结，以及时发现问题并找出补救办法。

（5）进行航空照片判读，研究和确定次日的具体工作路线和工作方法。

（三）室内整编

室内整编是编写水文地质测绘成果的阶段，是整理和分析所得野外资料、编写出高质量测绘报告的关键工作，该工作的主要内容如下。

（1）仔细核实、检查野外获得的全部原始资料，一旦发现问题需返回现场作补充工作。

（2）进行实验室工作，完成水、土、岩样分析、实验和鉴定工作。

（3）做好物探、坑探、钻探、野外试验等资料的整编工作。

（4）编制水文地质图件和编写水文地质测绘文字报告。

第三节 水文地质物探

地球物理勘探（简称物探）是研究地球物理场或某些物理现象，并使用仪器测量地下物质的各种基本物理参数，获得地球物理异常，并通过解释，赋予合理的地质意义，间接地对地下地质体进行探测及预测的一种方法。

地球物理勘探可在地面或地面以上的空间中进行，即地面物探；也可以在钻孔中进行，即地下物探（测井）。依据物质不同的物理属性，人们设计了不同的地球物理勘探方法以获取地下物质的物理参数，地面物探的方法主要有电法勘探、磁法勘探、重力勘探、地震勘探，每种方法又有许多不同的分支；测井方法主要有自然电位测井、电阻率测井、声波测井、自然伽马测井等。

水文地质物探是获取深部水文地质资料的一种辅助勘查技术手段。物探方法可用于探测地表松散介质的厚度、地下水位的埋深、断层的位置、基岩的深度等，在一些情况下还可以估计沉积的砾石和黏土层的位置、厚度及在地下的分布情况。将它与水文地质测绘、钻探资料等一起进行综合解释，往往能得到较满意的效果。这里简单介绍几种水文地质勘查中常见的地面物探及测井方法。

一、常见地面地球物理勘探方法

（一）电法勘探

电法勘探是以介质的电性差异为基础，通过观测分析天然、人工电场或电磁场的时间和空间分布规律，来查明地下介质的形态和性质的一种地球物理方法（图 2－4）。利用的岩石电学性质有导电性、介电性、极化特性等；接受的场源可以是人工场源，也可以是天然场源；所观测的信号可以是直流电场，也可以是交流电场；观测的地点可以是地面、空间、海洋或坑道内。

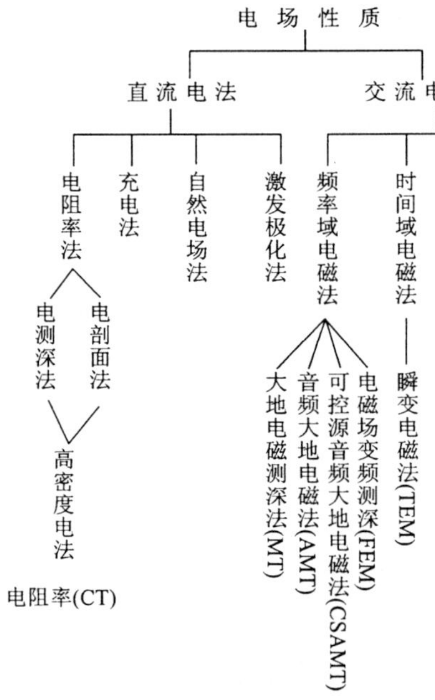

图 2－4　电法勘探分类

1. 电阻率剖面法

电阻率剖面法也称电剖面法，以岩石的电阻率差异为基础，人工建立地下稳定电场，按某种极距的装置形式沿测线逐点观测（各电极间距保持不变，整个或部分装置沿测线移动），研究某一深度范围内岩石介质沿水平方向的空间电阻率变化，通常我们使用下式计算：

$$\rho = k\frac{\Delta U_{MN}}{I} \tag{2-1}$$

式中：ρ——电阻率，$\Omega \cdot m$；

k——装置系数或布极常数；

ΔU_{MN}——MN 电极间电位差（测量电极间电位差），V；

I——电流大小，A。

地介质都具有一定的电阻性，当被地下水所饱和时，是良好的导体，地下水含盐量增加，电导率也随之增大。按照供电电极及测量电极排列的方式不同，又可将电剖面法分为中间梯度法、对称四极法、联合剖面法等（图 2-5）。

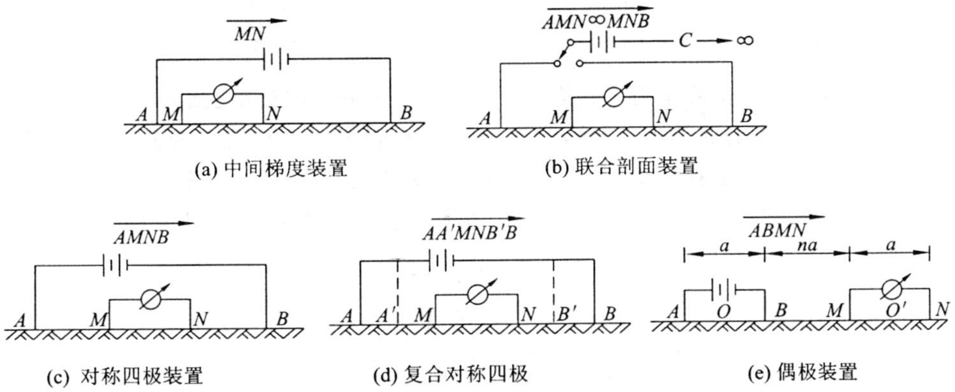

图 2-5　常用电阻率剖面法装置类型示意图

（钱桂兰，2007）

例如，联合剖面法为两个三极（$AMN\infty$ 和 ∞MNB）排列的联合，每个三极排列的另一个供电电极为无穷远极 C（简称联剖）。工作中 A、M、N、B 沿测线一起移动，并保持极距不变，MN 的中点 O 为测点位置。在每个测点上利用换向开关切换，可分别测出两个三极排列的 ΔU 和 I，并分别求出 ρ_{sA} 和 ρ_{sB}，因此，联合剖面法的剖面图上有两条视电阻率曲线。在实际工作中，常采用不同极距的联合剖面曲线交点的位移来判断脉状体的倾向。例如，图 2-6 测线的方向沿横惯河谷布置，采用的电极装置为 $AO=20m$，$MN=5m$，从观测结果可见在 6 号点处出现了低阻正交点，推断可能为破碎带引起的，因为只有在裂隙中才含有水而呈低阻带，经坑探证明确有破碎裂隙，厚约 1m。为了追索破碎带的走向，使用同样的电极距在河谷下游距前一剖面 30m 处又布置了一条剖面，结果在 10 号点附近又出现了一低阻正交点，两交点连线的方向即为破碎带的走向。该区河谷宽为 200m，河谷内地形平坦，大部分为砂卵石覆盖，在河谷两侧出露的岩石为白垩纪流纹岩。联合剖面法的任务就是在流纹岩中寻找破碎带。

在水文地质工作中，电剖面法常用探测水平方向地质情况，用来追踪和圈定含水层、古河道和冲积扇、断层破碎带及水文地质填图等。

2. 电阻率测深法

电阻率测深法（电测深法）就是利用地质体导电性的差异，通过建立人工电场，观察某点不同深度的视电阻率，进行推断和地质解释。即了解某一地区垂直向下由浅到深的视电阻率等方面地质

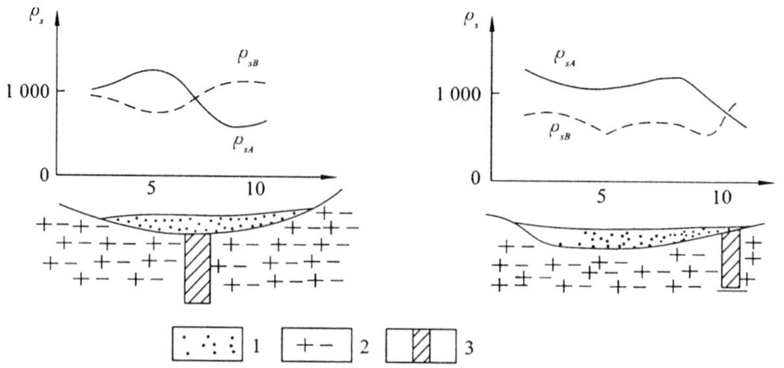

图 2-6　某地破碎带上联合剖面曲线

1. 砂卵石；2. 流纹岩；3. 断层

变化的情况，就是在同一个测点上逐次扩大供电电极 AB 间距，使探测逐渐加深，这样便可得到观测点处沿垂直方向含水层的分布情况、埋藏深度、厚度以及圈定咸水和淡水的分布范围，查明裂隙含水层的存在情况，寻找适于蓄存地下水的断层破碎带、岩溶发育带及古河床等。常见的电测深法的装置类型有对称四极测深、三极测深及偶极测深，最常应用的是对称四极测深法(图 2-7)。

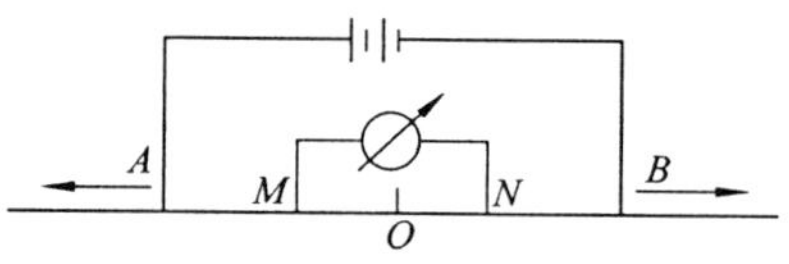

图2-7　对称四极测深法电极布置图

3. 高密度电阻率法

传统的电阻率法布极效率不高，劳动强度大；高密度电阻率法(高密度电法)是一种在方法技术上有较大进步的电阻率法，采用阵列勘探的方法，但其原理与常规电阻率法完全相同。采用多电极高密度一次布极并实现了跑极和数据采集的自动化，野外测量时只需将全部电极(几十至上百根)置于测点上，然后利用程控电极转换开关和微机工程电测仪实现数据的快速、自动采集，将测量数据输入微机后，还可对数据进行处理并得出关于地电断面分布的各种图示结果。

相比传统电阻率法有如下优点：①电极布设是一次完成的，这不仅减少了因电极设置而引起的故障和干扰，而且为野外数据的快速和自动测量奠定了基础；②能有效地进行多种电极排列方式的扫描测量，因而可以获得较丰富的关于地电断面结构特征的地质信息；③野外数据采集实现了自动化或半自动化，不仅采集速度快，而且避免了由于手工操作所出现的错误；④可以对资料进行预处理并显示剖面曲线形态，脱机处理后还可自动绘制和打印各种成果图件；⑤与传统的电阻率法相比，成本低、效率高，信息丰富，解释方便，勘探能力显著提高。

4. 充电法

对地面上、坑道内或者钻孔中已经揭露的良导体直接充电，以解决某些地质问题的一种电法勘探方法。对于水文地质勘查，利用充电法主要是为了探明地下水流速、流向等。

其原理为对地下良导体进行充电时，整个地质体就相当于一个大电极，当良导体的电阻率远小于围岩电阻率时，则将其看作理想导体。理想导体充电后，在导体内部不产生电压降，导体表面实际上就是一个等位面，电流垂直于导体表面流出后便形成了围岩中的充电电场。实际中地质体不能被视为理想导体，充电电场的空间分布将随充电点的位置不同而有一定的变化。简单地说就是对钻井、坑道等人工揭露或天然露头的良导体上接一供电电极 A，将另一供电电极 B 置于离充电体很远的地方(称为无穷远极)，对充电体进行充电。进而查明充电体的空间分布形态、产状及延伸信息(图 2-8)。

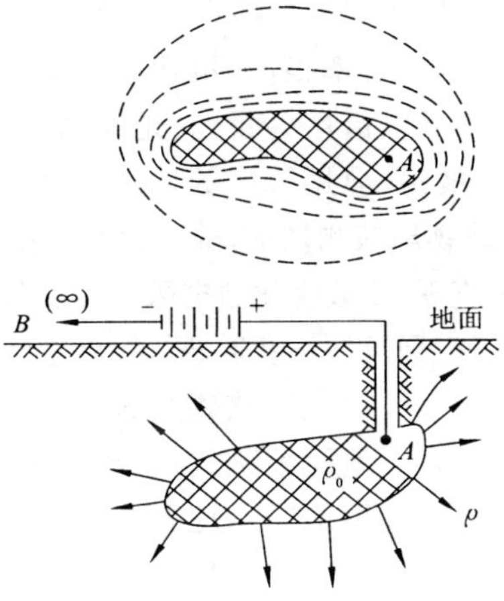

图 2-8 充电法原理示意图

充电法可用于岩溶地区地下暗河连通性试验及探查地下埋设的金属管道；另外在井孔的含水层段注入盐水，并对其充电可形成随地下水流动而运移的带电盐水体，在地表观测到的等电位线形状与带电盐水体的分布形态有关，根据不同时间观测的等电位线可判断地下水的流向和实际流速。

5. 自然电场法

自然条件下，无需向地下供电，通过一定的装置形式，地面两点间通常也能观测到一定大小的电位差，研究岩(矿)石和地下水之间产生的氧化—还原电化学反应(包括在大地电流、雷电放电等长期激励下的电化学反应)，以及地下水渗透、扩散作用、生物化学、气体交换和热电效应等产生的稳定或缓慢变化的自然电场的分布规律，称为自然电场法。常见的自然电场有两类：其一为呈区域性分布的不稳定的电场——大地电磁场(与地壳表层构造有关)；其二为呈局部性分布的稳定电场(与地下某些金属矿、非金属矿或地下水运动有关)，在水文地质勘查中我们最为关心的是后者。自然电场法在水文地质工作中常被用来了解地下水的补给关系，测定地下水流向，寻找水库漏水点和隐伏的上升泉或落水洞等。

6. 激发极化法

简称激电法，是以地下岩、矿石在人工电场作用下发生的物理和电化学效应(激发极化效应)差异为基础的一种电法勘探方法。激发极化按其场源区别可分为：直流电——直流(时间域)激发极化法；低频交流电——交流(频率域)激发极化法。应用激发极化法找水主要有以下作用：用来区分含炭质的岩层、泥质夹层与含水层的异常；用来划分富水地段，特别是利用激发极化法找水或确定地层的含水性，最好与高密度电阻率法相结合，这样可以降低多解性，提高找水的成功率。

7. 在水文地质中应用的电法勘探新方法

近年来电法勘探的仪器和技术都取得了很大的进步与成功，很多新设备、新仪器、新方法从理论走向实践，为水文地质勘查开辟了新思路、新方法，下面简单介绍几种近年来使用较多的电法勘探新方法。

1)地质雷达(GPR)

地质雷达是利用一个天线发射高频宽带(1MHz～1GHz)电磁波,而另一个天线接收来自地下介质界面的反射波,通过分析所接收到电磁波的时频、振幅特性来进行地下介质结构探测的一种电磁法,与军事中的雷达原理相似,只是频率有所不同。由于雷达穿透深度与发射的电磁波频率有关,其穿透深度有限,但分辨率很高,可达0.05m以下。地质雷达与地震反射原理相似,一些地震资料处理解释方法可以借用。目前,地质雷达探测深度最大可达100m,是近年来在环境、水文、工程探测中发展最快、应用最广的地球物理方法。

地质雷达是一种非破坏性地球物理探测技术,抗干扰能力较强,不受场地限制;分辨率较高,具有实时剖面记录与显示,图像清晰直观;全数字化数据采集、处理;适用于石灰岩地区溶洞探测、覆盖层厚度、淡水及沙漠地区探测、地下空洞及地下管道、隧道、堤岸等探查。

图 2-9 核磁感应系统 NUMIS 设备

2)地面核磁共振(SNMR)

地面核磁共振(SNMR)找水方法是近年发展起来的新的应用地球物理方法,此方法是前苏联科学院西伯利亚分院化学动力和燃烧研究所在20世纪80年代初最早研究成功的,并研制出第一代核磁共振层析找水仪 Hydroscope,用于地下水的探测试验和应用,之后其与法国地调局 IRIS 公司合作于20世纪90年代中期生产出了商业化仪器——核磁感应系统 NUMIS(图2-9)。

SNMR方法属于体积勘探,横向分辨精度尚显不足,勘探深度较小,目前 NUMIS 系统勘探深度为100m,而其升级系统 $NUMIS^{+}$ 为150m。

3) 瞬变电磁法(TEM)

瞬变电磁法是时间域的人工源主动探测法。其基本原理是通过地面水平线框向地下发射脉冲磁矩,该一次场关断后,测量一段时间内由地下介质感应生成的二次场。地质体所感应出电流越大,其异常也越明显,因此,瞬变电磁法对含水的高导地层灵敏,并且有较强的抗干扰能力。该方法的探测深度与所使用的磁矩(即发射框面积乘以发射电流大小) 大小成正比,一般有效分辨区间为400m以内。突出优点是能观测纯二次场,且不受静态、近场效应、地形、接地条件影响。瞬变电磁法的不足之处是评估地层含水量时一般只能通过电阻率对比,定量研究需要做抽水试验。瞬变电磁法在变质岩地区对异常进行推断较困难。随着探测深度加大,层间渗透水和金属矿的影响越来越明显。瞬变电磁法资料中容易因激发极化效应出现测深曲线的非正常变化。另外还存在数据量大,资料解释较为复杂的特点,不便于野外工作的快速分析和现场决策。

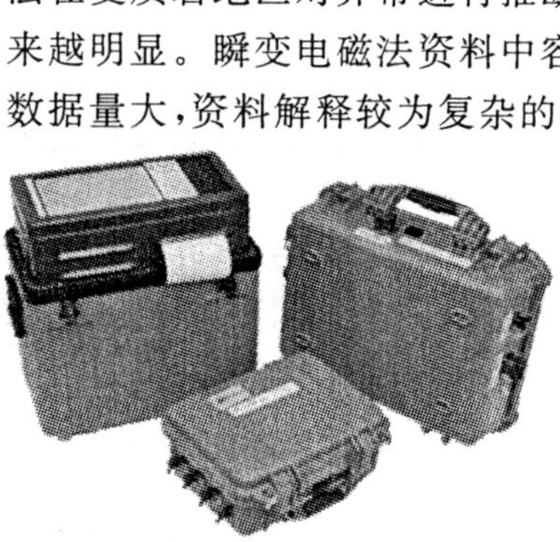
图 2-10 EH-4 系统设备

4) 大地电磁成像系统(EH-4)

EH-4 大地电磁系统(图2-10)是由美国 GEOMETRICS 和 EMI 公司联合生产的采用最新数字处理器的连续电导率成像系统,该系统是采用天然场源与人工场源相结合的大地电磁测量系统,能实现10Hz～100kHz范围内信号的连续采集,该系统轻便、灵活、分辨率高、不受高阻盖层影响,其有效勘探深度为几十米至一千米。我国于20世纪90年代末期引进,最先用于西北地区找水,取得较好的效果;

但其抗干扰能力较差，需要远离干扰源。

（二）地震勘探

自然界中存在大量级别不同的天然地震，这是由地球内部发生运动而引起地壳的震动，天然地震不可掌控，地震勘探则是利用人工的方法引起地壳的震动（如炸药爆炸、可控震源震动等），再用精密的仪器按一定的观测方式记录爆炸后地面上各接收点的震动信息，对原始记录进行加工处理得到成果资料，从而推断地下地质情况。

水文地质学主要研究基岩上松散介质的厚度，常见的是折射波法，地震波在松散介质中传播速度小于固结基岩，研究距震源不同位置处地震波的到达时间，可确定基岩的深度。震源通常为浅孔中的小型爆炸设备，当工作区更浅时可用大锤敲击地面上的钢板充当震源，埋设检波器检出地震波。

地震勘探在水文地质勘查中可解决如下问题：①确定基岩的埋藏深度，圈定贮水地段；②确定潜水埋藏深度；③推测断层带；④探测基岩风化层厚度，风化层是良好的储水层；⑤划分第四纪含水层的主要沉积层次等。

（三）磁法勘探

磁法勘探有助于确定上覆含有较高含铁物质的沉积物的基底岩层形状。磁力勘探常用的仪器有磁通磁力仪及质子磁力仪，测量出来的值必须经过校正，常包括地球磁场多年及昼夜变化、经纬度等，磁法勘探还受磁暴影响（与太阳黑子活动有关），而且磁场感应强度随距离增大急剧降低（埋深较浅的磁化物质影响较大），另外沉积物的磁化率较小，所以磁法勘探在水文地质勘探中使用较少。用于探测区域构造、确定松散盆地沉积物或埋藏河谷型的含水层；沉积岩一般没有磁性，一些有磁性的岩石，如玄武岩往往是重要的含水层，所以在无磁性的岩石区确定玄武岩也可以使用到磁法勘探。

（四）重力勘探

地球表面上不同点的重力加速度略有不同，这是因为各点至地心的距离略有差异，同时各测点下面的地层介质的密度也存在一些差别。由于未饱和物质的密度比充分饱和的沉积岩及火成岩小，因此可以通过对重力数据的分析来估算冲积物的厚度和形状。虽然重力勘探十分简便，但测试成果较为粗糙，资料分析复杂，要对其经纬度、高度和偏差做大量的校正工作，常被用来探测盆地基底起伏及断裂构造，在水文地质勘查中应用较少，采用高精度重力探测仪有可能探测到埋深不大但有一定规模的溶洞。

所以磁法及重力勘探常适用于区域地质构造的探测，在水文地质勘查中应用不多，其实例只在那些与区域构造成因有关的地下水勘探中才能见到。

（五）其他勘探手段及综合物探技术

1. 放射性勘探

不同岩石所含放射性元素含量不同，可通过探测放射性衰变，进而判断岩层的特性及岩石空隙及流体的特性。放射性勘探在水文地质中常被用于：测定地下水位、含水层埋深、厚度及分布范围；圈定地下水富集部位；测定地下水矿化程度及污染范围；研究地下水动力学特征，放射性物质是良好的流体示踪剂。

2. 温度勘探法

温度是物质的基本属性之一，热能总是从高温区传向低温区，地球内部较地表热，从地球内部到地表总有一种经常不变的热流向外传导；在深度较浅处，温度受大气及周围环境影响，当达到一定深度时温度变化不大，除非受地下水流的影响；温度较低的地下水流经空隙介质，地热从空隙介质传递到流体中，水温增加，介质温度降低；由于水比热较高，可有效地吸收或导走热量，形成热传导过程，传导的热流会调整地面环境温度，通过长期观察不同埋藏位置的测温仪器，可分析地下水系的水动力情况。

3. 综合物探技术

地球物理技术具有多解性，为了减少多解性并约束解释成果，更快更好地达到地质勘查的目的，常在同一剖面、同一测网、同一地区使用不同的地球物理方法，将数据资料相互印证、综合分析，减少干扰，提高解释成果的可信度。如图 2-11 所示，用电测曲线显示两溶洞差别不大，结合磁法勘探及重力勘探，进行解释才推断出充水溶洞与充填土被淋滤含铁溶洞的区别，排除电法解释的多解性，取得正确的地质结论，并且此地区按此综合物探方法所确定的九个充水溶洞经钻孔印证，其正确率达 100%。

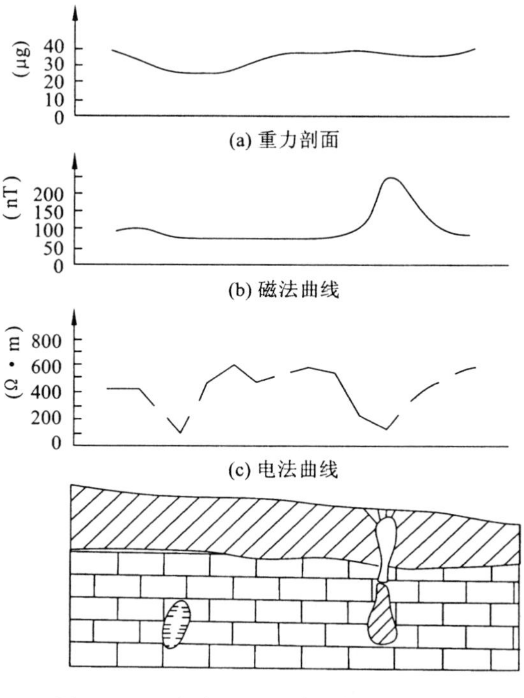

图 2-11　岩溶地区综合物探技术应用

二、常见地球物理测井方法

地球物理测井方法投入使用前，水井井下资料只局限于测试岩性资料。1860 年凯尔文勋爵在浅孔中测量地温时首次使用地球物理方法，1927 年斯伦贝谢兄弟于法国首次进行电阻率测井，此后推出了 50 多种根据电子和化学等各种原理制作的地球物理测井装置(表 2-4)，下面简单介绍几种常见的地球物理测井方法。

表 2-4　测井方法水文地质运用表

调查岩石、流体、井或地下水系统特征的各种信息	可采用的地球物理测井技术
含水层及周围岩石的岩性与地层的关系	裸眼井中的电测井、声波测井、井径测井;裸眼、套管井中的核测井
总孔隙度或体积密度	裸眼井的校准声波测井;裸眼、套管井中的校准中子和伽马测井
有效孔隙度及真电阻率	校准长电位电阻率测井
黏土或页岩的含量	伽马测井
渗透率	无法由测井直接得到,但可根据其他测井参数反映
次生渗透率——断层及溶洞	井径测井、声波测井、钻孔电视、电视测井
非承压含水层的给水度	中子测井
粒径	根据电测井推断
水位或饱和带位置	裸眼、套管井中的电测井、温度测井、电导率测井、中子测井、伽马测井
含水量	中子测井
渗滤	在特定环境下或采用放射性示踪剂进行时间间隔中子测井
流向、流速及地下水流路径	单井示踪剂法、多井示踪剂法
废料的弥散、稀释和迁移	电导率测井、温度测井、放射性废物伽马测井
井中水的来源和运动	温度测井、示踪剂测井等
水的化学、物理特征,包括盐度、温度、密度和黏度	井中校准液电导率测井、温度测井,多电极电阻率测井等
确定井的结构、直径、套管、井水段、滤管的位置	伽马测井、测径器、钻孔电视等
滤管的设置	可提供岩性、含水性及含水层厚度的所有测井方法
加固	声波水泥胶结测井、温度测井、伽马测井等
套管腐蚀	井径测井
套管漏水及过滤器堵塞	示踪剂和测量剂测井

（一）电阻率测井

利用岩石导电特性——电阻率(或电导率)研究地层的一类测井方法称电阻率法测井。电阻率测井系列大致可分为四类:普通电阻率测井、感应测井、侧向测井和微电阻率测井。通常也把各种电阻率测井称为饱和度测井系列,因为在裸眼井中它是提供岩层含油气饱和度(含水饱和度)参数的主要方法。

1. 普通电阻率测井

普通电阻率测井也称为视电阻率测井,它采用三电极电极系进行电阻率曲线测量。普通电阻率测井的视电阻率曲线由于受井眼、围岩和高阻邻层等因素影响,其测井值与岩层真电阻率差异比较大,特别是在盐水泥浆井或碳酸盐岩剖面差异尤其明显。

2. 感应测井

感应测井(IL)是一种测量地层电导率的测井方法,其电导率是电阻率的倒数。感应测井下井仪器的线圈系包括主发射主接收线圈对、补偿线圈对、聚焦线圈对,一般采用 6 线圈系。

发射线圈发射的交变磁场在井轴周围介质中产生环状涡流(感应电流),涡流产生的二次磁场在接收线圈中产生感应电势——接收信号。由于涡流大小正比于介质电导率,涡流越大,在接收线圈产生的感应电势也越大,所以接收信号能反映介质的电导率。聚焦线圈减小了围岩对测量结果的影响,补偿线圈减小了井眼对测量结果的影响。

3. 侧向测井

侧向测井(LL)属于电流聚焦测井,即在主电极 $A0$(供电电极,正极)的上、下设置同极性的屏蔽电极 $A1$、$A2$,与主电流同极性的屏蔽电流迫使主电流聚焦成片状进入地层,然后测量主电极(或监督电极)的电位并计算其视电阻率。由于主电流片状侧向进入地层,显著地减小了井眼的分流作用和围岩的影响。

4. 微电阻率测井

微电阻率测井是测量井壁附近小范围内电阻率极板型测井方法,对于储集层主要测量泥浆滤液冲洗带电阻率 R_{XO}。目前,微电阻率测井系列包括微电极测井(ML)、微侧向测井(MLL)、微球形聚焦测井(MSFL)和邻近测井(PL)等。除 ML 可作为泥饼指示测井划分渗透层外,使用微电阻率测井的主要目的在于准确反映冲洗带电阻率 R_{XO} 以便求出冲洗带的含水饱和度 S_{XO}。

除上述四类电阻率测井方法外,电法类测井中还有电磁波传播测井,用于测量电磁波在介质中的传播时间和信号衰减,反映岩层的介电特性,从而区分含水层并计算含水饱和度。

(二) 自然电位

人们在测井时,工程上出现一次偶然失误使供电电极没供电但仍测出了电位随井深的变化曲线,由于这个电位是自然产生的,所以称为自然电位(钻井液与地层水矿化度及压力的差异,地层和井眼泥浆之间产生电化学作用和动电学作用,形成扩散-吸附电位和过滤电位),用 SP 表示。

自然电位测井技术在所有测井方法中算是最简单的。如图 2-12(a)所示,将一个稳定电极 M 放入井中,另一个电极 N 放在地面上接地,在不存在任何人工电场的情况下,用测量电位差的仪器测量 M 电极相对于 N 电极之间的电位差,便可以进行自然电位测井。而在实际测井中,常常是在进行普通视电阻率测井的同时,利用图 2-12(b)所示的原理线路,当电极在井内连续移动时,即可测得井内自然电位沿井剖面的变化曲线,即自然电位曲线。

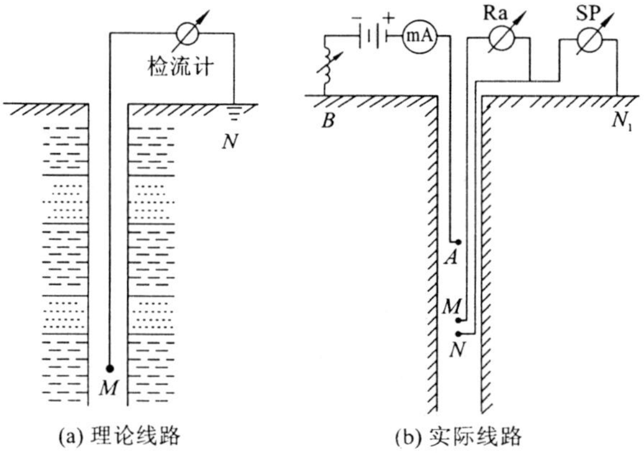

图 2-12　自然电位测井示意图

自然电位曲线常应用于：划分渗透性地层，对于砂、泥岩剖面，可用其异常来判断；估计泥质含量；确定地层水电阻率(R_W)；判断水淹层；研究沉积环境等。

（三）核测井

根据岩石及其孔隙流体和井内介质（套管、水泥等）的核物理性质，采取一系列的测井方法，最常用的测井方法包括测定岩石和流体的天然放射性及其感应衰减量，可用于各种井型，不受泥浆类型影响，使用时应注意安全防护。常见类型有自然伽马、自然伽马能谱、地层密度、中子孔隙度、中子寿命、脉冲中子碳氧比测井(C/O)等。

1. 自然伽马测井

岩石中的^{40}K、^{238}U、^{232}Th等衰变后释放出伽马射线，页岩、黏土岩有较高的放射性，长石和云母含^{40}K较高，由此可区别不同的储水岩性。

2. 中子测井

中子探针中含有放射性元素，既是中子源也是探测器，放射出的中子受氢原子核的碰撞，其速度变慢并散开。氢在地质体中主要以水和碳氢化合物的形式存在，水储存在岩石空隙中，水量增加，捕捉到的中子数也增加。在潜水面上中子测井可测得含水量但无法测孔隙度；利用中子测井能确定非承压含水层的给水量。

3. 伽马测井

将伽马放射源放入钻孔中，与孔内物体（液体、套管、岩石等）接触会吸收或驱散伽马光子，吸收量与地层体积密度成正比，体积密度为岩石质量除以含孔隙在内的岩石体积，故用此方法可反应地下岩层孔隙度。

（四）井径测井

测量岩层中裸孔的直径，该方法也可以用以确定套管的深度。一般来说，井径就是钻头的尺寸，但实际上因为岩层坍塌，钻井液溶解矿物会使孔径变大。钻头钻到一定深度，向下的压力消失也会使孔径变大；井径测井还可使用于确定碳酸盐岩含水层中的溶蚀扩大层面及节理。孔壁上的泥饼或塑形岩层可以使井径减小(图2-13)。

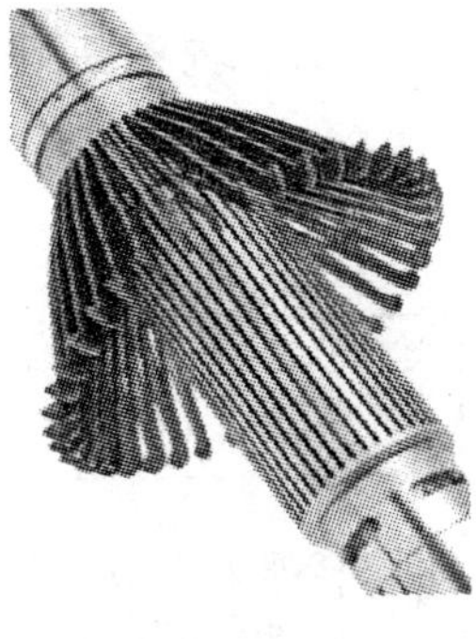

图2-13 多臂井径测井仪

该方法主要应用于：判断岩性、进行地层对比；求实际井径（直接对应深度读数）；计算平均井径（为固井计算水泥用量提供依据）；作为测井曲线综合解释所不可少的资料；作为酸化、固井时选择封隔器、套管鞋位置的依据。

（五）温度测井

温度测井就是连续记录钻孔中液体的垂向温度。该记录显示岩石中的液体温度与钻孔循环液温度的差异。在新钻的孔中，钻孔中的流体会混合在一起。当井和周围环境达到平衡时，测温曲线能显示井中不同温度分区。温度测井可以反映地温梯度；不同含水层的温度不同，均可在测井曲线上显示出来。

（六）声波测井

该方法是通过测量井孔剖面上岩层及井壁附近的声学特性参数来判断岩性、估算孔隙度和确定岩层的弹性力学性质以及检查固井质量等的测井方法。它不受泥浆性质和侵入影响，适应性强。主要有声波速度测井、声波幅度测井、声波全波列测井、声波井下电视、噪声测井等。声波测井可以用来：划分地层，不同岩性地层的差值不一样；估算地层的孔隙度，当岩石骨架时差和孔隙流体时差已知时，利用时差曲线的读数可求出地层孔隙度；探测水泥胶结情况。

第四节　水文地质坑探

坑探工程是指当勘查区局部或全部被不厚的表土掩盖时，利用人工或机械掘进的方式来探明地表浅部的地质条件的勘查技术手段。坑探工程的特点是使用工具简单、施工技术要求不高、揭露的面积较大、可直接观察地质现象，但其勘查深度受到一定的限制。它常常配合水文地质测绘，用于揭露局部被不厚的表土层掩盖的地质现象。

一、坑探工程类型

坑探工程包括剥土、浅坑、探槽、探井、竖井、平硐等，可将其分为轻型和重型两种：轻型坑探工程包括剥土、浅坑、探槽、探井，常用于配合水文地质测绘，揭露被不厚的浮土掩盖的地质现象；重型坑探工程包括竖井、平硐等，主要用于地形条件复杂、钻探施工困难的山区或其他勘查手段效果不好的地区获得地质资料，但由于其成本较高、周期长，一般不采用此法。

常用的坑探工程有探槽、探井(浅井)、竖井、平硐等(图 2－14)。

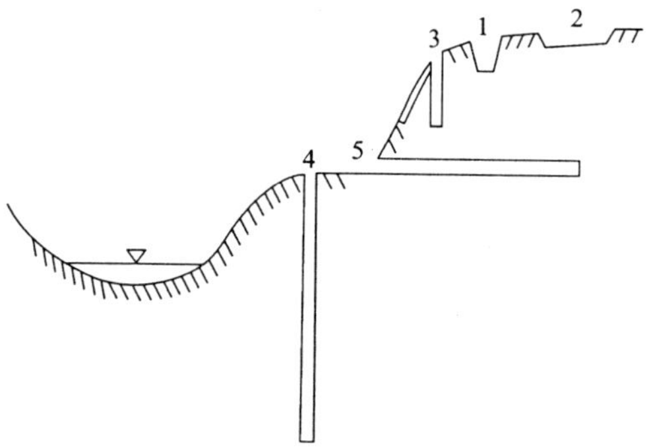

图 2－14　常用坑探工程示意图

1. 试坑；2. 探槽；3. 探井；4. 竖井；5. 平硐

二、坑探工程的特点及用途

不同坑探工程的特点和适用条件如表 2－5 所示。

表 2－5　常用坑探工程的特点和用途

类型	特点	布置	用途
试坑	深度极小的坑，形状不定	据需要布置	局部剥除覆土，揭露基岩；做渗水试验，取原状土样
探槽	深度小于 5m 的长条形槽子，断面可呈矩形、倒梯形、台阶形	垂直地层或构造线走向布置	剥除地表覆土，揭露基岩，划分地层岩性，研究节理、断层及其含(导)水性；探查残坡积层的厚度和物质组成、结构及含水性；取样
探井	从地表向下垂直开挖，断面呈圆形或正方形，深度一般为 5～10m	选择地势较高、浮土性质稳定和较薄处布置	确定覆盖层、风化层的岩性、厚度、含水性；取样
竖井	形状与探井相同，但深度超过 10m，有时需要支护	在地形和岩层倾角较平缓的地段布置	了解覆盖层的厚度和性质，风化壳分带、岩溶发育情况等；取样
平硐	在地面有出口的水平坑道，深度较大	在地形切割剧烈的沟谷及地层倾角大的地区布置	调查斜坡地层的岩性、含(隔)水性，查明河谷地段的地层中软弱夹层、破碎带、岩层风化等；做原位岩体力学试验及进行地应力量测；取样

第五节 水文地质钻探

水文地质钻探是指利用机械回转或冲击钻进方式，向地下钻进钻孔以取得岩芯（粉）进行观测研究，从而得到水文地质资料的勘查技术手段。水文地质钻探是水文地质勘查最重要的勘查技术手段之一，是水文地质勘查工作中取得地下水文地质资料的主要技术方法，是直接探明地下水的一种最可靠的手段，也是开发利用深层地下水的唯一技术手段，同时也是进行各种水文地质试验的必备工程，是对水文地质测绘、水文地质物探所作地质结论的检验途径。由于钻探深度大、工作效率高，所以它既是获得深部水文地质资料和采取岩样以进一步查明水文地质条件的基本途径，也是一项投资大、占用劳力多、技术性复杂的工作。随着水文地质勘查阶段的深入，水文地质钻探在整个勘查工作中占有越来越重要的地位。

一、水文地质钻探的目的、任务和特点

1. 水文地质钻探的目的

（1）查明勘查深度内含水层的埋藏条件和分布范围。

（2）采集各种岩、土、水样，为研究地层的岩土性质、含水特征、地质时代、成因、岩相变化等提供依据。

（3）查明各含水层（组）的水位、水质、水温、水量。

（4）进行抽水试验和地下水动态观测。

2. 水文地质钻探的基本任务

（1）查明含水层（组）的数目、层位 、埋藏深度及不同含水层（组）的岩性、厚度、水位、水量特征及其在水平和垂直方向上的分布特征；观测不同含水层（组）地下水动态变化规律，了解各含水层（组）之间的水力联系及地下水的补排条件；在有地下咸水分布的地区，则要查明咸、淡水界面的位置及变化规律，从而为地下水资源评价和其他专门试验工作提供水文地质资料。

（2）进行的水文地质试验主要是抽水试验，用来了解含水层的渗透性和富水性，取得一些水文地质参数及合理井距、机井深度、分段用水等方面的资料，从而指导群众打井，合理开发利用地下水。

（3）遵循“以探为主、探采结合”的原则，成井或专门打井后开采地下水，为工农业生产、国防建设和城镇居民及干旱地区人民提供生产生活用水或矿泉水饮料，直接为国民经济建设和人民生活服务；注意对地下热水、卤水、肥水的综合勘查，使地下水资料得到充分利用。

（4）通过钻孔（或在钻进过程中）采集水样、岩土样，以确定含水层的水质、水温和测定岩土的物理力学和水理性质。

（5）利用钻孔监测地下水动态。

3. 水文地质钻探的特点

水文地质钻探不单纯是为了采取岩芯、研究地质剖面，而且还必须取得各含水层和地下水特征的基本水文地质资料以及进行地下水动态观测和开采地下水等。为此，水文地质钻探与

一般的地质钻探相比具有以下特点。

（1）水文地质钻孔的孔径较大。一般地质钻孔的主要任务是取岩芯，故孔径一般小于150mm。而水文地质钻孔除取岩芯外，还必须满足抽水试验或作为生产井取水的要求，为保证抽出更多的水和便于下入水泵，钻孔的直径较大，一般大于150mm。当前水文地质钻孔的直径一般在300～500mm，少量孔径可达1 000mm以上。

（2）钻孔深度小，对垂直度有一定要求。一般在数十米至数百米之间，特殊的超过1 000m；因钻孔上部需要安装水泵、下部要安装过滤器，所以要求钻孔在100m以内偏斜不大于1°、1 000m以内偏斜不大于5°。

（3）水文地质钻孔的结构比较复杂。为了分别取得各含水层的水位、水温、水质和水量等基本的水文地质资料，需要在钻孔内下套管、变换孔径、止水隔离等。

（4）水文地质钻探对所采用的冲洗液要求很严格。为了不破坏或少破坏含水层的天然状况，以便能准确测定水文地质各要素（水位、水质、水量等）以及为今后能顺利抽水，要求所用的冲洗液不能堵塞井孔内的岩石空隙。

（5）水文地质钻探的工序较复杂、施工期也较长。钻探工作中需要分层观测地下水的稳定水位，还要进行下套管止水、安装过滤器、安装抽水设备、洗井、做抽水试验等一系列辅助工作。

（6）水文地质钻进过程中观测项目多。为了判断钻进过程中水文地质条件的变化，在钻进过程中除了观测描述岩性变化外，还要观测孔内的水位、水温、冲洗液的消耗情况以及涌水量等多个项目。

二、钻探设备的选择与钻进方法

（一）钻探设备的选择

钻探设备一般包括钻机、水泵、动力机、钻塔、钻探管材、钻探工具等（图2-15）。钻机由机架、传动装置、回转器、绞车等组成；水泵在钻探中可以将冲洗液（清水或泥浆）送入孔内，冷却、润滑钻具和钻头及保护孔壁并带出孔内岩粉，或通过泵的压力表了解孔变化情况；动力机是带动钻机钻进的动力，可以是电动机或柴油机；钻塔主要用于升降与悬挂钻具、起下套管，其底座用于固定、安装钻探机，要求有足够的强度和稳定性、高度和结构要合理等；钻探管材有钻头、岩芯管、钻杆、立轴、接手等；钻探工具包括提引工具、拧卸工具、打捞工具等。

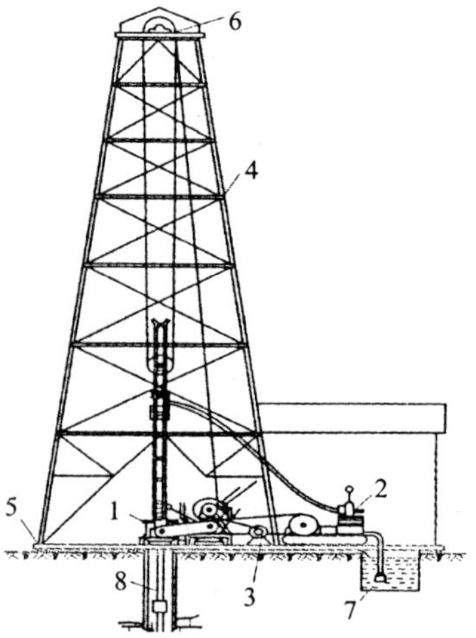

图2-15　钻探设备组成示意图

1. 钻机；2. 水泵；3. 动力机；4. 钻塔；5. 机台；6. 天车；7. 水箱；8. 钻杆

水文地质钻探设备应按勘查设计中提出的钻探目的、施工技术要求和勘查区水文地质条件、钻孔类型、钻孔结构、钻探方法等因素，结合现有设备状况进行选择和配套。常用水文地质钻探设备见表2-6。

表 2－6　常用水文地质钻探设备

钻机类型			泵类设备			动力机	钻具（管材）	钻探工具		钻塔
类别		型号	类别		型号					
冲击钻机		YKC-22 型（2-22 型）、YKC-30 型、丰收 150 型、丰收 250 型	常用工作泵	砂浆泵	6BS、6 英寸（1 英寸＝0.025 4m）	电动机、柴油机	主动钻杆、孔口管、套管、钻杆、岩芯管、沉淀管、钻铤、扩孔器、接手和钻头（牙轮钻头、金刚石钻头和刮刀钻头）等，钻具多用优质合金钢或低合金钢制成	提引工具	水接头、提引器等	钻塔包括天车、塔身主体、二层台、起塔架、副腿、底盘六个主要部分，从结构上分为单管两脚塔、三角塔、四角塔、A 型塔、K 型塔、桅杆型塔、门字型塔、动态型塔等；从起塔方式上分为液压式、机械式、组装式、伸缩式、折叠式等；从钻塔工作角度上分为直立式和倾斜式；从安装型式分为散装型、整体车装型等；从提升能力上分为 5～1 000t 等
回转钻机	散装转盘式	SPJ-300、红星 400、SPS-600、S600、SPT-600、TS-2 000、SPS-2 000、RPS-500、		射流泵	6SPS 正反两用泵、Φ76/87 正反循环两用泵			拧卸工具	拧管机、管子钳、自由钳、夹持器、拨叉、垫叉、井口板等	
	车装式	SPC-150、SPC-300H/D/ST、SPC-600ST、SDY-600		砂石泵	2PN、3PN			打捞工具	公锥、母锥、打捞筒、打捞矛、打捞篮、磁铁打捞器、磨鞋、安全接头、割管器、千斤顶等	
手把式钻机		XB-500、XB-1 000A、XB-1 200	常用抽水泵	潜水电泵	100QJ4～6、136QJ10.5、150QJ(R)25、200QJ50、200QJ80、250QJ125、300QJ200、400QJ500					
油压钻机		XY-1、XY-2、XY-3、XY-4、XY-5						取样及试验工具	取土器、提砂筒、自动落锤、标贯等	
半机械打井机		冲抓锥、动力大锅锥、小锅锥、水冲钻、人力钻		多级深井泵	JD4～16、100～200JC、250～400JC、SD8～14					

（二）钻进方法

钻进方法是指向地下钻孔（井）时，破碎孔（井）底岩石的方法及技术措施的总称。

1. 钻进方法的划分

水文地质钻探的钻进方法可从不同的角度进行划分（表 2－7）。

表 2－7　钻进方法的划分

划分依据	划分	说明
按碎岩原理不同划分	冲击钻进	利用钻具的重力和上、下冲击力，使钻头冲击孔底以破碎岩石
	回转钻进	利用钻具回转使钻头的切削刃或研磨材料削磨岩石使之破碎
	冲击-回转钻进	岩石的破碎是在冲击、回转综合作用下发生的
按切削具不同划分	合金钻进	钻头上的合金切削具在轴心压力和回转力的作用下，压入并剪切岩石，使岩石破碎
	钢粒钻进	依孔底钻头弹塑性变形及摩擦力带动钢粒沿孔底滚动和平移而使孔底岩石破碎
	金刚石钻进	钻头上的人造金刚石切削具在轴心压力和回转力的作用下，压入并剪切岩石，使岩石破碎
	牙轮钻进	牙轮在孔底绕钻孔轴线和牙轮轴滚动时，对岩石起压入、压碎、剪切作用的同时，带有一定频率的冲击，在几种破碎方式联合作用下碎岩，提高了效果

续表 2-7

划分依据	划分	说明
按冲洗液循环的方向不同划分	正循环钻进	由钻机回转装置带动钻杆和钻头回转切削破碎岩土，由泥浆泵往钻杆输进泥浆，泥浆沿孔壁上升，从孔口溢浆孔溢出并流入泥浆池，经沉淀处理返回循环池的钻进方法
	反循环钻进	由钻机回转装置带动钻杆和钻头回转切削破碎岩土，利用泵吸、气举、喷射等措施抽吸循环护壁泥浆，携带钻渣从钻杆内腔抽吸出孔外的钻进方法
按碎岩形式不同划分	全面钻进	是全面破碎孔底岩石的钻进方法与过程，主要有冲击钻进、合金刮刀钻头钻进、牙轮钻进、气动潜孔锤正（反）循环钻进、气举反循环钻进、泵吸反循环钻进、液动冲击回转钻进、气动潜孔锤跟管钻进等方法
	取芯钻进	是以采集柱状岩芯为目的的钻进方法与过程，主要有普通硬质合金钻进、针状硬质合金钻进、金刚石复合片钻进、金刚石钻进和液动冲击回转钻进等方法
按钻进工艺程序不同划分	小口径（常规口径）钻进	钻进公称口径小于或等于 Φ174mm 的钻孔
	大口径钻进	钻进公称口径大于 Φ174mm 的钻孔
	扩孔钻进	在小口径钻孔的基础上，按成井需要进行加大口径的工作，主要有潜孔锤扩孔钻进、合金钻头扩孔钻进、牙轮钻头扩孔钻进等方法
按钻进地层不同划分	第四系地层钻进	在第四系松软的黏土层、砂层、卵砾层等地层中钻进，可采用常规口径钻进取芯、大口径扩孔成井工艺
	基岩地层钻进	在坚硬基岩地层中钻进，可采用一次钻进成井工艺
按钻进冲洗介质的类型划分	清水钻进	以清水作冲洗介质的钻进方法
	泥浆钻进	以细黏土与水等混合后作冲洗介质的钻进方法
	空气钻进	以压缩空气或含有压缩空气的气液混合物作冲洗介质，或用压缩空气既作破岩机具的动力、又兼作冲洗介质的一种新的钻进技术

2. 钻进方法的选择

水文地质钻探具体的钻进方法应根据岩石的机械物理性质、可钻性以及孔径、深度和施工条件，分别选择相适应的钻进方法，可参照表 2-8 选用。

表 2-8　钻进方法选择［据《水文地质钻探规程》(DZ/T 0148—1994)］

选用方法名称	适用范围		优点
	可钻性（级）	岩性及其他条件	
牙轮钻进	1～10	第四纪松软地层及完整、破碎、致密、研磨性岩石及卵砾石层均适用，常用于不取芯钻进	适用范围广、效率高，尤其在卵砾石及破碎地层钻进较其他回转钻进效果更好
硬质合金钻进	常规口径 1～6	适用于第四纪松软地层及较致密、完整基岩钻进；不适用于卵砾石层及破碎地层钻进	钻头加工容易，成本较低
	大口径 1～4		
钻粒钻进	常规口径 7～10	适用于基岩、漂砾、卵砾石层，尤其适用于大口径取芯钻进；大裂隙、大漏失地层不宜使用	钻头加工容易，成本低，在漂砾卵石层用大岩芯管取芯钻进有良好效果
	大口径 5～9		
合金钻粒混合钻进	4～8	适用于漂砾、卵砾石层及软硬交错地层钻进	钻进中具有合金和钻粒两种方法的特点

续表 2-8

选用方法名称	适用范围		优点
	可钻性(级)	岩性及其他条件	
射流反循环钻进		适用于第四纪松软地层钻进,孔深超过 50m 效果明显下降,可与气举反循环进行配套用于孔段中钻进	设备简单,洗孔彻底,钻进安全、效率高
泵吸反循环钻进		适用于第四系地层浅孔、大口径孔钻进,孔深在 100m 内效果较好,须保证充足的施工用水,地下水位浅于 3m 时不易护孔;砾径超过钻杆内径的卵石层不宜使用此方法钻进	冲洗液上返速度快、洗孔彻底钻进效率高,钻进安全,成本低,成井后易于洗井,出水量大
气举反循环钻进		适用于第四纪砂土、砂粒层以及硬度不大的基岩大口径孔钻进,孔深大于 10m 开始使用,超过 50 m 后方能发挥其高效特性,须保证充足施工用水,地下水位浅于 3m 时不易护壁;黏土层不宜使用	冲洗液上返速度快,洗孔彻底、孔内干净,钻进效率高,安全成井后洗井容易,出水量大
气动潜孔锤正循环钻进	5～12	适用于坚硬基岩及第四纪胶结、半胶结地层和卵砾石层钻进,孔径不大于 310mm,常用于不取芯钻进,尤其适用于缺水或供水困难地区钻进	具有冲击和回转双重破岩作用;孔底岩石受压小、钻进效率高,成本低,且不污染含水层、成井后洗井容易,出水量大
气动潜孔锤反循环钻进		适用于坚硬基岩及第四纪胶结、半胶结地层和卵砾石层钻进,钻孔直径不大于 250 mm,常用于不取芯钻进,尤其适用于缺水或供水困难地区钻进	具有正循环潜孔锤钻进全部优点;在不稳定地层中钻进护孔效果优于正循环钻进
液动冲击回转钻进	5～11	适用于坚硬基岩钻进,目前只在常规口径钻孔中使用,正在大口径中试验应用	具有冲击和回转重破岩作用;可以使用泥浆作冲洗液护孔,不受水位限制,能在深孔钻进
钢绳冲击钻进	1～5	适用于第四纪砂土、漂砾、卵砾石层及风化破碎基岩、大口径、浅孔、中深孔钻进,钻孔深度一般不超过 200m	设备、钻具简单,成本低,在砂土、卵砾石层浅孔钻进有良好的效果
满眼钻进		适用于大口径深孔钻进,粗径钻具处须安装扶正器,钻压应选用大于两次弯曲临界值或小于一次弯曲临界值	钻进中能使钻具保持稳定,有效防止孔斜,钻进效率高
辐射井钻进		适用于第四纪浅部含水层及大口径竖井中钻进	能沿含水层走向,按集水竖井四周不同方位安设多组过滤器,扩大单井取水范围,提高单井供水能力
同步跟管钻进		适用于漂砾、流砂层、卵砾石层、冲积层等非稳定性覆盖层钻进,并须配备专用设备和工具	在极不稳定的地层中钻进,能有效地防止塌孔,保证安全钻进

注:岩石的可钻性是在一定技术条件下钻进岩石的难易程度,也可以说是钻进时岩石抵抗破碎的能力,是岩石在钻进过程中显示出来的综合性指标。岩石的可钻性划分目前尚不统一,地质勘查钻进工作中,经常用以下方法来划分岩石的可钻性级别:①按岩石力学性质分级——据压入硬度,分六类 12 级;②按实际钻进速度分级——用钻进速度(m/h),分 12 级;③微钻法——用微型孕镶钻头模拟钻进速度,分 12 级;④破碎比功法——用单位接触面积破碎比功,分 10 级。

三、水文地质钻孔的类型、结构

钻孔是通过机械回转或冲击钻进，向地下钻成的相对直径小而深度大的圆孔。钻孔一般由孔口、孔壁、孔径、孔底、孔深等基本要素构成(图 2－16)。

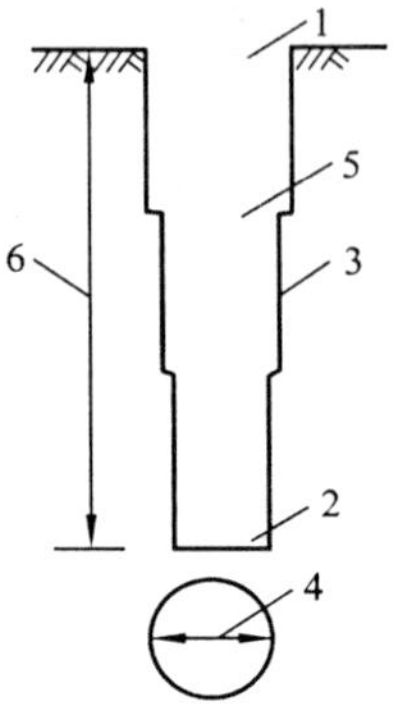

图 2－16　钻孔要素示意图

1. 孔口；2. 孔底；3. 孔壁；4. 孔径；5. 变径；6. 孔深

(一) 水文地质钻孔的类型

水文地质钻孔的类型可以从不同的角度进行划分。

1) 根据水文地质钻孔承担的主要任务划分

(1) 地质孔。通常只在小、中比例尺的区域水文地质普查中布置，一般要通过钻探取芯进行地层描述和简易水文地质观测，但不进行抽水试验。主要是为了解地层、构造和含水层情况，属于控制性钻孔。其基本要求是：满足岩芯采取率、校正孔深、测孔斜、进行原始编录和简易水文地质观测、取得分层水位资料和封孔等，并作电测井校对与取样。通常采用 91mm、110mm、130mm、150mm 等常规口径钻进。

(2) 水文地质孔。在各种比例尺的水文地质普查与勘探中布置，一般要进行单孔稳定流抽水试验，必要时要进行多(群)孔非稳定流抽水试验，以获取不同要求的水文地质参数，评价与计算地下水资源。采用常规口径取芯钻进，大口径扩孔后进行试验。终孔下管后进行充分冲洗。

(3) 探采结合孔。在各种比例尺的水文地质普查与勘探中均会遇到，取得水文地质资料后，结合地方需要，将钻孔扩成开采井。在成井下管之前，应校正孔斜，每 100m 不应超过 1°，并留有足够长度的沉淀管(一般 5～10m)。

(4) 观测孔。有抽水试验观测孔和长期观测孔(简称长观孔)两种，通常只在大、中比例尺的水文地质勘查中布置。为研究区域地下水动态变化规律和主孔抽水时的影响半径，以及了解不同深度含水层的水位，都需要布置观测孔。

2) 根据水文地质钻孔的钻进深度划分

(1) 浅孔。指钻进深度小于或等于 100m 的钻孔。

(2) 中深孔。指钻进深度为 100～300m 的钻孔。

(3) 深孔。指钻进深度大于 300m 的钻孔。

3) 根据水文地质钻孔顶角(即钻孔轴心线与铅垂线的夹角)或倾角(即钻孔轴心线与水平面的夹角)划分

（1）直孔。指顶角为规定范围内的钻孔。

（2）斜孔。指顶角超过规定范围的钻孔。

（3）水平孔。指顶角为90°的钻孔。

（二）水文地质钻孔的结构

1. 钻孔结构的内涵

水文地质钻孔结构是指由开孔至终孔的深度内钻孔孔径和孔段的变化，包括孔径、孔段和孔深等。除地质孔外，钻孔结构具体应包括（图2-17）以下内容。

（1）井管。包括井壁管、过滤器和沉淀管的直径、孔段和深度。

（2）填砾、止水与固井位置及深度。

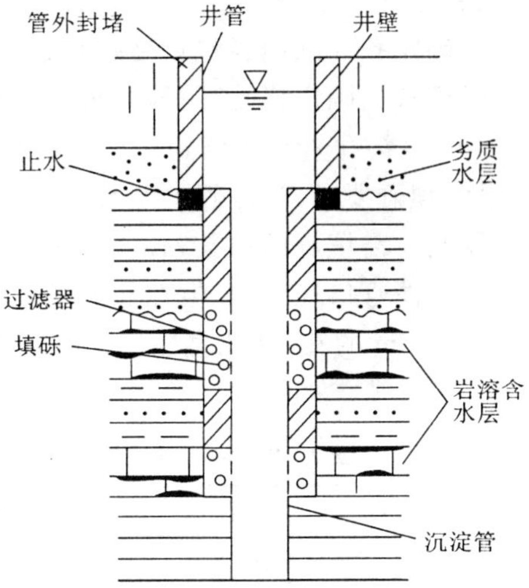

图2-17　钻孔结构示意图

2. 典型钻孔结构型式

（1）一径成孔（井）。指除孔口管外，一径到底的钻孔，即一种口径、一道管柱的钻孔。这类钻孔通常是较稳定的第四纪松散地层或基岩为主的水文地质钻孔、探采结合孔或观测孔。有下井管、过滤器并填砾或不填砾及没有井管、过滤器的基岩裸孔等几种。下井管、过滤器并填砾孔的孔径一般应比井管的直径大150～200mm。

（2）多径成孔（井）。具有两个或两个以上变径孔段的钻孔，即多次变径，并用一套或多套管柱的钻孔。通常是上部为第四纪松散层、下部为基岩或具有两个以上主要含水层的水文地质钻孔、探采结合孔及地质孔。通常只在第四系地层中下井管、过滤器并填砾或不填砾；基岩除破碎带、强烈风化带需下套管外，一般为裸孔。

3. 钻孔结构设计

水文地质钻孔结构设计是依据钻探的目的、任务、钻孔地质和水文地质条件及已有钻探设备等因素，对钻孔的深度、孔斜、孔径变换、过滤器等提出的具体方案。钻孔结构设计是水文地质钻探的重要环节，是高效施工和优质钻进的前提，也是获取完整的水文地质资料的保证，是直接影响水文地质钻探的质量、钻孔出水量及能耗、安全等方面的重要因素。

钻孔结构设计的内容包括钻孔深度、终孔直径、开孔直径、中间套管变径的层次和深度、过滤器的类型和规格等。

1）孔深的确定

孔深是根据钻孔的目的、要求、地质条件，并结合钻探设备所允许钻进的深度或目前可能的开采深度等生产技术条件来确定的，一般应揭穿主要含水层，即钻孔的深度取决于含水层底板的深度，至于更深部的含水层（组），可选择少量的钻孔只作一般性的了解，以便为进一步勘查和远景规划提供依据。对于厚度很大的含水层，钻孔揭穿整个含水层较困难或技术上不必揭穿整个含水层时，应按下述原则确定孔深：对于基岩含水层，钻孔应揭穿含水层的主要富水段或富水构造带；对于岩溶含水层，钻孔应揭穿岩溶发育带；对于厚度小、水位深的含水层，设计孔深时要考虑试验设备的要求（如满足空气压缩机抽水沉没比的要求）。另外，对于地下水开采孔或长期疏干降压孔，在确定钻孔深度时还应考虑沉淀管的长度，以保证钻孔工作段不被淤塞，沉淀管的长度一般为 3～5m。

钻孔深度最终以钻孔地质设计为准，若地质设计依据不足或地质条件变化需加深或提前终孔，必须以持有钻孔任务变更通知书为前提。

2）孔径的确定

孔径的确定是钻孔结构设计的中心环节。孔径的大小取决于选用的钻探设备和钻进方法、套管的类型、钻孔类型、抽水设备和方法、对钻孔出水量大小的要求等。

确定孔径的内容包括终孔直径、变径尺寸和开孔直径。对于结构比较复杂的钻孔，设计孔径时应首先确定终孔直径，再根据变径次数和变径尺寸，由下向上逐步推定钻孔的开孔直径。

（1）终孔直径的确定。根据钻孔类型、水文地质条件、预计水量、钻进方法与工艺、含水层岩性、填砾要求、过滤管类型及孔深等因素综合确定，以满足水文地质试验和供水井抽水要求为原则。需填砾的钻孔，必须满足填砾厚度和下入过滤管口径的要求；不填砾的钻孔，一般以下入过滤管口径为准；但在易缩径地层施工的钻孔口径，还应考虑过滤管起拔等因素；浅孔及小于 200m 的孔，钻孔直径或过滤管直径一般可按表 2－9 确定；大于 200 m 的孔或特大水量及有特殊要求的抽水试验钻孔，则根据单孔设计的要求确定。

表 2－9　钻孔直径或过滤管直径表[据《水文地质钻探规程》(DZ/T 0148—1994)]

岩层 / 孔深 / 钻孔类型	松散层（过滤管直径）(mm)			基岩（孔径）(mm)	
	≤50	50～100	100～200	≤100	>100
水文地质普查、勘探孔	≥140(146)		114(127)	≥140(150)	≥120(130)
探采结合孔、供水井	≥168		≥140(146)	≥140(150)	
观测孔、地质孔	≥89			≥91	

注：1. 松散层是指第四系地层和新近系、古近系疏松砂砾岩及基岩强烈风化带、破碎带，基岩是指完整岩体（含构造裂隙带、岩溶地层）。

2. 括号内数值为《水文水井钻探管材系列》(GB 9808—1988)颁布前的规格数值。

3. 本表所列口径为一般规定。对于水文地质普查、勘探孔，当单孔出水量小于 0.2L/s 和采用提桶作简易抽水试验的钻孔口径，允许比表列孔径或管径小一级；探采结合孔、供水井直径主要根据水量、抽水设备类型规格及过滤管径来确定。

对于水文地质勘查试验孔而言，设计钻孔直径时，以将来能在孔内顺利地安装过滤器和抽水设备，并能使抽水试验正常进行为原则，因此要按抽水试验的要求并根据预计的出水量和是否需要下过滤器及其类型、拟用的抽水设备等来确定其终孔直径。

在浅部松散沉积层和基岩破碎带，为保证进水、维护孔壁稳定，应在孔内下护壁井管、过滤器，有时还要在井孔与井壁之间充填砾料。此时的钻孔孔径除需满足出水量大小要求外，还需满足过滤器及砾料的尺寸要求。一般抽水孔直径应比过滤器大 1～2 级、观测孔直径应比过滤器直径大一级，需要充填砾料的钻孔孔身直径应比过滤器直径大 150～200mm。

（2）确定变径的深度和尺寸。根据已确定的终孔直径，再按预计要求隔离的含水层（段）个数及止水方法、部位和要求，并考虑钻孔的类型、深度、钻进方法、岩石的可钻程度和孔壁的稳定程度等多种因素，确定钻孔变径与否、变径深度和变径尺寸、下套管的深度（应考虑沉淀管的长度）和直径。一般在下列情况下需要变换孔径进行止水：有多个含水层（段），需要取得分层（段）水文地质参数；需要隔离水质较差的含水层；需要有选择地疏降或开采某一含水层；需要维护松散层和岩层破碎带的孔壁稳定等。而对于地层松软易钻、孔深较浅、孔径较大的开采孔，可以采用同径止水而不变换孔径。根据止水要求，典型的钻孔结构有三种：异径止水、同径止水、异径同径联合止水。如图 2－18 所示。

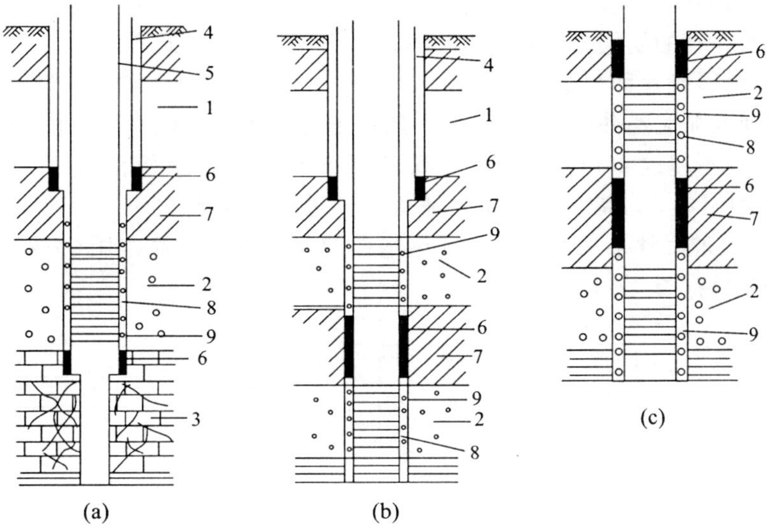

图 2－18　钻孔结构图

（据杨成田，1981）

(a)深孔、地质条件复杂时的钻孔结构图（异径到底、多层套管、异径止水）；

(b)中深孔、地质条件较复杂时的钻孔结构图（异径到底、多层套管、异径同径联合止水）；

(c)浅孔、地质条件简单时勘探开采孔结构图（同径到底、单层套管、同径止水）；

1. 非开采含水层；2. 开采含水层；3. 基岩含水层；4. 第一层套管；5. 第二层套管；

6. 止水填料；7. 隔水层；8. 过滤器；9. 滤料

在某些地质结构复杂的地区，可能在不太大的深度内出现数个含水层，如果均下套管止水，换径次数过多，就造成钻孔结构复杂，施工困难，此时就必须仔细研究该地区的地质条件和抽水实验（或开采条件）的要求，合理地采用有关技术措施，在确保优质、高产、低耗、安全的前提下，尽可能同径到底，简化钻孔结构。当不得不变径时，变径的部位多在含水层下部的隔水层顶部。

（3）开孔直径的确定。根据已确定的终孔直径、变径次数和尺寸，自下而上逐级推定开孔直径。开孔直径除满足孔内最大套管和填料厚度的要求外，还应满足钻孔浅部松散层下入护壁管的要求，对供水孔还应考虑所用抽水设备的外部尺寸。因此，水文地质钻孔的开孔直径都大于终孔直径，一般钻孔开孔直径选用 172mm、152mm 较为适宜（即下入 168mm 或 146mm 井壁管）；试验孔或开采孔的开孔口径应扩大到 250mm 以上。

3）过滤器的设计

（1）过滤器的作用和基本要求。过滤器是安装在钻孔中的一种能起过滤作用的带孔井管。在松散沉积物及不稳定岩层中钻进时，必须装置过滤器。它的作用是保证含水层中的地下水能够顺利地流入井管，同时又防止井壁坍塌，阻止地层中细粒物质进入井内造成水井堵塞，保证井的涌水量和井的使用寿命。

对过滤器的基本要求是：①具有较大的孔隙率和一定的直径，以减小过滤器的阻力，获得最大的出水量；②具有良好的滤水作用，既能阻挡含水层中的砂砾进入，又不堵塞过滤器的孔隙；③有足够的强度，要能够承受井管的重力、地层和滤料的侧向压力，保证过滤器能安全顺利地下入井下且使用期间不损坏，对钻孔还要求能顺利起拔；④具有较高的抗腐蚀能力，以防酸性水的侵蚀，延长井孔的使用寿命；⑤加工方便，易于安装，成本低廉。

过滤器可用金属或各种非金属材料制作，长度一般应与含水层（段）厚度相一致。当含水层很厚时，应设计成非完整井（即只穿入含水层的部分厚度、井底落在含水层中间的水井），每段过滤器长度一般不超过 20m。为防孔内沉淀，常设计 3～5m 的沉淀管。

（2）过滤器的组成。过滤器主要由过滤骨架和过滤层组成。

a. 过滤骨架。过滤骨架主要是在保证透水性的条件下起支撑作用，一般有孔眼管状骨架和钢筋骨架两种结构（图 2－19）。

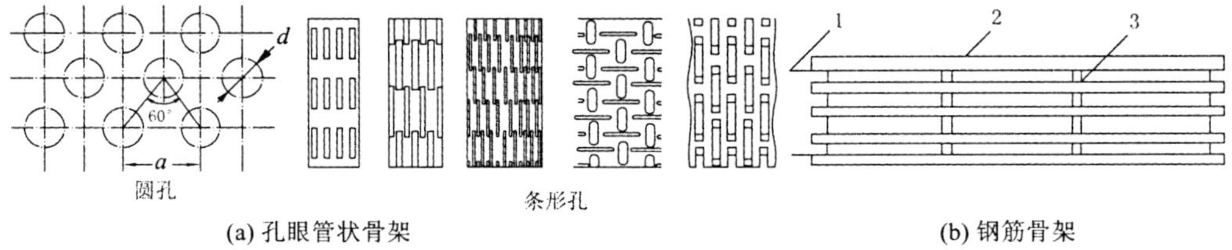

图 2－19　过滤器骨架类型示意图

1. 短管；2. 钢筋；3. 支撑圈

孔眼管状骨架是由各种材料的管子按一定的技术要求和规格打孔或开槽制成。其材料可以是钢的、铸铁的、水泥的或塑料的，水文地质钻探多用钢管。管子上的孔眼一般为圆孔、条形孔。孔的大小、排列和间距与管材强度及所要求的孔隙率有关。通常，钢管孔眼过滤器的孔隙率为 30％～35％、铸铁管孔眼过滤器的孔隙率为 20％～25％，而水泥管孔眼过滤器的孔隙率仅为 10％～15％，条形孔钢管孔眼过滤器的孔隙率可达 40％～50％。

钢筋骨架是用直径为 10～16mm 的钢筋以一定的间距（20～30mm）间隔排列，焊接在两节短管之间。这种骨架的孔隙率可达 60％以上，但强度稍低，主要用在强透水的基岩含水层完整井（指贯穿含水层、井底座落在隔水层上的水井）中，以增强进水能力。

b. 过滤层。过滤层起过滤作用，分布于过滤骨架之外。过滤层的种类主要有带孔眼的包网、密集缠丝、砾石填充等（图 2－20）。

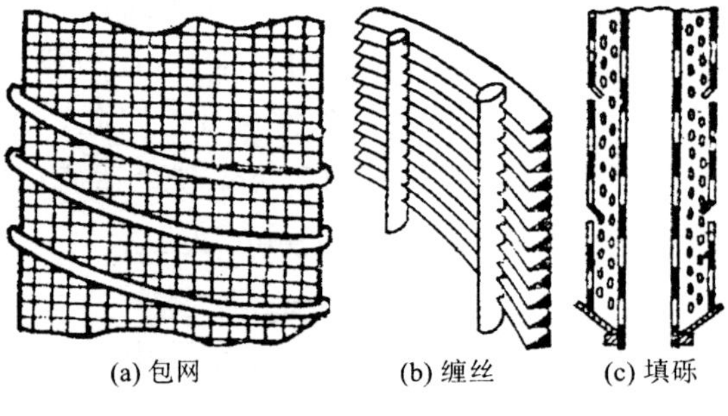

图 2－20　过滤层类型示意图

（3）过滤器的种类。由不同骨架与不同过滤层可组合成各种过滤器，其分类如表 2－10 所示。但过滤器基本类型有骨架过滤器、网状过滤器、缠丝过滤器、砾石过滤器四种（图 2－21）。

表 2－10　过滤器分类表

分类依据	类型
材料	钢、铁、混凝土质、水泥砾石、矿渣水泥、塑料、陶瓷、玻璃钢等
孔眼形式	圆孔、条孔、半圆孔、桥式孔
结构特征	骨架、缠丝、包网、填砾、贴砾、笼状、筐状

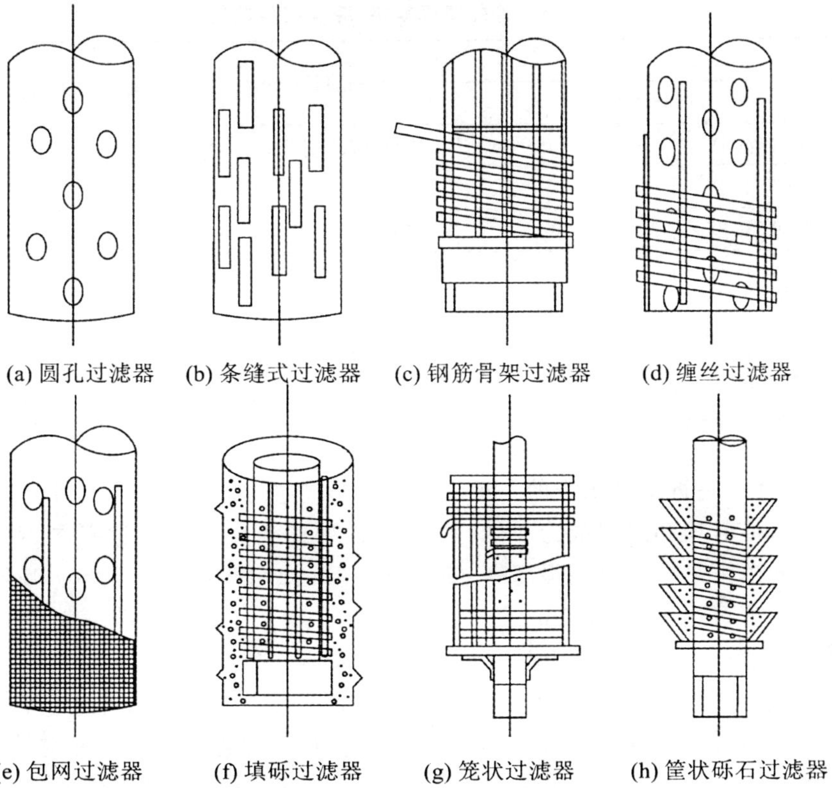

图 2－21　过滤器类型示意图

a. 骨架过滤器。只由骨架组成，不带过滤层，仅用于井壁不稳定的基岩井。作为勘查试验用的多为钢管骨架过滤器[图 2－21(a)、(b)、(c)]。

b. 缠丝过滤器。过滤器由密集程度不同的缠丝构成[图 2－21(d)]。缠丝效果较滤网为佳，且制作简单、经久耐用，又能适用于中砂及更粗岩石。若岩石颗粒太小，要求缠丝间距太小，加工常有困难，此时可在缠丝过滤器外充以砾石。

c. 包网过滤器。过滤层为滤网，为了发挥滤网的稳定性，在骨架上需焊接纵向垫条，滤网被包于垫条外，滤网外再绕以稀疏的护丝，以防腐损[图 2－21(e)]。滤网有铁、铜、塑料压膜等，铁易被腐蚀，已少用；铜价贵，故有被塑料代替的趋势。网眼规格应以颗粒级配成分为依据，应能在网外形成以中、粗砾为基础的天然过滤层，以保证抽水正常进行。

d. 砾石过滤器。过滤层由充填的砾石构成。骨架可以是圆管或钢筋骨架。钢筋骨架上的缠丝间距视岩石颗粒大小而定。按结构，砾石过滤器可分为以下几种。

填砾过滤器——在骨架外充填砾石而成，砾石与骨架是分离的。这是勘查中最常用的过滤器类型[图 2-21(f)]。

笼状和筐状过滤器——在骨架外预先做好盛砾石的笼架和框架，然后将选定的砾石充填于其中[图 2-21(g)、(h)]。用时将其整体下入井中。该种过滤器多用于井径较大的浅层开采孔。

上述砾石过滤器所用砾石的大小应与含水层粒度相配合。孔壁岩石颗粒越细，过滤层所选用砾石应越小。所用砾石的大小还应与骨架空隙尺寸相配合（表 2-11）。

表 2-11　管外填砾规格、缠丝间距选用表

含水层			砾石直径(mm)		填砾厚度(mm)	缠丝间距(mm)
名称	筛分结果					
	粒径(mm)	质量百分比(%)	规格砾料	混合砾料		
粉砂流砂	0.05～0.10	50～70	0.75～1.50	1～2	100	0.75
细砂	0.10～0.25	75	1.00～2.50	1～3	100	1～1.50
中砂	0.25～0.50	50	2～5	1～5	100	2～3
粗砂	0.50～2.00	50	4～7	1～7	75～100	3～4
砾石	2.00～10.0	50	2.50～20	7.50～20	50～70	5
卵石			回填	回填	50～75	6

贴砾过滤器——是近年来出现的一种新型过滤器，它是在骨架衬管外用环氧树脂粘贴一定厚度的石英砂，使骨架和滤层成为一体，贴砾厚度为 10～18mm，孔隙率在 20%以上。其优点是透水性好、滤砂可靠、成本低、强度高、使用方便等，特别适用于细颗粒、口径小、难以投砾的深井，其安装深度可达 400～500m。

砾石水泥过滤器——由砾石或碎石用水泥胶结而制成，又称无砂混凝土过滤器。通常砾石粒径为 3～7mm、灰砾比为 1∶5～1∶4、水灰比为 0.28～0.35，水泥与砾石之间为不完全胶结，因而被水泥胶结的砾石、孔隙仅一部分被水泥充填，另一部分仍相互连通，故有一定的透水性。这种过滤器制作方便、价格低廉，但强度较低，通常用于井深小于 100m 的井孔，多用于农用机井。

针对各地区不同的水文地质条件，应选用不同材料和不同结构形式的过滤器（表2-12、表 2-13）。

表 2-12　过滤器类型选择[据《水文地质钻探规程》(DZ/T 0148—1994)]

过滤器类型	过滤器特性	适用条件
缠丝过滤器	易于制造，适应性广，可根据水质选择缠丝的材料和断面形状，具有一定的防腐蚀能力和较好的挡砂透水性能	与管外填砾配合，适用于第四纪和基岩含水层，若能按水质选择骨架管和缠丝材料，可用于各种水质水井中
桥式过滤器	滤缝为桥式结构，不易堵塞，透水性好，应根据水质选择骨架材料，有较好的防腐蚀性能	与管外填砾配合，适用于第四纪含水层和基岩含水层，若能按水质选择骨架管，可用于各种水质水井中
聚氯乙烯(PVC)过滤器	滤缝直接开在骨架管上，呈外窄内宽结构，不易堵塞，透水性好，有良好的防腐蚀性能，成本较低	与管外填砾配合，适用于第四纪和基岩含水层，尤其适用于腐蚀性较大的水井中
玻璃钢过滤器	用玻璃纤维交织缠绕成表面呈网状结构的过滤器，有良好的防腐蚀性能，质量轻，强度较大	

续表 2-12

过滤器类型	过滤器特性	适用条件
贴砾过滤器	砾石和过滤器合为一体，具有良好的挡砂、透水性能，应根据含水层颗粒大小，选择相应的贴砾规格的过滤器	应根据水质选择骨架管，可适用于各种水质的水井中，尤其适用于填砾困难的细粉砂含水层水井中
笼状过滤器	填砾和过滤器合为一体，具有良好的挡砂和透水性能	适用于粉细砂含水层和填砾困难的水井中
包网过滤器	滤网孔眼容易堵塞，透水性能差	用于不能填砾的中细粉砂含水层中
裸眼过滤器	透水性能好，挡砂作用差	只适用于粗颗粒含水层和不含细粒的裂隙含水层水井中

表 2-13　不同含水层适用的过滤器类型(据史长春，1983)

含水层的岩性	适用的过滤器类型
细砂、粉砂	填砾的缠丝过滤器或笼状填砾过滤器
中砂、粗砂	填砾的圆孔、条孔、缠丝或包网过滤器
卵石、砾石	不填砾的缠丝或包网过滤器
坚硬或半坚硬的不稳定岩层	不填砾的缠丝包网过滤器或不缠丝、不包网的骨架过滤器，圆孔、条孔过滤器
坚硬或半坚硬的稳定岩层	不需要安装过滤器

4. 钻孔结构的确定

钻孔结构是根据钻孔类型、水文地质条件、终孔直径及深度、抽水方法、钻进工艺方法及钻探设备等因素综合确定。通常，进行抽水试验的钻孔，其松散地层的钻孔直径要能满足根据预计出水量选用的过滤器直径和填砾间隙的要求；基岩钻孔直径则一般以满足抽水设备口径或过滤器直径要求为依据确定。在条件具备与可能时，要采用一径成井工艺；在松散、破碎、严重漏失等复杂地层(即发生事故多、效率低、钻进和取芯都困难的地层)，应采用护壁性能好且易于破壁解淤的优质泥浆钻进，争取少下或不下套管，以简化钻孔结构。

第六节　水文地质试验

水文地质试验是水文地质勘查中不可缺少的重要手段，是获取水文地质参数的基本方法。水文地质试验分野外水文地质试验和室内水文地质试验两种，其中，主要的野外水文地质试验包括抽水试验、渗水试验、注水试验、联通试验等。下面重点介绍抽水试验的相关内容，对其他试验限于篇幅只作一般介绍。

一、抽水试验的目的、任务及类型

(一) 抽水试验的目的、任务

抽水试验是以地下水井流理论为基础，通过在井孔中进行抽水和观测来测定含水层水文地质参数、评价含水层富水性和判断某些水文地质条件的一种野外水文地质试验工作。抽水试验在各个勘查阶段都很重要，其成果质量直接影响着对调查区水文地质条件的认识和水文地质计算成果的精确程度。抽水试验的主要任务如下。

(1) 直接测定含水层的富水程度和评价井孔的出水能力(Q)。

(2) 确定含水层的水文地质参数(k、T、μ_e、μ_d、a 等)。

(3) 研究井孔的出水量(Q)与水位降深(S)的关系及其与抽水时间(t)的关系,研究降落漏斗的形状、大小及扩展过程。

(4) 研究含水层之间及地下水与地表水之间的水力联系,以及地下水补给通道和强径流带位置等。

(5) 确定含水层的边界位置及性质。

(6) 通过抽水试验,为取水工程提供所需水文地质数据(如影响半径、单井出水量等),评价水源地的地下水允许开采量。

(二) 抽水试验的类型

由于划分的原则和角度不同,所以形成的抽水试验类型繁多且相互交叉。主要有以下几种划分方法。

1) 按抽水试验依据的井流理论划分

(1) 稳定流抽水试验。指在抽水过程中,要求流量和水位降深同时相对稳定(即不随时间而变)并且有一定延续时间的抽水试验。稳定流抽水试验结果可用稳定径流公式进行分析计算,方法简便。在补给边界附近或水源充沛且相对稳定的地段抽水可形成相对稳定的水流,可用稳定流抽水试验方法。

(2) 非稳定流抽水试验。指在抽水过程中,只要求水位和流量其中一个稳定、观测另一个随时间的变化的抽水试验。非稳定流抽水试验结果用非稳定径流理论进行分析计算。在实际工作中一般采用定流量(变降深)非稳定流抽水试验。自然界地下水大都是非稳定流,因此,非稳定流抽水试验有更广泛的适用性,能研究更多的因素,能测定更多的参数,并能充分利用整个抽水过程提供的全部信息,但非稳定流计算较复杂,观测技术要求高。

2) 按抽水试验井孔数划分

(1) 单孔抽水试验。指只有一个抽水孔而无观测孔的抽水试验。该种试验方法简便,成本低廉,但所担负的任务有限,成果精度较低,一般多用于稳定流抽水试验,常用于普查和初步勘查阶段。

(2) 多孔抽水试验。即带观测孔的单孔抽水试验。该种试验能完成抽水试验的各项任务,所得成果精度也高,但成本一般较高,多用于详细勘探阶段。

(3) 干扰抽水试验(或称群孔抽水试验)。指在相距较近的两个或多个孔中同时抽水,造成水位降落漏斗相互重叠干扰,各孔的水位和流量有明显相互影响的抽水试验。一般在抽水孔周围还配有若干观测孔。按抽水试验的规模和任务,又可分为一般干扰井群孔抽水试验和大型群孔抽水试验。

3) 按抽水井的类型划分

(1) 完整井抽水试验。即在完整井孔(过滤器长度等于含水层厚度)中进行的抽水试验。

(2) 非完整井抽水试验。即在非完整井孔(过滤器长度小于含水层厚度)中进行的抽水试验。

4) 按抽水试验的含水层情况划分

(1) 分层抽水试验。以含水层为单位进行抽水试验,以单独求取各含水层的水文地质参数。如对潜水、承压水或孔隙水与裂隙水、岩溶水,应当进行分层抽水,以分别掌握各层的水文地质特征。

(2) 分段抽水试验。即在透水性有较大差异的巨厚含水层中,分不同岩性段(如上、中、下段)进行抽水试验，以了解各段的透水性及水量情况。

(3) 混合抽水试验。即在井孔中将不同含水层合为一个试验段进行抽水，以了解各层的混合平均状况和井孔的整体出水能力。混合抽水试验如需配备观测孔时，必须分层设置。

5) 按抽水顺序划分

(1) 正向抽水。降深由小到大，有利于抽水井孔周围天然过滤层的形成，多用于松散含水层。

(2) 反向抽水。降深由大到小，抽水开始时的大降深有利于对井壁和裂隙的清洗，多用于基岩。

不同类型的抽水试验，主要解决的问题是不一样的(表 2-14)。

表 2-14 各种抽水试验可解决的水文地质问题

类型			可解决的水文地质问题
按地下水流向集水建筑物的性质	稳定流抽水试验		确定含水层渗透系数；确定降落漏斗形状及影响半径；确定涌水量与降深关系曲线
	非稳定流抽水试验		确定水文地质参数 T、a、μ 等；确定降落漏斗形状及发展趋势
按抽水孔数与有无观测孔	单孔抽水试验	一个孔抽水，无观测孔	初步确定水文地质参数；判断单井出水能力
	多孔抽水试验	一个孔抽水，带有观测孔	准确确定水文地质参数；调查不同方向的渗透性；了解降落漏斗形状；调查边界性质及简单边界位置
	群孔抽水试验	抽水孔数≥2 个的干扰抽水试验	准确确定水文地质参数；求取开采井干扰系数和确定井距；调查区域总开采量与降深的关系；调查边界条件；评价开采资源
按含水层是否分开	分层抽水试验		求取各含水层水文地质参数
	混合抽水试验		求取含水层系统综合水文地质参数
按含水层揭露程度	完整井抽水试验		可直接求取水文地质参数
	非完整井抽水试验		需进行修正计算水文地质参数

至于在具体的水文地质勘查工作中选用何种抽水试验，主要取决于勘查工作进行的阶段和主要目的。在区域性水文地质调查及专门性水文地质调查的初始阶段，抽水试验的目的主要是获得含水层具代表性的水文地质参数和富水性指标(如钻孔的单位涌水量或某一降深条件下的涌水量)，故一般选用单孔抽水试验即可；当只需要取得含水层渗透系数和涌水量时，一般选用稳定流抽水试验；当需获得渗透系数、导水系数、贮水系数及越流系数等更多的水文地质参数时，则须选用非稳定流的抽水试验方法；在专门性水文地质调查的详勘阶段，当希望获得开采孔群(组)设计所需水文地质参数(如影响半径、井间干扰系数等)和水源地允许开采量(或矿区排水量)时，则须选用多孔干扰抽水试验；当设计开采量(或排水量)远比地下水补给量小时，可选用稳定流的抽水试验方法，反之，则选用非稳定流的抽水试验方法。

二、抽水孔和观测孔的布置要求

(一) 抽水孔的布置要求

抽水孔的布置，应根据勘查阶段，水文地质条件和地下水资源评价方法等因素确定，并宜符合下列要求。

(1) 根据勘查阶段布置抽水孔,抽水孔占勘查孔(不包括观测孔)总数的百分比(%),宜不少于表 2-15 的规定。

a. 详查阶段,在可能富水的地段均宜布置抽水孔。

b. 勘探阶段,在含水层(带)富水性较好和拟建取水构筑物的地段均宜布置抽水孔。

表 2-15　抽水孔占勘查孔总数的百分比(%)[据《供水水文地质勘察规范》(GB 50027—2001)]

地区	详查阶段	勘探阶段
基岩地区	80	90
岩性变化较大的松散岩层地区	70	80
岩性变化不大的松散岩层地区	60	70

注:抽水试验的工作量中,宜包括带观测孔的抽水试验。

(2) 布置抽水孔时要考虑抽水试验的目的和任务。

a. 为求取水文地质参数的抽水孔,一般应远离含水层的透水、隔水边界,应布置在含水层的导水及贮水性质、补给条件、厚度和岩性条件等有代表性的地方。

b. 对于探采结合的抽水井(包括供水勘探阶段的抽水井),要求布置在含水层(带)富水性较好或计划布置生产水井的位置上,以便为将来生产孔的设计提供可靠信息。

c. 欲查明含水层边界性质、边界补给量的抽水孔,应布置在靠近边界的地方,以便观测到边界两侧明显的水位差异或查明两侧的水力联系程度。

(3) 在布置带观测孔的抽水井时,要考虑尽量利用已有水井作为抽水时的水位观测孔;当无现存水位观测井时,则应考虑附近有无布置水位观测井的条件。

(4) 抽水孔附近不应有其他正在使用的生产水井或地下排水工程。

(5) 抽水井附近应有较好的排水条件,即抽出的水能无渗漏地排到抽水孔影响半径区以外,特别应注意抽水量很大的群孔抽水的排水问题。

(二) 水位观测孔的布置要求

1. 布置抽水试验水位观测孔的意义

(1) 利用观测孔的水位观测数据,可以提高井流公式所计算出的水文地质参数的精度。这是因为:观测孔中的水位,不存在抽水孔水跃值和抽水孔附近三维流的影响,不存在抽水主孔"抽水冲击"的影响,水位波动小,水位观测数据精度较高。

(2) 利用观测孔的水位,可用多种方法求解水文地质参数。

(3) 利用观测孔水位,可绘制出抽水的人工流场图(等水位线或下降漏斗),从而可帮助我们判明含水层的边界位置与性质、补给方向、补给来源及强径流带位置等水文地质条件(分析水文地质条件)。

(4) 一般大型孔群抽水试验,可根据观测孔控制渗流场的时、空特征,作为建立地下水流数值模拟模型的基础(模型验证)。

2. 水位观测孔的布置要求

抽水试验观测孔的布置,应根据试验目的和计算公式确定,并宜符合下列一般要求[据《供水水文地质勘察规范》(GB 50027—2001)]。

(1) 以抽水孔为原点,宜布置 1～2 条观测线。

(2) 布置一条观测线时,宜垂直地下水流向布置;布置两条观测线时,其中一条宜平行地下水流向布置。

(3) 每条观测线上的观测孔宜为三个。

(4) 距抽水孔近的第一个观测孔,应避开三维流的影响,其距离不宜小于含水层的厚度;最远的观测孔距第一个观测孔的距离不宜太远,并应保证各观测孔内有一定水位下降值。

(5) 各观测孔的过滤器长度宜相等,并安置在同一含水层和同一深度。

具体不同目的的抽水试验,其水位观测孔布置的要求是不同的。

(1) 为求取含水层水文地质参数,一般应和抽水主孔组成观测线。而且一般应根据抽水时可能形成的水位降落漏斗的特点来确定观测线的位置。

a. 均质各向同性、水力坡度较小的含水层。其抽水降落漏斗的平面形状为圆形,即在通过抽水孔的各个方向上,水力坡度基本相等,但一般上游侧水力坡度较下游侧小,故在与地下水流向垂直方向上布置一条观测线即可[图 2-22(a)]。

b. 均质各向同性、水力坡度较大的含水层。其抽水降落漏斗形状为椭圆形,下游一侧的水力坡度远较上游一侧大,故除垂直地下水流向布置一条观测线外,尚应在上、下游方向上各布置一条水位观测线[图 2-22(b)]。

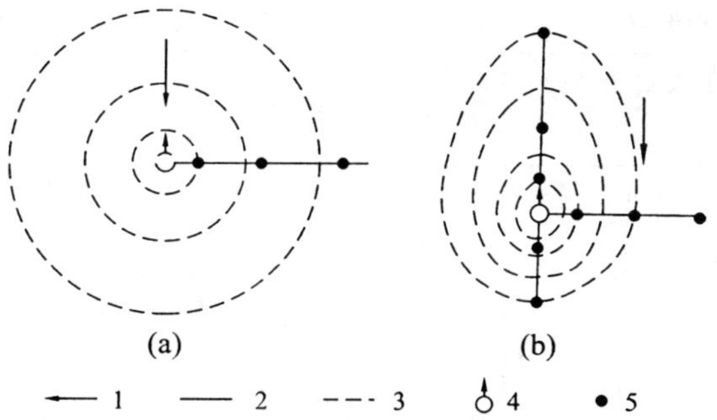

图 2-22 抽水试验水位观测线布置示意图

1. 地下水天然流向;2. 水位观测线;3. 抽水时的等水位线;4. 抽水主孔;5. 水位观测孔

c. 均质各向异性的含水层。抽水水位降落漏斗常沿着含水层贮、导水性质好的方向发展(延伸)(漏斗长轴),该方向水力坡度较小;贮、导水性差的方向为漏斗短轴,水力坡度较大。因此,抽水时的水位观测线应沿着不同贮、导水性质的方向布置,以分别取得不同方向的水文地质参数。

(2) 为某些专门目的进行抽水试验时,观测孔的布置以能解决实际问题为原则。研究断层的导水性时,可将观测孔布置在断层的两盘;为判别含水层之间的水力联系时,观测孔则分别布置在各个含水层中;研究河水地下水关系时,观测孔应布置在岸边;为了查明含水层的边界性质和位置时,观测线应通过主孔,垂直于欲查明的边界位置,并在边界两侧附近都要布置观测孔。

(3) 对干扰井群抽水及大型抽水试验,应比较均匀地布置观测孔,以便控制整个流场的变化和边界上的水位与流量。

（4）观测孔的数目、距离和深度主要取决于抽水试验的目的任务、精度要求和抽水试验类型。

a. 观测孔的数目。为求取含水层水文地质参数，一般设一个观测孔即可，在观测线上的观测孔一般为两个以上，以便使用多种方法求取水文地质参数；如需绘制漏斗剖面，则一条观测线上的观测孔不应少于三个；如判定水力联系及边界性质，则观测孔应为1～2个。

b. 观测孔的距离。按抽水漏斗水面坡度变化规律，愈近主孔距离应愈小，愈远离主孔距离应愈大；为避开抽水孔三维流的影响，第一个观测孔距主孔的距离一般应约等于含水层的厚度（至少应大于10m）；最远的观测孔，要求观测到的水位降深大于20cm；相邻观测孔距离，亦应保证两孔的水位差大于20cm。

c. 观测孔的深度。要求揭穿含水层，至少深入含水层10m，或观测孔孔深达抽水主孔最大降深以下。

三、抽水设备及测水工具

（一）抽水设备

当前抽水试验中经常使用的抽水设备主要有以下几种（表2-16）。

表2-16　常用抽水设备性能对比表

类型	应用条件	优点	缺点
提桶	水量小，地下水埋深大	简易	水位波动大，资料准确性低
汲水式水泵	地下水埋藏浅，出水量为0.2～2.0L/s	构造简单，安装方便	水量不均匀，吸程小，资料精度不高
拉杆式水泵	地下水埋深为50～100m，水量小	扬程高	易发生故障，不适用于含砂浑水
往复式水泵	地下水埋深浅，井径小，水量小	调整降深方便，水泵属钻机附件	笨重
离心式水泵	埋深浅，流量大	能抽浑水，调整降深方便，出水均匀，轻便	吸程小
射流式水泵	埋深大，井径小，水量小	加工简易，可利用钻机附件	调整降深不方便，影响测水位
深井泵	埋藏深，流量大	出水均匀，扬程高	费用大，不能抽浑水，井径大而直
空气压缩机	埋藏深，流量大，井径较小	能起洗孔、抽水双重作用，能抽浑水，运输方便	费用大，水面波动大，精度较低，不能控制定流量
潜水泵	深水位的钻孔抽水、矿井疏干排水	密封好，不怕水淹，排水能力强，具自汲能力，可防爆	易损坏

选择抽水设备时，应考虑吸程、扬程、出水量能否满足设计要求；还要考虑孔深、孔径是否满足水泵等设备下入的要求，以及搬迁难易及花费大小等。如水量较大、地下埋藏浅、降深小时可用离心式水泵；埋深或降深大、精度要求高、井径足够大时可使用深井泵；精度要求不高、井径较小，则可选用空气压缩机（风泵）；井径小、埋藏较深、涌水量较小，可采用往复式水泵或射流泵。

（二）测水工具

抽水试验时用的测水工具主要是水位计和流量计。

1. 水位计

在抽水试验中，常用的是电测水位计。使用时，当探头接触水面时，水和导线构成闭合电路，即可发出信号，据此确定水位（图 2 - 23）。其信号可以是光、声或指针摆动。由于探头直径小，只需 2～3cm 的间隙即可测量。测量深度可达 100m。误差小于 1cm，但随深度增加，其误差会加大。这类水位计目前应用最广。目前我国正试制并开始使用一些既能读出瞬时水位，又便于遥控或自记的测水位仪器。

对自流水，若水位高出地表不多，可接套管测定水位，否则需安置压力计测定水位。

2. 流量计

目前抽水试验和生产中所用的流量计主要有量水容器、堰测法、孔板流量计、水表等。量水容器主要用于涌水量小或断续抽水（如提桶抽水）的情况，多用于稳定流抽水试验。

堰测法是用堰板或堰箱测量（图 2 - 24），其中堰箱是前方为三角形或梯形切口的水箱，箱中有 2～3 个促使水流稳定的带孔隔板。水自箱后部进入，从前方切口流出。适用于流量连续但又不很稳定，且在 100L/s 以内的流量的测定。

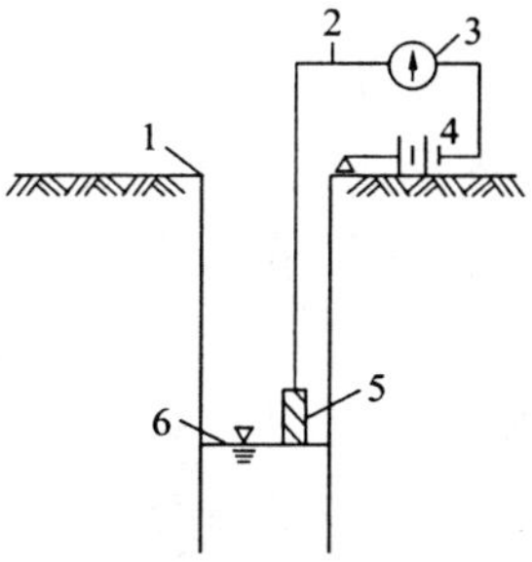

图 2 - 23 电测水位计工作示意图

1. 套管；2. 导线；3. 电流计；4. 电池；5. 探头；6. 水位

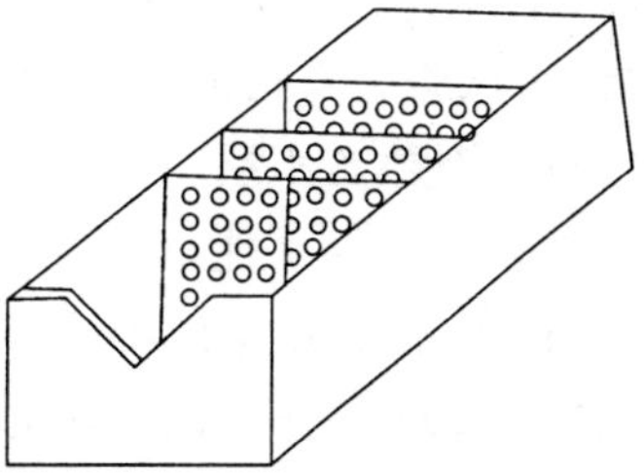

图 2 - 24 堰箱示意图

孔板流量计的类型很多（图 2 - 25、图 2 - 26），但原理基本相似。在出水管末端或靠近末端设置一定直径的薄壁圆孔。抽水时测定两侧水位差，或测定距孔口一定距离处（流量计置于水管末端时）的测压水头值。此差值在固定的管径和孔口条件下，仅取决于流速，因此，根据这个压力差可以换算出流量。孔板流量计的优点是轻便、精确，但不能用于空压机抽水。

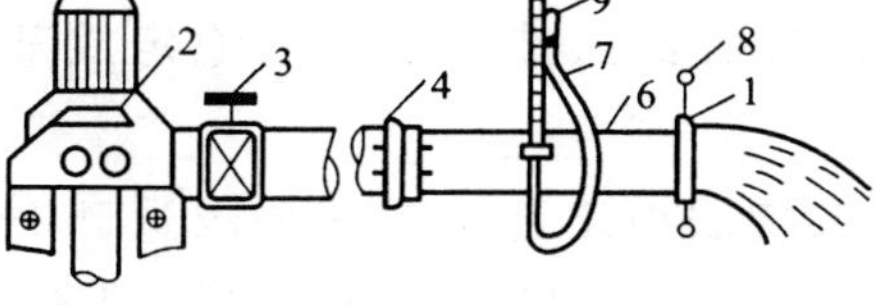

图 2 - 25 孔板流量计安装示意图

1. 孔板压盖；2. 水泵；3. 截门；4. 法兰盘；5. 测压标尺；6. 水管；7. 胶管；8. 手柄；9. 有机玻璃管

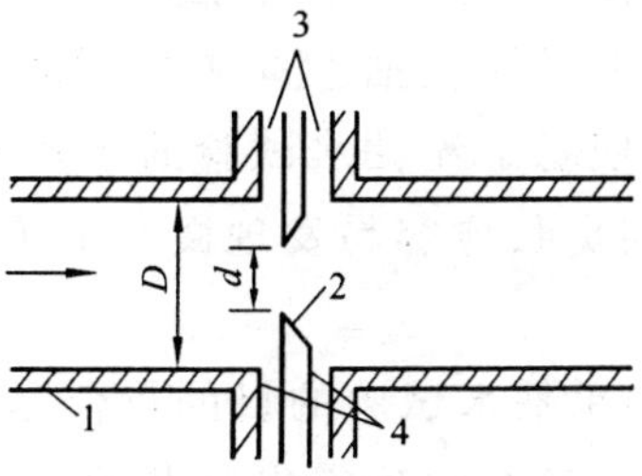

图 2 - 26 圆缺孔板示意图

1. 输水管；2. 圆缺孔板；3. 取压处（接水银压力计）；4. 封死

还有一种叶轮式孔口瞬时流量计(流速流量计)。它利用叶轮转速测定管中水的流速,从而换算出流量。叶轮转速由电子仪器读出。其优点是体积小、质量小、操作简便,但也不能用于空压机抽水。

四、抽水试验的技术要求

(一)稳定流抽水试验的主要技术要求

稳定流抽水试验在技术要求上主要有水位降深(或落程)、水位降深和流量稳定后的抽水延续时间及水位和流量的观测等。

1. 水位降深

水位降深是指天然情况下的静水位与抽水时稳定动水位之间的距离。正式的稳定流抽水试验,一般要求进行三次不同水位降深的抽水,并要求各次降深的抽水连续进行,以便于确定流量(Q)和水位降深(S)之间的关系,提高水位地质参数的计算精度和预测更大水位降深时井的出水量。

对于富水性较差的含水层、非开采含水层,或最大降深未超过1m时,可只做一次最大降深的抽水试验。对松散孔隙含水层,为有助于在抽水孔周围形成天然的过滤层,一般采用正向抽水;对于裂隙含水层,为了使裂隙中充填的细粒物质(天然泥沙或钻进产生的岩粉)及早吸出,增加裂隙的导水性,可采用反向抽水。

对最大水位降深的要求主要取决于试验目的,为求参数时,降深值可小些;为地下水资源评价和疏干计算时,降深值应能保证外推至设计要求。一般抽水试验所选取的最大水位降深值(S_{max}),对潜水含水层,$S_{max}=(1/3\sim1/2)H$(H为潜水含水层厚度);对承压含水层,$S_{max}=$承压含水层的承压高度。对于三次不同水位降深的抽水试验,其余两次降深可均匀分布,即$S_1=1/3S_{max}$,$S_2=2/3S_{max}$,以便绘制Q-S曲线。当含水层富水性好,而勘查中使用的水泵出水量又有限时,则很难达到上述抽水降深的要求,此时S_{max}等于水泵的最大扬程即可。另外最小降深和两次降深之差一般均不得小于1m。

2. 稳定延续时间

稳定延续时间是指抽水试验孔在某一降深下水位降和流量趋于稳定后的抽水延续时间,它是抽水过程中井的渗流场达到近似稳定后的延续时间。对稳定延续时间提出要求,主要是检验抽水量和补给量是否达到平衡,保证抽水井的水位和流量真正达到稳定状态,使稳定流抽水试验的水位和流量均达到稳定的要求,保证试验的可靠性。稳定延续时间愈长愈容易发现微小而有趋势的变化和临时性补给所造成的短暂稳定或某些假稳定。

如果抽水试验的目的仅仅是求参数,则水位和流量的稳定延续时间要求达到24h即可;如果还必须确定出水井的出水能力,则水位和流量的稳定延续时间至少应达到48h;当抽水试验带有专门的水位观测孔时,距主孔最远的水位观测孔的水位稳定延续时间应不少于2h。

必须注意的是:①稳定延续时间必须从抽水孔的水位和流量均达到稳定后开始计算;②要注意抽水孔和观测孔水位或流量微小而有趋势性的变化,如果存在这种变化,说明抽水试验尚未真正进入稳定状态。

通常，抽水孔水位波动不超过平均水位降深的1%，涌水量不超过抽水量的3%即可视为稳定。水位、流量波动值按下式计算：

$$波动值=\frac{最大值(或最小值)-平均值}{平均值}\times 100\% \quad (2-2)$$

当降深较小(<10m)时，水位波动值以3～5cm为限，且不能有趋势性的变化(如持续下降或上升)。

3. 水位及流量观测

抽水前应观测天然条件下的静水位，并测量井深。

抽水过程中，水位、流量应同时观测，观测频率应先密后疏。一般在抽水开始后的第5min、10min、15min、25min、30min各观测一次，以后每隔30min或60min观测一次，直至水位、流量稳定，并符合稳定延续时间的要求。水位观测读数精确到厘米，当用堰板或堰箱测流量时，读数精确到毫米，对多孔抽水试验，抽水孔与观测孔应同步观测。抽水停止或中断后，应观测恢复水位，恢复水位的观测频率与抽水时相同。

另外，在抽水过程中，应观测水温、气温，一般2～4h同步观测一次，并与水位、流量观测时间相对应。抽水结束前，一般应取水样进行水质分析。

(二) 非稳定流抽水试验的主要技术要求

非稳定流抽水试验可分为定流量抽水试验和定降深抽水试验。实际生产中一般用定流量非稳定流抽水试验。在自流孔中可进行涌水试验(固定自流水头高度，而自流量逐渐减少稳定)。当模拟定降深疏干或开采地下水时，也可用定降深抽水试验。下面以定流量非稳定流抽水试验为例，说明其主要技术要求。

1. 抽水流量及流量、水位的观测要求

在定流量非稳定流抽水试验中，流量应始终保持定值，并且抽水流量在抽水井中产生的水位降深不应超过所使用的水泵吸程。对探采结合孔，应尽量接近设计需水量。另外，也可参考勘探井洗井时的水位降深和出水量来确定抽水量值。

非稳定流抽水试验流量、水位观测与稳定流抽水试验要求基本相同。流量和水位观测应同时进行，观测频率(主要是抽水前期的观测频率)比稳定流抽水试验要密。一般宜在抽水开始后第1min、2min、3min、4min、5min、6min、8min、10min、15min、20min、25min、30min、40min、50min、60min、80min、100min、120min各观测一次，以后可每隔30min观测一次，直至满足非稳定流抽水延续时间的要求或直至水位、流量稳定。停抽或因故中断抽水时，应观测恢复水位，观测频率应与抽水一致，水位应恢复或接近恢复到抽水前的静止水位。由于水位恢复资料不受人为抽水的影响，所以常比利用抽水资料计算水文地质参数可靠。

2. 抽水延续时间

抽水延续时间主要取决于试验的目的、任务、水文地质条件、试验类型、参数计算方法等，不同试验抽水延续时间的差别很大。当抽水试验的目的主要是求得含水层的水文地质参数时，抽水延续时间一般不必太长，通常不超过24h，只要水位降深-时间对数(S-$\lg t$)曲线形态比较固定和能明显地反映出含水层的边界性质即可停抽。

非稳定流抽水试验的延续时间也要考虑求参方法的要求。当试验层为无界承压含水层时，常用配线法和直线图解法求解参数。前者虽然只要求抽水试验的前期资料，但后者从简便计算取值出发，则要求 S-lg$t$ 曲线的直线段（即参数计算取值段）至少能延续两个以分钟为单位的对数周期，故总的抽水延续时间应达到三个对数周期，即达 1 000min（约 17h）。如有多个水位观测孔，则要求每个观测孔的水位资料均符合此要求。

当有越流补给时，如用拐点法计算参数，抽水至少应延续到能可靠判定拐点（即 S_{max}）为止。

当抽水试验目的主要在于确定水井的出水量、可靠的允许开采量等时，试验延续时间应尽可能长一些，最好能从含水层的枯水期末期开始，一直抽到丰水期到来。这类抽水试验要比其他抽水试验长得多，通常不超过三个月，个别试验也可延续 5～7 个月。

如抽水试验的目的是为了判定边界位置和性质，则抽水的延续时间应进行到 S-lg$t$ 曲线能可靠地反映出含水层边界性质为止，保证试验任务的完成。例如，对于定水头补给边界，抽水应延续到合乎稳定状态的要求；对于隔水边界，S-lg$t$ 曲线的斜率应出现明显增大段；如为直线隔水边界，抽水应延续至 S-lg$t$ 曲线图上的第二直线段。

（三）群孔干扰抽水试验的主要技术要求

群孔干扰抽水试验的主要目的是进行试验性开采抽水，求矿井在设计疏干降深下的排水量，对某一开采量条件下的未来水位降作出预报，或判定区域边界性质等。为便于计算，各干扰井孔的井深、井径和过滤器安装深度应尽量相同，各抽水孔抽水起止时间应相同，一般应尽抽水设备能力进行一次最大降深抽水。此类型的抽水试验，可以是稳定流抽水试验，也可以是非稳定流抽水试验，对抽水过程中出水量和水位应同步观测。

开采性抽水试验或大型群孔抽水试验，还应满足以下技术要求。

（1）为了提高水量计算的精度，抽水试验一般在枯水期进行。如还需要通过抽水试验求得水源地在丰水期所获得的补给量，则抽水试验应延续到丰水期。该类型的抽水试验，其抽水和稳定时间不宜少于一个月。

（2）对于供水水文地质勘查，一般要进行稳定流开采抽水试验。

（3）一般应模拟未来的开采方案进行抽水，通常抽水量应尽量接近设计开采量，或至少达到设计开采量的 1/3。

（4）开采性抽水试验的水位降深应尽可能接近水源地（或地下疏干工程）设计的水位降深，至少应使下降漏斗中心达到设计水位降深的 1/3，特别是当需要通过抽水时地下水流场分析或查明某些水文地质条件时，更须有较大的水位降深。

五、抽水试验的现场工作及资料整理

（一）抽水试验的现场工作

正式抽水前应进行以下准备工作。

（1）掌握试验段的水文地质条件，包括试验层的埋藏、分布、边界条件及与地下水的联系等。

（2）掌握抽水孔和观测孔的位置、距离、结构、孔深、止水及过滤器的安置，以及相应的水文地质剖面。

（3）检查抽水设备、动力装置等。

（4）检查各种用具、记录表格是否备齐。

（5）构筑或检查排水设施。

（6）进行试抽。通过试抽，可以进一步洗孔，还可以全面检查抽水试验的各项准备工作，预测最大降深及相应涌水量，分配各次降深值等。

抽水试验的同时要进行现场观测和记录，主要包括以下内容。

（1）测量抽水前后的孔深。此项工作的目的是核查抽水段深度、层位，判断抽水过程中是否发生了淤井。

（2）观测天然水位（抽水前的静止水位）。

（3）观测抽水过程中的流量和动水位（水位降深）。流量和动水位应同时观测，主孔和观测孔的水位应同步观测。抽水停止后，观测恢复水位。

（4）观测水温、气温并且同时观测，一般每隔 2～4h 观测一次。

（5）在抽水结束前，一般应取水样进行水质分析。

（二）抽水试验的资料整理

在抽水试验进行过程中，应及时对抽水试验的基本观测数据——抽水流量和水位降深等观测数据进行现场检查与整理，并绘制出相应的关系曲线，这有助于及时掌握试验情况，发现异常或错误，促使抽水试验正常、顺利进行。

1. 稳定流（单孔）抽水试验的现场资料整理

（1）绘制流量、水位历时曲线（Q-t 和 S-t 曲线）。对稳定流的抽水试验，在试验过程中应及时绘制出 Q-t 和 S-t 曲线图（图 2－27），在正常抽水情况下，Q-t 和 S-t 曲线是近乎平行的，可以帮助我们及时了解抽水试验进行的是否正常，同时可根据 Q-t 和 S-t 曲线变化趋势，合理制定稳定延续时间的起点和确定稳定延续时间。

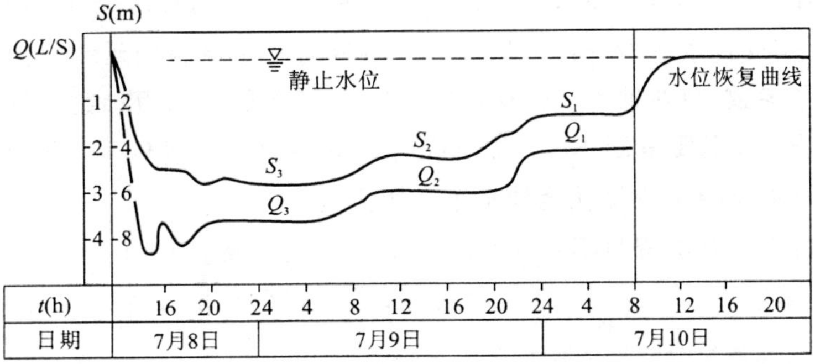

图 2－27　Q-t 及 S-t 历时曲线图

（2）绘制涌水量与水位降深曲线（Q-S 曲线）和单位涌水量与水位降深关系曲线（q-S 曲线）。根据稳定流抽水试验资料，将三次降深值和对应的流量标绘在 Q-S 坐标图上，即为 Q-S 曲线图（图 2－28）。单位涌水量（q）是指某此降深内，水位下降 1m 时井孔的出水量，即 $q_i = Q_i/S_i(i=1,2,3)$，将三次降深所对应的单位涌水量标绘在 q-S 坐标图上，即为 q-S 曲线图（图 2－29）。Q-S 曲线和 q-S 曲线是相对应的，两种曲线可以帮助我们了解含水层的水力特性（含水层类型），推算钻孔的出水能力，检查试验是否有误等。常见的 Q-S、q-S 曲线类型有五种（图 2－28、图 2－29）。

曲线Ⅰ为直线型，表示承压井流（或厚度很大、降深相对较小的潜水井流）。

曲线Ⅱ为抛物线型，表示潜水或承压转无压的井流（或为三维流、紊流影响下的承压井流）。

曲线Ⅲ为幂曲线，表明含水层规模有限，水源不足，补给条件不好，从某一降深值起，涌水量随降深的加大而增加很少。

曲线Ⅳ为对数曲线，表明含水层补给条件差、补给量衰竭或水流受阻，Q 随 S 加大反而减少。

曲线Ⅴ通常表明试验有错误，但也可能反映在抽水过程中，原来被堵塞的裂隙、岩溶通道被突然疏通等而出现的异常情况。

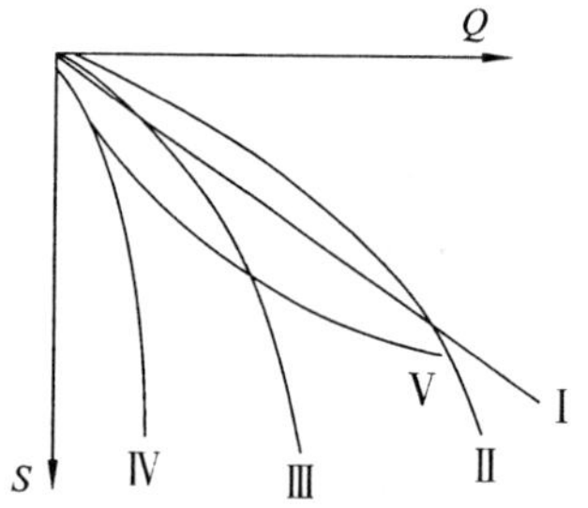

图 2－28　Q-S 曲线图

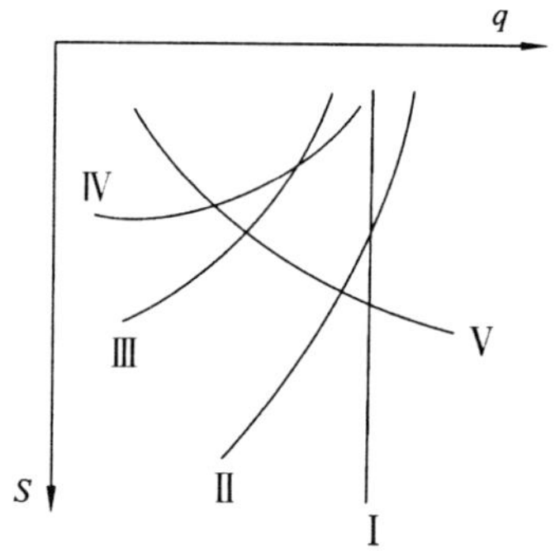

图 2－29　q-S 曲线图

2. 非稳定流抽水试验现场资料整理

对于非稳定流抽水试验，在抽水试验过程中主要是绘制水位降深和时间的各类关系曲线，这些曲线，除用于掌握抽水试验进行得是否正常和帮助确定试验的延续、终止时间外，主要是为了计算水文地质参数，故在抽水试验现场应编制出能满足所选用参数计算方法要求的曲线形式。在一般情况下，主要编制 S-$\lg t$ 曲线或 $\lg S$-$\lg t$ 曲线，当水位观测孔较多时，还需编制 S-$\lg r$ 或 S-$\lg(t/r^2)$ 曲线（r 为观测孔至抽水主孔距离）。

停抽后的水位恢复观测资料不受抽水时流量波动的干扰，因此用水位恢复资料计算参数更为准确，为此应编绘出 S'-$\lg(1+t_p/t')$ 曲线图，S' 为剩余水位降深；t_p 为抽水的持续时间；t' 为停抽后算起的水位恢复时间。

3. 群孔干扰抽水试验现场资料整理

对群孔干扰抽水试验，除编制各抽水孔和观测孔的 S-t 曲线（主要用于稳定流抽水），S-$\lg t$ 曲线（非稳定流抽水）和各抽水孔及群孔的 Q-t 曲线图外，还须编绘试验区抽水开始前的初始等水位线图、不同抽水时刻的等水位线图、不同方向的水位下降漏斗剖面图及水位恢复阶段的等水位线图，有时还需编制某一时刻的等降深图等。

4. 室内资料整理

抽水试验的室内资料整理主要是编制抽水试验报告，该报告一般包括文字说明和成果图、表两部分，其具体内容应符合下列要求。

(1) 文字说明包括工程概况、试验目的、试验地段的水文地质条件、计算成果和分析成果、成果质量评价、对下一孔(组)试验的建议等内容。

(2) 成果图表即绘制抽水试验综合成果图表，其内容包括孔(井)位置，水文地质综合柱状图，抽水试验技术资料表，Q-t 曲线、S-t 曲线、Q-S 曲线、q-S 曲线、S-lg$t$ 曲线(非稳定流抽水试验)、试验数据、参数等抽水成果表，水质分析表等。成果图表可采用表2-17、表 2-18 的格式，并根据需要选用试验场地平面图、抽水孔和观测孔施工技术剖面图、多孔抽水试验场地内稳定或相对稳定时段的地下水等水位线图、绘制导水系数分区图、基本数据和计算成果表等。

六、其他野外水文地质试验

除抽水实验外，还有许多其他野外水文地质试验，现将常用的试验简单介绍如下。

(一) 渗水试验

渗水试验是一种在野外现场测定包气带土(岩)层垂向渗透系数的简易方法。在研究大气降水、灌水、渠水、暂时性表流对地下水的补给量时，常需进行此种试验。

1. 渗水试验的方法

渗水试验的方法有试坑法和环渗法(单环法和双环法)，它们的试验装置和特点如表 2-19 所示。

1) 试坑法

试坑法是指在试验层中开挖一个截面积不大(0.3～0.5m^2)的正方形或圆形试坑，坑底铺设 2cm 厚的砂砾石层，离潜水位 3～5m 不断将水注入坑中，并使坑底的水层厚度(z)保持一定(一般为厚 10cm，表 2-19)，当单位时间注入水量(即包气带岩层的渗透流量)保持稳定并延续 2～4h，试验即可结束。可根据达西渗透定律计算出包气带土层的渗透系数(K)，即：

$$K=\frac{V}{I}=\frac{Q}{FI} \tag{2-3}$$

式中：

$$I=\frac{H_k+Z+L}{L} \tag{2-4}$$

在通常情况下，试验点都选择在潜水位埋深较大(即 L 很大)的地方，渗入水的水力坡度为 $I=\frac{H_k+Z+L}{L}\approx1$，于是式(2-3)可写成：

表 2-17　单孔抽水试验成果表［据《地下水资源勘察规范》(SL 454—2010)］

工程名称：

施工技术剖面图

地层年代	岩性	深度(m)	高程(m)	厚度(m)	地质剖面 1:100	钻孔结构 1:100
	中砂	2.50	147.50	2.50		
Q	中粗砂	5.00	145.00	2.50		
	砂砾卵石	8.00	142.00	3.00		
E	砂质黏土岩	10.00	140.00	2.00		

基本数据和计算成果表

降深次序			1	2	3
抽水开始时间		d、h、min			
抽水结束时间					
选定计算数据时间					
抽水延续时间		h、min			
稳定时间					
静止水位高程		m			
动水位高程		m			
降深	S	m			
流量	Q	L/s			
单位涌水量	q	L/s			
含水层厚度	H	m			
过滤器半径	r	m			
影响半径	R	m			
渗透系数	K	m/d			
平均渗透系数	K_{cp}	m/d			

年　月　*s-t*曲线及*Q-t*曲线

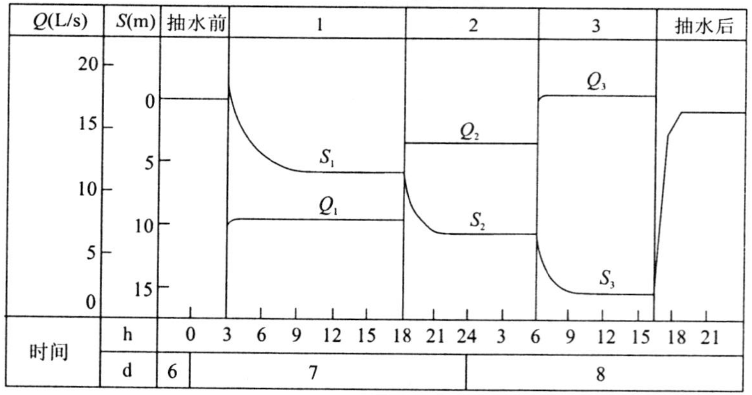

*Q-S*曲线

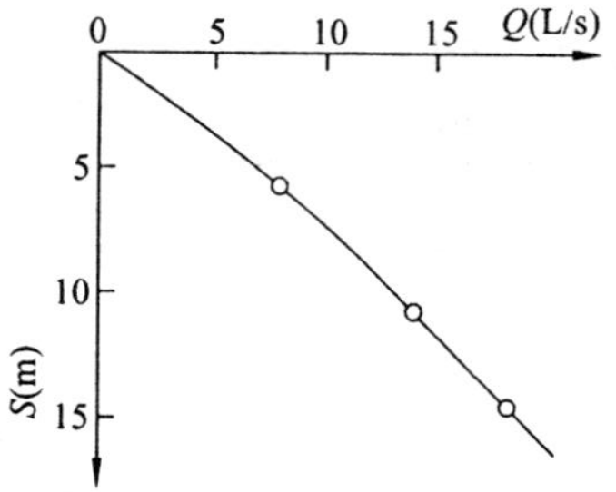

计算公式：

$$K=\frac{0.732Q}{(2H-S)S}\lg(R/r)$$

抽水试验位置图

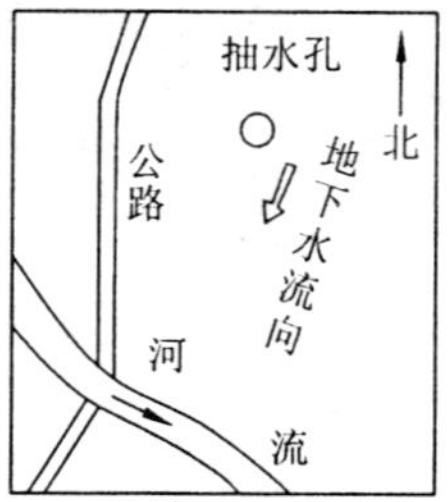

比例：

承担任务机组：　　观测员：　　制表：　　校核：　　年　月　日

表 2-18 多孔抽水试验成果表［据《地下水资源勘察规范》(SL 454—2010)］

工程名称:

施工技术剖面图 比例:

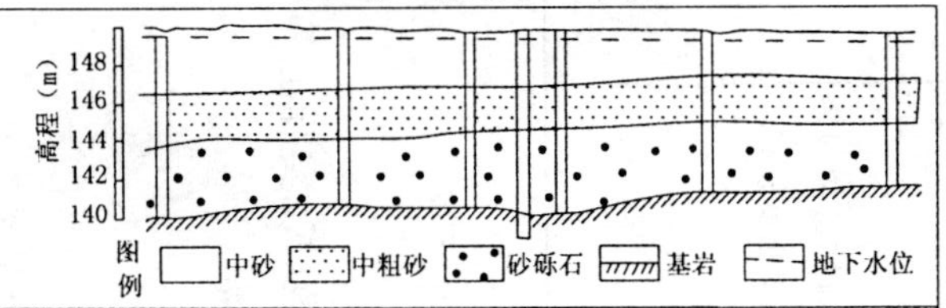

孔号	7	6	5	1	2	3	4
地面高程(m)							
水位高程(m)							
底板高程(m)							
含水层厚度(m)							
距主孔距离(m)							

基本数据和计算成果表

降深次序			1				2				3			
孔号			1	2	3	…	1	2	3	…	1	2	3	…
静水位		m												
动水位		m												
降深	S	m												
流量	Q	L/s												
单位涌水量	q	L/s												
含水层厚度	H	m												
至主孔距离	r	m												
渗透系数	K	m/d												
平均渗透系数	K_{cp}	m/d												

计算公式:

$$K=\frac{0.732Q(\lg r_2-\lg r_1)}{(2H-S_1-S_2)(S_1-S_2)}$$

基本技术资料

水泵	
动力	
过滤器类型	
网型网号	

年 月 S-t 曲线及Q-t曲线

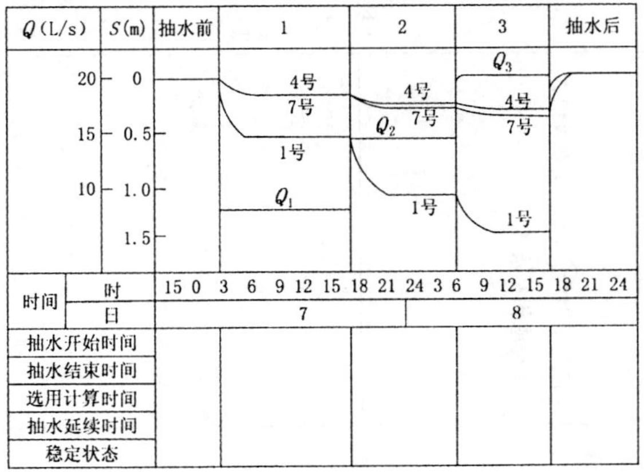

Q-S曲线

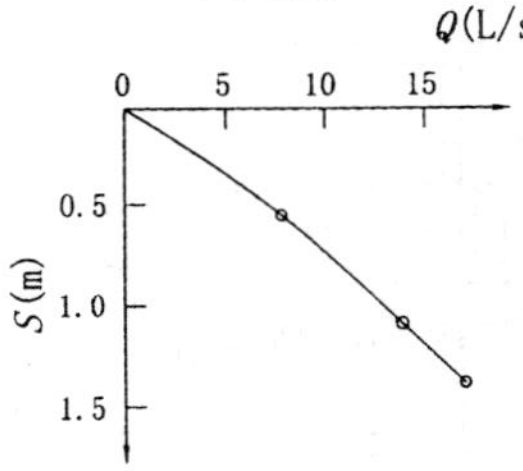

试验场地平面位置图

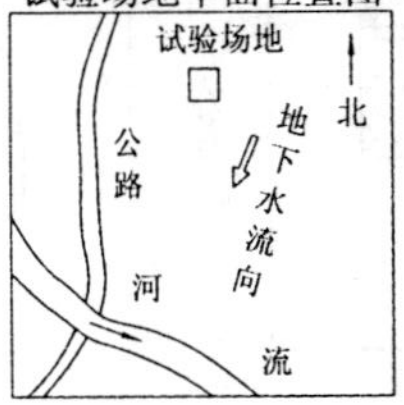

比例:

试验场地钻孔布置图

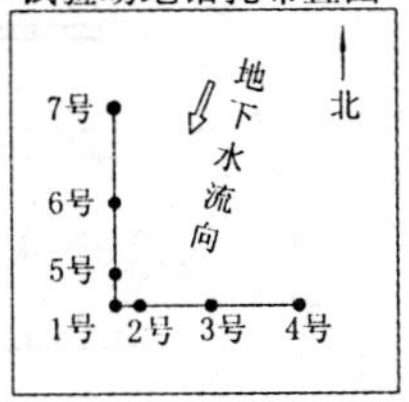

比例:

承担任务机组: 观测员: 制表: 校核: 年 月 日

表 2－19　渗水试验各方法的装置及其特点(据《工程地质手册》,1992)

<table>
<tr><th>试验方法</th><th>装置示意图</th><th>优缺点</th><th>备注</th></tr>
<tr><td>试坑法</td><td>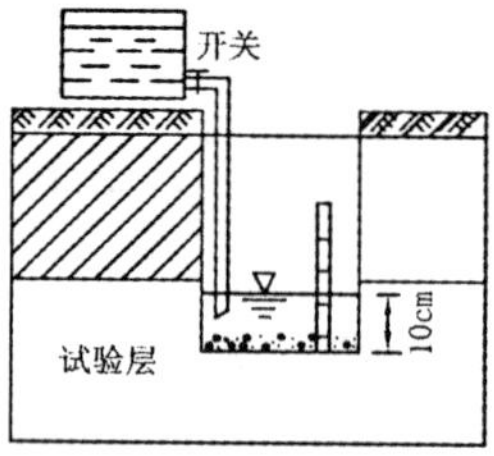

试坑法</td><td>装置简单但受侧向渗透的影响大，故试验成果精度差</td><td rowspan="3">当坑壁四周有防渗措施时，试坑内的渗水面积 F 为：
$F=\pi r^2$
式中：r——坑底半径。
当坑壁四周无防渗措施时，试坑内的渗水面积 F 为：
$F=\pi r(r+2Z)$
式中：r——坑底半径；
Z——试坑中水层厚度</td></tr>
<tr><td>单环法</td><td>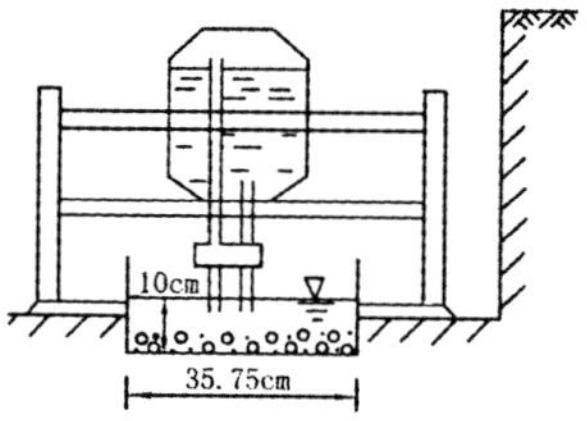

单环法</td><td>装置简单，也没有考虑侧向渗透的影响，故试验成果精度稍差</td></tr>
<tr><td>双环法</td><td>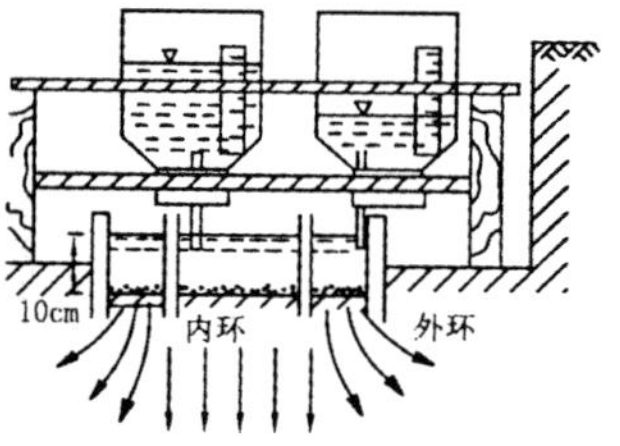

双环法</td><td>装置较复杂但基本排除了侧向渗透的影响，故试验成果精度较高</td></tr>
</table>

$$K=V=\frac{Q}{F} \tag{2-5}$$

式(2－5)说明，在通常条件下，包气带土层的垂向渗透系数(K)实际上等于渗入水在包气带土层中的渗透速度(V)，即等于试坑底单位面积上的渗透水量。

式中：Q——稳定渗入流量，m^3/d；

V——渗透水流速度，m/d；

F——渗水坑的底面积，即过水断面面积，m^2；

I——水力坡度；

H_k——包气带岩土层的毛细上升高度，m，可直接测定或用经验数据(表 2－20)；

Z——渗水坑内水层厚度，m；

L——水从坑底向下渗入的深度，m，可由实验结束后利用麻花钻(或其他钻具)探测确定。

表 2-20　不同岩性毛细压力水头 H_k 值表

岩(土)名称	H_k(m)	岩(土)名称	H_k(m)
重亚黏土(粉质黏土)	≈1.0	细粒黏土质砂	0.3
轻亚黏土(粉质黏土)	0.8	粉砂	0.2
重亚砂土(黏质粉土)	0.6	细砂	0.1
轻亚砂土(黏质粉土)	0.4	中砂	0.05

试坑法常用于测定毛细力影响不大的砂类土的渗透系数,不适合于毛细力影响大的黏性土类。黏性土中渗水土体浸润部分示意图如图 2-30 所示。

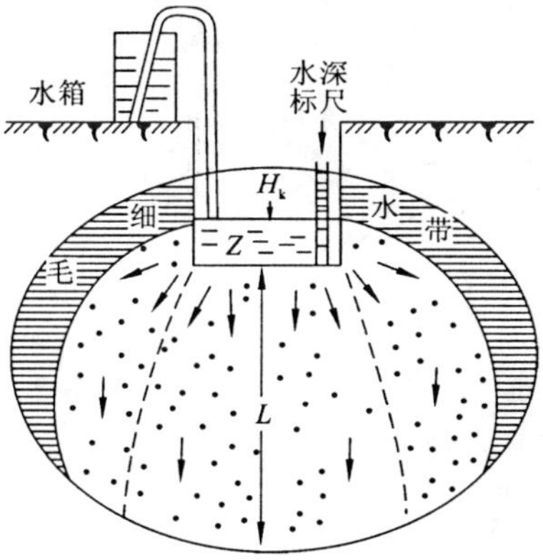

图 2-30　试坑渗水试验——黏性土中渗水土体浸润部分示意图

由于试坑法直接从试坑中渗水,未考虑渗入水向试坑以外土层中侧向渗入的影响,故所求得的 K 值常常偏大。

2) 环渗法

为了克服试坑法侧向渗水的影响,常采用环渗法,环渗法有单环法和双环法。其中单环法是在试坑中嵌入一个铁环(直径约为 35.75cm、高一般为 0.20m),该铁环圈定面积为 1 000cm²,以减少侧渗,提高精度。在试验开始时,用马氏(Mariotte)瓶控制铁环内水层厚度,使之保持在 10cm 高度附近;试验一直进行到渗入水量固定不变时为止,就可按下式计算此时的渗透速度:

$$V=\frac{Q}{F}=K \tag{2-6}$$

式中:V——渗透速度,cm/min;

Q——渗入水量,cm³/min;

F——入渗面积,cm²;

K——渗透系数,cm/min。表明渗透速度此时等于该岩(土)层的渗透系数。

目前多采用双环法(图 2-31),整个装置由内、外环及马氏瓶组成。内、外环间水体下渗所形成的环状水帷幕即可阻止内环水向侧向渗透,使其竖直渗入,以便用内环渗水资料更精确地计算渗透系数。马氏瓶为定水头自动给水装置,为防止冲刷,环内还应铺设 2cm 厚的砾石层。试验时，用两瓶分别向内、外环注水，并记录渗水量，直至流量稳定并延续 2～4h，即可停止注水，此时通过内环的稳定渗透速度，就是包气带岩石的渗透系数，即$K=V$。一般双环法的精确度高于单环法。

在野外进行渗水试验时，为了说明试验过程和渗透速度的变化情况，一般要求在试验现场绘制渗透速度随时间变化的过程线（图 2－32），其稳定后的 V 值，即为包气带岩土层的渗透系数。由于水体下渗时岩层中的空气常常不能完全被排除，对渗水试验结果有一定影响。

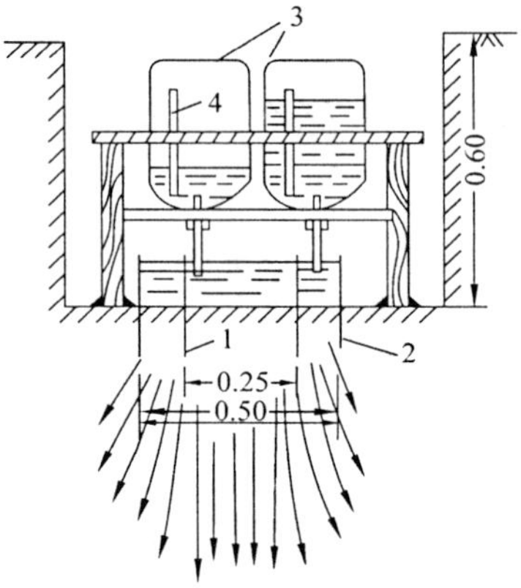

图 2－31　双环法试坑渗入试验装置图

1. 内环（直径为 0.25m）；2. 外环（直径为 0.5m）；3. 马氏瓶；4. 水量标尺（m）

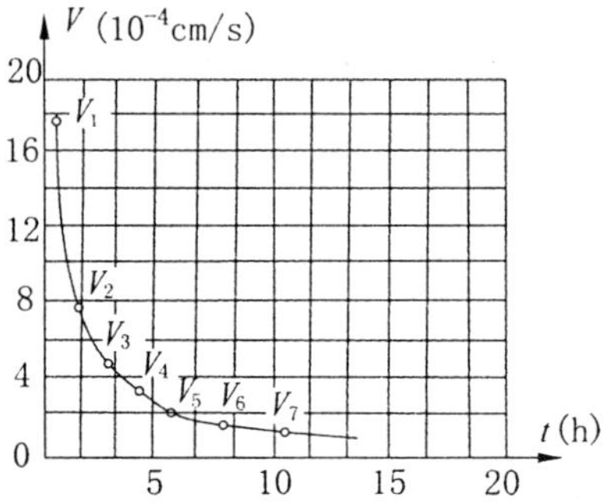

图 2－32　渗透速度与时间关系曲线图

2. 渗水试验观测、记录和成果资料整理

在渗水试验中，应定时、准确地观测给水装置中所注入的水量。观测时间通常为渗水后的第 3min、5min、10min、15min、30min 各观测一次，以后每隔 30min 观测一次，直到流量达到稳定后 2h 以上。渗水试验的流量观测和成果记录表的格式可参见表 2－21、表 2－22。

表 2－21　渗水试验的流量观测记录表（据史长春，1983）

时间			延续时间（min）	量桶读数（cm）	读数差（cm）	加入水的体积（m³）	入渗流量（cm³）	试坑面积（cm²）
___日	___时	___分						

表 2－22　渗水试验的成果记录表（据史长春，1983）

开始时间			结束时间			渗水延续时间		钢环压入深度（m）	坑内水层厚度（cm）	土的最大毛细上升高度（cm）	入渗流量（m³）	渗透系数（cm/min）
___日	___时	___分	___日	___时	___分	___时	___分					

渗水试验需提交的成果包括：①试坑平面位置图；②水文地质剖面图与试验装置示意图，并说明试验岩（土）层的名称以及其最大毛细上升高度；③流量历时曲线、渗透速度历时曲线；④渗水试验计算表（附计算公式），在计算结束后还需把渗透系数 K 的单位换算为“m/d”；⑤原始记录表。

（二）钻孔注水试验

钻孔注水试验通常用于地下水位埋藏很深或试验层为透水不含水层，不便于进行抽水试验时采用，近似地测定该岩（土）层的渗透系数。在干的透水岩（土）层，也常使用注水试验近似测定岩（土）层渗透系数。注水试验还可用于人工补给和废水地下水处理研究。

注水试验形成的流场，正好和抽水试验相反（图 2－33）。抽水试验是在含水层天然水位以下形成上大、下小的正向疏干漏斗，而注水试验则是在地下水天然水位以上形成反向的充水漏斗，在试验过程中往钻孔中注水，一般采用稳定注水方法，使孔中水位抬高，造成水流由钻孔内向外周含水层运动的现象，形成一个以钻孔为中心的反漏斗曲面；再往孔中注入一定的水量，使钻孔中的水位抬高到一定的高度；当其水位和注水量稳定时，则可按注水井公式计算岩层的渗透系数。

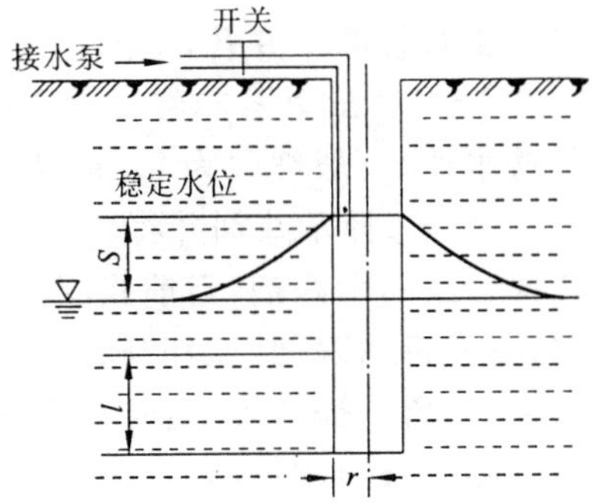

图 2－33　钻孔注水试验示意图
（据《工程地质手册》，1992）

公式建立过程与抽水井的裘布依公式的原理相似。其不同点仅为注水时由于注入的水是沿井壁向外流的，故水力坡度为负值。连续往孔内注水，形成稳定的水位和常量的注入量。注水的稳定时间因目的和要求不同而异，一般延续 2～8h。

注水试验的方法、观测要求与抽水试验基本相同，在此不予重复。但必须指出，由于注水井未经洗孔等过程，故所测得的渗透系数较抽水试验测得的渗透系数小，且它不能求钻孔涌水量和水位降深的关系。因此，只在地下水埋深很大、进行抽水试验确有困难并有注入水源的情况下，才用注水试验来近似地测定岩（土）层的渗透系数。

（三）地下水实际流速和流向的测定

地下水实际流速和流向的测定是密切相关的，在测定地下水实际流速前应先测定或确定地下水流向。

1. 地下水流向的测定

地下水的流向是阐明区域地下水径流条件，确定地下水补给方向和流量计算断面的方向，正确布置地下水取水、排水、堵水截留工程设施以及示踪试验井组位置等必不可少的依据。地下水流向的测定（确定）方法主要有：①根据等水位线图确定，即垂直等水位线由高到低的方向就是地下水流向；②物探方法，如充电法；③三角形井孔法确定地下水流向，即大体按等边三角形布置三个钻孔，并测定天然地下水位，用插值方法作出等水位线，垂直等水位线由高到低的方向即为地下水流向（图 2－34）。

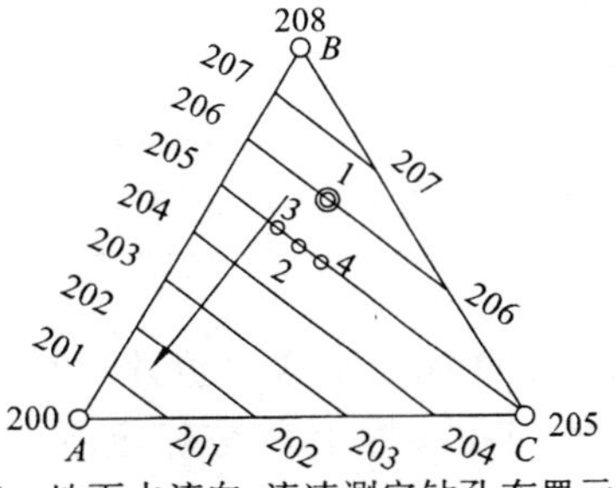

图 2－34　地下水流向、流速测定钻孔布置示意图
1. 投剂孔；2. 主要流速观测孔；
3、4. 辅助观测孔；5. 地下水流向
注：A、B、C 为地下水位观测孔；水位标高单位为 m。

2. 地下水实际流速测定

测定地下水的实际流速，主要是为了确定地下水的补给方向和强弱径流带的位置，有时还可根据地下水的实际流速来计算地下水过水断面的流量；在某些强富水层中测定地下水的实际流速，还可以用于判别地下水的运动性质（层流或紊流）；可利用它研究化学物质在水中的扩散，确定含水层的一些参数以及作为决定地下水灌浆中一些技术措施的依据等。

测定地下水的实际流速有指示剂法和物探方法两种类型，这里仅介绍指示剂法。其具体方法如下。

（1）测定流速前先测定地下水流向，方法同前。

（2）布置投剂孔（注入孔）和观测孔（接受孔）。在地下水流向已知的基础上，沿地下水流向至少布置两个井孔，上游孔为投剂孔、下游孔为观测孔，为防止流向偏离，可在观测孔两侧相距 0.5～1.0m 处各布置一个辅助观测孔（图 2-34）。投剂孔与观测孔之间距离主要取决于岩石透水性，一般细砂为 2.5m，粗砂砾石为 5～10m，透水性很强的裂隙岩层为 10～15m。

（3）选择示踪剂并将其投放入投剂孔中，在观测孔中进行检测。应根据实验条件和要求选择合适的示踪剂，目前我国测定实际流速主要采用化学试剂和染料（表 2-23）。进行试验时，首先将示踪剂以瞬时脉冲方式注入投剂孔中的含水层段；然后用定深取样分析方法或定深探头（如离子探针等）定时观测井中示踪剂的出现；待示踪剂晕的前缘在观测孔中出现后，应加密观测（取样）次数，以准确地测定出示踪剂前缘和峰值到达观测井的时间。

表 2-23　示踪剂类型、特点和应用条件

类型		示踪剂名称	特点	应用条件
化学试剂	电解液	NaCl	氯化物便宜，具有较高的导电性和较弱的被吸附性，但检验灵敏度低，用量大，会改变水的密度、流速、流向，且 $CaCl_2$、NH_4Cl 有毒，不能用于高氯、高氮水	NaCl 示踪剂应用最广，适用于淡水和透水性较好的含水层
		$CaCl_2$		
		NH_4Cl		
	碳氟化合物	CCl_3F	毒性低，极稳定，便宜，有高灵敏度的检出方法，但易被有机物吸附	不能用于煤、油页岩、含油气层
		CCl_2F_2		
染色剂		荧光染料	可用荧光剂或比色计直接测定，灵敏度较高	适用于高矿化含水层或弱透水层
		亚甲基蓝		
		玫瑰精 B		
放射性物质（同位素）		^{131}I	用量小，能在较长距离示踪，但需要专门仪器才能检出	适用于包气带、饱水带
		^{82}Br		
		^{2}H		
微生物		酵母菌	无毒、便宜、易检出	既可用于孔隙，又可用于较大岩溶通道

（4）计算地下水实际流速。因为投剂孔与观测孔的距离是已知的，所以确定地下水实际流速的问题实际上就是确定示踪剂从投剂孔到达观测孔的时间。示踪剂在孔隙和裂隙中运动，不是活塞式的推进，而是对流—弥散方式进行的，空隙通道的复杂性使观测孔中示踪剂浓度历时曲线也复杂多样，它主要取决于岩性、示踪剂类型及投剂孔和观测孔间的距离等，一般条件下观测孔中示踪剂浓度历时曲线如图 2-35 所示。实际上，当所测地下水用于供水时，常取 B 点对应时间 t_B 参与计算；当用于疏干时，常取 A、B 间点 C 所对应的时间 t_C 参与计算。则：

$$u=\frac{L}{t} \qquad (2-7)$$

式中：u——地下水实际流速，m/h；

L——投剂孔与观测孔之间的距离，m；

t——示踪剂从投剂孔到达观测孔所需要的时间，h。

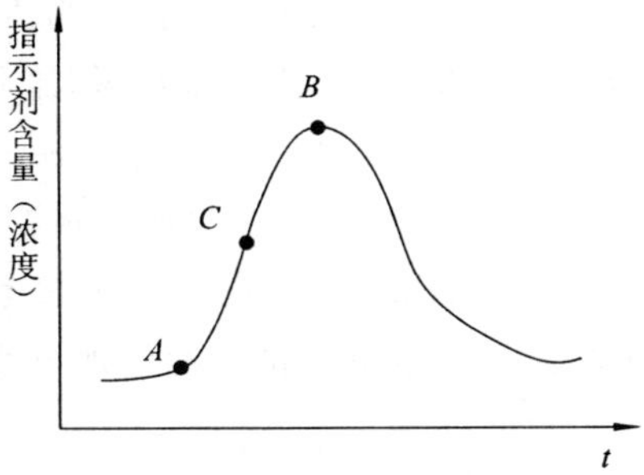

图 2-35　观测孔中指示剂含量变化过程曲线

（四）连通试验

连通试验实质上也是一种示踪试验，它是在上游某个地下水点（水井、岩溶竖井、落水洞、地下暗河表流段、坑道等）投入某种指示剂，在下游地下水点（除前述各类水点外，还包括泉水、岩溶暗河出口等）检测示踪剂是否出现，若出现，检测其出现的时间和浓度，从而确定其连通情况。连通试验是确定研究地段地下水流经途径的一种有效方法，主要用于研究和查明岩溶地下水的运动途径、速度，地下河系的连通、延展与分布情况，地表水与地下水的转化关系以及寻找矿坑涌水的水源与通道，查明水库漏失途径，判断地下水分水岭的位置等。

由于连通试验主要是查明地下水系统的补、径、排条件，因此，对试验井点布置及试验方法没有严格要求，一般利用现有的人工或天然地下水点和岩溶通道进行试验，监测水点应尽可能地多。常用的试验方法如下。

(1) 水位传递法。一般是利用天然的岩溶通道，对天然地下水进行堵、闸、放水或抽水、注水等，以改变地下水流水位，而在上、下游岩溶水点（包括钻孔）和其他点上观测水位、流量的变化，从而确定其连通性及具体途径。这种方法主要用于查明岩溶管流区岩溶水点间的联系。但也应考虑到，这种方法可能引起地下水天然流动方向的改变。

(2) 示踪试验法。一般在岩溶管道发育区和裂隙岩溶区进行此种试验。常利用天然岩溶水点投放和接收示踪剂，一般可选用谷糠、锯屑、石松孢子、黄泥等作为指示剂。其次还可投放食盐、荧光素、天然放射性同位素等进行测试。对流量较大的地下暗河还可用漂浮式小型定时炸弹和电磁波发射器来查明地下暗河流经途径和位置。近年来，一种微小的彩色塑料颗粒示踪物得到应用，此法除查明水点间连通性外，还可大致估算地下水流速。

(3) 气体传递法。对无水或非充满水的通道，可用烟熏、施放烟雾弹等方法，探明通道的连通性及其连通程度，但一般只能作近距离试验。

第七节　地下水动态监测

地下水的长期观测工作，也是水文地质勘查必不可少的手段之一。它对于了解地下水的形成和变化规律，获取水文地质参数，对地下水资源进行准确评价和预测，以及为地下水资源的合理开发利用和科学管理提供依据均有十分重要的意义。地下水监测常常需要长时间、有组织地搜集地下水的各类信息，形成地下水的监测系统，才能更好地做好地下水的监测工作。

地下水动态是指地下水的水位、水温、水量及水化学成分等要素随时间和空间有规律地变化，它是自然因素（如气候、水文、地质、土壤、生物等）和人为因素对地下水综合作用的过程。地下水动态监测是对一个地区或水源地的地下水动态要素（水位、水量、水质和水温等）、物理化学性质进行定时测量、记录和存储整理的过程。地下水资源较地表水资源复杂，因此地下水本身质和量的变化以及引起地下水变化的环境条件和地下水的运移规律不能直接观察，同时，地下水的污染以及地下水超采引起的地面沉降是缓变型的，一旦积累到一定程度，就成为不可逆的破坏。因此准确开发、保护地下水就必须依靠长期的地下水动态监测，及时掌握其动态变化情况。

地下水动态监测目的与任务包括以下几点。

(1) 监测地下水水位、水量、水温和水质的变化规律及发展趋势。

(2) 分析地下水动态变化的影响因素，确定地下水动态类型。

(3) 研究与地下水有关的环境地质问题。

(4) 为研究某些专门问题提供基础资料。

(5) 优化或完善区域地下水动态监测网。

一、地下水动态监测孔(网)的布置

地下水动态监测孔（网）的布置主要取决于水文地质勘查的目的、任务、调查阶段和水文地质条件等。根据其目的、任务，可把地下水动态监测孔（网）分为区域性基本监测孔（网）和专门性监测孔（网）两种。区域性基本监测孔（网）的主要任务是研究地下水水位、水量、水温和水质等的一般变化规律，查明地下水动态的成因类型，积累区域内地下水动态多年监测资料；专门性监测孔（网）主要是为了专门的目的任务（如供水、地下水管理等）或特殊要求布置的。

总的来说，对地下水动态监测孔（网）布置的基本要求如下。

(1) 地下水动态监测点，应尽量利用已有的钻孔、水井和泉，被利用的监测点应有完整的水文地质资料。

(2) 为了查明区域地下水补、径、排条件及不同地区水质、水温、水位和水量变化情况，监测点应分布均匀，从补给区→径流区→排泄区及不同含水介质都要有监测点控制，这样可以绘制不同时期的等水位(压)线和水质等值线图，便于分析径流条件和水质变化。

(3) 地下水补给边界处要控制一定数量的监测孔，而且要布置在有代表性的边界地段。

(4) 为查明两个水源地的相互影响或附近矿区排水对水源地的影响，应在连接两个开采漏斗中心线方向上布置监测线，在开采漏斗内应适当加大监测点密度。

(5) 在多层含水层分布地区，为查明各含水层之间的水力联系，应布置分层监测孔组。

(6) 为查明污染源对水源地地下水水质的影响，监测孔应沿污染源至水源地的方向布置，并使监测线贯穿水源地各个卫生防护带。

(7) 为查明地下水与地表水之间的补排关系，应垂直地表水体的岸边布置监测线，并对地表水水位、流量、水温、水质进行监测。

(8) 为查明咸水与淡水分界面动态特征，应垂直咸水与淡水的分界面布置监测线。

(9) 为查明水源地在开采过程中下降漏斗的发展情况，通过漏斗中心布置相互垂直的两条监测线。

(10) 基岩地区应在主要构造富水带、岩溶大泉、地下河出口处及地下水与地表水相互转化处布置监测点。

(11) 为获得计算地下水径流量用的水位动态资料，监测线应垂直和平行计算断面布置。

(12) 为获得计算地区降水入渗系数用的水位动态资料，监测孔应布置在有代表性的不同地段。

另外，长期监测孔(网)的布置，还应考虑不同勘查阶段的工作要求。一般在普查阶段，可适当布置一些长期监测孔；在详查阶段，应建立基本的监测线网和控制性监测井孔；勘探阶段，应增加专门性监测线(网)的布置，健全地下水动态监测点，监测点、线、网应有机结合。

二、地下水动态监测的主要技术要求

1. 监测孔结构

监测孔的结构取决于含水层性质、监测层数和内容，如松散层应设置过滤器，一孔监测多层(图 2-36、图 2-37)则要求分层止水，孔径应保证能安装各层测水管，如监测孔有测流量的要求，其孔径应能够下入抽水设备。监测孔的深度，根据要求可以是完整孔或非完整孔，后者的孔深一般应达到所要监测的含水层最低水位以下 2～5m。通常监测孔孔口应高出地面 0.5～1.0m，并在孔口加保护帽。孔口应有固定的监测水准。对每个监测点，均应建立技术档案资料。

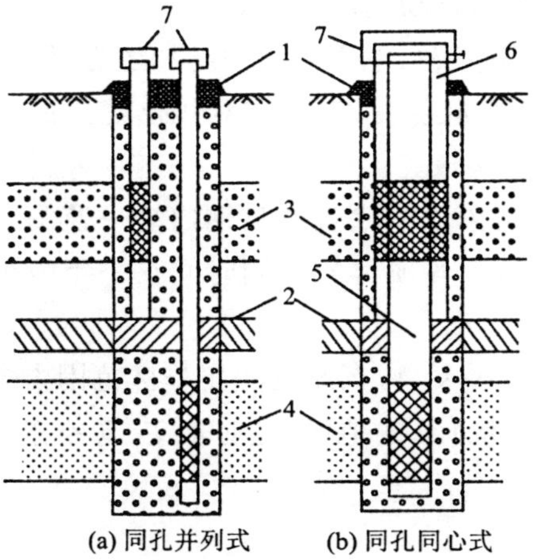

图 2-36　同孔分层监测管的安装

1. 固定井台；2. 止水深度；3. 第一含水层；4. 第二含水层；5. 同心式内管可测第二含水层水位；6. 两管之间可测第一含水层水位；7. 监测管口保护帽

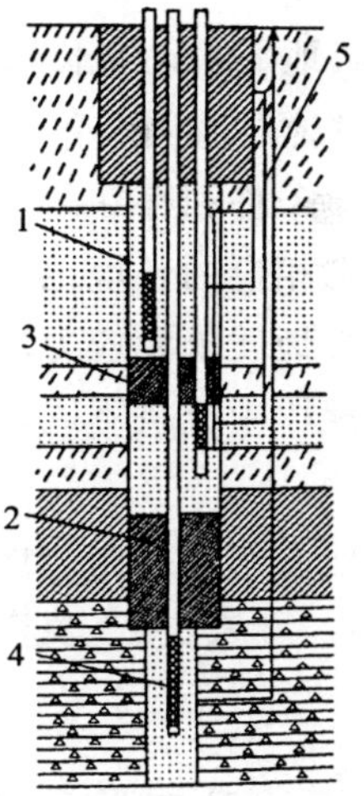

图 2-37　一孔多层水位监测孔结构图

1. 砂砾填料；2. 黏土止水；3. 混凝土堵塞；4. 监测孔过滤器；5. 水位

2. 监测内容和技术要求

地下水动态监测项目主要是地下水位、水量、水质、水温。必要时还需监测地表水、气象要素、环境地质现象等。

地下水动态监测内容主要包括地下水水位、水量(主要是泉、地下河出口、自溢孔和生产井的流量)、水质、水温、环境地质问题以及气象要素的监测，当研究地表水体与地下水关系时，还应包括地表水体的水位、流量、水质的监测。

(1) 地下水水位监测。必须测量其静水位，水位测量精确到厘米。一般每10d(每月10日、20日、月末)监测一次，对有特殊意义的监测孔，按需要加密监测。若监测井为长年开采井，可测量动水位，每月必须对静水位数据监测一次。

(2) 地下水水量监测。包括监测泉水流量、自流井流量和地下水开采量。泉水与自流井流量监测频率与地下水位监测同步，流量监测宜采用容积法或堰测法，采用堰测法时，堰口水头高度(h)测量必须精确到毫米；地下水开采量的监测，宜安装水表定期记录开采的水量；未安装水表的开采井，应建立开采时间及开采量的技术档案，并每月实测一次流量，保证取得较准确的开采量数据。

(3) 地下水水温监测。可每月进行一次，并与水位、流量同步监测，水温测量误差小于0.5℃，同时监测气温。根据地下水位埋深和环境温度变化，采用合适的测量工具，保证监测数据的精度。

(4) 地下水水质监测。频率宜为每年两次，应在丰水期、枯水期各采样一次，初次采样须做全分析，以后可做简分析。

(5) 地表水体的监测。其内容包括水位、流量、水温、水质。地表水体的监测频率应和与其有水力联系的地下水监测同步。当河流设有可以利用的水文站时，可搜集该水文站的有关资料。

(6) 区域地下水动态长期监测孔宜安装水位、水温自动记录仪器。

(7) 环境地质监测。包括与地下水有关的水环境问题、地质环境问题和生态环境问题，应根据水文地质条件和存在的主要环境地质问题及其严重程度，新建或利用已建立的设施进行与地下水动态相应的环境地质监测。

同一水文地质单元应力求各点同时监测，否则应在季节代表性日期内统一监测。为了能从动态变化规律中分析不同动态要素间的相互联系，对各项目的监测时间在一年中至少要有几次是统一的。

为查明地下水动态与当地水文、气象因素的相互关系，应系统搜集工作区范围内多年的水文、气象资料。在水文、气象资料不能满足地下水均衡计算的地区，应对水文、气象作短期监测工作。

三、地下水动态监测资料整理与分析

地下水动态监测所获取的资料量大，因此必须对监测资料进行系统、全面的整理，从中研究地下水动态变化规律。由于地下水监测工作是长期、连续进行的，因此，必须对所获得的资料进行经常性的整理与分析，一般分为日整理、月整理、年终整理、多年资料整编等。最好能用地下水计算机数据库系统进行数据处理和资料整编。

(1) 编制地下水动态监测资料统计表(报表)。主要包括地下水动态各要素以及水文、气象要素的月、年及多年报表。

(2) 绘制地下水动态综合曲线图或各种关系曲线。根据需要和按动态要素与影响因素的相关性，编制各种综合曲线图(把动态要素与主要影响因素的历时变化绘在同一张图上称综合曲线图)、动态要素间或动态要素与影响因素间的关系曲线图。如潜水动态综合曲线图(图2－38)、潜水位变幅与降水关系曲线图、河水位与地下水关系曲线图等。

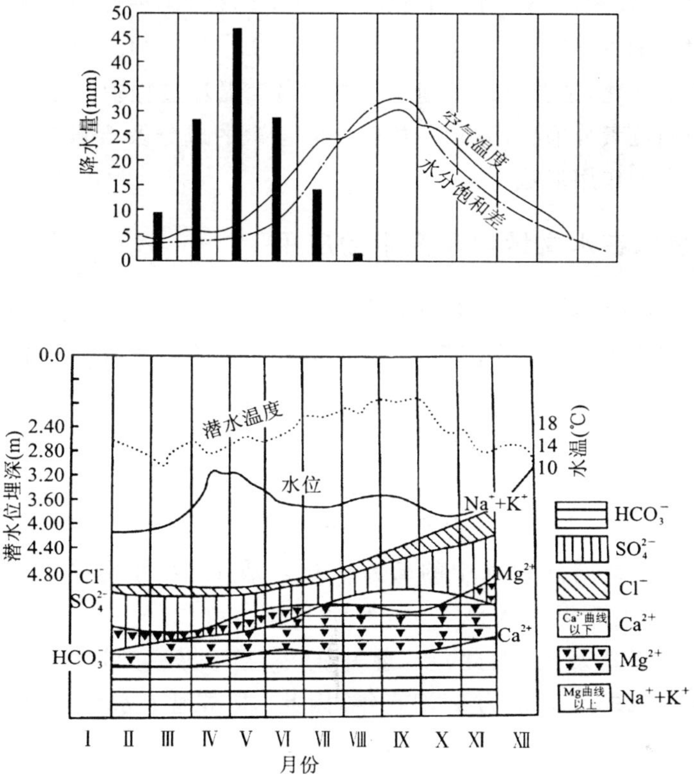

图2－38　潜水动态综合曲线图

(3)各监测线地下水动态要素剖面图。地下水动态要素剖面图是沿一定方向，把监测点代表性时刻(如丰水期、枯水期)的动态要素值(如水位、水质、水温等)绘制成图，同时图上还应附有含水层、隔水层、监测孔等内容。如水化学剖面图、水位动态剖面图等。剖面图能反映动态要素沿监测线方向上的变化，以及在时间和空间上的变化。

(4)动态要素平面图。如果监测点和监测资料较多，一般还应编制各种不同要素在代表性时期(丰、枯水期等)的平面图，以说明地下水动态在平面上的变化规律。如不同时期等水位线系列图、潜水埋藏深度图、水化学类型图、某要素等值线或变幅等值线图等。

第八节　同位素技术在水文地质勘查中的应用

一、概述

自20世纪50年代以来，国外在水文地质研究中使用了同位素技术，并使其获得了迅速发展。在水文地质研究成果中，如缺少相应的同位素研究数据和资料，则其质量将会降低。

元素的同位素指某一种元素具有的原子序数相同而原子量不同的数种原子。所谓原子序数是每一种元素原子核的质子数，对某一种元素来说，其质子数是一定的，但中子数可以不同，故原子量可以不同，这样就形成了该元素的同位素。自然界中某些元素常见多种同位素，如氧有^{16}O、^{17}O、^{18}O三种同位素，氢有^{1}H、^{2}H(D,氘)、^{3}H(T,氚)三种同位素等。同位素可以分为放射性同位素如^{14}C、^{3}H等和稳定同位素如^{13}C、^{12}C、^{1}H、^{2}H、^{16}O、^{17}O、^{18}O等。地下水中稳定同位素成分及其含量变化，主要是由于地下水在埋藏和循环过程中因地球物理、地球化学和生物化学作用发生的同位素分馏作用引起；放射性同位素的成分及含量变化主要是由于核物理作用引起的放射性衰变作用形成。

二、同位素技术在水文地质研究中的应用

1）利用放射性同位素测定地下水的年龄

放射性同位素处于不断地蜕变之中，一种放射性元素的衰变期是一个常数，可据此测定地下水的年龄。

氚是氢的一种宇宙射线成因的放射性同位素，它是在大气上部由于宇宙射线快速中子与稳定的$^{14}_{7}N$原子发生核反应而产生的：

$$^{14}_{7}N+2^{1}_{0}n\rightarrow ^{3}_{1}T+^{13}_{6}C$$

氚原子生成后，很快就同大气中的氧原子化合成HTO水分子。HTO与大气水混合并随之一起降落到地表后再渗入地下，成为地下水的组成部分。从高空生成到进入地下水的过程中，氚要不断地衰变，因此氚在水中的浓度不断减少，地下水埋藏越深，循环时间越长，氚值越低。氚的半衰期为12.26年，因此，根据地下水中氚含量的降低情况可判断地下水的年龄。

2）利用稳定同位素研究地下水的起源和形成

不同起源的地下水由于水的来源和形成环境不同，其氢、氧同位素的组成也有很大差异。大气降水与河水中D和^{18}O最少，海水中二者比较富集，强烈蒸发浓缩的埋藏水中的D和^{18}O含量也较高。因此测定了地下水中的D和^{18}O便不难确定地下水的起源。表2-24为各种成因的地下水中δD和$\delta^{18}O$的变化范围。

表2-24 天然水氢、氧同位素组成变化范围

天然水类型	δD(‰)	$\delta^{18}O$(‰)	备注
海水	0～10	0～-1	比较标准SMOW $\delta D=8\delta^{18}O+10$
大气降水	-400～10	-60～0	
沉积水	-50～-5	-4.5～3	
再生水	-60～-20	5～25	
初生水	-80～40	7～9.5	

注：δ为以千分偏差(‰)表示的样品对标准样品的偏离度$\delta=\frac{R_{样品}-R_{标准}}{R_{标准}}\times 1\,000$‰，其中$R$为同位素比值，是一种元素的稀有与富含的同位素封堵之比，如$R(D)=D/H$。

3）确定不同含水层之间的水力联系以及各种来源水的混合比例

由于不同含水层地下水的同位素组成不同，故根据各含水层中 T 和 ^{18}O 的含量便可判别它们之间是否有水力联系及相互联系的程度与补给比例。同位素方法是判别矿井充水水源及含水层之间水力联系的可靠手段，常能取得比较好的效果。

4）判别地下水与地表水之间的水力联系

地表水由于蒸发比较强烈，D 和 ^{18}O 富集，因此地表水的 D 和 ^{18}O 的含量总是高于地下水，因此，可根据水中 δD 和 $\delta^{18}O$ 图上直线的斜率来判别它们之间是否有水力联系。

5）利用稳定同位素研究地下水中化学组分的来源

不同成因的岩石其同位素组成不同，根据同位素组成，可以判别水是来自岩浆岩还是沉积岩，是来自陆相沉积还是海相沉积。例如淡水碳酸岩的 $^{12}C/^{13}C$ 比值较大，而海水的较小，根据水中 $^{12}C/^{13}C$ 的比值大小，就可确定地下水的补给与形成历史。

6）利用放射性同位素示踪研究地下水运动及水文地质过程

放射性同位素作为示踪剂具有化学性质稳定、不会被岩石吸附、监测灵敏度高等优点。在岩溶地下河系的上游投入某种放射性元素如氚等，在下游监测其含量变化情况，可以确定岩溶通道的分布和联通情况、地下水流速、含水层之间及其与地表水体间的水力联系情况及确定矿井涌水的水源。

7）利用井的示踪试验及人工放射源测定水文地质参数

将人工放射性同位素投入井中示踪地下水的流动，可求得流向、流速、渗透系数，利用多井进行示踪还可求得孔隙度、导水系数和实际流速等资料。

第九节 水文地质勘查技术手段的选择

在水文地质勘查中，如何合理选用勘查技术手段是编制水文地质勘查设计时要重点考虑的一个方面。选择合适的勘查技术手段，可降低成本、减少损失、提高效率和缩短勘查工期。选择勘查技术手段总的原则是："先地面后地下、先物探后钻探"；取长补短；综合运用。实际工作中，要综合考虑影响勘查技术手段的不同因素，正确选择和确定使用的勘查技术手段。一般来说，影响勘查技术手段选择的主要因素包括勘查阶段、地质-水文地质条件、自然地理条件、施工条件等。

在不同的勘查阶段，对勘查技术手段选择时的侧重点和工作内容是有差异的。水文地质勘查的阶段不同，采用的勘查手段也不相同。在水文地质普查阶段，为地区总的经济建设规划提供水文地质资料而进行的区域水文地质调查，其勘查手段以水文地质测绘为主，配合少量的物探、坑探、钻探和试验工作；在水文地质详查阶段，主要以大中比例尺的水文地质测绘为主，配合少量的水文地质钻探、试验和一定时期的地下水长期监测工作；在水文地质勘探阶段，主要以钻探及试验为主，并要求进行一年以上的地下水动态监测以及全面的室内实验、分析和研究；在开采阶段的主要勘查手段是进行水源地开采动态的研究，必要时辅以补充勘探、专门试验等。具体可参见表 2－25。

表 2-25　水文地质勘查各阶段的勘查技术手段(据史长春,1983,修改)

勘查阶段 勘查手段	普查阶段	详查阶段	勘探阶段	开采阶段
水文地质测绘	比例尺为 1∶20万～1∶10万	比例尺为 1∶10万～1∶5万	比例尺为 1∶5万～1∶2.5万	比例尺 >1∶2.5万
水文地质物探	以航空物探成果为主,地面物探在局部重点地区进行,点、线结合	全面开展地面物探,可根据需要进行专门性的物探工作	以进行详细的地面物探为主,线网结合,并配合钻探和试验进行专门性的物探工作	以井下物探为主,并结合钻探工作进行专门性的物探模拟试验
水文地质钻探	钻探工作为单孔和控制性基准钻孔,了解不同深度的含水层	可以按一定的勘查线距和孔距布置钻孔,控制主要含水层	以勘查线网为主,勘查深度以地下水开采层位为主	充分利用开采井孔资料进行综合研究
水文地质试验	单孔抽水为主,必要时进行多孔抽水试验	可选择一定数量的钻孔进行抽水试验,并根据水文地质情况进行其他水文地质试验	抽水孔数在基岩地区占钻孔总数的80%以上;在岩性变化不大的松散地层抽水孔占30%～50%;在变化较大的松散地层占50%～80%;要进行必要的群孔、分层和干扰抽水试验	除进行群孔、干扰抽水试验外,选择典型地段进行人工回灌试验
水文地质参数测定及地下水资源评价	根据经验数据和所搜集的资料及部分实测资料估算地下水的资源量;据水源地普查报告可以提交不同类别的D、E级地下水资源量	取得主要含水层基本的水文地质实测参数;概略评价地下水资源;根据水源地详查报告,主要提交C级允许开采量,也可提交部分D级允许开采量及C_d、D_d级尚难利用的地下水资源量	大部分为实测的参数。根据实测的参数初步评价地下水资源;根据水源地勘探报告,提交B级允许开采量,也可提交部分A级、C级允许开采量	数据全部为实测。根据开采井的水量和水位监测资料,进行水文地质参数的计算与地下水资源评价
地下水动态长期监测	以访问为主,实测枯水期的地下水动态	选择一定数量的钻孔进行长期监测	布置长期监测网,监测时间要求不少于一个水文年,并进行简易入渗监测	布置长期监测网,监测时间要求不少于三个水文年,进行地下水动态预报
实验室工作	以水质的简单分析为主,进行部分岩样、土样的鉴定和孢粉分析	水质的简单分析和岩样、土样的鉴定及其他要求的样品分析	水质的简单分析和部分的全分析,进行少量的岩石水理性质测定	除水质分析外,进行岩样、土样水理性质的测定

勘查区的地质-水文地质条件决定了勘查技术手段的种类和具体工程点的密度、间距。若地质-水文地质条件相对简单,则选择水文地质测绘、地面物探、轻型坑探、少量的钻探并辅以必要的水文地质试验和监测工作,且各勘查工程的线(网)距、点距可适当放稀,就可达到勘查工作的要求;反之,若地质-水文地质条件相对复杂,则选择在大中比例尺的水文地质测绘、地面物探的基础上,选择钻探并配合专门物探、井下物探和大量的水文地质试验、长期监测等工作,各勘查工程的线(网)距、点距应适当加密,才能达到勘查工作的要求。

自然地理条件一般包括工作区的地形地貌、气候、水系发育程度、基岩的出露情况、第四系覆盖层(表土)的厚度等。实际工作中,对具有代表性的自然地理条件可进行分区,具体可划分为平原地区、丘陵地区、岩溶地区、黄土地区、滨海地区、冻土地区等;或根据工作区是否有表土覆盖,分为松散层区、基岩区等。不同的自然地理条件直接影响勘查手段的选择,例如,表土掩盖程度高,不宜用水文地质测绘;表土厚、多水则不宜用坑探等。

施工条件主要是指勘查区的交通、水源、电力等条件,也会影响勘查技术手段的选择,如交通、电力、水源不便,则不太适宜选择钻探手段。

另外,勘查单位技术力量和水平、设备配置数量及先进性等,也在一定程度上影响手段的选择。如"3S"技术、空气钻进技术、无固相冲洗液钻进技术、绳索取芯等新技术、新方法的推广应用等。

思考题

1. 遥感技术在水文地质勘查中有什么作用?
2. 什么是水文地质测绘?测绘的目的与任务是什么?
3. 试述基岩地质、地貌调查的研究内容?
4. 水文地质测绘的主要内容是什么?
5. 对泉的调查研究主要有哪些内容?
6. 井孔的调查研究有哪些内容?
7. 简述几种地球物理勘探方法的原理?
8. 常见地球物理测井技术有哪些?
9. 简述地球物理勘探在水文地质勘查中的运用?
10. 什么是坑探工程?试述常用坑探工程的特点和用途。
11. 什么是水文地质钻探?水文地质钻探的任务是什么?
12. 水文地质钻探与一般的地质钻探相比,具有哪些特点?
13. 试述水文地质钻探中的钻进方法。
14. 根据承担的主要任务,水文地质钻孔可被划分为哪些类型,各承担什么任务?
15. 水文地质钻孔结构包括哪些部分?
16. 水文地质钻孔对孔深、孔径、过滤器有什么要求?
17. 抽水试验的作用是什么?
18. 试述抽水试验的类型及应用条件。
19. 什么是稳定流抽水试验?什么是非稳定流抽水试验?
20. 简述单孔抽水试验、多孔抽水试验、干扰抽水试验的含义。
21. 简述抽水孔的布置要求。
22. 抽水试验中为什么要布置监测孔?监测孔的布置要求有哪些?
23. 试述常用抽水设备及其应用条件。
24. 简述有哪些流量计?
25. 稳定流抽水试验的主要技术要求有哪些?
26. 试述非稳定抽水试验和干扰抽水试验的技术要求。
27. 试述抽水试验的现场监测和记录内容。

28. 试说明稳定流抽水试验的 Q-t，S-t 曲线图的作用。
29. 简述 Q-S 和 q-S 曲线的类型及其水文地质意义。
30. 简述渗水试验的用途及常用方法。
31. 注水试验在什么条件下适用？其所得参数与抽水试验有何不同？
32. 地下水的流向、流速如何测定？常用的示踪剂有哪些类型？
33. 简述常用的联通试验方法。
34. 地下水动态监测的含义是什么？试述地下水动态监测孔（网）布置的基本要求。
35. 地下水动态监测的内容有哪些？
36. 如何整理地下水动态监测资料？
37. 试述地下水环境监测点（网）布设的原则和要求。
38. 地下水环境监测中常规监测项目有哪些？
39. 试述同位素技术在水文地质研究中有什么用途。
40. 试述如何合理选择勘查技术手段。

第三章　水文地质勘查采样

水文地质勘查采样是指在地表水体、地下含水层或土层、岩层中采集一小部分水、土、岩石、气体等作为测试、化验用样品的工作过程。在水文地质勘查中，由于研究的主要对象是水，故采集的样品中，水样占大多数，除此以外，还要按勘查设计的要求采集一定数量的其他样品，如土样、岩样、气体样、同位素样等。

对于不同种类的水文地质勘查，在任何勘查阶段采用不同的勘查技术手段进行勘查时，都应按照勘查设计的要求采集岩、土、水、气、同位素等样品，经过专门的测试后，得到相关的测试结果，对勘查区水、岩、土等特征进行准确分析和研究，有利于提高勘查成果的精度。

第一节　采样的目的与要求

一、采样的目的

采样的目的是通过对水样等进行野外现场或室内测试，得到水样的相关物理化学参数后，以查明地下水的类型、水位、水量、水质、水温、pH 值等，确定勘查区内地表水、地下水的补、径、排条件，为地下水的动态监测、环境监测、水质评价提供可靠的参数，进而为水资源开发利用、保护、管理等提供依据。因此，采样是水文地质勘查中的一项重要工作，也可以把它看作一种特殊的勘查技术手段或方法。

二、采样的要求

1. 采样的基本要求

采样工作贯穿于各类水文地质勘查的不同勘查阶段，一般在编制勘查设计时，就应同时做好采样设计，对采样点的布置、采样的方法以及在样品采集设备、包装、送验等方面提出要求。为提高样品质量，在采样时应注意以下几点基本要求。

(1) 采样要如实地反映含水层、岩土层及地表水体等的自然特征。采样时，应严格按操作规程采集样品，要做到样品不污染、不混入杂质、不人为地多采或少采样品等。

(2) 采样地点要有代表性。保证样品能反映工作区水、岩、土的总体特征，在采样地点、深度等方面要按计划选择。

(3) 样品的质量、体积要满足化验测试的要求。

(4) 采样的设备、容器及样品的包装、送验时间等，应根据不同样品的特殊要求，严格遵守有关规定。

2. 采样的具体要求

采样的具体要求应按不同种类水文地质勘查规范的规定执行。如《1∶25 万区域水文地质调查技术要求》(DD 2004-01)和《供水水文地质勘察规范》(GB 50027—2001)对采样的规定见表3-1。

表3-1 不同规范对采样的规定

规范	对采样的规定
《1:25万区域水文地质调查技术要求》(DD 2004-01)	(1) 水文地质测绘中采集的岩、土、水样或标本,水的温度、pH值、电导率、Eh值等应在现场实测; (2) 水文地质钻探中按设计书要求采集地下水、岩、土等测试样品; (3) 根据水文地质条件和需要解决的问题布置同位素取样点
《供水水文地质勘察规范》(GB 50027—2001)	(1) 水质简易分析,其取样水点数不应少于水文地质监测点总数的40%,分析项目包括颜色、透明度、嗅和味、沉淀、Ca^{2+}、Mg^{2+}、($Na^{+}+K^{+}$)、HCO_3^-、Cl^-、SO_4^{2-}、pH、可溶性固形物总量、总硬度等;水质专门分析,其取样水点数不应少于简易分析点数的20%,分析项目中,生活饮用水应符合国家现行的《生活饮用水卫生标准》(GB 5479)的要求,生产用水应按不同工业企业的具体要求确定,在有地方病或水质污染的地区,应根据病情和污染的类型确定; (2) 钻探过程中采集土样、岩样,宜符合下列规定:取出的土样宜能正确反映原有地层的颗粒组成;采集鉴别地层的岩、土样,非含水层宜每3~5m取一个,含水层宜每2~3m取一个,变层时,应加取一个;采集试验用的土样,厚度大于4m的含水层,宜每4~6m取一个,含水层厚度小于4m时,应取一个;试验用土样的取样质量,宜大于下列数值:砂1kg、圆砾(角砾)3kg、卵石(碎石)5kg

第二节 地下水样的采集

下面根据《地下水环境监测技术规范》(HJ/T 164—2004)说明地下水采样的频次和时间、工作过程、质量保证、样品管理及现场测定项目等内容。

一、采样频次和采样时间

1. 确定采样频次和采样时间的原则

(1) 依据不同的水文地质条件和地下水监测井使用功能,结合当地污染源、污染物排放的实际情况,力求以最低的采样频次,取得最有时间代表性的样品,达到全面反映区域地下水质状况、污染原因和规律的目的。

(2) 为反映地表水与地下水的水力联系,地下水采样频次与时间尽可能与地表水相一致。

2. 采样频次和采样时间

(1) 背景值监测井和区域性控制的孔隙承压水井每年枯水期采样一次。

(2) 污染控制监测井逢单月采样一次,全年六次。

(3) 作为生活饮用水集中供水的地下水监测井,每月采样一次。

(4) 污染控制监测井的某一监测项目如果连续两年均低于控制标准值的1/5,且在监测井附近确实无新增污染源,而现有污染源排污量未增的情况下,该项目可每年在枯水期采样一次进行监测。一旦监测结果大于控制标准值的1/5,或在监测井附近有新的污染源、现有污染源新增排污量时,即恢复正常采样频次。

(5) 同一水文地质单元的监测井采样时间应尽量相对集中,日期跨度不宜过大。

(6) 遇到特殊的情况或发生污染事故,可能影响地下水水质时,应随时增加采样频次。

二、采样技术工作过程

（一）采样前的准备

1. 确定采样负责人

采样负责人负责制订采样计划并组织实施。采样负责人应了解采样的目的和要求，并了解采样监测井周围的情况，熟悉地下水采样方法、采样容器的洗涤和样品保存技术。当有现场测定项目和任务时，还应了解有关现场测定技术。

2. 制订采样计划

采样计划应包括：采样目的、监测井位、监测项目、采样数量、采样时间和路线、采样人员及分工、采样质量保证措施、采样器材和交通工具、需要现场监测的项目、安全保证等。

3. 采样器材与现场监测仪器的准备

(1) 采样器材。主要是指采样器和水样容器。

A. 采样器。地下水水质采样器分为自动式和人工式两类，自动式用电动泵进行采样，人工式可分活塞式与隔膜式，可按要求选用。地下水水质采样器应能在监测井中准确定位，并能取到足够量的代表性水样。采样器的材质和结构应符合《水质采样器技术要求》中的规定。

B. 水样容器。水样容器的选择原则是：容器不能引起新的沾污；容器壁不应吸收或吸附某些待测组分；容器不应与待测组分发生反应；能严密封口，且易于开启；容易清洗，并可反复使用。

水样采集通常用硬质玻璃瓶或聚乙烯塑料瓶作为取水容器。对取水容器要彻底清洗，以去除污垢；取水样时再用所采集的水样洗涤三次以上。水样采集后应及时封盖好，并用石蜡封闭，以防运输途中水溢出。当要测定水中的不稳定成分时，取样的同时应加防稳定剂。例如分析 CO_2 时，应在取样瓶中放入 $CaCO_3$ 粉末；分析挥发性酚、氰化物时，应在取样瓶中加入 NaOH，且 pH≥12 等。对泉水可以直接从泉口取样，对开采井可以在出水口取样，对观测孔需要用专门的取样器采集水样(图 3－1)。

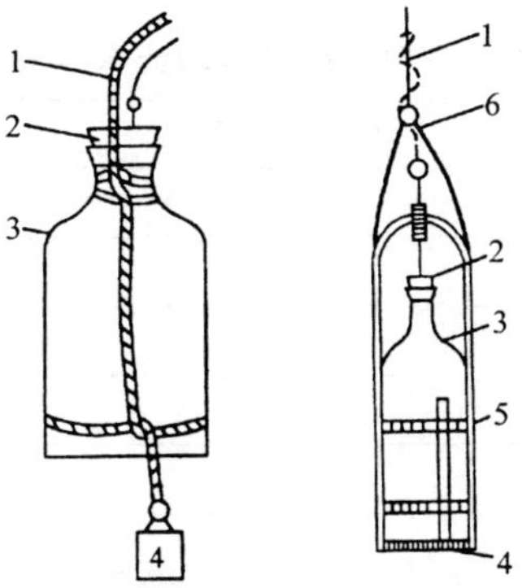

(a) 简易采样瓶　(b) 采水器

图 3－1　监测孔采水器装置图

1. 绳子；2. 带有绳子的橡皮塞；3. 采样瓶；4. 重锤；5. 采水瓶架；6. 挂钩

为了确定不同季节地下水化学成分的变化规律和含水层之间地下水的水力联系，要在钻孔中分层采取水样作化学分析。现介绍两种取样方法。

a. 常规取样法。通常是在抽水稳定后取样。如在不抽水孔或观测孔中取样，必须先用提筒自孔内提出套管容积 2～3 倍的水后再取样。

b. 定深取样法。在钻孔的一定深度取水样，使用定深取水器，如图 3－2 所示。先用 3～5mm 的细钢丝绳将固定在上面的锤底下到取水深度，而后把圆筒沿着钢丝绳放下去。锤底为向上的微锥体，圆筒的上下部有密封圈。圆筒下去以后即严密地插套在锤底上，再沿钢丝绳将锤盖下入，锤盖下去后即把圆筒上部封闭，便可提钢丝绳取出取水器。

取样时，应记录钻孔深度、水样、取样前自孔内抽出的水量、取样时间、当时的水温和气温等。

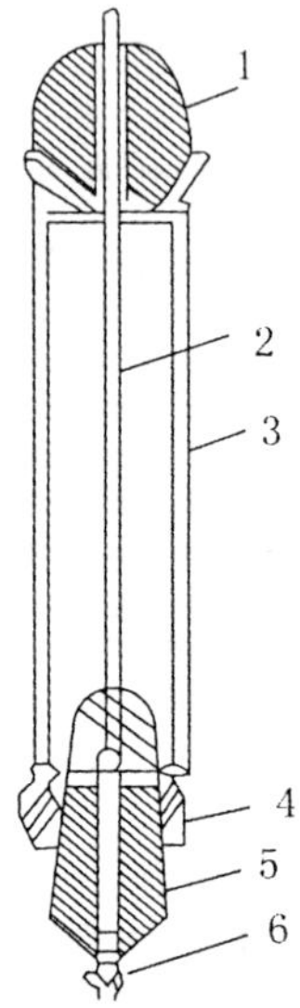

图 3－2　定深取水器

1. 锤盖；2. 细钢丝绳；3. 圆筒；4. 密封圈；5. 锤底；6. 放水阀门

水样容器选择、洗涤方法和水样保存方法见表 3－2。该表中所列洗涤方法指对在用容器的一般洗涤方法。如新启用容器，则应作更充分地清洗，水样容器应做到定点、定项。

表 3－2　水样保存、容器的洗涤和采样体积

项目名称	采样容器	保存剂及用量	保存期	采样量①(mL)	容器洗涤
色*	G，P		12h	250	Ⅰ
嗅和味*	G		6h	200	Ⅰ
浑浊度*	G，P		12h	250	Ⅰ
肉眼可见物*	G		12h	200	Ⅰ
pH 值*	G，P		12h	200	Ⅰ
总硬度**	G，P		24h	250	Ⅰ
		加 HNO_3，pH＜2	30d		
溶解性总固体**	G，P		24h	250	Ⅰ
总矿化度**	G，P		24h	250	Ⅰ
硫酸盐**	G，P		30d	250	Ⅰ
氯化物**	G，P		30d	250	Ⅰ
磷酸盐**	G，P		24h	250	Ⅳ

续表 3-2

项目名称	采样容器	保存剂及用量	保存期	采样量①(mL)	容器洗涤
游离二氧化碳**	G,P		24h	500	Ⅰ
碳酸氢盐**	G,P		24h	500	Ⅰ
钾	P	HNO_3,1L 水样中加浓 HNO_3 10mL	14d	250	Ⅱ
钠	P	HNO_3,1L 水样中加浓 HNO_3 10mL	14d	250	Ⅱ
铁	G,P	HNO_3,1L 水样中加浓 HNO_3 10mL	14d	250	Ⅲ
锰	G,P	HNO_3,1L 水样中加浓 HNO_3 10mL	14d	250	Ⅲ
铜	P	HNO_3,1L 水样中加浓 HNO_3 10mL②	14d	250	Ⅲ
锌	P	HNO_3,1L 水样中加浓 HNO_3 10mL②	14d	250	Ⅲ
钼	P	加 HNO_3,pH<2	14d	250	Ⅲ
钴	P	加 HNO_3,pH<2	14d	250	Ⅲ
挥发性酚类**	G	用 H_3PO_4 调至 pH=2, 用 0.01~0.02g 抗坏血酸除去余氯	24h	1 000	Ⅰ
阴离子表面活性剂**	G,P		24h	250	Ⅳ
高锰酸盐指数**	G		2d	500	Ⅰ
溶解氧**	溶解氧瓶	加入硫酸锰、碱性碘化钾溶液,现场固定	24h	250	Ⅰ
化学需氧量	G	H_2SO_4,pH<2	2d	500	Ⅰ
五日生化需氧量**	溶解氧瓶	0~4℃避光保存	12h	1 000	Ⅰ
	P	冷冻保存	24h	1 000	Ⅰ
硝酸盐氮**	G,P		24h	250	Ⅰ
亚硝酸盐氮**	G,P		24h	250	Ⅰ
氨氮	G,P	H_2SO_4,pH<2	24h	250	Ⅰ
氟化物**	P		14d	250	Ⅰ
碘化物**	G,P		24h	250	Ⅰ
溴化物**	G,P		14h	250	Ⅰ
总氰化物	G,P	NaOH,pH>9	12h	250	Ⅰ
汞	G,P	HCl,1%,如水样为中性,1L 水样中 加浓 HCl 2mL	14d	250	Ⅲ
砷	G,P	H_2SO_4,pH<2	14d	250	Ⅰ

注:1. “*”表示应尽量现场测定;“**”表示低温(0~4℃)避光保存。

2. G 为硬质玻璃瓶;P 为聚乙烯瓶(桶)。

3. ①为单项样品的最少采样量;②如用溶出伏安法测定,可改用 1L 水样中加 19mL 浓 $HClO_4$。

4. Ⅰ、Ⅱ、Ⅲ、Ⅳ分别表示四种洗涤方法:Ⅰ——洗涤剂洗一次,自来水洗三次,蒸馏水洗一次;Ⅱ——洗涤剂洗一次,自来水洗两次,1+3HNO_3 荡洗一次,自来水洗三次,蒸馏水洗一次;Ⅲ——洗涤剂洗一次,自来水洗两次,1+3HNO_3 荡洗一次,自来水洗三次,去离子水洗一次;Ⅳ——铬酸洗液洗一次,自来水洗三次,蒸馏水洗一次。

5. 经 160℃干热灭菌 2h 的微生物采样容器必须在两周内使用,否则应重新灭菌。经 121℃高压蒸汽灭菌 15min 的采样容器如不立即使用,应于 60℃将瓶内冷凝水烘干,两周内使用。细菌监测项目采样时不能用水样冲洗采样容器,不能采混合水样,应单独采样后 2h 内送实验室分析。

(2) 现场测定仪器。对水位、水量、水温、pH 值、电导率、浑浊度、色、嗅和味等现场监测项目，应在实验室内准备好所需的仪器设备，安全运输到现场，使用前进行检查，确保性能正常。

(二) 采样方法

(1) 地下水水质监测通常采集瞬时水样。

(2) 对需测水位的井水，在采样前应先测地下水位。

(3) 从井中采集水样必须在充分抽汲后进行，抽汲水量不得少于井内水体积的两倍，采样深度应在地下水水面 0.5m 以下，以保证水样能代表地下水水质。

(4) 对封闭的生产井可在抽水时从泵房出水管放水阀处采样，采样前应将抽水管中存水放净。

(5) 对于自喷的泉水，可在涌口处出水水流的中心采样。采集不自喷泉水时，将停滞在抽水管的水汲出，新水更替之后，再进行采样。

(6) 采样前，除五日生化需氧量、有机物和细菌类监测项目外，先用采样水荡洗采样器和水样容器两三次。

(7) 测定溶解氧、五日生化需氧量和挥发性、半挥发性有机污染物项目的水样，采样时水样必须注满容器，上部不留空隙。但对准备冷冻保存的样品则不能注满容器。测定溶解氧的水样采集后应在现场固定，盖好瓶塞后需用水封口。

(8) 测定五日生化需氧量、硫化物、石油类、重金属、细菌类、放射性等项目的水样应分别单独采样。

(9) 各监测项目所需水样采集量见表 3－3，其中的采样量已考虑重复分析和质量控制的需要，并留有余地。

(10) 在水样采入或装入容器后，立即按表 3－3 的要求加入保存剂。

(11) 采集水样后，立即将水样容器瓶盖紧、密封，贴好标签，标签设计可以根据各站具体情况，一般应包括监测井号、采样日期和时间、监测项目、采样人等。

(12) 用墨水笔在现场填写地下水采样记录表(表 3－4)，字迹应端正、清晰，各栏内容填写齐全。

(13) 采样结束前，应核对采样计划、采样记录与水样，如有错误或漏采，应立即重采或补采。

(三) 采样记录

地下水采样记录包括采样现场描述和现场测定项目记录两部分。各省可按表 3－3 的格式设计全省统一的采样记录表。每个采样人员应认真填写地下水采样记录表。

表 3－3　地下水采样记录表

监测站名____________

监测井编号	监测井名称	采样日期			采样时间	采样方法	采样深度(m)	气温(℃)	天气状况	现场测定记录									样品性状	样品瓶数量
		年	月	日						水位(m)	水量(m^3/s)	水温(℃)	色	嗅和味	浑浊度	肉眼可见物	pH	电导率(μS/cm)		
固定剂加入情况										备注										

采样人员____________　　记录人员____________

三、地下水采样质量保证

(1)采样人员必须在通过岗前培训后持证上岗,切实掌握地下水采样技术,熟知采样器具的使用和样品固定、保存、运输条件。

(2) 采样过程中采样人员不应有影响采样质量的行为,如使用化妆品,在采样时、样品分装时及样品密封现场吸烟等。汽车应停放在监测点(井)下风向 50m 以外处。

(3) 每批水样,应选择部分监测项目加采现场平行样和现场空白样,与样品一起送实验室分析。

(4) 每次测试结束后,除必要的留存样品外,样品容器应及时清洗。

(5) 各监测站应配置水质采样准备间,地下水水样容器和污染源水样容器应分架存放,不得混用。地下水水样容器应按监测井号和测定项目分类编号、固定专用。

(6) 同一监测点(井)应有两人以上进行采样,注意采样安全,采样过程要相互监护,防止中毒及掉入井中等意外事故的发生。

第三节　地下水样品管理

一、样品运输

(1) 不得将现场测定后的剩余水样作为分析样品送往实验室。

(2) 水样装箱前应将水样容器内外盖盖紧,对装有水样的玻璃磨口瓶应用聚乙烯薄膜覆盖瓶口并用细绳将瓶塞与瓶颈系紧。

(3) 同一采样点的样品瓶尽量装在同一箱内,与采样记录逐件核对,检查所采水样是否已全部装箱。

(4) 装箱时应用泡沫塑料或波纹纸板垫底和间隔防震。有盖的样品箱应有“切勿倒置”等明显标志。

(5) 样品运输过程中应避免日光照射,气温异常偏高或偏低时还应采取适当保温措施。

(6) 运输时应有押运人员,防止样品损坏或受沾污。

二、样品交接

样品送达实验室后,由样品管理员接收。

(1) 样品管理员对样品进行符合性检查,包括:①样品包装、标志及外观是否完好;②对照采样记录单检查样品名称、采样地点、样品数量、形态等是否一致,核对保存剂加入情况;③样品是否有损坏、污染。

(2) 当样品有异常,或对样品是否适合监测有疑问时,样品管理员应及时向送样人员或采样人员询问,样品管理员应记录有关说明及处理意见。

(3) 样品管理员确定样品唯一性编号,将样品唯一性标识固定在样品容器上,进行样品登记,并由送样人员签字(表 3-4)。

(4) 样品管理员进行样品符合性检查、标识和登记后,应尽快通知实验室分析人员领样。

表 3-4 样品登记表

监测站名____________

送样日期	送样时间	监测点(井)名称	样品编号	监测项目	样品数量	样品性状	采样日期	送样人员	监测后样品处理情况

接样人员__________

三、样品标识

(1) 样品唯一性标识由样品唯一性编号和样品测试状态标识组成。各监测站可根据具体情况确定唯一性编号方法。唯一性编号中应包括样品类别、采样日期、监测井编号、样品序号、监测项目等信息。

样品测试状态标识分未测、在测、测毕三种,可分别以□、⧄、☒表示。样品初始测试状态为“未测”,由样品管理员标识。

(2) 样品唯一性标识应明示在样品容器较醒目且不影响正常监测的位置。

(3)在实验室测试过程中由测试人员及时做好分样、移样的样品标识转移,并根据测试状态及时作好相应的标记。

(4) 样品流转过程中,除样品唯一性标识需转移和样品测试状态需标识外,任何人、任何时候都不得随意更改样品唯一性编号。分析原始记录应记录样品唯一性编号。

四、样品贮存

(1) 每个监测站应设样品贮存间,用于进站后测试前及留样样品的存放,两者需分区设置,以免混淆。

(2) 样品贮存间应置冷藏柜,以贮存对保存温度条件有要求的样品。必要时,样品贮存间应配置空调。

(3) 样品贮存间应有防水、防盗和保密措施,以保证样品的安全。

(4) 样品管理员负责保持样品贮存间清洁、通风、无腐蚀的环境,并对贮存环境条件加以维持和监控。

(5) 地下水样品变化快、时效性强,监测后的样品均留样保存的意义不大,但对于测试结果异常样品、应急监测和仲裁监测样品,应按样品保存条件要求保留适当时间。留样样品应有留样标识。

第四节 地下水现场监测

凡能在现场测定的项目,均应在现场测定。

一、现场监测项目

包括水位、水量、水温、pH 值、电导率、浑浊度、色、嗅和味、肉眼可见物等指标,同时还应测定气温、描述天气状况和近期降水情况。

二、现场监测方法

1. 水位

(1) 地下水水位监测要测量静水位埋藏深度和高程。水位监测井的起测处(井口固定点)和附近地面必须测定高度。可按《水文普通测量规范》(SL 58—1993)执行,按五等水准测量标准监测。

(2) 水位监测每年两次(丰水期、枯水期各一次)。

(3) 与地下水有水力联系的地表水体的水位监测应与地下水水位监测同步进行。

(4) 同一水文地质单元的水位监测井,监测日期及时间尽可能一致。

(5) 有条件的地区,可采用自记水位仪、电测水位仪或地下水多参数自动监测仪进行水位监测。

(6) 手工法测水位时,用布卷尺、钢卷尺、测绳等测具测量井口固定点至地下水水面垂直距离两次,当连续两次静水位测量数值之差不大于±1cm/10m 时,将两次测量数值及其均值记入地下水采样记录表(表 3-3)内。

(7) 水位监测结果(m)记至小数点后两位。

(8) 每次测水位时,应记录监测井是否曾抽过水,以及是否受到附近井的抽水影响。

2. 水量

(1) 生产井水量监测可采用水表法或流量计法。

(2) 自流水井和泉水水量监测可采用堰测法或流速仪法。

(3) 当采用堰测法或孔板流量计进行水量监测时,固定标尺读数应精确到 mm。

(4) 水量监测结果(m^3/s)记至小数点后两位。

3. 水温

(1) 对下列地区应进行地下水温度监测:地表水与地下水联系密切地区;进行回灌地区;具有热污染及热异常地区。

(2) 有条件的地区,可采用自动测温仪测量水温,自动测温仪探头位置应放在最低水位以下 3m 处。

(3) 手工法测水温时,深水水温用电阻温度计或颠倒温度计测量,水温计应放置在地下水面以下 1m 处(对泉水、自流井或正在开采的生产井可将水温计放置在出水水流中心处,并全部浸入水中),静置 10min 后读数。

(4) 连续监测两次,连续两次测值之差不大于 0.4℃时,将两次测量数值及其均值记入地下水采样记录表(表 3-3)内。

(5) 同一监测点应采用同一个温度计进行测量。

(6) 水温监测每年一次,可与枯水期水位监测同步进行。

(7) 监测水温的同时应监测气温。

(8) 水温监测结果(℃)记至小数点后一位。

4. pH 值

用测量精度高于 0.1 的 pH 计测定。测定前按说明书要求认真冲洗电极并用两种标准溶液校准 pH 计。

5. 电导率

用误差不超过1%的电导率仪测定，报出校准到25℃时的电导率。

6. 浑浊度

用目视比浊法或浊度计法测量。

7. 色

(1) 黄色色调地下水色度采用铂-钴标准比色法监测。

(2) 非黄色色调地下水，可用相同的比色管，分取等体积的水样和去离子水比较，进行文字定性描述。

8. 嗅和味

测试人员应不吸烟，未食刺激性食物，无感冒、鼻塞症状。

(1) 原水样的嗅和味。取100mL水样置于250mL锥形瓶内，振摇后从瓶口嗅水的气味，用适当词语描述，并按六级记录其强度。与此同时，取少量水样放入口中（此水样应对人体无害），不要咽下去，品尝水的味道，加以描述，并按六级记录强度等级（表3-5）。

(2) 原水煮沸后的嗅和味。将上述锥形瓶内水样加热至开始沸腾，立即取下锥形瓶，稍冷后按(1)法嗅气和尝味，用适当的词句加以描述，并按六级记录其强度，如表3-5所示。

表3-5　嗅和味的强度等级

等级	强度	说明
0	无	无任何嗅和味
1	微弱	一般饮用者甚难察觉，但嗅、味敏感者可以发觉
2	弱	一般饮用者刚能察觉
3	明显	已能明显察觉
4	强	已有很显著的嗅和味
5	很强	有强烈的恶臭或异味

注：有时可用活性炭处理过的纯水作为无嗅对照水。

9. 肉眼可见物

将水样摇匀，在光线明亮处迎光直接观察，记录所观察到的肉眼可见物。

10. 气温

可用水银温度计或轻便式气象参数测定仪测量采样现场的气温。

三、现场监测仪器设备的校准

(1) 自记水位仪和电测水位仪应每季校准一次，地下水多参数自动监测仪每月校准一次，以及时消除系统误差。

(2) 布卷尺、钢卷尺、测绳等水位测具每半年检定一次（检定量具为50m或100m的钢卷尺），其精度必须符合《中国国家计量检定规程》允许的误差规定。

(3) 水表、堰槽、流速仪、流量计等计量水量的仪器每年检定一次。

(4) 水温计、气温计最小分度值应不大于0.2℃，最大误差不超过±0.2℃，每年检定一次。

(5) pH计、电导率仪、浊度计和轻便式气象参数测定仪应每年检定一次。

(6) 目视比浊法和目视比色法所用的比色管应成套。

第五节　环境同位素样品野外采集要点

根据《1∶25万区域水文地质调查技术要求》(DD 2004-01)，野外采集水的环境同位素样品时要符合以下规定。

一、一般要求

(1) 野外采集水的环境同位素样品应采用正确的方法，避免样品被污染(如取水设备污染、大气污染、客水污染、不干净容器污染或同位素分馏，保证样品的代表性。

(2) 容器。小口玻璃瓶是最好的保存器皿，密封状态下可以保存数年，高密度聚乙烯瓶对^{2}H和^{18}O样可保存数月时间。取样瓶的塑料瓶塞或橡胶塞要用油封。新样瓶必须通过注水和称重的方法进行数月时间的水量损失测试。

(3) 在野外采样利用GPS系统、地形图(1∶5万)或航片等获得取样点的地理坐标及高程。应记录采样点位置、水源类型、地下水位埋深、采样深度(地下水或地表水的水下深度)、井(泉)的地层结构以及水温、pH值、Eh值、电导率、碱度、溶解氧、现场化学特征等。水样瓶必须贴上防水标签，并填写项目代码、样品编号、取样日期、取样人、样品类型和分析项目等。

(4) 降水(雨和雪)样采集。用雨量计按周或月采集水样时，应在采样瓶中加入少许矿物油(油膜厚度最少为2mm)，使油浮在降水样的上部以防止水样蒸发。采集雪样时，把密封的雪样放在环境温度下让雪样自然融化，然后装瓶。同时，记录降水量，以便计算同位素成分的加权平均值。

(5) 地表水样的采集。湖水应在近水面位置和深部同时采集；河、溪水样应在河流中间或其流动部位中采集；在河流交汇处取样时，应在其完全混合后的河段采集。

(6) 包气带水样采集。土壤中的水分可通过真空抽吸、微蒸馏(仅适用于氢)、沸腾蒸馏、压榨法和离心法等方法采集。

(7) 地下水样采集。在不常抽水的井(孔)中，应先进行抽水洗井(孔)，抽出的水量至少超过井筒水体积的两倍，或者抽出的地下水的Eh值、溶解氧、pH值等达到稳定状态方可取样。应注意抽水形成降落漏斗时会接受其他水源(如傍河水井)的补给而污染水样。

二、地下水^{18}O和^{2}H样品的采集

(1) 样品体积。100mL，至少10mL。

(2) 保存。密封以防止蒸发。

(3) 方法。用水样彻底冲洗样瓶，完全注满并盖严。

三、地下水氚样品的采集

(1) 样品体积。500mL。

(2) 保存。密封以防止蒸发。

(3) 方法。用样品彻底冲洗样瓶，完全注满并盖严，尽量不与空气接触，禁止采用空气压缩机抽水。

四、地下水^{14}C样品的采集

1. 水样体积

国际原子能机构(IAEA)实验室利用2.5g碳做水的环境^{14}C分析。碳年龄鉴定所需水样体积取决于水中碳酸盐和重碳酸盐的浓度。2.5g碳所需要的最少水样体积(V)依照下式计算：

$$V=12.5\times 1\,000/(HCO_3^- + CO_3^{2-}) \tag{3-1}$$

注：V的单位为L；(HCO_3^-和CO_3^{2-})表示碳酸盐和重碳酸盐的浓度，单位为mg/L。

原则上取样量应多于计算值的25%。取样时应尽量避免水样与空气接触，禁止用空气压缩机抽水。

2. 试剂

(1) 试剂级硫酸亚铁($FeSO_4 \cdot 7H_2O$)5g。

(2) 不含碳酸盐的NaOH溶液。把650g NaOH溶解在800mL除去CO_2的去离子水中，封闭保存2～3周，使溶液中不溶解的Na_2CO_3沉淀出来，把上部清溶液轻轻倒出保存备用，避免空气中CO_2溶入。

(3) 试剂级$SrCl_2$(或$BaCl_2$)溶液。将170g $SrCl_2$或200g $BaCl_2$溶解在800mL水样中。

(4) 聚丙烯酰胺溶液(速沉剂)。将5g的聚丙烯酰胺溶于1 000mL煮沸的蒸馏水中。

3. 方法

野外采集^{14}C样宜采用沉淀法。

(1) 用1个60L的圆锥形沉淀箱，在沉淀箱底部拧紧一个1L的聚乙烯广口瓶作为接收瓶。把水样注入干净的沉淀箱。

(2) 水样预处理(在沉淀箱中进行)的步骤如下。

a. 加入5g硫酸亚铁($FeSO_4 \cdot 7H_2O$)，使其溶解均匀。如果水中含有溶解H_2S(凭嗅味)，不要加$FeSO_4$，否则生成FeS沉淀，影响水样预处理。

b. 加入50mLNaOH溶液，充分搅动，测定溶液的pH值，使其pH＞12。

c. 把770mL $SrCl_2$(或$BaCl_2$)溶液(预留30mL供检查用)加入沉淀箱中，盖严容器并搅动5min，使之形成大量沉淀物。

d. 加入40mL聚丙烯酰胺溶液，盖严容器，每30min慢慢搅动1min，共搅动三次。

e. 在沉淀箱的顶部加入30mL $SrCl_2$(或$BaCl_2$)溶液，检查是否完全沉淀，如果出现暗色物质则表明未完全沉淀，需加入更多的$SrCl_2$溶液，同时需加入NaOH溶液并搅动，确保完全沉淀。

(3) 采样。将沉淀箱中沉淀物全部装入接收瓶中盖紧并贴上标签。标签应标明日期、样品编号、井号，取样位置及其他附加信息。

(4) 为了合理计算水的年龄，应现场测定pH值和游离CO_2含量。

五、地下水^{13}C样品的采集

(1) 样品体积。水样体积由水样的碱度决定(表3-6)。

表 3－6　^{13}C 样品的采集数量表

碱度(HCO_3^- 浓度)(mg/L)	10	50	100	200
取样体积(mL)	500	100	50	25

(2)容器。水样瓶采用有硅隔膜塞的琥珀玻璃瓶或重塑料瓶;也可选择具有足够体积(能容纳至少含有 5mg 碳的水样)的圆柱形双阀钢或玻璃容器。

(3) 保存。密封并置于阴凉处,必须在取样后几天内进行分析。

(4) 取样方法。把连接水源的橡胶或塑料水管放入干净的水样瓶底,避免水样飞溅但允许溢流。如果使用直通式双阀取样器,则至少使水溢出容器两倍体积后再关闭,贴上样品标签。

六、无硫化物水的硫酸盐样品的采集

1. 样品质量

取决于水中硫酸盐的浓度,约需 20mg 的 $BaSO_4$(表 3－7)。

表 3－7　无硫化物水的硫酸盐样品的采集数量表

SO_4^{2-} 浓度(mg/L)	样品体积(mL)	$BaCl_2 \cdot 2H_2O$ 质量(mg)
10	2 000	100
50	500	150
100	250	150
200	100	100

2. 仪器设备

包括用于从低浓度水中沉淀出硫酸盐的容器;干净的 20mL 瓶子;氯化钡(试剂级 $BaCl_2 \cdot 2H_2O$);稀盐酸及 pH 试纸;过滤系统(0.45μm);用于碱度及硫酸盐测定的野外工具箱。

3. 方法

(1) 用 1L 或更少体积的水样已经足够的情况下,硫酸盐可在实验室中提取。

(2) 在野外沉淀硫酸盐。首先将水样过滤(＜0.45μm),把 pH 值降至 3 以下以避免 $BaCO_3$ 的共沉淀作用;再加入氯化钡(注意:氯化钡是毒性物质,不要吸入,让其沉淀 3～6h);然后轻轻倒出或滤出清水,把沉淀物装入取样瓶中。

七、有硫化物时水的硫酸盐样品的采集

1. 仪器设备

除第六点中设备外,还应加上醋酸镉以沉淀硫化物。

2. 方法

(1) 在 2L 瓶子中加入 1～2g 的醋酸铬。

(2) 用管子从瓶的底部加水以避免其与空气接触。

(3) 随着醋酸镉的溶解,亮黄色硫化镉的形成表明了痕量硫化物的存在。注意:醋酸镉是有毒的,必须小心使用,特别是处理其废弃物时更应注意。

(4) 把滤出液的pH值降至3以下，加入$BaCl_2$反应形成沉淀，将沉淀物装入取样瓶，贴上样品标签。

第六节　岩(土)样采集

在不同种类的水文地质勘查中，不同的勘查阶段采用各种手段进行勘查时，除主要采集水样外，还应按规定采集岩石、土的样品，以确定岩、土的空隙性及水理性质，进一步为水文地质研究提供准确的依据。

(1) 不同种类的水文地质勘查中岩、土样的采集规定见表3-1、表3-2。

(2) 在水文地质测绘、坑探、钻探等勘查技术手段的施工管理及原始地质编录过程中，也应按设计要求采集岩、土样品，包括标本样和测试样，并填写相应的采样记录表。如在水文地质钻探工作中，采集岩样是用岩芯钻探，从岩芯管或取粉管中取出的，基岩的岩芯样一般应采集化学分析、薄片鉴定等样品。而土样的采集有两种方法：一种是使用岩芯钻探，用岩芯管取出；另一种方法是无岩芯钻探，使用取样器取出。在无岩芯钻探中，土样分为鉴别样和试验样两种，鉴别样用于鉴别地层，试验样用于作颗粒筛分等试验用。土样的采集要遵守下列规定。

a. 尽量使取出的土样能准确地反映地层的颗粒成分。

b. 在无岩芯钻探中，非含水层中每3～5m、含水层中每2～3m采集鉴别土样一个，变层时加取一个。

c. 在厚度大于4m的含水层中，每4～6m采集试验土样一个。含水层厚度小于4m的含水层须取试验土样一个。

d. 为保证试验的准确性，试验土样的取样质量，砂类要大于1kg，圆砾(角砾)要大于3kg，卵石(碎石)要大于5kg。

e. 当勘查区只有一个钻孔时，试验土样不宜少于两件。有电测井和井下电视配合工作时，鉴别土样可以适当少取，但每层不能少于一个。

思考题

1. 说明水文地质勘查采样的目的、一般要求和种类。你怎样理解“水文地质勘查采样是一种特殊的勘查技术手段”这句话的？

2. 简述水样采集技术工作过程。

第四章　水文地质勘查工程系统

第一节　水文地质勘查类型和勘查工程的密度

水文地质勘查类型是对水文地质勘查工作的难易程度进行的分类。划分水文地质勘查类型的目的是为选择合理的勘查工程线(网)距和点距(孔距)及确定勘查工作量来布置勘查工程,达到以最少的勘查工作量获取最多的水文地质勘查资料的原则要求。

通常,勘查工程线(网)距和点距(孔距)构成了勘查工程的密度,它是水文地质勘查中的一项重要的经济技术指标。若"密度大",则勘查成本高但获得的资料精度也高;若"密度小",则勘查成本低但获得的资料精度也低。故勘查工程的密度既不是越密越好,也不是越稀越好。这就使确定合理的勘查工程密度成为水文地质勘查工作的重点和难点,因为任何合理的勘查工程密度必须是勘查工作"多、快、好、省"的综合体现,既要使勘查后提交的地质报告能够满足各项工程设计、建设、生产的需要,又要使勘查工作自身做到工作量少、速度快、成本低。

不同种类的水文地质勘查工作,其勘查类型的划分是不同的,相应的勘查工程线(网)距和点距及勘查工作的内容与工作量也不同。

(1) 在1∶25万区域水文地质调查中,调查的工作方法和工作量应根据调查区水文地质研究程度和水文地质条件复杂程度结合调查区在国民经济发展中的地位、环境地质问题的严重性以及地下水资源开发利用前景综合确定。调查区按水文地质条件复杂程度和水文地质研究程度分别划分为三类和三级(表4-1),据此可以确定调查区的主要技术定额工作量(表4-2)。

表4-1　区域水文地质调查时调查区的分类、分级[据《1∶25万区域水文地质调查技术要求》(DD 2004-01)]

划分依据	分类、分级		条件
按调查区水文地质条件复杂程度划分	三类	简单地区(Ⅰ类)	地形平缓,地貌类型单一,地层及地质构造简单,地下水系统结构简单,含水层空间分布比较稳定,地下水补给、径流和排泄条件简单,水质类型单一,水文地质条件变化不大,不存在突出的环境地质问题
		中等地区(Ⅱ类)	地形起伏,地貌类型多样,地层及地质构造较复杂,岩性岩相变化明显,地下水系统结构较复杂,含水层层次多但具有一定规律,地下水形成条件、水动力特征、水化学规律较复杂,水文地质条件发生较大变化,存在较突出的环境地质问题
		复杂地区(Ⅲ类)	地形破碎,沟谷切深大,地貌类型多样,地层及地质构造复杂,地下水系统结构复杂,含水层空间分布不稳定,地下水补给、径流和排泄条件、水动力特征复杂,水文地质条件发生很大变化,环境地质问题突出
按调查区水文地质研究程度划分	三级	研究程度高的地区(高级)	进行过1∶20万区域水文地质普查,大部分地区进行过更大比例尺的水文地质勘查或城镇、工矿供水水文地质勘查等工作,水文地质、环境地质资料丰富
		研究程度中等地区(中级)	进行过1∶20万区域水文地质普查工作,其他水文地质工作较少
		研究程度低的地区(低级)	区域水文地质工作空白地区,或只进行过1∶20万以下小比例尺区域水文地质工作

表 4-2　区域水文地质调查的主要技术定额

[据《1：25 万区域水文地质调查技术要求》(DD 2004-01)]

地区类别			观测路线长度（km/100km²）	观测点数（个/100km²）	水点占观测点比例（%）	勘探钻孔数（个/100km²）	水质分析数量（组/100km²）
平原地区	简单地区		10～40	5～20	40～60	0.1～0.5	2～10
	中等地区		20～50	10～30		0.1～0.7	5～15
	复杂地区		30～60	20～50		0.2～1.0	10～20
干旱内陆盆地区	山区	简单	5～30	5～20	20～40	0～0.2	1～10
		复杂	20～50	10～30		0.1～0.4	5～15
	戈壁平原	简单	5～20	2～10	20～50	0.1～0.3	1～5
		复杂	10～30	5～20		0.2～0.4	5～10
	细土平原	简单	20～50	10～30	30～50	0.2～0.4	5～15
		复杂	25～60	15～50		0.3～0.6	10～25
黄土地区	黄土丘陵		20～50	15～40	20～40	0.2～0.8	5～15
	黄土塬区		10～40	10～30	30～50	0.1～0.6	10～15
	河谷平原		15～45	15～35	40～60	0.4～1.0	15～30
滨海地区	滨海平原		20～60	20～50	40～60	0.2～2.0	5～20
	丘陵台地		15～50	15～40	20～40	0.1～1.0	5～15
	岛屿		30～80	20～60	20～40	不定	5～15
丘陵、山地区	河谷平原		20～60	20～35	40～60	0.2～1.0	5～20
	复杂山区		15～50	15～30	20～40	0.1～0.5	2～10
	简单山区		15～30	5～20	20～40	0～0.3	1～5
岩溶地区	裸露区		40～80	30～50	40～60	0～1.0	5～20
	覆盖区		10～60	5～30	30～70	0.5～3.0	1～15
	埋藏区		10～50	5～20	20～70	0～0.5	1～5

注：1. 在具体确定各项技术指标时，必须综合考虑水文地质研究程度。

2. 天然水点分布较少地区，应部分依靠人工揭露；平原井灌地区，水点要适当增加；具有水量资料或进行简易抽水的机井、民井，一般应占机井、民井总数的20%～30%。

3. 沼泽平原、沙漠岩漠、高山峡谷、高原多年冻土等特殊地区的技术定额，应根据实际情况确定。

4. 已进行过 1：20 万或更大比例尺的区域水文地质调查地区，观测路线和观测点工作量可减少 20%～50%。应用遥感解译，观测点数量可根据解译效果减少 10%～20%。

(2) 在供水水文地质勘查中，勘查工作的内容和工作量，应根据水文地质条件的复杂程度、需水量的大小、不同勘查阶段、勘查区已进行工作的程度和拟选用的地下水资源评价方法等因素综合考虑确定。供水水文地质条件的复杂程度可划分为简单、中等和复杂三类，其划分原则应符合表 4-3 中的规定。因此，在进行水文地质测绘时，每平方千米的观测点数和路线长度的技术定额，可按表 4-4 确定；在水文地质钻探时，松散层主要类型地区勘查线间距、孔距，可按表 4-5 确定。

表 4-3 供水水文地质条件复杂程度分类［据《供水水文地质勘察规范》(GB 50027—2001)］

类别	水文地质特征
简单	基岩岩层水平或倾角很缓，构造简单，岩性稳定均一，多为低山丘陵；第四纪沉积物均匀分布，河谷平原宽广；含水层埋藏浅，地下水的补给、径流、排泄条件清楚；水质类型较单一
中等	基岩褶皱和断裂变动明显，岩性岩相不稳定，地貌形态多样；第四纪沉积物分布不均匀，有多级阶地且显示不清；含水层埋藏深浅不一，地下水形成条件较复杂，补给和边界条件不易查清；水质类型较复杂
复杂	基岩褶皱和断裂变动强烈，构造复杂，火成岩大量分布，岩相变化极大，地貌形态多且难鉴别；第四纪沉积物分布错综复杂；含水层不稳定，其规模、补给和边界难以判定；水质类型复杂

表 4-4 水文地质测绘的观测点数和观测路线长度［据《供水水文地质勘察规范》(GB 50027—2001)］

测绘比例尺	地质观测点数（个/km^2）		水文地质观测点数（个/km^2）	观测路线长度（km/ km^2）
	松散层地区	基岩地区		
1∶10 万	0.10～0.30	0.25～0.75	0.10～0.25	0.50～1.00
1∶5 万	0.10～0.30	0.25～0.75	0.10～0.25	0.50～1.00
1∶2.5 万	0.60～1.80	1.50～3.00	1.00～2.50	2.50～4.00
1∶1 万	1.80～3.60	3.00～8.00	2.50～7.50	4.00～6.00
1∶5 000	3.60～7.20	6.00～16.00	5.00～15.00	6.00～12.00

注：1. 同时进行地质和水文地质测绘时，表中地质观测点数应乘以 2.5；符合性水文地质测绘时，观测点数为规定数的 40%～50%。

2. 水文地质条件简单时采用小值，复杂时采用大值，中等时采用中间值。

表 4-5 松散层主要类型地区勘查线间距、孔距［据《供水水文地质勘察规范》(GB 50027—2001)］

松散层主要类型	勘查阶段	勘查线间距（km）	钻孔间距（km）
冲洪积平原地区	详查 勘探	3.0～6.0 1.0～3.0	1.0～3.0 0.5～1.5
宽度为 1～5km 的山间河谷冲积阶地地区	详查 勘探	1.0～4.0 0.5～2.0	0.3～1.5 0.2～1.0
宽度小于 1km 的山间河谷冲积阶地地区	详查 勘探	0.5～2.0 0.3～1.0	0.2～0.4 0.1～0.3
冲洪积扇地区	详查 勘探	1.0～4.0 0.5～2.0	0.3～1.5 0.2～1.0

注：普查阶段，当搜集现有资料达不到精度要求时，应布置少量钻孔。

第二节 水文地质勘查工程的布置

在水文地质勘查类型确定后，就可以根据勘查区一定勘查类型下的勘查工程线（网）距和点距，按照勘查工程的布置系统和布置原则进行水文地质勘查工程的布置，以有效地查明勘查区的地质-水文地质条件，获取水文地质参数等。

一、水文地质勘查工程的布置系统

水文地质勘查工程包括水文地质测绘中的实测剖面线及坑探工程、钻探工程、物探测线等，一般是指钻探工程（钻孔）。勘查工程在平面上的排列方式即构成了勘查工程的布置系统。

在水文地质勘查中，勘查工程可以按勘查线、勘查网的方式排列，分别构成勘查线系统、勘查网系统。勘查线是平面地质图上按一定原则和方向布置的直线段；勘查线可以分为主要勘查线和辅助勘查线，其中主要勘查线方向应该是控制区域地质-水文地质条件变化最大的方向；辅助勘查线应沿水文地质条件变化方向性不显著的地段布置。勘查网是由两组正交或斜交的勘查线组成的，是勘查线的特殊表现形式（图 4－1）。

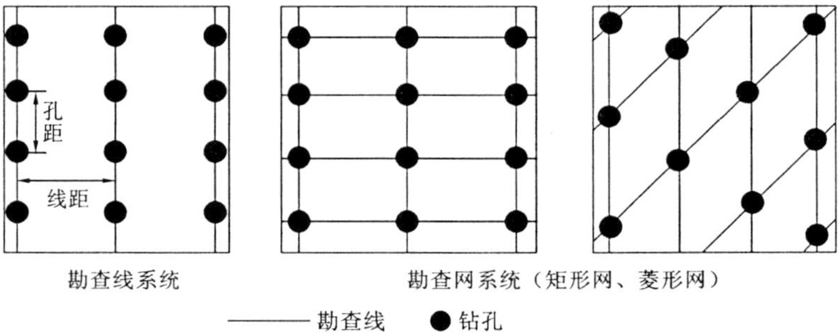

图 4－1　勘查线（网）布置示意图

勘查线（网）布置后，相邻两条勘查线之间的垂直距离即线（网）距；同一勘查线上相邻两个勘查工程之间的水平距离即点距或孔距；勘查线（网）距和点距构成了勘查工程的密度。勘查线（网）距与孔距一般按勘查类型、勘查阶段和不同地区的地质条件复杂程度而定。

水文地质勘查工程的布置，直接影响勘查区水文地质情况的揭露和资料的系统性、全面性，进而影响地下水资源的评价。实践证明，即使勘查工程的数目相同，但如果布置方式、方法不同，其取得的地质效果是迥然不同的；另外，勘查工程布置还要考虑地下水开采的特殊要求等，因此勘查工程的布置是水文地质勘查工作的重要组成部分。

（一）勘查线（网）的布置原则

正确的水文地质勘查工作必须贯彻“多、快、好、省”的原则，即以最少的工作量、最低的成本和最短的时间，获得完整的水文地质资料。为此，勘查线（网）的布置，以能控制含水层的分布、查明水文地质条件、取得水文地质参数、满足地下水资源评价的要求、查清开采条件为基本目的，并遵循以下原则。

（1）在同一地区，勘查线（网）应采取平行与垂直地下水流向相结合的方法布置。这种布置方法同时也适用于水文地质试验、地下水长期观测以及水文地质物探勘查线的布置。

（2）应该采取勘查线或勘查网相结合的布置形式，可以由点及线、由线及面，以取得完整的地质剖面资料。

（3）在勘查线上除了要布置钻孔外，应考虑适当地布置其他勘查工程，如试坑、浅井、探槽等，并配合相应的观测、编录工作。

(4) 主要的勘查线和控制孔，应按先疏后密、先浅后深的原则施工。

(5) 通常，在普查阶段以勘查线为主、详查阶段和开采阶段以勘查线和勘查网相结合的方式布置勘查工程；某些平原地区，可只采用以勘查网的形式布置勘查工程。

(6) 布置勘查线（网）时，要充分利用原有工程（如实测剖面线、物探测线等），以节约勘查费用和时间。

（二）水文地质勘查线（网）的布置方法

(1) 垂直布置法。无论山区或平原，勘查线都必须垂直地下水流向，而在地下水流向不明的地区，则应垂直河流、冲洪积扇轴部、山前断裂带、盆地长轴、向斜轴、背斜轴、岩溶发育带、古河道延展方向、海岸线等水文地质要素布置勘查线。

(2) 平行布置法。为了评价地下水资源，在某些地区布置勘查线要与地下水流向、河流、冲洪积扇轴部、山前断裂带、盆地长轴、向斜轴、背斜轴、岩溶发育带、古河道延展方向、海岸线等水文地质要素平行。特别在石灰岩裸露地区与岩溶发育带，勘查线多沿现代水系布置。

例如，在供水水文地质勘查中，松散层地区勘查线的布置宜按表 4－6 确定。

表 4－6　松散层地区勘查线的布置［据《供水水文地质勘察规范》(GB 50027—2001)］

松散层地区类型	勘查线的布置
宽度小于 5km 的山间河谷、冲积阶地地区	垂直地下水流向或地貌单元布置；在傍河或河床下取渗透水时，应结合拟建取水构筑物类型布置垂直和平行河床的勘查线
冲洪积平原地区	垂直地下水流向布置
冲积扇地区	沿扇轴布置勘查线，选择富水地段，再在富水地段布置垂直扇轴（或垂直地下水流向）的勘查线
滨海沉积地区	垂直海岸线布置，查明咸水与淡水的分界面，再在分界面上游选择一定距离（按咸水不能入侵到拟建水源地考虑），垂直地下水流向布置勘查线
黄土地区	垂直和沿河谷、黄土洼地布置，平行或垂直黄土塬的长轴布置
沙漠地区	垂直和沿河流、古河道（包括河流消失带）和潜蚀洼地布置，或垂直沙丘覆盖的冲积、湖积含水层中的地下水流向布置
多年冻土地区	垂直河流布置，查明融区类型；并结合横切耐寒或喜水植物生长地段布置，查明冻土与融区的分布界线

二、水文地质钻孔的布置原则和方法

（一）水文地质钻孔的布置原则

水文地质钻探是一项费用昂贵、技术复杂的工作。因此，水文地质人员在布置水文钻孔时，必须持严肃、认真的态度，力求以最小的钻探工作量，取得最多和更好的地质成果，就是说每个钻孔都应目的明确，各个钻孔必须有机地联系起来，而不能孤立地解决某个点的地质问题。

钻孔的布置通常在水文地质测绘和物探的基础上进行。在布置时需要遵循以下原则。

(1) 以线为主，点线结合。钻孔的布置应能全面控制勘查区的地质条件。既要控制勘查区含水层的分布、埋藏、厚度、岩性、岩相变化以及地下水补给、径流、排泄条件等，又要控制和解决某些专门的水文地质问题（如构造破碎带的导水性、岩脉的阻水性、含水层之间的水力联系等）。一般而言，应沿着水文地质条件变化最大的方向布置一定数量的钻孔，以便配合其他物探、浅井、试坑等手段，取得某一方向上的水文地质资料。由于钻探成本较高，不可能在调查区内将勘查线布置得过密，在勘查线控制不到的地方，可布置个别钻孔。

（2）以疏为主，疏密结合。禁止将钻孔平均布置。对水文地质条件复杂或具有重要水文地质意义的地段，如不同地貌单元及不同含水层的接触带或同一含水层不同岩性、岩相变化带、构造破碎带、与地下水有密切联系的较大地表水体附近、岩溶发育强烈处以及供水首先开发的地段或矿区首先疏干和建井的地段等，均应加密孔距和线距；对一般地段可以酌量减少或加宽线距。

（3）以浅为主，深浅结合。钻孔深度的确定主要取决于所需要了解含水层的埋藏深度。勘查线上钻孔应采取深浅结合的方法进行布孔。

（4）以探为主，探采结合。在解决各种目的的水文地质勘查时，必须以探为主。在全面取得成果的同时，尽量做到一孔多用，如还可用作供水、排水及长期观测等。

（5）一般任务与专门任务相结合。布孔时，必须考虑最终任务的要求，例如为供水勘查布孔时，除满足揭示工作区一般的水文地质规律外，还必须满足相应勘查阶段对地下水资源计算的要求以及长期观测的要求。因此，当确定地下水过水断面的流量时，某些地区（如山前扇形地）过水断面的方向与水文地质条件变化最大的方向往往不一致，此时就要两者兼顾。

（6）设计与施工相结合。具体选定孔位时，在不影响取得全部成果质量的前提下，布孔时尽量考虑钻探施工的便利条件（如交通运输、供水、供电、排水条件等）。

（7）布孔时，必须考虑农业供水要求及当地的水文地质研究程度。例如，在群众打井资料较多、水文地质情况较清楚的地区，可以不布或少布置钻孔；在含水层比较稳定，地下水资源较丰富的淡水区，钻孔密度可适当放稀；在水文地质条件不清时或在资源评价断面上的钻孔应加密，抽水孔的数量也要适当增加。

（8）钻孔的深度取决于地区的含水层埋藏条件和勘查的目的与阶段，并结合当地的缺水情况加以确定。

布孔方案在实施过程中还可以根据实际情况进行修改。例如，经过一段钻探工作后，发现某些地段地质条件变化不大，而现有的资料已足以阐明其变化规律时，则可适当地削减原设计方案中的勘查工作量。相反，如果发现某一地段的地质条件变化很大，而按设计中的钻孔数量又不足以揭示其变化规律时，应适当增加钻孔数量。

（二）典型水文地质单元勘查线（网）、钻孔的布置方法

1. 松散沉积物地区水文地质勘查线（网）、钻孔的布置

必须在水文地质测绘的基础上，根据地质条件结合物探资料，合理布置勘查线（网）。勘查线距与孔距按勘查阶段和不同类型松散沉积物地区的水文地质条件复杂程度而定。如作为供水水文地质勘查并评价水源地的地下水资源时，勘查线间距、钻孔间距布置可参考表4－5进行。

钻孔深度以揭露主要含水层（组）为原则。平原地区应揭露第四纪覆盖层打到基岩；在第四系地层厚度较大地区，孔深一般在200～300m，原则是控制目前可开采层位的深度。另

外，针对一些特殊问题可以施工少量深度较大的钻孔，例如在地下咸水或高含氟水分布地区则应揭露淡水层或含氟量正常的含水层；在黄土高原含水层埋藏深度较大的地区，钻孔深度要大于300m，以揭露下伏主要河湖相含水层。例如山西万荣黄土塬，水位埋藏深度在200～300m，钻孔一般都为深孔。

下面具体介绍不同松散沉积物地区的勘查线（网）和钻孔的布置方法。

（1）山区河谷。这里指的是山区中小型河谷。这些地方的河流两岸是由残坡积、洪积、冲洪积物以及河流近代冲积物组成，厚度不大，有的不足10m。整个河谷的宽度一般为1～3km，个别宽度只有400～500m，常有多级阶地发育。地层呈双层结构，构成良好的贮水构造，水文地质条件比较简单。对勘查线和钻孔位的布置应注意以下几点。

为了弄清河谷结构，了解山区各个阶地和河床等全部情况，布置横截河谷的勘查线是非常必要的。考虑中小型河谷的宽度有限，应尽可能使勘查线贯穿河谷，查明河流两侧基岩裂隙水和山前洪积锥的承压水以及这些水与阶地潜水的关系。横截河谷的勘查线可以是一条，也可以是几条，要根据用水要求和地层变化情况来定。如果只布置一条，则要增加一条与河谷平行的勘查线，以便控制整个河谷构造（图4-2）。在布置勘查线时，对于河谷较宽地段、支流交汇的下方以及出露泉水的地段，都应当予以注意。

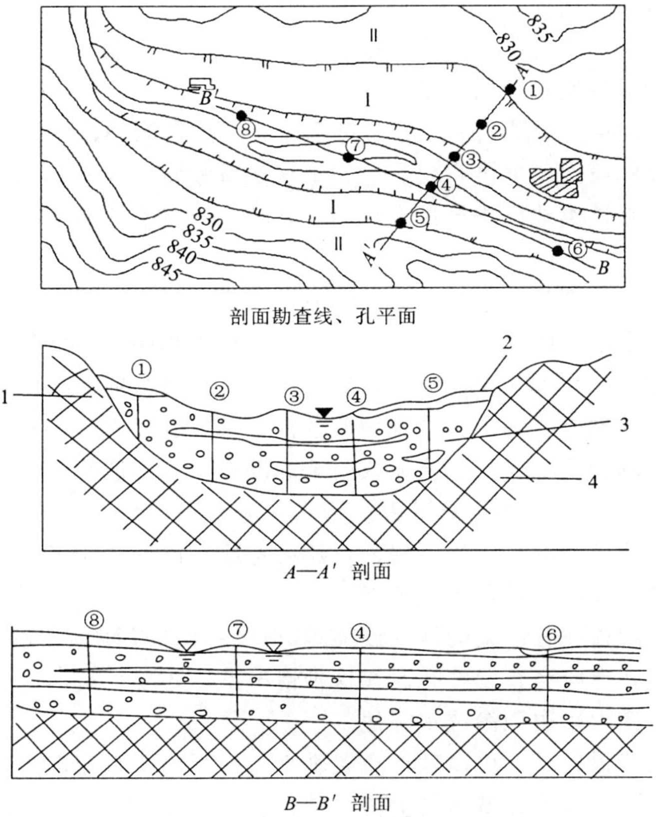

图4-2　河谷地带勘查线、孔布置图

Ⅰ、Ⅱ. 一级阶地、二级阶地

1. 钻孔及编号；2. 亚砂土；3. 砂、砾石层；4. 基岩

在布置勘查工作量时，凡河流平均流量较大，常年不断流或很少断流，河床沉积物颗粒较粗且与含水层连通者，都可以考虑开采岸边渗透水。这时勘查线要沿河布置，根据需水量大小、主要用水地点和河床渗透条件，确定勘查线的位置、条数和长度。为了找到良好的富水地段，把勘查重点选在靠近冲刷的河岸是有利的，因为这些地方一般很少有细颗粒物质沉积，能够保持良好的渗透性。

对于阶地不太发育的狭窄河谷，可以考虑梯级开采，这是一个依靠疏干和恢复储存量的取水方法。根据需水量，勘查线要扩展得较远，需要布置若干条勘查线控制各断面。这时断面的控制宽度，应当以控制河床为主。

钻孔的密度应当根据河谷的构造而定，对山前坡积物、冲洪积物、主要阶地以及河床等，都应布孔了解。因此，对宽度不同、复杂程度不同的河谷所布置的钻孔密度将有所不同。例如，某地的河谷宽度约 3km，钻孔间距一般采取 500～800m；有的河谷宽度不足 1km，钻孔间距最小的只有 100m，并且以河床为主要了解对象。通过以往工作经验，我们认为 1～3km 宽的河谷，可以布置一条或数条横截河谷的勘查线（孔距为 300～700m）和一条平行河谷的勘查线（孔距为 1 000～3 000m）；宽度不及 1km 的河谷，可以布置数条横截河谷的勘查线（孔距为 100～300m），两条勘查线的距离为 500～1 000m。为了保证计算精度，河床内至少要有两个钻孔。

如果第四系地层的厚度有限，则应在把它揭穿后再钻进基岩 3～5m。在基岩水位较深的地方可以布置个别较深的钻孔，从而了解基岩地下水。

（2）冲洪积平原。我国冲洪积平原分布范围极为广泛，例如，东北及华北平原分别沉积了几十米、几百米厚的第四纪冲洪积层。这类地区的沉积特征各有不同，因此它们的水文地质条件也复杂多样。在这类地区进行勘查线与钻孔位的布置是比较复杂的，必须根据具体条件周密考虑。

平原区河流附近，特别是在它的阶地或漫滩上，含水层与河水的水力联系密切，往往可以取得比较丰富的地下水，因此，布置的勘查工作量也都集中在这些地区。但为了全面控制地层结构，掌握岩性变化和水文地质条件，应布置垂直与平行河床或阶地的勘查线，并且应当以垂直河床或阶地的勘查线为主。遇到地质条件复杂或者勘查范围较大时，还应当根据情况增加一至数条辅助勘查线；平行于河床或阶地的勘查线，一般只布置一条（图 4－3）。

为了提供大量水源，可能会开采岸边渗透水，应平行河床布置勘查线，大的河流河床宽、渗透性好、河水流量大而且常年有保证，还可考虑在河的两岸各布置一条勘查线，以便取得资料，为在两岸设计取水井群提供依据。

在有些大河流中间存在着广阔的沙洲或滩地。这些沙洲或滩地能够经常受到河水补给，往往是良好的水源地，也应当布置钻孔。在这种情况下，还要了解河床底部的颗粒组成和淤积情况，以便于今后作为岸边型渗透水源地。

当用水区距离河流很远时，可以就近布置垂直与平行地下水流向的勘查线。为了防止地下水污染，最好把勘查线布置在城市的上游，并且要考虑开采漏斗扩展范围。这一点对于覆盖层中的潜水更为重要。

考虑到河流冲积平原的沉积特征比较稳定，钻孔的密度可以放宽一些，但仍须根据具体情况而定。钻孔应当控制勘查区的地层岩性、含水层厚度、富水性、地下水位埋深和水质等。因此，各个地貌单元最好都有钻孔，在富水地段还要进行加密。一般垂直河床或地下水

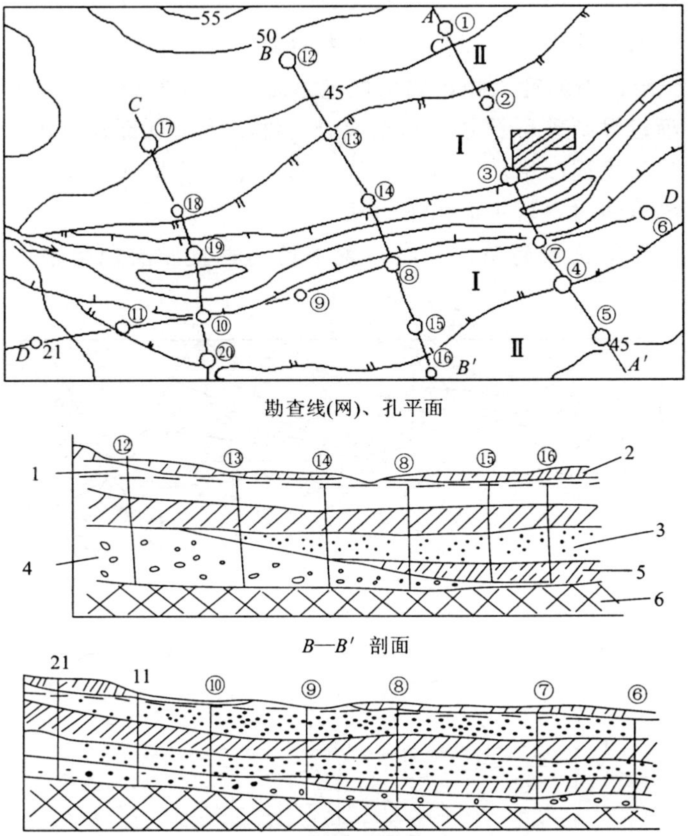

勘查线(网)、孔平面

B—B′ 剖面

D—D′ 剖面

图 4-3　河流冲积平原区勘查线（网）、孔布置图

1. 钻孔及编号；2. 黏土；3. 砂；4. 砾石；5. 亚黏土；6. 基岩

流向的钻孔距可为 500～2 000m，平行河床或地下水流向的钻孔距可为 1 000～3 000m，布置孔距过大或者漏掉有代表性的孔位，往往会使所取得的资料不能确切地说明问题，甚至导致对地区水文地质条件的错误解释。此外还有些个别情况，例如第四纪沉积物很薄且古地形起伏较大的地区；河流下游含水层呈透镜体，与隔水层交错存在的地区，在这些地区，含水层厚度变化很大，有时在 30～50m 范围内就有显著不同，按上述钻孔密度是很难控制的，为了取得可靠资料，可通过加密钻孔的方法来解决。

钻孔的深度应当以揭穿全部第四系地层并钻进基岩 3～5m 为宜。具体深度视生产要求和技术装备的可能而定。有些地区虽然没有进行过水文地质勘查，但往往具有生产井、石油钻孔或其他勘查资料，这为初步确定孔深提供了依据。在缺乏地层资料的地区，应尽量达到上述要求；如遇到第四系地层很厚，全部揭穿有困难时，应打孔至设备能打到的最深处。

根据不同目的，可将钻孔确定为几种深度。在基岩埋藏很深的地区，可以只选一两个钻孔打到基岩，了解咸水地区下伏淡水体分布及第四系地层在垂直方向上的分布情况，以便全面论证勘查区的水文地质条件，其他钻孔只要求揭穿有供水意义的含水层。另外有些地段还可以根据情况个别处理。例如河流两岸的钻孔，为取得渗透补给资料，可只揭穿第一个含水层等。有些地区含水层很厚，呈单一的、多层的或分若干层、组出现，这时最好能够全部揭穿，以便考虑分段开采的可能性。在多含水层地区，当钻孔不准备全部予以揭穿时，也应当在全部揭穿某一个含水层后终孔，以免影响参数计算。

（3）山前冲洪积扇。山前冲洪积扇离山区愈远地形坡度愈小、沉积愈厚、颗粒愈细，由大卵石、卵砾石逐渐过渡到砂砾石并夹黏土成分。冲洪积扇顶部地下水矿化度低，水位埋藏较深；及至前缘，矿化度逐渐增高，水位变浅，有时呈泉的形式溢出地表，形成一条沼泽或若干小泉。在布置勘查线时，可采取以下方法。

冲洪积扇的沉积特征比较简单，一般布置平行与垂直冲洪积扇轴线的两条勘查线剖面（图 4－4）。

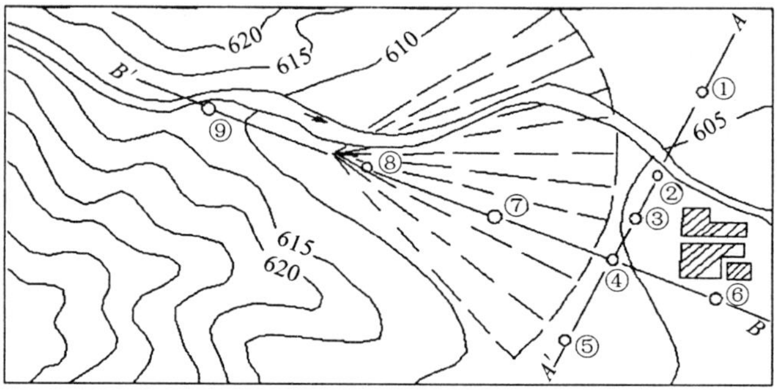

勘查线(网)、孔平面

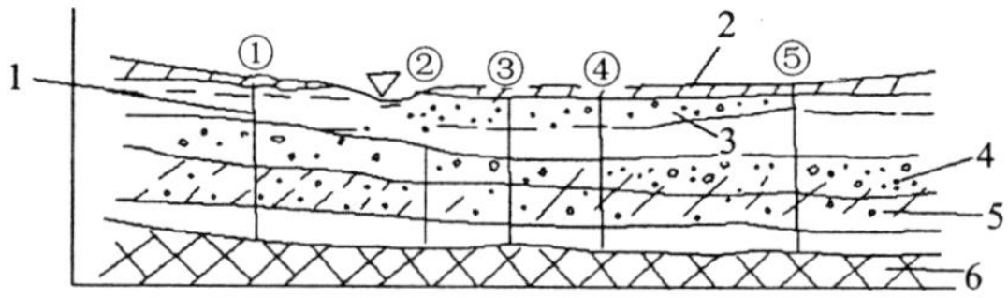

A—A′ 剖面

图 4－4　山前冲洪积扇的勘查线（网）、孔布置图

1. 钻孔及编号；2. 黏土；3. 砂；4. 砂、砾石；5. 亚砂土；6. 基岩

通过平行轴线的断面，可以了解地层岩性、含水层厚度、地下水位埋深、富水性和水质的变化规律；垂直轴线的断面也就是垂直地下水流向的断面，用来了解含水层的横向变化，以便计算天然流量。为了供水目的，平行轴线的断面不一定从前缘延伸到顶部，因为顶部地势比较狭窄、水位埋藏也深，不适于水源建设。垂直轴线断面的位置应当根据平行轴线的断面资料确定，理想的位置可以通过对冲洪积扇顶部和前缘的调查大致推测出来，要求水位适中、含水层颗粒比较粗、水质较好、开采利用较经济，一般在中间偏上或者偏下的地方。如果冲洪积扇的规模比较大，两个断面不能全部控制时，还可以增加勘查断面。例如，增加互相垂直的断面控制冲洪积扇的两侧，增加一条垂直轴线的断面控制计划的开采区等。这样对评价地下水资源将更为有利。

钻孔的孔距视冲洪积扇的规模与沉积特征的变化程度而定。一般平行轴线的孔距为 1 000～3 000m，垂直轴线的孔距为 500～2 000m。

钻孔深度以揭穿全部含水层、钻入基岩 3～5m 为宜。如果含水层很厚时，尽量揭穿，同时也要考虑分段取水的可能性。中游及上游地段，两者水位悬殊，由于地下水的坡度很陡，河水常呈急流状态，对地下水的补给只能是垂直运动，在这种情况下不考虑岸边渗透取水。

（4）山前冲洪积倾斜平原。山前冲洪积倾斜平原的结构和水文地质特征是和冲洪积扇基本一致的。在进行勘查时，对于近山地区，应以各个冲洪积扇为重点，勘查线和钻孔位的布置方法如前所示；对于远山地区，考虑其特点逐渐接近河流冲积平原，布置方法应有所改变，例如把主要勘查工作量安排在河流附近等（图 4－5）。

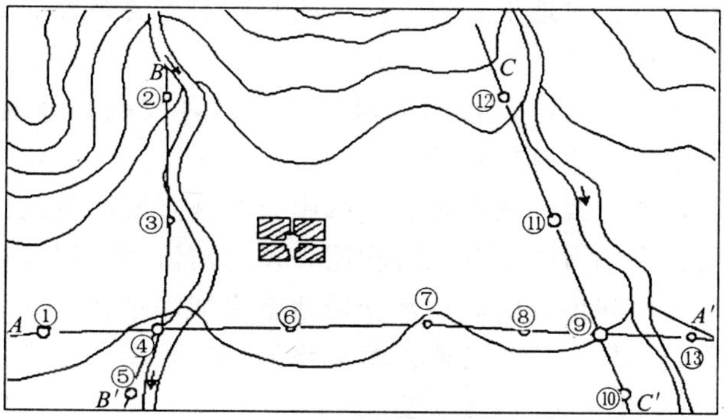

勘查线(网)平面

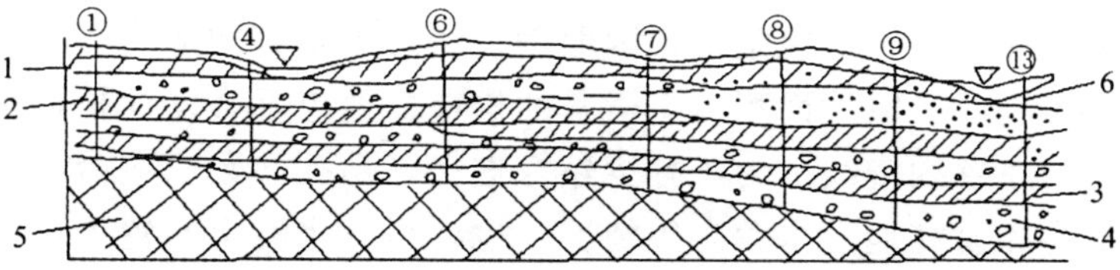

A—A′ 剖面

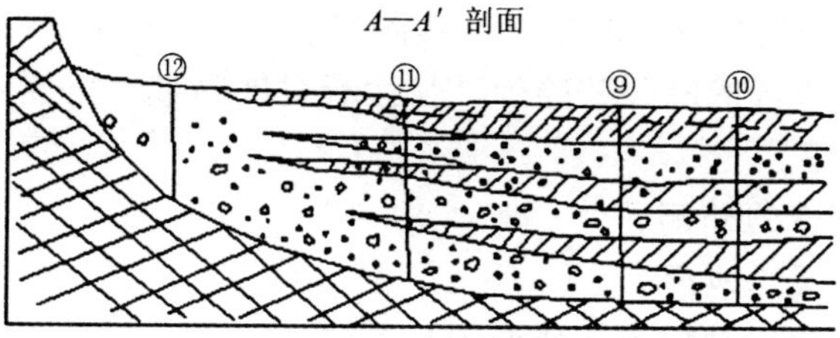

C—C′ 剖面

图 4－5　山前倾斜平原勘查线（网）布置图

1 亚砂土；2. 亚黏土；3. 黏土；4. 砂砾石及卵砾石；5. 基岩；6. 钻孔及编号

必须指出，在山前地区冲洪积物的分布并不是均匀的。在沟壑下游，往往有呈条带的粗粒沉积物，必须很好地研究水文地质测绘资料，从地貌、地表岩性、地下水露头上加以寻找，必要时可以布置垂直地下水流向的断面。这个断面不一定很长，但孔距可密一些，要视具体情况而定。这些地区往往可以解决局部供水问题。

（5）山间盆地。在大型的山间断陷盆地内沉积了巨厚的第四系地层，一般为砂砾石与黏性土互层，其表层覆盖了较厚的黏土，形成了自流水盆地或自流斜地。这里以山西六大盆地为例，介绍勘查工作布置方法。盆地的地貌类型也可划分为山前洪积裙、洪积倾斜平原及冲积河谷平原，它不同于华北大平原。一般布置以垂直盆地长轴为重点的勘查线，它垂直于主要河流方向，勘查线必须通过可能的补给区与排泄区。

区域性勘查线的间距一般为 5 000～10 000m，钻孔间距一般为 3 000～5 000m。局部的勘查线（网）布置可参照冲积平原与洪积扇（裙）的情况处理。

勘查的控制深度一般为 200～300m，不同盆地内应有少数深孔控制到古近系以上的含水层，局部也可以打到基岩。例如山西运城盆地的专门水文地质钻孔深度为350m左右，个别控制性地质钻孔深度达600～800m。

上述各种地貌和水文地质单元的钻孔布置要求只考虑了第四纪地区的一般情况，对于某些特殊问题，还必须布置专门性的勘查线或钻孔。有基岩水补给时，需要另外布置基岩孔；咸水与地下淡水有联系，当它对地下水有入侵可能时，则需要布置抽水试验孔与长期观测孔等以查明咸淡水界面的推移情况。

(6) 滨海平原。它分布在沿海一带的滨海平原地区，其勘查线应垂直海岸布置，在海滩、砂堤、各级海成阶地上均应有钻孔控制。

在河口三角洲地区，勘查线一般应垂直于海岸线及其主要河流流向布置成勘查网，在三角洲前缘的海相沉积层、中部海陆交互相沉积层、顶部河流冲积层中均应有钻探工程控制。

在海滨平原及河口三角洲地区的咸淡水交错地带应加深钻孔，划分出咸淡水的界面。

在岛屿地区，钻孔应尽量布置在可能富集淡水的河谷及岸边砂嘴等地带。

2. 基岩地区勘查线（网）、钻孔的布置

(1) 碎屑岩地区勘查线（网）、钻孔的布置。碎屑岩地区勘查线布置应能控制勘查区不同水文地质单元和地质构造、地貌条件，因而勘查线必须垂直构造线或沿地层和水文地质条件变化最大的方向布置，一般大面积黄土覆盖的构造盆地应垂直盆地长轴布置勘查线；单斜构造应垂直岩层走向布置勘查线。为了减少钻探进尺，钻孔多数都应沿着现代河谷布置。为了了解地下水分水岭和研究地下水动态等情况，也要在分水岭上布置少量钻孔。孔位应布置在岩性层位比较稳定、富水性较好的地段，具体如下。

a. 厚层砂岩砾岩分布区的断裂破碎带（张性断裂破碎带、压性断裂主动盘一侧破碎带）及山区与平原的交界地带。

b. 褶皱轴迹方向剧变的外侧。

c. 岩层倾角由陡变缓的地段。

d. 背斜的倾没端和向斜轴部等构造变动显著的地段。

e. 产状几乎水平的岩层的裂隙密集带和共轭裂隙的密集部位。

f. 碎屑岩与岩浆岩岩脉或侵入体的接触带附近。

g. 地下水集中排泄带。

一般以单孔控制为主，对于风化带广泛发育和风化裂隙水具有一定供水意义的地区，可根据需要，布置少量深50～100m的浅孔。

(2) 岩溶地区勘查线（网）、钻孔的布置。在岩溶地区布置水文地质钻探工作以前，应区别不同岩溶类型（覆盖型、裸露型）、岩溶发育不均匀性的程度、地下暗河埋藏的不同深度、天然水点分布的不同情况等因素，采用不同的布孔方法。例如，对覆盖相对均匀的类型而言，勘查线的方向一般与构造线垂直，可根据覆盖区外围基岩的构造或根据物探资料判断，再按一定的勘查线布置钻孔。对覆盖不均匀的类型则不宜按一定的勘查线布置，而是根据微地貌找水标志点、物探异常点或富水构造分布的具体情况布孔。在非岩溶基岩下埋藏有岩溶水的地区，主要是根据地面水文地质调查的资料把钻孔布置于预计能在一定深度揭露出岩溶含水层的地方。当非岩溶基岩之上有较厚的覆盖层时，还应先进行物探工作，以帮助判断隐伏构造，此类地区的钻孔一般并不构成一定的勘查线形式。

在特殊情况下，为解决某些专门问题而进行水文地质钻探时，孔位应紧密结合所要解决的问题来布置。如在裸露型岩溶地区，为寻找地下暗河的具体位置，应根据初步的洞穴测量结果布孔。又如在大泉的出口附近，为了查明覆盖层的厚度、岩溶发育深度、含水层间的水力联系以及区域地下水位等问题，为开发利用泉水源提供资料，有时也要适当布孔。

岩溶地区除按碎屑岩地区规定布置勘查线、孔外，还应考虑布置在沿地表水系以及断层附近、褶皱的翼部、可溶岩与非可溶岩接触带的可溶岩一侧、岩溶裂隙发育带、岩溶微地貌（如溶蚀洼地、串珠状漏斗等）发育处。实践证明，岩溶地区钻孔按以下几个原则布置易取得预期成效。

岩溶地区钻孔布置应根据岩溶发育规律，勘查线（孔）应沿着岩溶地下水主要通道布置；岩溶洼地多呈串珠状分布，最好将钻孔设置在下游洼地的岩溶通道上，如钻探时遇岩溶堵塞，则在其上方的岩溶洼地应另行布孔，同时，在已沼泽化的封闭岩溶洼地的落水洞或泉群中心点进行布孔。

观测孔布置在推测地下水流的上下游，孔距按抽水试验影响范围而定，两侧观测孔按岩溶发育宽度进行布置。

在具有厚覆盖层的岩溶构造盆地承压水区，勘查线应分别垂直与平行构造盆地轴部的走向；应当有两个以上钻孔揭穿覆盖层下伏的岩溶含水层，并在上部富水覆盖层地段布置钻孔，以了解松散含水层与岩溶水的关系。

在岩溶含水层的排泄区应布置钻孔（特别是大泉附近）。勘查线方向应垂直或平行地下水（或补给区）的流向。钻孔深度应在侵蚀基准面以下100～150m。岩溶地区地下水分水岭与地表水分水岭往往不一致，因而有必要在分水岭地段布孔，以了解泉域分布边界条件。

有较多岩溶现象分布，尤其是地下暗河发育的河谷地区，应在暗河边缘地区布置一两个钻孔。

大型断裂的边缘有较多巨大的泉水出露时，可以布置钻孔，勘查线的方向：一种是平行断裂带的延长方向，寻找富水带宽度；另一种是垂直断裂带，了解断裂带附近岩溶发育程度及其富水性和补给关系。

在碳酸岩类地层与变质岩接触处有泉水涌出或有间歇泉水，以及岩溶发育程度较剧烈者，均可考虑布置钻探工作。

在覆盖型岩溶地区，汇水条件不好、岩溶发育不均匀，一般不布置勘查线，可根据地貌标志，结合物探异常点布孔；在汇水条件有利（如向斜盆地）及岩溶相对发育均匀的地区，可垂直构造线或沿现代河流及平行地下水流向布置勘查线，力求控制不同的构造及地貌单元，并横截主要的地下水通道。

上述地区在普查阶段一般以布置两三个钻孔为宜，在重要富水地段可布置一组群孔抽水。

岩溶地区钻孔深度，以揭露具有供水意义的主要含水层及岩溶发育带或断裂破碎深度、裂隙发育深度为原则。根据实践经验，主要考虑岩溶发育深度，此外，还应考虑岩溶含水层的埋深以及隐伏溶洞的充填情况，一般以打到区域侵蚀基准面以下100～150m为宜。

岩溶地区为查明地下水分布规律和富水带深度，钻孔必须进行分层水文地质工作。

应强调指出，在岩溶地区进行水文地质钻探是有一定局限性的，由于岩溶通道在平面和剖面上都呈弯曲状态，因而一般钻孔很难布置在岩溶通道上。在缺水岩溶地区水位往往埋藏较深；在富水岩溶地区（泉口附近或地下暗河）水位埋藏较浅，涌水量较大。由于钻孔口径较小和抽水设备能力限制（深水位抽不上来，浅水位降深值太小），难以对岩溶地区地下水资源作出全面评价。

（3）岩浆岩和变质岩地区勘查线（网）、钻孔的布置。勘查线方向应垂直或平行轴向布置。其中变质岩地段还应布置在大理岩的裂隙岩溶发育带、脆性变质岩的断裂破碎带和风化带等地下水富集地段。钻孔应布置在断裂破碎带、岩脉发育带、不同岩性接触带、风化裂隙发育带、不整合面以及原生柱状节理和原生空洞发育层等。

第三节　水文地质勘查程度、勘查精度、勘查深度、勘查周期

在水文地质勘查中，经常用到勘查程度、勘查精度、勘查深度、勘查周期这几个术语，这是几个具有紧密联系而又有区别的重要概念，也是历来受到人们的普遍重视然而至今也未完全统一认识的问题。它们取决于地下水资源的赋存状况、国家的水资源和经济政策及法律、水文地质勘查与水资源开采的技术水平等，除地下水资源的赋存状况不被改变外，后两者是随着经济、技术条件的发展而改变的，它们都是水文地质勘查中的几项经济技术指标，共同直接影响着对地下水资源质量评价、勘查成果和勘查综合效益（勘查工程量、勘查投资等），影响到水文地质勘查与开发设计的合理衔接。

一、勘查程度

勘查程度是指在一定勘查范围内，不同勘查阶段对水文地质条件、水质、水量、地下水开采技术经济条件等的查明与研究程度并获得一定级别的地下水资源量。勘查程度实质上是对地下水资源勘查和研究程度的总和。

在进行水文地质勘查时，勘查程度过高，会造成资金积压、延长勘查周期、推迟水源地的开发；而勘查程度过低，则会使提供资料不足，造成水源地设计方案的错误，引起浪费和生产被动。

不同种类的水文地质勘查规范对勘查程度都有明确的要求。如《天然矿泉水地质勘探规范》（GB/T 13727—1992）对矿泉水勘探研究程度提出了以下要求。

（1）地质工作。从地层、地质构造活动、地表及岩芯观察到的近代地下流体引起的蚀变、沉淀析出物研究其与水源地在空间位置上的联系；从岩石化学成分、矿物成分研究其与矿泉水组分间可能存在的联系；研究构造断裂-裂隙系统、基岩风化裂隙系统在平面和深部的延伸、分布及其对水源地富水性的影响。

（2）水文地质工作。研究矿泉水系统形成的区域水文地质条件。水源地调查，要求对水源地汇水范围进行比例尺为1∶2.5万～1∶5 000的综合水文地质测绘，必要时辅以钻探和坑探工作，查明矿泉水出露地的水文地质结构和卫生保护条件并对可能的污染源、必须的卫生保护区作出评价。水动力学试验，对适于井采的矿泉水水源地，应进行钻孔抽水试验，计算矿泉水含水岩层的渗透性等参数，确定井（孔）涌水量并研究长期开采后出现越流补给影响矿泉水水质的可能性；矿泉水动态观测，对泉（孔）及其周围地表水体，应布置动态观测点，观测矿泉水的水质、水量、水位、水温动态，确定其在枯、丰、平水期的动态特征，研究各类水体与矿泉水之间的联系；水文地热工作，对水温大于34℃的医疗矿泉水水源地，可参考GB 11615—2010有关要求编制等温线图，进行温度测井，计算地温梯度，确定温度异常，用水化学温标估算储层温度和热矿泉水循环深度。

(3) 矿泉水水质研究。研究矿泉水常量化学组分、微量化学组分及其变化；查明矿泉水水化学成分与流量、温度变化的关系；对锶含量在0.2～0.4mg/L，偏硅酸含量在25～30mg/L，且温度低于20℃的饮用矿泉水，还须应用同位素方法测定矿泉水年龄。对碳酸泉和医疗矿泉水，应测定水中溶解气体和逸出气体的组分和数量，研究水源地的原生环境（氧化作用、还原作用、变质作用）及气体的成因。测定矿泉水的限量组分、污染组分、有机物组分和微生物含量，查明其与水文地质条件之间的关系。测定放射性元素及其含量，查明其与水文地质条件之间的关系。

(4) 矿泉水开发技术条件的研究。利用钻井开采时应在查明含水层结构的条件下，设计合理的井孔结构、成井工艺，提出井口及含水层顶底板水质卫生防护措施，查明相邻地段已有开采井群对矿泉水开采的影响。直接从泉口引用矿泉水的情况下，应着重查明泉口的卫生保护条件及取水条件、浅层地下水对矿泉水系统的污染范围或地段。设立水源井专门档案，内容包括有关地层、井身结构、钻进、固井、洗井、修井等技术性资料记录以及有关开采量、水化学和卫生学等定期监测分析结果。

二、勘查深度

勘查深度是指计算和评价地下水资源量的最大深度。其一般取决于勘查区主要含水层的埋藏深度和类型、厚度、水文地质条件复杂程度以及目前的开采技术水平和开采的经济合理性等因素。

勘查深度一般指以开采井口标高为起算点至开采含水层的统一深度。对水文地质勘查深度没有统一的规定，一般要求达到有开发前景的含水层（组）底板深度或揭露含水构造带（岩溶发育带、断裂破碎带、裂隙密集发育带等)，并对主要含水层（组）以下的含水层作一般了解。

勘查深度通常由钻探、物探等勘查技术手段控制。各种水文地质勘查对钻孔的施工深度均作了规定和要求。例如，《供水水文地质勘察规范》(GB 50027—2001) 要求勘探孔的深度宜钻穿有供水意义的主要含水层（带）或含水构造带。《天然矿泉水地质勘探规范》(GB/T 13727—1992) 要求钻孔深度应以矿泉水含水层埋深为依据，覆盖层中宜建立完整井，以穿过含水层10～20m为宜；基岩中穿过主要富水段，延深深度应不小于10m。《1∶25万区域水文地质调查技术要求》(DD 2004-01) 规定钻孔深度应钻穿主要含水层或含水构造带；观测孔的深度必须达到所要观测的含水层内，并保证任何时间都能观测到水位；对地下水储存量应分别计算容积储存量和弹性储存量，容积储存量的计算深度应达到重点勘探研究的深度，弹性储存量计算深度应与承压含水层顶板深度一致。

三、勘查精度

勘查精度是指通过水文地质勘查工作所获得的资料与客观实际情况相比的差异程度。差异越小，即误差越小，则精度越高；反之，则精度越低。

通过水文地质勘查取得足够精度和数量的勘查资料是正确评价地下水资源、提交勘查成果和地下水合理开发、保护、管理的必备资料和基础依据。但由于很多影响地下水赋存状态的因素受勘查技术水平限制，对地下水资源真实情况进行完全准确地把握是做不到的，客观上存在误差是必然的。关键是要通过不同阶段的勘查，获得不同级别的地下水资源量，以此作为衡量勘查工作的精度。在我国《地下水资源分类分级》(GB 15218—1994)中，根据勘查研究程度的不同，将地下水的允许开采量划分为“A、B、C、D、E”五级，对各级地下水允许开采资源的勘查精度要求考虑的主要条件有以下五个方面：勘查阶段、水文地质研究程度、地下水资源量研究程度、地下水开采技术与经济条件研究程度、地下水开采对生态环境影响关系的评价预测程度。

四、勘查周期

勘查周期是指完成一次水文地质勘查任务所经历的时间。勘查周期是针对具有开发前景的地下水资源，从编制勘查设计（纲要）、按设计组织施工管理与原始地质编录、根据所收集整理的资料编制水文地质图、进行地下水资源评价、编写勘查报告到通过审批验收的整个过程所消耗的时间。1∶25 万区域水文地质调查要求调查工作周期一般以 2～3 年为宜（DD 2004-01 规定）。1∶5 万水文地质工程地质环境地质综合勘查要求在保证质量的前提下，加快工作进度，在研究程度较低的地区，工作期限一般不超过三年；在研究程度较高，但存在某些不足的地区，应尽量缩短工作周期（GB/T 14158-1993 规定）。

影响勘查周期的因素如下。

(1) 国家地下水资源管理体制。如管理体制是否理顺、有关部门审批速度等。

(2) 勘查程度和勘查精度的要求。这是影响勘查周期的重要因素。若设计部门或生产部门要求过高、勘查部门勘查不足或过度勘查，均会延长勘查周期。所以，合理勘查精度和勘查程度成为勘查工作研究的重要问题。

(3) 水文地质条件的复杂程度。一般情况下，对于同等勘查程度要求的含水层（组），其水文地质特征越复杂、变化性越大，需利用较高可信度的勘查工程或较多的工程量，故势必消耗较多的时间。

(4) 勘查技术手段与设备的先进性、便捷程度和有效性。显然，若勘查范围一定、工程量一定，若技术工艺落后、设备笨重、效率低或勘查获取资料可信度低等，则势必需要较长的勘查时间。

(5) 勘查区经济地理环境与交通运输条件。若自然环境条件恶劣、交通运输条件差、地区环境保护政策要求严格以及勘查投资不足或可行性研究程度不够等，均会影响到勘查工程施工进度，甚至会旷日持久。

(6) 勘查人员的业务素质。勘查施工组织管理不善或技术措施不当、勘查工程质量不高、水文地质参数和地下水资源评价计算方法选取不当等人为因素也往往延长勘查周期。

(7) 勘查报告的质量。勘查报告的质量若达不到要求，则不能通过审评验收，需重新修改编写，甚至需增补勘查工程进行补充勘查后，再编写补充勘查总结报告提交审评验收，势必延长勘查周期。

思考题

1. 水文地质勘查类型和勘查工程密度的含义和关系是什么？
2. 说明水文地质勘查线（网）的布置方法。
3. 简述水文地质钻孔的布置原则。
4. 说明勘查程度、勘查精度、勘查深度、勘查周期的含义和关系。

第五章　水文地质勘查设计的编制

水文地质勘查设计是根据不同水文地质勘查各阶段工作的要求，结合勘查区具体地质情况确定本阶段勘查所要解决的主要地质问题后，编制的技术经济上合理、组织步骤完善的水文地质勘查方案或纲要。

进行水文地质勘查工作前，必须要编制水文地质勘查设计。水文地质勘查设计是水文地质勘查工作的方案，编制勘查设计是水文地质勘查工作必不可少的一个环节，是生产单位在接受了水文地质勘查任务之后首先应做好的工作。当接受上级下达的任务或承包生产、科研单位的勘查项目后，就应组成设计编写组，着手设计的编制工作。首先要充分搜集有关资料，并组织人员进行现场踏勘；然后根据勘查项目所要求解决的问题，明确勘查的任务，确定工作范围和工作量以及工作方法，并进行经费预算等，这是布置和进行各项水文地质勘查工作的基本依据，是整个勘查任务能否在规定时间和已定经费内高质量完成的关键，是指导水文地质勘查工作施工的依据（没有设计不得进行施工），同时它也是检查和衡量水文地质勘查工作质量的标准。

编写勘查设计一定要本着实事求是、因地制宜和经济合理的原则，尽量做到以尽可能少的工作量获得较多的水文地质成果。水文地质勘查设计要有针对性、目的任务要求明确、提供资料要有代表性且真实可靠、工作部署上要反映合理性和有效性及灵活性。针对不同种类、不同阶段、不同方法的水文地质勘查工作，都应编制相应的水文地质勘查设计。纵向任务及重大横向任务的勘查设计，需经专家评审通过和上级主管部门批准后方可执行。

第一节　编制勘查设计的准备工作

一、搜集与整理前人有关资料

在编写勘查设计之前，应充分搜集现有资料，并加以系统整理，只有在全面掌握已有资料，进行综合分析的前提下，才能作出正确的地质判断，决定正确的工作部署和合理的工作方法。除搜集有关已公开出版的参考文献外，还要搜集专业机构内部刊印的工作报告书、技术档案材料、各种规范、规程和群众打井、挖泉等资料。其具体内容如下。

1. 自然地理方面

河流、湖泊、渠道等水系分布位置、流量、流域面积、径流模数，以及动态观测等文字记载和水位水质变化资料等水文资料；气温、气压、绝对湿度与相对湿度、年平均降水量、蒸发量等气象资料；工作区的主要山脉、丘陵的高程等资料及各种比例尺的地形图、航空照片、陆地卫星照片和地理坐标、三角点、水准点等地形资料；土壤、植被和自然地质现象等资料。

2. 地质方面

各种不同比例尺的地质图（包括基岩地质图与第四纪地质图）、构造地质图，有关地层、构造、地貌等的地质测绘、勘探及物探资料。

3. *水文地质方面*

有关农田供水、城市与工矿企业供水、石油普查、地热、环境水文地质调查等专门性水文地质报告和有关井、泉、钻孔的涌水量及水质分析成果以及地下水动态观测资料等。

4. *实物资料方面*

尽量搜集和熟悉本地区的实物资料，如成套的地层、岩石、矿物、古生物标本等，并对曾在本区工作过的有关人员进行访问。

对搜集的资料应进行登记编录，对其中重要的图件应进行复制。

二、现场踏勘

踏勘是在搜集研究前人有关资料的基础上进行的。其目的是为了对工作区的全貌有全面概括性的了解，并对地层划分、地貌单元的分布、水文网的分布和地下水露头进行一些实地观察和少量测量工作，为编写设计提供第一手实际资料。踏勘路线应选择几条垂直地层、构造线走向或能穿越较多的地貌单元和水文地质单元的路线来进行。在踏勘过程中要对前人的资料进行核实，对地层划分应有一个初步统一的意见，对岩石命名取得一致的意见，对拟将施工的重要剖面和勘查线应在野外给以初步确定，并对工作区的经济、气候和交通情况进行访问调查。

第二节　工作范围和工作量的确定

一、工作范围的确定

工作范围的大小，有的由上级单位、总体规划部门指定，有的则需根据使用部门的要求与工作区的水文地质条件来确定。在确定工作范围时除考虑行政区划外，主要应考虑下列因素。

（1）自然单元或水文地质单元的完整性。要尽可能地踏勘包括分水岭在内的完整汇水范围。

（2）工作任务的大小和需水量的要求。

（3）水文地质条件的复杂程度。

（4）一般情况下勘查工作范围应大于计划开发利用的范围。

二、工作量的确定

这里所说的工作量主要是指水文地质测绘面积、物探、钻探、试验、监测、采样等各项实物工作量。工作量的确定，首先应根据地质条件，确定工作区的水文地质条件复杂程度（表 5-1）；再按勘查任务要求和资料占有程度决定勘查阶段、勘查程度和勘查精度；然后按不同勘查阶段规定的技术指标，算出工作区范围的地质测绘、钻探工作量，并结合具体情况决定其他相应的实物工作量。一般来说，工作量的大小与勘查区水文地质条件复杂程度成正比；随着勘查阶段的推移，所需工作量将会越多；勘查程度和勘查精度要求越高，工作量也会越大。

表 5-1　水文地质条件复杂程度分类表

分类＼分类因素	水文地质特征	地质构造特征	地貌特征	自然地质现象特征
简单的	含水层的分布与厚度变化不大，地下水存在于均质的沉积岩层、冲积层或亚砂土覆盖层中，地下水的化学成分变化不大	岩层水平或非常陡峭，地层简单或虽复杂但已经过详细研究，标志层很明显；岩性成分变化不大，岩相稳定	侵蚀地形、沉积地形或侵蚀—沉积地形，界线清楚，便于调查且易于描绘	没有对地区工程地质和岩石含水性评价有明显影响的自然地质现象
中等的	含水层的分布与厚度均不稳定，地下水存在于均质的块状结晶岩、岩相变化较大的沉积岩层、冰川沉积和冲积扇地层中，地下水的化学成分变化较大	有明显的褶曲和断裂，地层复杂且研究程度差，标志层不明显；岩性成分变化较大，局部有喷出岩和侵入岩出露	侵蚀—沉积地形并有多级的或界线不清楚的阶地，在分水岭地区冰川地形发育	局部地区具有显著的、剧烈的自然地质现象，如山崩、土滑、塌陷等
复杂的	不同类型的地下水，其相互叠加关系复杂，有永久冻结带的地下水	褶曲和断裂复杂，变质岩、喷出岩和侵入岩异常发育，地层复杂且未研究；岩性成分和岩相变化极大	冰川地形、山地和山前地形占主要地位	自然地质现象非常丰富，永久冻结带呈岛屿状分布

第三节　勘查设计的内容

勘查设计一般包括文字、附表、附图及必要的附件等内容。

一、勘查设计的文字部分

勘查设计的文字部分主要内容包括：勘查项目的目的任务和当地国民经济发展现状与远景规划、工作区的自然条件和地貌；地层、构造和地貌及研究程度；水文地质条件；拟采用的勘查工作方案，即勘查工作量、各类勘查工程布置和技术要求、施工计划、材料设备计划、人员组织、工作期限及经济预算和预期提交的水文地质勘查成果等。

在编写勘查设计时，要对上述主要内容逐项作简明扼要的说明，具体如下。

（1）在叙述自然条件时，应说明工作区的位置、交通运输条件、山脉、地形、水系、气象以及区域水文情况等。

（2）在地层、构造和地貌部分，应阐明工作区主要地层的分布、地质年代、相互的层位关系及区域地质构造的一般情况、区内地质构造的发育情况、地貌单元和地貌形态、第四纪松散地层的分布与主要的成因类型和厚度变化等。

（3）在水文地质条件中，叙述水文地质分区情况，工作区内的地下水类型，含水层的特征及其补给、径流和排泄条件，地下水的利用情况，主要井、泉流量和水质以及动态变化规律等。

（4）对勘查工作方案进行说明是勘查设计的重点。

对水文地质测绘范围及所用地形图比例尺和精度的选择应说明理由，如因天然露头过少，不能满足测绘要求而需补充揭露人工露头时，则应规定每平方千米测绘面积上坑探工程的数量、类型（探槽、探井）和深度，最后根据工作区地形和露头的情况确定测绘的路线和方法。

在物探工作中应阐明工作目的、方法和工作量，如电测深点的间距、电测剖面的测距及应提交的成果。

在钻探工作中，应说明勘查线（网）的布置、钻孔数量、间距、钻机类型、钻孔结构及止水方法以及确定这些工作的依据。关于过滤器的选择和安装，应说明过滤器的类型（填砾过滤器 、缠丝过滤器 、穿孔包网状过滤器等）、规格（口径、长度、孔隙率、滤网的规格、所缠金属丝的间距）以及安装过滤器的方法。

在抽水试验工作中，必须指明是单孔还是多孔抽水、稳定或非稳定抽水降深次数、水位稳定后延续时间，多孔抽水试验观测孔的数量、位置和深度、主孔和观测孔内水位、水量测量的间隔时间、方法以及所用的抽水设备等。

在地下水动态观测工作中，应说明长期观测网的布置依据、观测的内容、方法、要求，确定观测孔过滤器的直径、结构、工作部分的长度与安装深度。

在采样工作中，应说明采集水样、土样、岩样的地点、数量、质量、类别以及采集的方法和工具。

在地测量工作中，需说明测定勘查工程坐标、高程的精度要求。

说明各类勘查工程布置和技术要求、施工计划、材料设备计划、人员组织、工作期限等。

按规定的收费标准进行勘查工作的经费预算，最后还要说明应提交的主要工作成果和内容。

二、勘查设计的附表

根据已确定的工作量和野外工作期限提出钻孔、水泵、管材与其他主要工具器材等规格、数量，并将其制成表格附于勘查设计中。

为了使工作能够有计划地进行，还应将完成的各项野外工作的期限、机具搬迁及室内资料整理、水文地质计算与资源评价、编图、报告书的编写等所需要的时间和工作计划、详细经费预算以及劳动组织计划等，在勘查设计中均以表格形式加以说明。

三、勘查设计的附图和附件

勘查设计要有必要的附图。如水文地质研究程度图、区域水文地质略图、农田水利现状图、勘查工程布置图及水文地质设计剖面图、典型水文地质钻孔设计图等。具体施工时，还要编制单孔施工勘查设计。

勘查设计中必要的附件有勘查单位的资质证书、合同或甲方的委托书及相关勘查标准目录等。

第四节　勘查设计的审批

水文地质勘查设计编制后，一般先由设计编制单位召集有关人员研究通过并形成审查意见（“内审”），然后上报主管单位或投资者审批。

勘查设计未经批准，不得进行施工。批准以后的勘查设计是勘查施工的依据，一般不允许作大的改动，除非地质条件发生了很大的变化，这时应重新编制勘查设计。但所有的勘查设计都不是一成不变的。根据钻进过程中所获得的资料，并结合物探成果，可以适当调整修改原设计方案，如增减勘查工程数量、调整勘查工程位置等。

第五节　勘查设计编制举例

现以 1∶25 万区域水文地质调查为例，对水文地质勘查设计的编制进行说明，其他水文地质勘查设计可以参照比例进行编制。

按照《1∶25 万区域水文地质调查技术要求》(DD 2004-01)，进行区域水文地质调查前要编制调查勘查设计，经批准后方可实施区域水文地质调查。调查勘查设计编制的要求和内容如下。

一、勘查设计编制的原则要求

(1) 勘查设计编制应根据任务书要求，充分搜集和研究调查区有关资料，进行必要的现场踏勘，了解调查区地质概况、以往研究程度，分析存在的主要问题，明确调查任务和需要重点解决的问题，确定技术路线，通过设计方案论证，合理使用工作量，力求以较少的工作量取得较好的成果，达到工作布置合理、技术方法先进、经费预算正确、组织管理和质量保证措施有效可行的要求。

(2) 勘查设计内容应系统、完整、重点突出、文字精炼、经费预算合理、附图、附表齐全。

(3) 跨年度项目应编制总体勘查设计和年度工作方案。勘查设计一经批准应严格执行；在执行过程中，实施单位可根据实际情况对勘查设计及时进行补充修改和调整，但必须报原审批单位批准。专题研究和专项工作，必须单独编制单项工作勘查设计，作为总体勘查设计或年度工作方案的附件。

(4) 勘查设计编写的主要依据。包括项目任务书；水文地质条件、存在的主要问题与以往研究程度；有关技术标准和经费预算标准。

(5) 勘查设计编制应遵循接受任务→搜集有关资料→现场踏勘和组织编写的程序进行。

(6) 各类地区的主要技术定额。

(7) 勘查设计中有关区域水文地质数据库的建立，宜参照《空间数据库工作指南》和《数字化地质图层及属性文件格式》等标准进行。

二、勘查设计内容

勘查设计的主要内容包括前言、自然地理及社会经济、地质概况、工作部署、工作方法、经费预算、组织管理和质量保证措施、预期成果、附件等部分。

1. 勘查设计文字大纲

前　言

包括任务来源，任务书编号及项目编码，项目的目的、任务和意义，工作起止时间，地质条件的复杂程度及其调查研究程度，生态环境现状及存在的主要地质问题，本次工作拟解决的主要问题。

第一章　自然地理及社会经济

一、自然地理

包括地理位置、坐标范围、工作区面积（附工作区交通位置图），涉及的行政区划、流域、图幅及编号，地形地貌，气象、水文。

二、社会经济发展与水资源需求

包括水资源开发利用现状，工作区交通条件、产业结构、主要工业、农业和第三产业发展前景及其对水资源的需求。

第二章　地质、水文地质概况

一、地质概况

包括地层岩性、地质构造等。

二、水文地质概况

包括地下水类型、埋藏条件与历史变化规律，地下水化学特征、动态规律，地下水的补给、径流、排泄条件，存在的环境地质问题等。应初步勾画出地下水系统的结构模型和水动力模型。

第三章　工作部署

工作部署原则、工作重点、技术路线、调查内容与要求、工作计划、时间安排；针对需要解决的问题布置的实物工作量。

第四章　工作方法与主要技术要求

简要叙述采用的工作方法、精度要求以及侧重解决的水文地质问题。对资料的进一步搜集与二次开发、水文地质测绘、遥感解译、环境同位素、水文地质钻探、物探、野外试验、动态监测、水资源计算与环境效应评价，数据库建设以及综合研究等各项工作提出具体的技术要求。

第五章　经费预算

按《中国地质调查局地质调查项目设计预算编制暂行办法》及有关要求编写。

第六章　组织管理和保证措施

包括项目组人员组成、分工及管理协调体系（或组织机构），技术装备，工期保证措施，项目质量保证措施，安全及劳动保护措施。

第七章　预期成果

包括文字报告、图件、区域水文地质调查空间数据库，阶段性总结和图件，预期地下水可开采资源量，区域地下水动态监测网优化方案。

2. 勘查设计附图与附件

(1) 地质研究程度图。

(2) 区域水文地质略图（附剖面图）。

(3) 工作布置图。

(4) 典型水文地质钻孔设计图。

(5) 其他附件（包括单项工作勘查设计）。

三、勘查设计审批

勘查设计审查工作由中国地质调查局组织审查，也可委托有关部门或单位组织审查。通过审查的勘查设计，由中国地质调查局批准后组织实施。

思考题

1. 为什么要编制水文地质勘查设计？

2. 说明水文地质勘查设计编制的思路和一般内容。

第六章　水文地质勘查工程的施工管理及原始地质编录

通常，在编制了勘查设计并经过审批合格后，就可以进行野外勘查工程的施工。在勘查工程施工时，就要进行勘查工程的施工管理及原始地质编录工作。

在勘查区内，设计勘查工程的数目常常由数个到数百个不等，应按一定的依据、原则、顺序和方法施工。勘查工程施工的依据是勘查设计、专项施工设计及在施工中获得的资料。施工的原则是“由已知到未知、先地表后地下、由易到难、先稀后密”等。施工的顺序体现在勘查手段、勘查线及钻孔等方面，具体是：一般先进行水文地质测绘（并辅之以坑探）和地面物探，再进行钻探、测井、试验、采样、监测等，有条件时还可应用遥感技术等；先施工主要勘查线，再施工辅助勘查线；先施工控制性钻孔、再施工其他钻孔，同一勘查线上按浅孔→中深孔→深孔的顺序施工；施工的方法根据勘查工期、设备等可选择依次施工法、平行施工法、依次—平行施工法等（表 6－1）。

表 6－1　勘查工程施工方法

施工方法	内容	特点	运用条件
依次施工法	新的工程施工是在前一工程施工所获得资料的基础上进行	需要的设备和劳动力较少；布孔有充分的地质依据；施工周期较长	专门性钻孔和控制孔的施工；控制水文地质边界等
平行施工法	大量的勘查工程同时施工	需要的设备和劳动力较多；施工周期较短；工程布置缺乏充分的依据，常造成废孔	有充分的地质资料；水文地质情况简单；有足够设备和劳动力；勘查任务紧急
依次—平行施工法	先依次施工部分工程，在获得资料的基础上，再施工一批新工程	综合了上述两种方法的优点	有一定地质资料的前提下，是最合理的施工方法

第一节　勘查工程的施工管理及原始地质编录概述

勘查工程的施工管理是指对勘查工程施工时的组织管理、生产管理、技术管理、质量管理和劳动管理等方面的管理工作。勘查工程的施工管理直接关系到工程施工的进度、安全、质量及勘查成本，做好勘查工程的施工管理对整个勘查工作至关重要。勘查工程施工管理一般都包括三个环节：施工前的准备工作、施工过程中的管理工作及竣工后的管理工作。

编录是将勘查工作中所观测到的地质现象、数据、研究成果、技术现状及经济效果，用文字、图件、表格等形式正确而系统地表示出来的过程，可分为地质编录和技术经济编录两大部分。地质编录的任务是全面记录显示工作区的地质现象、特征和规律的资料，为地下水开发、利用提供可靠的地质依据。根据工作性质的不同，地质编录分为原始地质编录和综合地质编录。原始地质编录在本章讲述，综合地质编录将在第七、八、九章讲述。

勘查工程原始地质编录是对自然地质露头和勘查工程所揭露的地质现象进行直接观测，并用文字、图件、表格、实物材料、照片、音像等进行现场记录和室内整理的过程。原始地质编录要求“正确、统一、系统、及时”。“正确”——地质内容真实、客观、全面、资料准确可靠；“统一”——对各种地质现象观察和描述、地层划分的标准和代号、图例、比例尺等要统一并简明、清楚、精确；“系统”——与勘查区有关的全部资料要进行系统搜集；“及时”——随施工进展及时编录、解决施工中资料的搜集和出现的问题等。原始地质编录可以用手工或掌上电子计算机进行，并使用规定的工具及计量单位（名称、符号）。勘查工程的施工管理及原始地质编录，是全部野外勘查工作最基础、最重要的内容，它对按时有效、保证质量地完成地质勘查任务起着至关重要的作用。在野外的实际工作中，勘查工程的施工管理及其原始地质编录基本上是同时进行的，它们之间有着十分密切的联系：前者侧重于生产管理、劳动管理及质量管理等方面的内容；后者则侧重于地质技术管理方面的内容。

在水文地质勘查中，勘查工程的施工管理及原始地质编录主要是针对坑探工程和钻探工程进行，下面分别进行说明，重点介绍钻探工程的施工管理及原始地质编录。

第二节　坑探工程的施工管理及原始地质编录

一、坑探工程的施工管理

（一）施工前的准备工作

1. 编制坑探工程专项施工设计

通常，坑探工程施工前必须进行专门的施工设计，内容包括：坑探工程的断面规格、凿岩爆破、装岩、运输（提升）、支护及围岩加固方法、通风、排水、照明、供电供水供风及设备、器材的选择、用量等，还需说明施工进度、工程质量保证、经济指标计算等。没有编制施工设计或施工设计审批不合格不准进行施工，坑探工程必须按照设计进行施工，在施工过程中，如需变更设计时，应经原设计审批单位批准，并下达设计变更通知书。但对于施工简单的坑探工程，如剥土、试坑等，也可不必编制专项施工设计。

坑探工程的设计与施工，必须贯彻安全生产的方针，即抓生产必须抓安全。一切从事坑探施工的人员，必须熟悉本工程的操作技术和安全知识，对新工人要进行技术及安全教育。

2. 组织施工队伍

如果勘查单位有自己的坑探工程施工队伍，只需做好协调和任务下达工作就可以了。但由于改制及其他原因，在地质勘查单位中一般都没有专门的坑探工程施工队伍，而是把工程施工任务承包出去或就近组织当地农民工施工。因此施工前地质和施工管理人员不仅要做好本身的业务工作，还要担负起组织施工队伍的工作。一般在勘查设计和单项工程施工设计批准后，负责承担施工的勘查队伍及工区应及时联系承包坑探工程的施工力量。在施工队伍组织好后，地质和施工技术人员应下达施工任务并对工程相关情况进行介绍，特别是要做好施工技术和安全教育工作。

3. 签订合同

由地质人员及施工管理人员协同乡（村）干部，根据双方的设备条件签订书面合同。合同主要包括坑探工程的开工日期、完工日期、施工规格、质量要求、费用和安全责任、医疗费用以及对违反合同条款双方应承担的经济法律责任等，其中要特别强调安全问题。对危险物品如炸药、雷管的管理和使用应落实责任到人，以免发生人身事故或其他危险。将施工中可能造成的农作物损坏以及由此造成的赔偿费用问题的处理意见列入合同之中。合同也是工程施工管理及质量验收的重要依据。

4. 坑探工程定位

野外标定坑探工程的位置，原则上是要根据勘查设计要求进行的。由于野外地形复杂，植被覆盖情况不一，在设计中不可能把野外实际情况都考虑周全，可能与实际地形有出入，因此在野外定位是要求地质人员到现场实地踏勘，并根据设计的意图确定坑探工程的位置，在充分满足地质需要的前提下，适当调整坑探工程的实际位置，最终定位、埋桩、编号等。

一般情况下，探槽的位置应选择在坡脊等浮土较薄的地段，并避开塌陷区、滑坡区等，尽量不占或少占农田，其中主干探槽原则上应尽量布置在勘查线上，若受到地形影响可适当离开勘查线；对于机动工程或专门为了追索某一地层、标志层或断层的短槽，需根据现场情况灵活掌握，以达到预期的地质目的为原则。探井还应考虑出渣、排水方便及防止暴雨时洪水注入坑道。对于位置无法变动而又受水害危险的工程，要合理安排施工时间，尽量在枯水季节施工。当坑探工程的位置确定后，必须打上木桩作为标识，并进行编号登记；必要时，要求测量人员对工程位置进行精确定位。

（二）施工过程中的管理工作

坑探工程在施工过程中的管理工作主要应做到以下三点：一是要确保施工安全；二是要达到地质目的；三是在确保工程质量和施工安全的前提下，争取最理想的经济效果。

具体在探槽的施工过程中还应注意以下几个问题。

(1) 探槽的长度。取决于所要揭露的剖面长度，是在充分研究地表地质情况和地形特征后确定的，不可擅自改变。

(2) 探槽的深度。不超过 5m。一般见基岩后需再挖 0.3～0.5m，以便观察和描述新鲜岩层及测量产状。实际中，只能根据地貌特征及邻近冲沟的表土厚度概略预计施工地点浮土的厚度以确定探槽的施工深度。

(3) 探槽的断面形状。考虑施工点浮土特点和安全因素，可参考表 6-2 后确定。

(4) 探槽的槽口宽度。依据探槽的预计深度、断面形状及下表中两壁的坡度角确定（图 6-1）。

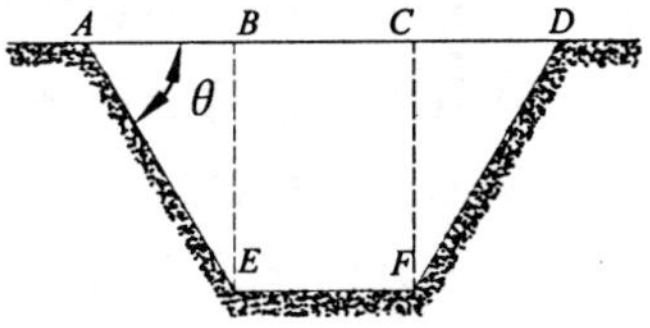

图 6-1　槽口宽度确定方法示意图

AD. 槽口宽度；EF. 槽底宽度；BE、CF. 预计探槽深度；θ. 槽壁坡度角；$AD=2BE\cot\theta+EF$

(5) 在探槽深度较大、雨季或土层易坍塌的地段施工时防止槽壁坍塌。

(6) 使用炸药爆破清除滚石或开挖坚硬岩石时，要有专人负责，加强管理。

表 6-2　探槽断面形状

深度 / 底宽和两壁坡角	<1m	1～5m		
		表土结实	表土较松散	表土松软、潮湿、易坍塌
0.6～1.0m	近 90°	75°～80°	70°～75°	≤65°
探槽断面形状	矩形	倒梯形		台阶形

在探井施工中，应注意爆破、提升运输等方面的安全；及时清理积水；加强通风、排烟等。

（三）竣工后的管理工作

1. 验收

坑探工程施工结束后，双方要同赴现场，按合同进行验收。凡不合格的、达不到地质目的的地段，应坚决返工；对不按合同要求私自多挖的部分不予验收。如因客观条件限制没有达到地质目的时，可向施工者讲明情况，采取补救措施。如沿走向两侧邻近处补挖接续短探槽，力求达到预期的地质目的。

2. 收方、计酬

坑探工程经验收合格后，地质人员和专职工程管理人员应会同工程承包单位进行收方，计算出工程量，并按规定单价进行计酬。在收方、计酬时，应认真负责，既不能少算侵犯劳动者的利益，也不能多算损害国家利益。

3. 标注工程位置

测量人员用仪器对工程位置进行复测，标注到地质图上。在探槽中，地质人员通过编录而确定的地层分界线、表土层、含水层和隔水层及构造点、泉点等，也要用仪器进行坐标测量后标注在工程布置图上。

二、坑探工程的原始地质编录

坑探工程的原始地质编录可根据工程掘进方式的不同或施工条件的不同而逐段编录或竣工后一次编录。下面分别对探槽（主干槽或长槽）和探井的原始地质编录作简要说明。

（一）探槽的原始地质编录

探槽原始地质编录的对象是经地质、施工管理及施工人员三方现场验收，施工质量符合要求并已达到地质目的的探槽。由于探槽常垂直地层走向布置，因此其是横向切穿岩系，揭露的地质剖面是一种横向剖面系统，一般是通过观测、记录相关实测数据和地质现象后，绘制一壁一底展开图来完成探槽的原始地质编录，具体编录方法如下。

1. 准备工作

探槽原始地质编录的准备工作即组成编录组，编录组一般由 2～3 人组成，包括组长、作图员、测手（可兼任）。组长一般由熟悉探槽编录工作的助理工程师以上技术人员担任，全面负责编录工作，主要承担地质观察、分层、布样和文字记录工作；组长应掌握有关规范、设计及工作细则，熟悉探槽周围地质情况；作图员一般由熟悉探槽编录绘图工作的技术人员担任，协助组长工作，主要负责素描图的编制，同时兼任组内其他合适的工作；测手一般由技术人员或熟练的地质人员担任，主要负责编号、打桩、基线布置、测量各类数据、采样等。

2. 探槽野外编录

在野外现场用手工方式或利用数字化野外采集系统进行原始地质编录时，可先做野外手图，手图上可简化某些要素，用临时代号、简单的注记等代替，作为原始资料备查。

（1）确定编录壁和绘图方向。探槽编录一般只作一壁一底展开图，因此要选定探槽的一壁作为编录壁。确定方法是：当两壁上基岩露头的地质现象可对应吻合时，东西向或大致东西向的探槽选北壁、南北向或大致南北向探槽选东壁；选择的编录壁为首选壁，常首选正北壁、北西壁、北东壁，正东壁；若首选壁的基岩露头不理想时，可选择对应的另一壁；一般情况下以首选壁为主、对应壁为辅。

编录壁确定下来后，确定方位，若编录方位为0°～180°，则绘图方向从左往右；方位为180°～360°，绘图方向从右往左。

（2）槽壁总体观察。正式编录之前，编录人员要对探槽内地质现象进行认真地观察研究，确定基岩面、分层单元和布置样品，达到统一认识后再进行编录。确定基岩面即通过观察正确判断残坡积物与风化基岩的界线；确定分层单元是依据水文地质条件的复杂程度，一般同工作区填图单元一致，应区分出含水层、隔水层；布样即根据探槽对岩层的剥露情况布置样品，在保证样品代表性的前提下，可在槽壁或槽底上布样。

（3）设置基线。基线即用于观测的皮尺。设置基线包括选择基线位置、挂线、测量方位角及坡度角和记录基点基线等方面。

基线位置宜选择在基岩与浮土的分界线附近，基线所通过的地方应尽量避开覆盖层并高低适中以便测量；受槽底起伏及基岩出露的影响时，允许局部地段的基线从覆盖层上方通过；但工程起、止两个端点应布在地表；探槽过长或有拐弯时，应分段设置基点及基线（图6-2）。

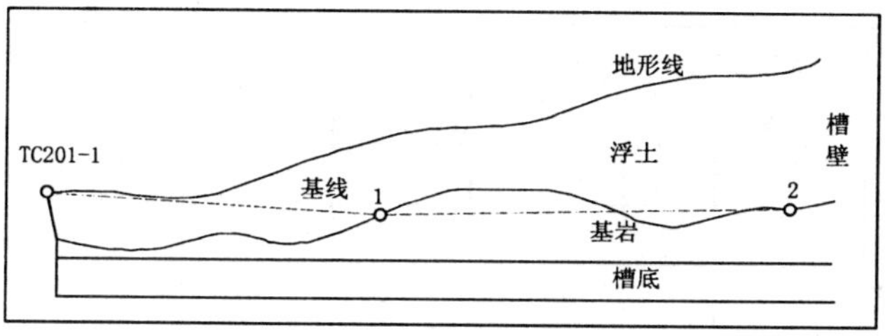

图6-2　基线位置选择示意图

挂线即在基线两端（基点）打上有编号的基线桩，将皮尺拉紧成直线挂在桩上就成为基线，第一条基线起点为零。

测量方位角和坡度角时，组长及测手分别作为前、后测手；用罗盘测定基线的方位角和坡度角，二者的读数误差在3°之内时，取平均值作为基线的方位角和坡角；用仪器测得基点坐标，读出基线长度等，填入坑探工程基点基线记录表(表6-3）中。

表6-3　坑探工程基点基线记录表

项目名称________　　工程号________　　第____页/总____页

基点				基线			
编号	坐标（m）			编号	长度（m）	方位角（°）	坡度（°）
	X	Y	Z				

记录人________　　日期________　　检查人________　　日期________

（4）槽形测量。探槽的槽形由槽顶线（地形线）、基岩线、槽底线三条线控制（“槽形三线”)。槽形测量的方法是：在槽顶和槽底的槽形特征变化处（图 6-3 中①），要量取基线至槽顶的高度（点上距）及基线至槽底的深度（点下距）并记入表 6-4 的 2、3 栏中；对基岩起伏特征点（图 6-3 中②），要量取基岩面至基线的距离并记入表 6-4 的 4 栏中（基岩与覆盖层的界面在基线之上者用“+”号表示、在基线之下者用“-”号表示）。

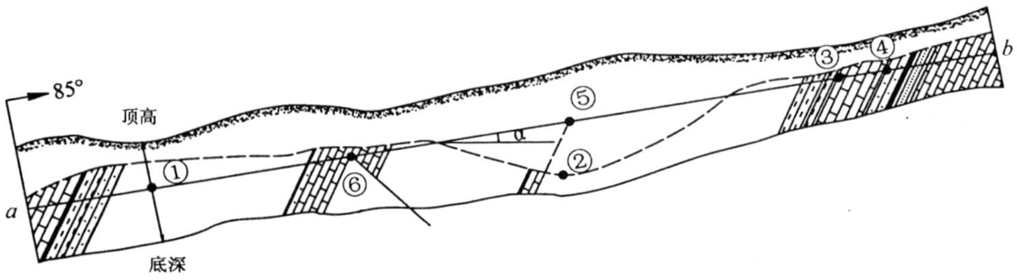

图 6-3　探槽原始地质编录示意图

ab. 基线；①～⑥. 观测点

表 6-4　坑探工程原始地质记录表

项目名称＿＿＿＿＿＿　工程编号＿＿＿＿＿＿　第＿＿页

基线编号	点上距（m）	点下距（m）	基岩深度（m）	层号	换层距（m）	岩石名称	地质描述	厚度（m）	产状	采样层位	备注
1	2	3	4	5	6	7	8	9	10	11	12

记录人＿＿＿＿　日期＿＿＿＿　检查人＿＿＿＿　日期＿＿＿＿

（5）分层界线的确定及构造点或水文点的测量。认真观察和确定岩层尤其是标志层、含水层、隔水层、其他特征岩层等的分层界线（图 6-3 中③～⑤）及断层、褶曲等构造点或水文点的位置（图 6-3 中⑥）；若基线从基岩上方通过时，将分层线顺延至测线，方可读数。将分层的层号、换层点距基线起点的距离及岩石名称填入表 6-4 的 5、6、7 栏中；对表土层、含水层、隔水层或其他特征岩层及构造、现象等要进行详细描述并测量厚度、产状，记入表 6-4 的 8、9、10 栏中。地质描述与绘制素描图必须在实地同时进行，描述的主要内容如下。

a. 地层岩性的划分。包括第四纪堆积物的成因、岩性、时代、厚度及空间变化和相互接触关系；基岩的颜色、成分、结构构造、地层层序以及各层间的接触关系。应特别注意软弱夹层的岩性、厚度及其泥化情况。

b. 岩石的风化特征及其随深度的变化，进行岩石风化分带。

c. 岩层产状要素及其变化，各种构造形态；断层的产状、形态、力学性质和破碎带的宽度、物质成分及其性质；节理的组数、产状、延伸性、隙宽、间距（频度），有必要时作节理的素描图和统计测量并作出节理玫瑰花图。

d. 水文地质情况，如区分含水层、隔水层，说明地下水渗出点位置及水量大小等。

(6) 采样。采集的土样、岩石样、水样等，要编号并注明位置，记入表 6－4 的 11 栏中。并填写坑探工程采样及分析结果记录表（表 6－5）。

表 6－5　坑探工程采样及分析结果记录表

项目名称＿＿＿＿＿＿＿＿　工程编号＿＿＿＿＿＿　第＿＿页

实验室号	样品编号	采样位置(m)		样长(m)	采样规格(cm)	采样方法	样品质量(kg)	样品袋数(袋)	岩石名称	采样日期	采样人	分析结果	备注
		自	至										
1	2	3	4	5	6	7	8	9	10	11	12		

填表人＿＿＿＿　日期＿＿＿＿　审核人＿＿＿＿　日期＿＿＿＿

(7) 绘制探槽素描草图。根据实地观察和测量数据、岩性、产状等资料，绘出探槽一壁（或两壁，据实际情况）的素描草图；对有意义的细小地质现象（如断层带、泉点等），应放大比例尺绘制。

(8) 对探槽中有特殊意义的地质点或地质现象，可进行拍照；对探槽的壁和底进行数码摄像，作为影像资料保存；填写音像记录表（表 6－6）。

表 6－6　音像记录表

项目名称＿＿＿＿＿＿＿＿　工程号＿＿＿＿＿＿　第＿＿页/总＿＿页

记录形式	记录编号	记录地点	记录对象	实物大小、范围	数码图像文件	距离	地质意义

记录人＿＿＿＿＿＿　日　期＿＿＿＿

注：记录形式指摄像、照片、录音等。

野外编录结束后、解皮尺之前，要对搜集到的数据、文字、草图等资料进行检查，做到文图吻合。如无差错和遗漏现象，方可解去皮尺。

3. 绘制探槽展开图

探槽展开图也称素描图，是通过测量槽壁及槽底上的各类地质编录要素（界线、产状、样品位置等）与基线的相对位置，按比例缩小后描绘到坐标纸上构成的一壁一底图。探槽展开图一般在室内使用手工和计算机绘制。

(1) 绘制探槽展开图的基本要求如下。

a. 素描图比例尺。根据探槽长度和水文地质复杂程度，素描图比例尺一般为 1∶200～1∶50，同一勘查区的探槽工程素描图比例尺必须统一，垂直比例尺应与水平比例尺一致。一般按比例缩小后宽度大于 1mm 的地质体均应勾绘到素描图上。有特殊意义的地质现象虽小于 1mm，也应放大表示，其方法是从该点引出图外，作一幅放大素描图（图 6－4）。

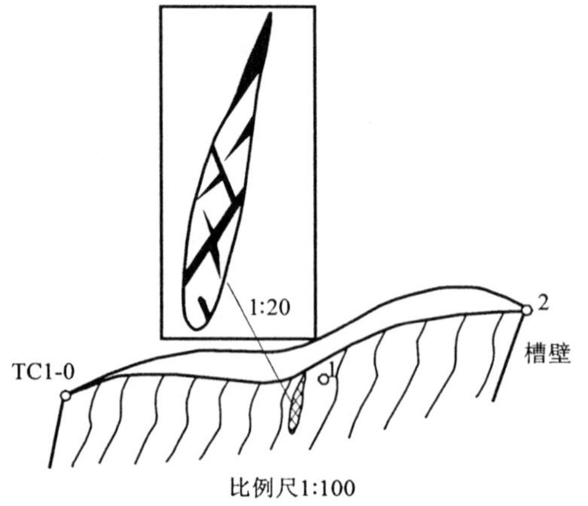

图 6-4 特殊地质现象放大素描示意图

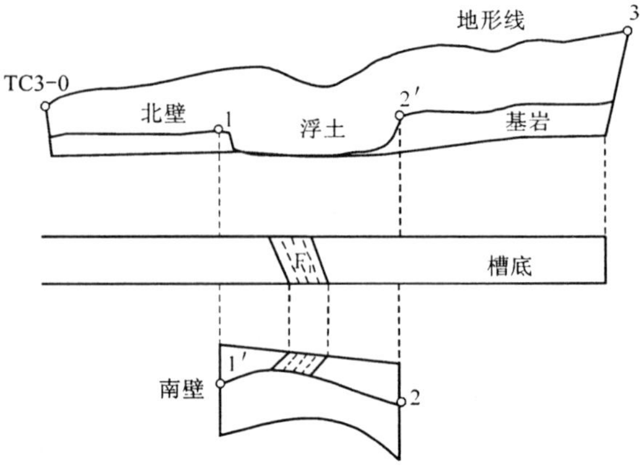

图 6-5 槽壁、槽底位置示意图

b. 槽壁、槽底位置。一般将槽壁绘于素描图的上方，槽底绘于素描图的下方，槽底与槽壁之间应留 1cm 以上间隔（以便标注产状、样号等）；槽底按正投影绘成等宽的长方形，其宽度一般为 1～1.5cm；若遇特殊情况，需绘另一槽壁时，应将其投影绘在槽底的下方（图 6-5）。

c. 尽量将工程的北、北东、东、南东端置于图的右端。

（2）绘制探槽展开图的基本方法如下。

a. 合理布置各图面要素。探槽展开图上包括的图面要素有图名、比例尺、素描图、样品分析结果表、图例、责任栏等，对这些图面要素应布局合理、图面紧凑、整齐美观；展开图总体布局呈矩形，布置的各图面要素要使各部位留有一定的间隙（一般为 2～3cm），所空图边要大于间隙，并尽量使间隙、空边各自对称。

b. 绘制基点、基线。以图上确定的第一条基线的 0 号基点为起点（为使作图和检查方便，尽量将编录起点放于 5mm 或 1cm 方格线上基点位置画 2mm 直径的圆圈、圆心加点，下同），用测出的坡度角在坐标纸上画出基线并按比例尺确定基线在图上的长度，基线的终点为基点 1。

c. 绘制槽形。根据表 6-4 中记录的数据并在基线上找出槽形特征点和基岩起伏特征点后，按比例尺截取点上距、点下距及基岩深度，并将相同性质的点连接起来，即绘出地表线（槽顶线）、基岩线、槽底线，这些线构成了槽壁轮廓。

d. 定分界线及构造点。在基线上定出分层界线及构造点或水文点位置，用伪倾角画在图上，按图例填上岩性，标明产状和采集点等，即绘制出探槽一壁剖面图（图 6-6）。

e. 绘槽底图（槽底素描）。槽底素描一般采用以壁投底的方法作槽底水平投影图，通常将其画在槽壁剖面图的下方。其方法是：先在槽壁剖面图的下方画一水平线，并据槽底的宽度作一条与之相平行的线；然后将槽壁两端点及槽壁底界上的岩层、含水层、隔水层分界点和断层点、采样点等垂直投影于水平线上；再按岩层走向绘出分层界线并填绘岩性符号，按断层走向绘出断层等，即绘出了槽底剖面图（图 6-6）。

f. 将手工绘制好的探槽展开图在 MAPGIS 平台上整理转绘成清图。

4. 绘制探槽柱状图

根据野外记录数据，换算出岩（土）层、含水层、隔水层等的真厚度，按标准岩性符号绘出探槽柱状图。

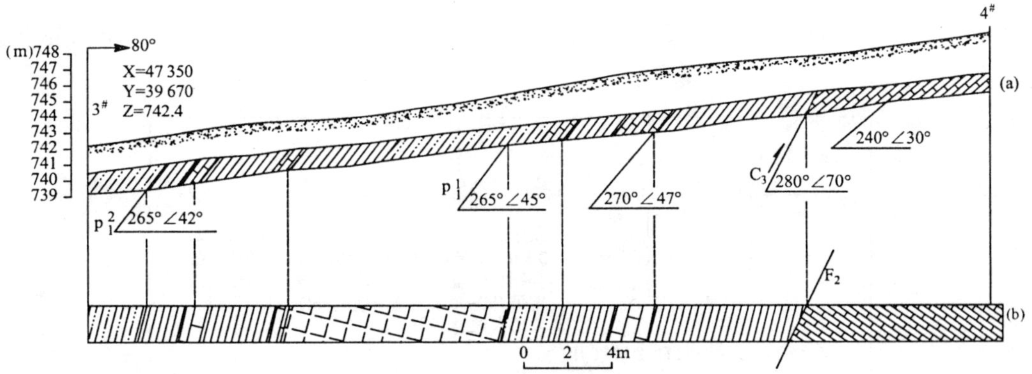

图 6-6　探槽一壁一底展开图

5. 室内整理工作

根据各种测量成果和样品的鉴定、测试成果对野外编录资料进行修正、补充、归纳整理，按规定格式编制、完善必要的图表。

6. 探槽原始地质编录应提交的资料

（1）坑探工程基点基线记录表。

（2）坑探工程原始地质记录表。

（3）坑探工程采样及分析结果记录表。

（4）音像记录表。

（5）照片、音像及各种样品的实物资料。

（6）探槽素描图和柱状图。

（7）测量成果。除基点外的地层分界点、水文点、构造点等坐标资料。

（8）工程登记表、工程验收报告（表）、地质小结。

通常，自探槽施工结束后 10 日内应向项目组提交探槽编录原始资料，由有关人员审查，15 日内检查修改完毕。

（二）探井的原始地质编录

探井的原始地质编录应在探井支护前随着掘进及时进行，包括方井和圆井的编录。由于探井是沿铅垂向掘进，因此其是垂向切穿岩系，揭露的地质剖面是一种垂向剖面系统，一般是通过观测、记录相关实测数据和地质现象后，绘制一壁展开图或四壁展开图来完成探井的原始地质编录。

探井的原始地质编录也要组成编录组，一般由 2～3 人组成，其中组长全面负责编录工作并安排和协调其他组员工作。

1. 方井原始地质编录

（1）方井原始地质编录的基本要求如下。

a. 编录壁的确定及基点、基线布设。一般方井编录第一壁首选正北壁、北西壁、北东壁、正东壁或勘查区应作统一规定，并使方井四壁中的一壁与勘查线方向一致；方井基点布置在第一壁的左上角，基线自基点铅垂布设（图 6-7）。

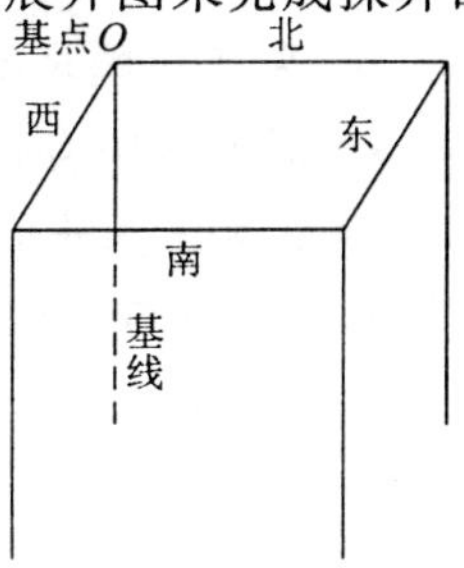

图 6-7　方井基点、基线布设图

b. 井壁展开方法。如选北壁作第一壁后，北壁不动，从北壁与西壁交线处断开，将西、南、东三个壁同时作逆时针旋转，直至与第一壁构成一个平面，则为方井四壁展开图（图 6－8）。

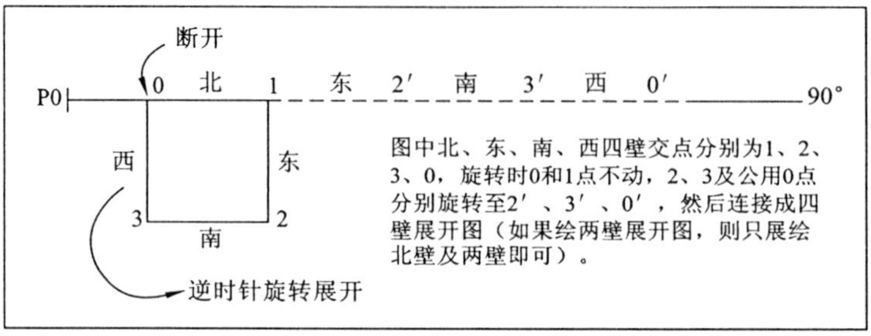

图 6－8　方井四壁展开方法示意图

（2）井壁的观测方法。通常用皮尺和钢卷尺对井壁进行观测。观测时，将皮尺由井口垂直放至井底作为纵坐标、以小钢尺为横坐标控制各界面点的位置。下面以四壁观测为例，说明其观测方法。

a. 在探井四角（A、B、C、D）挂垂直基线（皮尺），使起点为 O；并分别量取 AB、BC、CD、DA 四壁的宽度及方位。

b. 在四条垂直基线上分别量出基岩界面、分层界线、构造点、水文点等的深度，将上述测量数据及地质描述内容填入探井原始记录表（表 6－7）。

表 6－7　探井原始记录表

勘查区________　　工程编号______　　井口坐标 X_____ Y_____ Z_____

井壁方位 AB_____　BC_____　CD_____　DA_____　　第_____页/总_____页

层号	层厚	测点号	分层深度（皮尺读数，m）				岩石名称	地质描述	产状	采样号
			A	B	C	D				

测量日期_____年_____月_____日　　　记录人_____

c. 对表土层、各岩石分层、构造点、水文点等按要求进行详细地质描述，并测量其产状。

d. 采样并填写坑探工程采样及分析结果记录表（表 6－5）。

e. 对方井中有特殊意义的地质点或地质现象，可进行拍照；对方井进行数码摄像，作为影像资料保存并填写音像记录表（表 6－6）。

（3）绘制方井展开图的方法如下。

A. 绘制方井展开图的基本要求是：在水文地质条件简单时，只需作方井一壁剖面图即可；在水文地质条件复杂时，则需绘制方井四壁展开图。绘图比例尺应为 1∶100～1∶50。

B. 方井展开图的绘制方法如下。

a. 在方格纸上合理布置各图面要素（可参考探槽展开图）。

b. 以井口最低一角（图 6－9 中 B 点）的标高为零点，根据测得的各点相对高差值，按一定顺序给出另外三角（A、C、D 点）的位置；然后以基点（图 6－9 中 A 点）为基准，将四壁按自然接触关系平行展开；根据四条线的间距（井壁宽度），按比例画四条垂直基线，连线后构成方井四壁并标上四壁的方位。

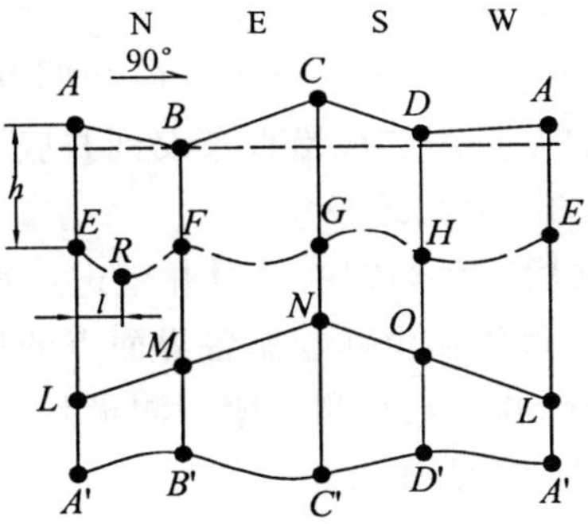

图 6－9　探井编录示意图

c. 在四条垂直基线上，按记录数据截取基岩面点、各分层界线、构造点的深度及井底的深度。在相邻两井壁四条铅直基准线上，按照记录深度数据分别截取基岩面（图 6－9 中 E、F、G、H 点）、各种地质界面（图 6－9 中 L、M、N、O 点）、构造点、水文点及探井深度（图 6－9 中 A′、B′、C′、D′点）的界线和位置。

当地质界面在相邻两基线间变化较大时（图 6－9 中的基岩面），则要根据弯曲变化点（图 6－9 中 R 点）的深度（h）和水平尺（钢卷尺）读数值（l）绘制该控制点的位置；同样测出其他弯曲变化点的位置，然后用圆滑曲线连接起来，即为基岩顶界面。

d. 连接相同的地质界面点，并按规定图例填绘岩性，即绘制出方井四壁展开图（图 6－10）。在方井展开图上，应注明基点坐标、基线的编号、四壁的方位、岩层的产状、采样位置等。在展开图的上方或下方需画出探井的平面位置图。

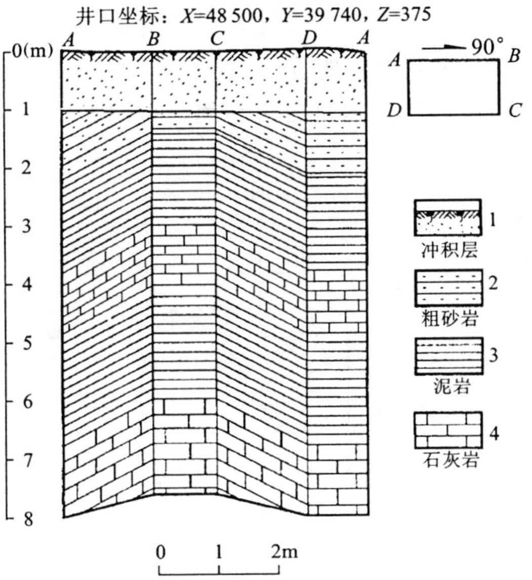

图 6－10　探井四壁展开图

e. 将手工绘制好的探井展开在 MAPGIS 平台上整理转绘成清图。

(4) 将表土层、各岩层的铅直厚度换算成真厚度，绘出方井柱状图。

2. 圆井原始地质编录

(1) 圆井原始地质编录的基本要求如下。

a. 基点、基线布设。将圆井基点设在勘查线方向与圆井在地表交汇的正北、北西、北东、正东点的井口边；将基线自基点用皮尺铅直布设到井底。

b. 确定编录壁。基线通过的一壁为编录壁。

(2) 井壁的观测方法。通常用皮尺和钢卷尺对井壁进行观测。观测时，将皮尺由井口垂直放至井底作为纵坐标、以小钢尺为横坐标控制各界面点的位置。

A. 对水文地质条件简单的圆井，只观测一壁，测量是沿井筒轴向切面进行（图6－11），最好每掘进 2m 编录一段。其观测方法如下。

a. 在切面与井壁的交线方向挂垂直测线（A、B）。

b. 分别读出两条测线上基岩、各分层界线点、构造点、水文点等的深度，并逐层进行地质描述和测量产状；将上述测量数据及地质描述内容填入探井原始记录表（表 6－7）。

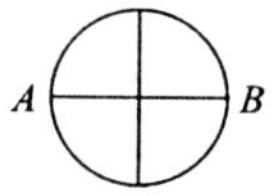

图 6－11　沿井筒轴向切面观测示意图

c. 采样并填写坑探工程采样及分析结果记录表（表 6－5）。

d. 对圆井中有特殊意义的地质点或地质现象，可进行拍照；对圆井进行数码摄像，作为影像资料保存并填写音像记录表（表 6－6）。

B. 对水文地质条件复杂的圆井，应观测其四壁，其观测方法基本同方井。仅在测量开始时，需先在井口的四周选好四个固定点；该四个点与圆井的中心点连线的方位，应分别为北 45°东、北 45°西、南 45°东、南 45°西，如图 6－12 所示的 M、H、N、O 四点；从该四个点向探井底部垂下四条皮尺，再测量各地质界线点、构造点、水文点等。为了使圆井四壁展开图中一壁的地质剖面能够被勘查线剖面图所利用，可以使 NM 或 ON 的方向与勘查线的方位一致。

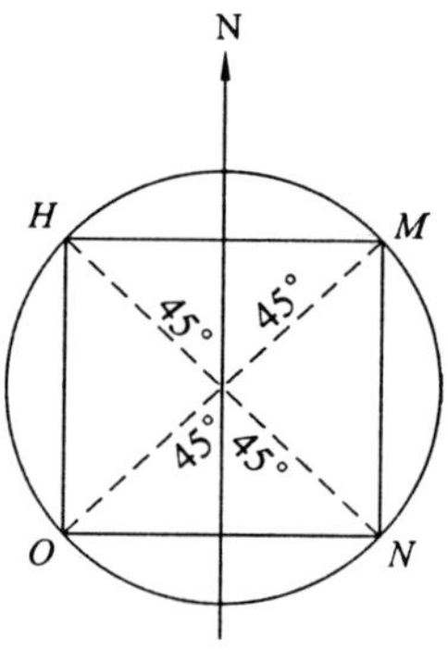

图 6－12　圆井井口挂尺点的选择

（3）绘制圆井编录图。绘制圆井编录图的基本要求是：在水文地质条件简单时，只需作圆井一壁剖面图；在水文地质条件复杂时，则需绘制圆井四壁展开图；当圆井所揭露的岩层倾角较陡时，可通过编录不同深度的水平切面图以绘出井壁柱状剖面图。绘图比例尺为1∶100～1∶50。

A. 圆井一壁剖面图的绘制方法如下。

a. 先以 A、B 间的距离（圆井的直径）按照比例尺在方格纸上画两条平行线。

b. 分别截取基岩深度点和分层点，连接同名地质界面点，并根据图例填绘岩性，即绘制出圆井一壁剖面图（图 6－13）。图上要注明圆井轴切面的方位及圆井的平面位置、井口坐标、分层深度等及其他图面要素。

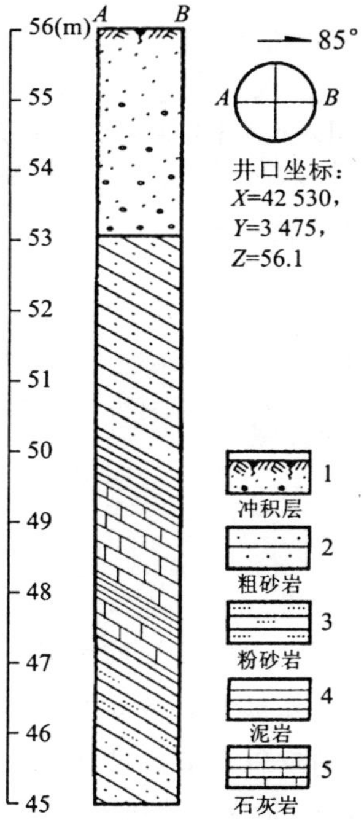

图 6－13　圆井一壁剖面图

c. 将手工绘制好的探井展开图在 MAPGIS 平台上整理转绘成清图。

B. 将表土层、各岩层的铅直厚度换算成真厚度，绘出圆井柱状图。

C. 圆井四壁展开图绘制的方法基本同方井，在此不重复叙述。

D. 圆井水平切面图和柱状剖面图的绘制方法如下。

a. 在编录水平切面图时，要准确地标出切面图的方位和柱状剖面图的剖面线方向。切面图上的地质界线，可通过测其与剖面线的交点、井壁间的距离和界线的走向方位求得（图 6－14）；切面图的位置通过测其距井口的深度求得。

b. 依据水平切面图绘制井壁柱状剖面图。先依据各水平切面图的深度，在井壁图上绘出各水平的切面线，如图 6－14 中井壁柱状上的Ⅰ、Ⅱ线；再依据各水平切面图，绘出井壁柱状图上各水平切面线与各岩层分界线的交点，如井壁柱状图中Ⅰ 水平切面线上的 A、B 点及Ⅱ水平切面线上的 A'、B'点；然后将各水平切面线上的同一岩层分界点相连，即绘得各岩层的分界线，如图 6－14 中连接 AA'和 BB'即得砂岩层的顶、底界线；按规定图例填绘岩性后，即得井壁柱状图。

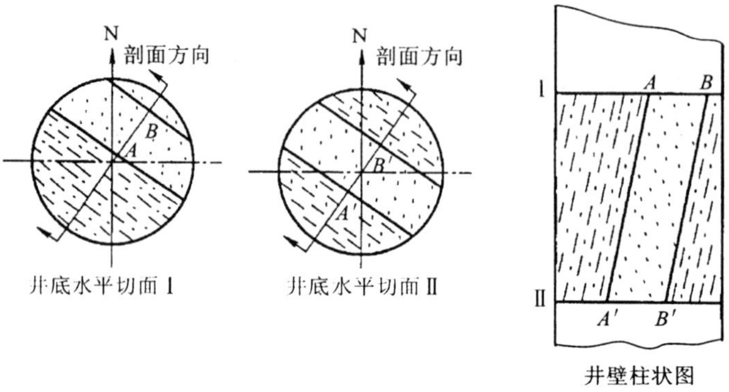

图 6－14　用井底水平切面图绘制井壁剖面示意图

3. 探井原始地质编录应提交的资料

（1）坑探工程原始地质记录表。

（2）坑探工程采样登记表、送样单。

（3）音像记录表。

（4）样品、照片、录像等实物资料。

（5）样品测试成果。

（6）方井素描图。

（7）圆井素描图。

以上对探槽和探井两种常用坑探工程原始地质编录的要求、观测方法、编录图件绘制方法等进行了说明，它们有相似之处，如都是直接观测工程揭露的地质现象、都要组成编录组并有一定的要求，观测过程中都要测量各种数据和采样、照像及录像等、编录图件都要注意图面设计和用 MAPGIS 绘制清图等；也有明显的差异，如编录的剖面系统完全不同。通过对坑探工程的原始地质编录后，获得了大量第一手的原始地质资料，需要强调的是：原始地质编录资料形成之后，原则上不许改动。确需改动时，必须经过研究、论证，并经实地核对后，经项目技术负责或中心（所、院、队）批准，可对原始编录中的地层及地质体代号、工程编号、岩石名称、术语及与此有关的文字描述部分进行修改。这些改动必须采用批注的形式进行，并注明修改原因、批注人及日期，不得采用涂抹方式修改。

第三节　钻探工程的施工管理及原始地质编录

一、钻探工程的施工管理

水文地质钻探是水文地质勘查中使用最普遍的重要手段，也是开采地下水的重要途径。但由于受到地质条件和钻探技术条件等多种因素的影响，钻探工程也存在一些不足之处——如岩芯采取率很难达到 100％、钻孔的方向会偏离设计的方向而发生歪斜、钻具的长度误差影响孔深及分层深度的准确性等，由此会使钻孔地质资料的可靠程度降低。所以必须确保钻孔的施工质量和加强钻探工程的施工管理工作，为钻机安全、快速、高质量地施工创造条件，并获取更多可靠的地质资料。

一般来说，钻探工程的施工管理包括开孔前的准备工作、钻进中的地质管理工作和终孔后的地质管理工作三个方面的内容（表6－8）。这项工作是由地质技术员（大、小班记录员）和钻机机（班）长负责进行的。因此，能否取全和取准钻探第一手资料及其他技术经济数据等，与地质技术员和钻机机（班）长有直接的关系。

表6－8　钻探工程的施工管理主要工作一览表

三个大的环节	序号	具体内容	简要说明
开孔前的准备工作	1	熟悉勘查区的地质情况	熟悉勘查区内地层、水文、构造等地质特征
	2	踏勘孔位	确定孔位、调查开孔技术条件和钻探施工条件及确定开孔层位
	3	编制钻孔地质指示书	从地质和钻探两个方面编制单孔设计
	4	开孔验收	对钻机安装、泥浆系统、用具等方面进行验收
	5	召开钻孔开工会	介绍钻孔的地质情况和质量要求
钻进中的地质管理工作	1	开孔工作	护孔和防止开孔孔斜
	2	钻探取芯与整理	取芯与整理方法
	3	钻探原始记录班报表的填写	班报表的填写内容及检查
	4	钻孔简易水文地质观测	观测内容、方法和要求
	5	预防钻孔偏斜	孔斜的类型、原因、措施及要求
	6	丈量钻具全长与孔深误差处理	实测孔深与记录孔深的误差及校正
	7	成井工艺	包括扫孔、冲孔、换浆、下管、填砾、止水、洗井等工序
终孔后的地质管理工作	1	终孔工作	下终孔通知
	2	测井工作	物探测井
	3	终孔验收	按钻孔质量标准验收
	4	封孔	指出封孔层位并按操作规程进行封孔
	5	岩芯缩选和入库	据要求缩选岩芯和入库
	6	钻孔资料整理归档	钻孔资料分类、整理、刻盘等

（一）开孔前的准备工作

1．熟悉勘查区的地质情况

一般来说，通过阅读本区已有的地质资料和勘查设计并进行野外实地观察后，对本区地层、水文、构造等地质情况就可以有一个比较详细的了解。对于地质技术员来说，只有在熟悉并掌握本勘查区总的地质特征（尤其是相邻钻孔资料）的基础上才能正确认识和判断本孔的地质特点，进而有的放矢地进行钻孔施工管理和原始地质编录工作。

2．踏勘孔位

踏勘孔位包括确定孔位、调查开孔技术条件、调查钻探施工条件及确定开孔层位等工作。一般由地质技术员和钻探人员共同完成。

（1）确定孔位。根据设计钻孔在地形地质图上的坐标，将设计图纸上的钻孔，经测量人员用全站仪或GPS等“点孔”后→野外现场初测孔位→调整后即为现场确定孔位→埋桩，作为钻场安装标志。一般由地质、物探、钻探技术人员到现场确定孔位，要求能满足地质要求、尽可能不占或少占耕地、施工方便；若条件允许时，可与当地建设规划与需要相结合确定。

（2）调查开孔地质技术条件。地质技术人员要到现场了解钻孔位置表土的特征及厚度、查明基岩风化程度和裂隙发育情况等，以确定开孔时是否下孔口管或套管。

（3）调查钻探施工条件。钻探施工条件主要是指安装场地、供水水源、供电线路和交通运输等条件，一般是由钻探人员负责。应了解施工现场地下电缆、管道以及地面高压电线分布情况，钻孔距地下埋设物的安全距离应大于5m；施工现场应保证“三通一平”（水、电、路通，地基平），并要求在钻塔起落范围内不得有障碍物。当场地不能满足钻探设备安装要求时需要修建地基，修建时必须考虑到地形、风向、雨季洪水的影响，并采取相应的安全措施；地基必须平整、坚实、适用；需采用填土修建时，必须进行打桩、夯实；塔基处填方面积不得大于塔基的1/4；深孔或在沼泽地区施工时，塔角和钻机底座地基宜采用水泥墩加固。

（4）确定开孔层位。开孔层位直接影响到见矿深度和终孔深度的确定，所以，一定要准确地确定开孔层位。具体要求是：①在暴露区，应作勘查线实测剖面图，找出可靠的标志层作为依据；②在掩盖区，应详细分析已有的地层和物探资料，并充分利用邻近已施工的钻孔资料来确定开孔层位；③在新区，一般应在钻孔钻进一定深度后，再研究确定开孔层位。

3. 编制钻孔地质指示书

钻孔地质指示书是依据本区勘查设计、本孔地质条件，在施工单位总工程师的主持下，由地质、钻探技术人员共同编制的、指导钻孔施工管理的地质技术设计（图6－15）。它实质上就是钻孔的单孔设计，是钻孔施工的依据。单孔设计的内容包含地质和钻探技术两个方面，具体包括钻孔地层系统、地质预想柱状图、岩石组成及可钻性等级、钻孔结构、钻进工艺、成井工艺、工程质量指标及安全生产措施等内容。

（1）地质部分。地质部分由地质部门提出，由文字说明和钻孔地质预想柱状图两部分组成。

A. 文字说明。主要内容包括施工区的地理位置、交通条件、地形地貌、气候和生活条件；设计钻孔的目的和任务、钻孔位置（坐标、标高）；地层划分和岩石可钻性级别、地质构造和水文地质条件，着重说明影响钻探施工的主要地质因素；开（终）孔层位、终孔深度；主要含水层和隔水层、涌（漏）水层段、孔壁坍塌及岩芯采取率、原始记录填写、简易水文观测、孔深误差、孔斜测量、采样、岩芯采集和保管、测井、封孔及水文地质试验与观测要求等。

B. 钻孔地质预想柱状图。一般是采用1∶100、1∶200或1∶500的比例尺，将全孔从开孔到终孔预计要见到的各岩层，按其层位顺序、伪厚度或深度用规定的符号、图例填绘出来构成设计柱状图。钻孔地质预想柱状图是钻孔地质指示书的重要组成部分，考虑设计钻孔位置及勘查阶段、掩盖程度等，其主要编制方法有以下两种。

a. 勘查线剖面定柱法。适用于设计在勘查线上的钻孔。根据设计钻孔在勘查线剖面上的位置，结合勘查线上已有地质资料，沿设计钻孔轴线直接截取表土层、含水层和隔水层及其他地层界线、地质现象的孔深点，并量出孔口标高和终孔深度，按一定比例尺和岩性图例绘制到空白的钻孔地质指示书上即可。

b. 开孔层位定柱法。适用于没有设计在勘查线上的钻孔。在构造简单的暴露和半暴露区，可根据设计钻孔附近实测地层剖面资料和该孔岩层倾角，沿设计钻孔轴线由上而下按开孔层位，将钻孔预计要见到的各岩层，按其层位顺序、伪厚度或深度用规定的符号、图例填绘出来构成设计柱状图。

李村水文勘测孔地质指示书

施工钻机： 钻孔位置：

地层时代 界	系	统	组	段	柱状 比例尺：	厚度(m)	累计深度(m)	岩石名称	钻孔及套管结构 口径(mm)/深度(m)	封孔止水材料 深度(m)	抽水段(m)	设计要求
新生界	第四系 Q				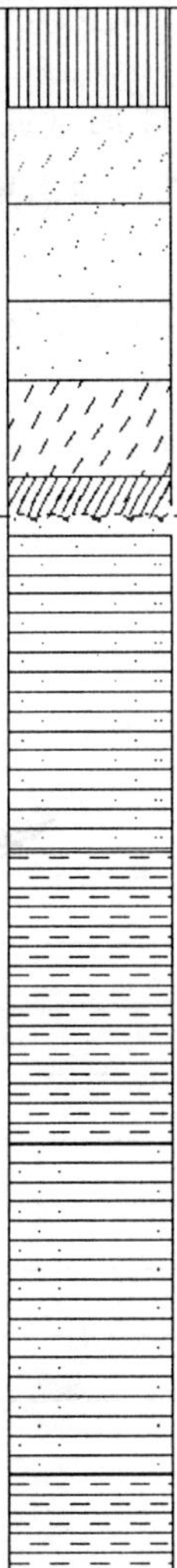	110	110	黄土、粉砂、中砂、粗砂、亚砂土、黏土	Φ445 / 110 Φ273 / 0~110			**一、水文地质要求** (1) 该孔为水文勘测井。 (2) 取芯要求:全孔采用无芯钻进。 (3) 孔斜要求深度在100m 内斜度不大于1.5°。 (4) 在含水层中钻进时，正常情况下，必须采用清水钻进。 (5) 钻进中，应对水位、冲洗液消耗量，涌漏水位、孔壁坍塌、掉钻及水温异常的起止深度等，按需要进行观测和记录。 (6) 在下管前、终孔后，应进行水文地质数字及扩散测井，以了解地层分界位置、含水层位置、孔斜、井温等。 (7) 该井要求进行单孔稳定流抽水试验，试验前先洗井，并进行水位观测工作。 (8) 正式抽水结束前，要求取水样进行水质分析。 (9) 简易水文观测，孔斜、孔深误差，钻具丈量、抽水试验、测井等，均按《供水水文地质勘察规范》及有关规定执行。 **二、工程技术要求** (1) 设备安装必须牢固、周正，确保三点在一条垂线上。钻进过程中严格按钻探规程施工，防止孔斜，保证过滤器顺利下入和抽水，设备正常工作。 (2) 如果要变更钻孔结构，必须经技术负责和项目经理批准方可进行。 (3) 认真执行《钻探安全生产操作规程》，防止“三大”事故发生
古生界	二叠系 P					340	150	砂岩、泥岩，底部为含砾中粗石英砂岩	Φ255 / 450 Φ219 / 110~450			

水文地质审核： 钻探工程审核： 水文地质设计： 工程设计：

图 6-15 钻孔地质指示书示意图

(2) 钻探技术部分。钻探技术部分就是钻探施工设计，由探矿部门提出。水文地质钻探施工设计是根据项目的水文地质设计书、项目委托计划任务书或合同的要求，在现场踏勘的基础上，按照现有的生产定额、材料消耗定额、人员和设备配备与费用定额等资料编制的、指导钻孔施工的方案。根据需要选用设备，选择最优施工方法与工艺，以确保工程质量和获得最佳的技术经济效益。

(3) 单孔设计的审批。根据地质项目管理权限上报审批，即局（或下达任务的主管单位）管地质项目的单孔施工设计，由施工单位审查后报上级审批；施工单位自管地质项目或承包工程项目的施工设计，由施工单位审批后报上级备案。

在钻探施工中，如发现设计与实际情况不符时，应及时进行修订或补充，部局管项目凡关系到工作量或经费数量较大的修订要报上级批准。

钻孔地质指示书审批合格后，可连同钻孔施工通知书（表 6－9）一并交给施工的钻机负责人。

表 6－9　钻孔施工通知书

__________钻机：

经研究决定，__________勘查区__________号孔由你们负责施工，该孔的各项技术要求如下表，望做好施工准备工作，并制订施工计划和措施。

钻探负责人__________　　地质负责人__________

项目	具体要求		
地质目的		设计孔深（m）	
		终孔层位	
取芯要求			
孔斜			
孔深误差			
简易水文			
其他			

填表人__________　　______年______月______日

4. 开孔验收

在钻场安装完成和单孔设计编制并审批合格后，由分队长、地质人员、钻探人员和钻机机长等组成验收小组，根据钻孔设计和有关规定进行检查验收，包括钻探机械安装质量、泥浆循环系统、施工用具和各种原始记录表格等内容。

5. 召开钻孔开工会

在开孔验收合格后，由地质鉴定员向钻机人员介绍钻孔的地质情况和质量要求，其内容如下。

(1) 钻孔设计的目的和任务。着重指出本孔的地位和作用，采用取芯、试验、观测还是探采结合等方法。

(2) 本孔将要穿过的表土层、基岩地层、含水层和隔水层等的层位、预计深度、厚度以及终孔层位和终孔深度等。

(3) 指明本孔可能遇到的各种情况。如老窑、溶洞、漏水、掉块层段、断层带等。

(4) 指出本孔施工中的有关钻探质量及技术要求。防止孔斜，进行判层、取芯，注意安全生产和防止事故的发生等。

总之，要尽量从地质角度分析完成任务的有利和不利因素，并提出措施和建议，做到“五交”即“一交目的、二交情况、三交要求、四交关键、五交措施”。

(二) 钻进中的地质管理工作

钻进中的地质管理工作是指从开孔至钻孔达到设计终孔层位、停止钻进以前的一系列地质管理工作。它实质上是质量管理问题，会直接影响施工质量和地质资料的可靠程度。地质、钻探人员必须密切配合、认真负责地做好这项工作。

在具体讲述钻进中的地质管理工作之前，对在钻孔钻进过程中涉及到几个基本术语进行解释。

回次。是指在钻孔施工中，从开始下钻并将钻具下入孔底进行钻进直至将钻具再次提出孔外的一个循环。

机上余尺（或上余、残尺、余尺）。是指钻机回转器某固定点至主动钻杆与水接头连接处的距离，也即钻机上固定位置至主动钻杆（一般是立轴）上端的长度。机上余尺是钻进作业时测量进尺的基础数据。

进尺。是对钻进深度的度量（基本单位是米，精确到厘米）。进尺是衡量钻探工作量的指标，用以表示工程的计划工作量和实际工作量或借此核算工程的单位成本；此外，还以钻头进尺（新钻头从开始钻进到磨损报废为止的总钻进深度）来评价钻头寿命。实际工作中，按回次、班、日、月、年等进行统计，得到回次进尺、班进尺、日进尺、月进尺、年进尺等。在钻孔施工管理和编录中，常常用到“回次进尺、累计进尺”两个术语。“回次进尺”是一个回次的钻进深度，回次进尺＝本回次下钻后的残尺－本回次提钻前的残尺；“累计进尺”是回次进尺以不同的时间状态节点累计得到的进尺，如班进尺是每一个工作小班回次进尺的累计值、日进尺是每日三个工作小班进尺的累计值等。

累计孔深（钻探记录孔深）。是指从孔口起算，每回次进尺的累计值，即本次累计孔深＝上次累计孔深＋本回次进尺。每钻进一个回次，就得到一个新的累计孔深。

钻具全长。是指钻孔内、外连接起来用于钻进的各种钻具长度的总和。

加尺。指在钻进过程中更换钻具后，钻具全长增加的长度。

减尺。指在钻进过程中更换钻具后，钻具全长减少的长度（应包含钻头磨损）。

采长。指在钻进过程中采取的岩芯实际长度。正常情况下，采长小于或等于进尺；若采长大于进尺，则说明孔内有残留岩芯。

通常，在钻进过程中应做好的地质管理工作主要包括以下七个方面。

1. 开孔工作

钻孔开孔工作主要是开孔钻进时必须加强护孔和防斜措施，防止孔口坍塌和确保钻孔垂直。

(1) 在易塌的表土层开孔时，可以用黏土投入孔内护壁，待钻穿易塌表土层后，应下入孔口管，其底部和四周用黏土围填、捣实，不得有渗漏。

(2) 回转钻进开孔。应采用短钻具和轻压慢转的方法钻进，遇松散层可用优质泥浆护孔，对水龙头和高压胶管要用绳牵引或用导向装置将其扶正，钻进过程中要用升降机将主动钻杆吊直，防止主动钻杆倾斜、摆动而造成孔斜。

(3) 冲击钻进开孔。首先将钻具吊起对位，找正钻孔中心，开挖孔口坑；然后将钻具下放到孔口坑内，用短冲程、单冲次冲击钻进，放绳要准确、适量，保持钻具垂直冲击钻进，防止钻具摆动伤人和导致孔斜。

(4) 开孔钻进深度，一般应超过正常钻进所用粗径钻具长度后，才准改用正常的工艺钻进。

2. 钻探取芯与整理

钻孔一旦开始钻进，就会进行钻探取芯及岩芯整理工作。

(1) 钻探取芯。其要求如下。

a. 提钻前，下卡料将岩芯卡紧。

b. 提钻时，操作要稳、速度要均匀、要慢提轻放、细致小心；注意判断岩芯有无下滑的感觉，防止岩芯中途滑落。

c. 提钻后，使岩芯管与地面成倾斜角度，并保持钻头离地面 0.20～0.30m。

d. 从岩芯管内敲取岩芯时，为防止岩芯紊乱，不准将岩芯管吊离地面很高且不得猛敲猛打；当岩芯从岩芯管中滑落后，应按上下顺序排列（不得颠倒）；用水清洗岩芯或清除杂质、剥掉泥皮等；并及时填写回次标签（回次岩芯票，简称次票）（图 6－16）。

e. 将岩芯首尾相接排列（不留明显缝隙），量取岩芯长度；计算回次进尺，并确定孔底残留情况等，一并填入次票和班报表内。

钻孔回次岩芯票

勘查区名称＿＿＿＿＿＿＿＿孔号＿＿＿＿＿＿＿＿

孔深＿＿＿＿m 至＿＿＿＿m，进尺＿＿＿＿＿＿m

残留岩芯＿＿＿＿＿＿＿m，岩芯长度＿＿＿＿＿＿m

提升回次＿＿＿＿，岩芯编号及块数＿＿＿＿＿＿＿＿

编录人＿＿＿＿＿＿＿＿日期＿＿＿＿年＿＿月＿＿日

图 6－16　钻孔回次岩芯票格式

(2) 岩芯整理。每一回次取出的岩芯必须及时整理，装入岩芯箱内（图 6－17）。其要求如下。

A. 岩芯箱编号。每一个岩芯箱，在使用前，要在箱壁外面用红铅油写上钻孔编号、位置、机号、箱号及用箭头表示的岩芯装箱顺序；岩芯箱的编号顺序不能乱且标志清楚。

B. 岩芯装箱。钻探记录员应将每回次取出的岩芯按上下顺序（由新到老）、从左至右装入岩芯箱内，即最后取出的岩芯先装、最早取出的岩芯后装（从岩芯管靠钻头端先取出的岩芯相对较老）；每一回次最后一块岩芯的末端均应有岩芯次票；对松软、粉状的岩芯不能用水冲洗时，应剥掉泥皮、清除杂物，不分块整理，而用布袋装好标明孔号、起止深度，按顺序装入岩芯箱；没有取上岩芯的回次，也要填好岩芯次票，待岩芯分层后，须在两层岩芯中间置以岩芯分层票（图 6－18）；对重要的岩芯须用牛皮纸包好后标明孔号、起止深度，交地质人员进行复查与保管。

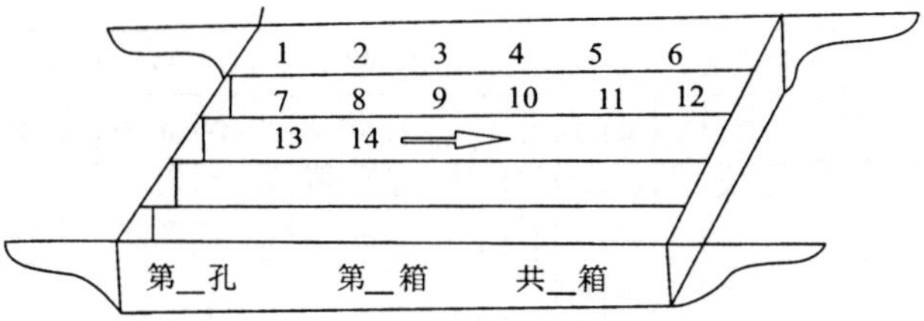

图 6-17　岩芯箱

钻孔分层票

勘查区名称________________，孔号____________________

层　　号________________，层位____________________

岩石名称____________________________________

起回次__________，岩芯长__________m，孔深__________m

止回次__________，岩芯长__________m，孔深__________m

编　录__________日　期__________年____月____日

图 6-18　钻孔岩芯分层票格式

装箱中，若分箱时岩芯是完整的，可在接近换层处（最好不在层面处断裂，因为岩面对研究地层构造有重要意义）将岩芯打断分箱；换层岩芯装箱时，须在两层岩芯之间放入岩芯分层票。

C. 岩芯编号。在岩芯装箱前或装箱后，凡长度大于 50 mm 和少数长度虽小于 50 mm 但仍完整的岩芯，都应用油漆或防水笔在岩芯上按统一的方法标明编号。岩芯编号的方法有回次块数法和累计块数法，最常用的是回次块数法。

a. 回次块数法。是将回次的编号、岩芯的总块数和该块岩芯的序号都写在同一块岩芯上的编号方法如“$15\ \frac{1}{5}$”，表示“第 15 回次所取 5 块岩芯中的第 1 块”。

b. 累计块数法。是从开孔至终孔，不分回次将所有岩芯按取芯顺序依次编号的方法，如“1，2，…，n”。

D. 岩芯装箱后，在岩芯箱一侧注明勘查区名称、孔号、孔深、回次起止号、岩芯起止号等。

3. 钻探原始记录班报表的填写和检查

钻探原始记录班报表是钻探施工最基本的原始记录、钻孔最基础的资料，必须认真填写和检查。班报表必须反映钻探施工生产技术活动的全过程；内容必须真实、准确、详细、齐全、整洁、清晰，不得任意涂改或追记。钻探原始记录班报表的正确与否直接影响钻孔地质编录的可靠程度。

钻进过程中，每个班次都要由钻机小班记录员用钢笔填写一张钻探原始记录班报表。其内容有工作的起止时间、工作内容、回次编号、钻具全长、机上余尺、进尺、孔深、加尺、减尺、岩芯采长等。实际工作中，各生产单位采用的班报表格式和内容不完全相同，表 6-10、表 6-11 列出了两种班报表格式。

表 6-10 ＿＿＿＿勘查区 ZK＿＿＿ 钻孔钻探原始记录班报表（参考式样一）

＿＿＿＿号钻机　　机高＿＿＿＿m　　　　年　　月　　日　　　　第＿＿页

生产记录				钻进情况											取芯情况			地质鉴定				校正孔深	钻探技术					泥浆质量			
作业时间			工作内容	钻具种类	加尺（m）	减尺（m）	增减（±）	钻具全长（m）	上余（m）	进尺（m）	累计孔深（m）	变层深度（m）	岩石名称	判层人姓名	回次岩芯采长（m）	残留（m）	岩芯编号	岩石名称	分层深度（m）	分层厚度（m）	分层采长（m）		钻头		压力(kg)	转数（转/分）	泵量（L/min）	密度	失水量	含砂量	黏度
时	分	共用（分）																					种类	规格							

小结	钻进方法	纯钻时间	岩石名称	进尺（m）	采长（m）	接班时：钻具全长＿＿m；钻杆＿＿根＿＿m；钻铤＿＿根＿＿m；岩芯管＿＿根＿＿m；钻头＿＿m；接头＿＿m；累计孔深＿＿m；上余＿＿m
	取芯					交班时：钻具全长＿＿m；钻杆＿＿根＿＿m；钻铤＿＿根＿＿m；岩芯管＿＿根＿＿m；钻头＿＿m；接头＿＿m；累计孔深＿＿m；上余＿＿m
	无芯					

机长＿＿＿＿　班长＿＿＿＿　记录员＿＿＿＿　小班记录员＿＿＿＿　班报质量＿＿＿＿　岩芯鉴定员＿＿＿＿

表 6-11　钻探原始记录班报表（参考式样二）

项目名称＿＿＿＿＿　施工地点＿＿＿＿＿　开钻日期＿＿＿＿＿　完钻日期＿＿＿＿＿

钻孔编号＿＿＿＿＿　钻机编号＿＿＿＿＿　钻机类型＿＿＿＿＿　＿＿年＿月＿日＿＿班　第＿＿页

作业时间		作业内容									钻具总长(m)				岩芯钻进（m）				岩芯记录（m）					钻具（mm\根\m）			
起	止	纯钻进	下河砂	上下钻具	取芯	换钻具	冲扫孔	简易水文	日常维修	回次编号	加尺	减尺	孔内钻具	机上余尺	岩石名称	孔深		回次进尺	岩芯长度	残留	岩芯累计	岩芯编号	块数	名称	规格	根数	长度
																自	至										
																								钻头			
																								岩芯管			
																								岩芯管接头			
																								钻杆			
																								套管			
																								过滤器			
																								…			
																								合计			
																								接班孔深（m）			
																								本班进尺（m）			
																								交班孔深（m）			
																								出勤人员			
																								姓名		职别	级别

机长＿＿＿＿＿　班长＿＿＿＿＿　记录员＿＿＿＿＿＿＿＿＿＿＿

4. 钻孔简易水文地质观测

钻孔简易水文地质观测是对钻孔钻进过程中水文地质现象如钻孔中水位的变化、冲洗液的消耗和漏失情况、严重掉块、溶洞、老巷、大裂隙、钻具突然下降、水温异常、孔壁坍塌、涌砂及逸气等的观测和记录。钻孔简易水文地质观测是水文地质钻探钻进中的一项重要工作，因为通过这项工作，可以发现含水层和初步确定含水层的富水性能，所以必须予以足够的重视。简易水文观测由小班记录员负责，如发生自流或严重漏水现象时，地质人员（或专门水文地质人员）应到现场帮助小班记录员做好观测和记录工作。

地质孔、水文地质孔、探采结合孔在钻进过程中应进行简易水文地质观测，供水孔、观测孔及采用泥浆钻进、反循环钻进的水文地质孔应减免进行观测。钻孔简易水文地质观测项目如下。

（1）水位观测。测量水位应以孔口基桩的高程为标准，不宜利用管口，因套管在地层松软时会下沉，测量时要细心，避免造成差错。对每一个含水层，都要测出其天然水位。为了准确测定含水层的水位和其他参数，水文地质钻探时应尽量用清水钻进；如果采用泥浆钻进，在观测稳定水位之前，需认真洗井以消除其影响。

观测钻进中孔内水位变化。在钻进到地下水位后，每个回次下钻前、提钻后各测一次水位，即回次水位。观测的方法是将系有铅钟的测绳逐渐沉至钻孔中，当听到有击水响声时，说明铅钟已遇水面，此时便可以从测绳上读取水位深度，并将观测结果记入钻孔简易水文地质观测记录表（实际工作中，生产单位采用的简易水文地质观测记录表格式和内容不尽统一，表 6－12、表 6－13）中。观测要求是：如停钻时间较长，在 24h 内每 4h 观测一次、超过 24h 每 8h 观测一次，直到重新钻进为止。根据多次连续测得孔内水位上升与下降资料，可以初步判断含水层的近似水位，并根据孔内水位升降的突然变化和耗水量的变化，确定含水层位置，特别在石灰岩地区，这种方法更为重要。采用泥浆钻进的钻孔可不观测孔内水位变化。钻孔钻进结束时，应观测终孔水位。

表 6－12 钻孔简易水文地质观测记录表（参考式样一）

钻孔号＿＿＿＿＿ 钻机号＿＿＿＿＿ ＿＿＿＿年＿＿＿＿月＿＿＿＿日＿＿＿＿班 第＿＿页

<table>
<tr><th rowspan="3">日期</th><th rowspan="3">班次</th><th rowspan="3">钻孔直径（mm）</th><th rowspan="3">钻头类型</th><th rowspan="3">套管深度（m）</th><th rowspan="3">岩石名称</th><th colspan="10">冲洗液消耗量观测</th><th colspan="5">孔内水位观测（m）</th><th rowspan="3">孔内水文异常及深度（m）</th><th rowspan="3">记录员</th></tr>
<tr><th colspan="2">孔深(m)</th><th colspan="3">时间（h）</th><th colspan="4">水箱内水位（m）</th><th rowspan="2">单位时间消耗量或涌水量（m^3/h）</th><th rowspan="2">孔深</th><th colspan="2">提钻后</th><th colspan="2">下钻前</th></tr>
<tr><th>起</th><th>止</th><th>起</th><th>止</th><th>计</th><th>原有量</th><th>新增量</th><th>现有量</th><th>差值（±）</th><th>时间</th><th>水位</th><th>时间</th><th>水位</th></tr>
<tr><td></td><td></td><td></td><td></td><td></td><td></td><td></td><td></td><td></td><td></td><td></td><td></td><td></td><td></td><td></td><td></td><td></td><td></td><td></td><td></td><td></td><td></td><td></td></tr>
<tr><td></td><td></td><td></td><td></td><td></td><td></td><td></td><td></td><td></td><td></td><td></td><td></td><td></td><td></td><td></td><td></td><td></td><td></td><td></td><td></td><td></td><td></td><td></td></tr>
<tr><td></td><td></td><td></td><td></td><td></td><td></td><td></td><td></td><td></td><td></td><td></td><td></td><td></td><td></td><td></td><td></td><td></td><td></td><td></td><td></td><td></td><td></td><td></td></tr>
</table>

机长＿＿＿＿＿ 班长＿＿＿＿＿

表 6-13 钻孔简易水文地质观测记录表（参考式样二）

勘查区______________　　________年____月____日　　第____页　共____页

	观测时间						孔深（m）	水体深度（m）			责任栏			备注（记录孔内水文地质异常及深度、采样及深度等）
	由		至		间隔			提钻后	下钻前	升降	班次	班长	观测员	
	时	分	时	分	时	分								
回次水位														

	观测时间						井深（m）			冲洗液消耗量（L）				单位时间消耗量（L/h）	单位进尺时间消耗量［L/(h·m)］		
	由		至		间隔					不漏失	部分漏失		全部漏失			班次	观测员
	时	分	时						间隔		漏水	严重漏水					
冲洗液消耗量																	

记录人__________　日期__________　检查人__________　日期__________

(2) 冲洗液消耗量的观测。其具体方法如下。

冲洗液是钻孔钻进中的一种冲洗介质，具有净化孔底、冷却钻头、润滑钻具和护壁的作用。钻进中的冲洗介质有空气、泡沫、清水或清水基冲洗液等，可根据地层性质、水源条件、施工要求、钻进方法、设备条件等选择正确的冲洗介质（表 6-14）。

冲洗液消耗量是指纯钻进时间内钻孔中消耗的冲洗液的数量。冲洗液消耗量与地层渗透性有很大的关系，可以相对地说明岩层的透水性。钻孔冲洗液消耗量及性质的突然变化，通常说明所揭露地层的渗透性和涌（漏）水量发生了变化，也可能是揭露了新的含水层（带）。一般来说，隔水层或弱透水层冲洗液几乎不消耗；如果钻进过程中冲洗液大量消耗，可能是揭露到透水性很强的含水层、透水通道或遇到透水性很强的干岩层；如果钻进过程冲洗液循环量增多，则说明揭露新的含水层（带）的水头至少高于该含水层，即可能遇到高压含水层。因此在复杂地层钻进时，应观测、计算冲洗液的消耗量。

表 6－14　钻进不同岩层适用的冲洗液类型与性能指标表

<table>
<tr><th rowspan="2">岩层性质</th><th rowspan="2">冲洗液类型</th><th colspan="6">冲洗液性能指标</th></tr>
<tr><th>黏度 S</th><th>失水量（L/30min）</th><th>密度（g/cm³）</th><th>胶体率（%）</th><th>pH 值</th><th>含砂量（%）</th></tr>
<tr><td>非含水层（黏性土层）</td><td>无黏土相或低固相冲洗液</td><td>18～25</td><td>＜20</td><td>1.00～1.06</td><td>＞98</td><td rowspan="2">8.5～10.5</td><td rowspan="11">＜4</td></tr>
<tr><td>遇水膨胀岩层</td><td>低失水量的冲洗液</td><td>2 530</td><td>＜15</td><td>1.08～1.20</td><td rowspan="4">100</td></tr>
<tr><td>含砂土层、粉、细、中砂层</td><td rowspan="2">优质冲洗液</td><td>22～35</td><td>＜20</td><td>1.04～1.10</td><td rowspan="3">8.5～11.0</td></tr>
<tr><td>粗砂、砾石层</td><td>25～50</td><td rowspan="2">＜1</td><td>1.08～1.30</td></tr>
<tr><td>卵石、漂石层</td><td>加重冲洗液</td><td>30～60</td><td>＞1.1</td></tr>
<tr><td>松软、流砂或坍塌掉块岩层</td><td rowspan="2"></td><td>35～80</td><td>＜15</td><td>＞1.2</td><td rowspan="6"></td><td>8.5～10.0</td></tr>
<tr><td>承压自流含水层</td><td>25～40</td><td>＜20</td><td>1.10～180</td><td>8.5～11.0</td></tr>
<tr><td rowspan="2">一般基岩层</td><td>空气、低密度冲洗液</td><td rowspan="2">15～22</td><td rowspan="2"></td><td>＜1.0</td><td rowspan="2">7.0～10.5</td></tr>
<tr><td>清水、低固相冲洗液</td><td>1.0～1.08</td></tr>
<tr><td rowspan="2">裂隙、溶洞地层</td><td>空气、泡沫冲洗液</td><td rowspan="2">18～25</td><td rowspan="2">＜20</td><td>＜1.0</td><td rowspan="2">8.5～11.0</td></tr>
<tr><td>循环桥堵冲洗液</td><td>1.03～1.08</td></tr>
</table>

a. 冲洗液消耗量的观测方法。冲洗液消耗量观测的一般做法是：提钻后、下钻前分别观测水源箱水位标尺（图 6－19），即可求得本次回次进尺段内冲洗液的消耗量（V）。计算公式为：

$$V=(V_1+V_2)-V_3 \tag{6-1}$$

式中：V——回次进尺段内冲洗液消耗量，m^3；

V_1——回次钻进前水源箱内冲洗液体积，即原有量，m^3；

V_2——钻进过程中加入水源箱中的冲洗液体积，即新增量，m^3；

V_3——回次钻进提钻后水源箱内冲洗液的体积，即现有量，m^3。

当（V_1+V_2）$>V_3$ 时，V 为消耗量；当（V_1+V_2）$<V_3$ 时，V 为涌水量。停钻时可用孔内液面下降值计算地层漏失量。

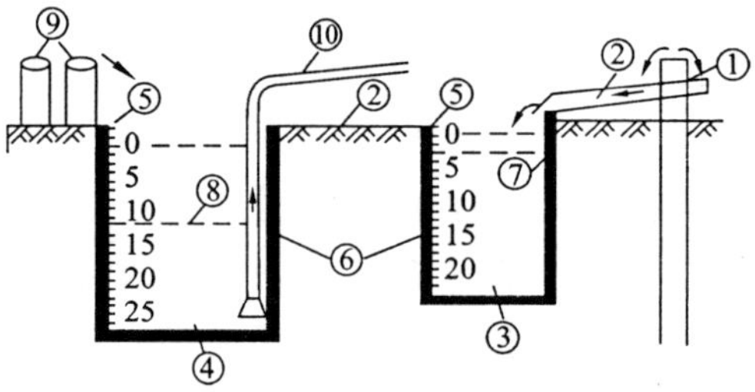

图 6－19　冲洗液循环装置及消耗量观测示意图

①. 钻孔；②. 导水槽；③. 沉淀池；④. 贮水池；⑤. 标尺；⑥. 隔水壁；⑦. 回次钻进开始时水位；⑧. 回次钻进结束时水位；⑨. 加冲洗液用的量器；⑩. 泥浆泵的吸水管

在一定容积的水源箱内用标尺测量冲洗液的深度；然后根据回次钻进开始和结束时冲洗液深度的差值，可以计算孔内单位时间内的冲洗液消耗量（m^3/h）或进尺1m时的冲洗液消耗量，即单位进尺时间消耗量［$m^3/(h \cdot m)$］。计算公式如下：

$$Q'=\frac{(H_1-H_2)\ F}{T_2-T_1} \tag{6-2}$$

式中：Q'——单位时间内的冲洗液消耗量，m^3/h；

H_1、H_2——水源箱内冲洗液的水位在回次开始和结束时的读数，m；

F——水源箱水平断面面积，m^2；

T_1、T_2——测量起、止时刻，h。

b. 冲洗液消耗量的观测要求。测定冲洗液消耗量及其漏水（<50%的消耗量）、严重漏水（50%～75%的消耗量）及全漏水的位置，并将观测结果记入钻孔简易水文地质观测记录表（表6-12、表6-13）。在钻进过程中，冲洗液消耗量的测定一般是每隔1h或每回次观测一次，如发现冲洗液漏失量大时，需增加观测次数。

（3）孔内现象观测。钻进中对孔内发生并能分析、判断水文地质问题的现象，都应予以观测和记录。主要记录钻进中发生的漏水、孔壁坍塌及严重掉块、钻具陷落、涌砂、气体逸出及水色变化等异常现象，对其进行描述并记录起止深度。

（4）自流钻孔的水文观测。钻孔涌水自流，表明钻孔揭露了承压水头高于地面的自流高承压含水层。此时，应立即停钻，记录钻进深度、测量其静止水头高度和涌水量及水温，并作放水试验，求其涌水量和降深的关系。在每个水位高度上，稳定的延续时间一般为2～4h。各种不同情况下的测量方法如下。

a. 套接管装截门测量法。孔内水头超出孔口而未超出钻塔高度时，可以将孔口套管接长，在套管下部装一个截门作放水试验，如图6-20（a）所示。开始应关闭截门测定静止水头高度，而后打开截门控制流量，测量水位高低，求出不同水头高度的涌水量。

b. 短套管上安装压力表和截门测量法。有的承压水层，压力水头高出钻塔，则不宜接装长套管。可在套管上接一节短套管，在短套管顶部安装压力表，短套管中部装一个截门，如图6-20（b）所示。在关闭截门时，压力表稳定读数即为水头高度。利用截门开关调节压力表的压力，可测得不同压力值的涌水量，据此求出不同降深值。

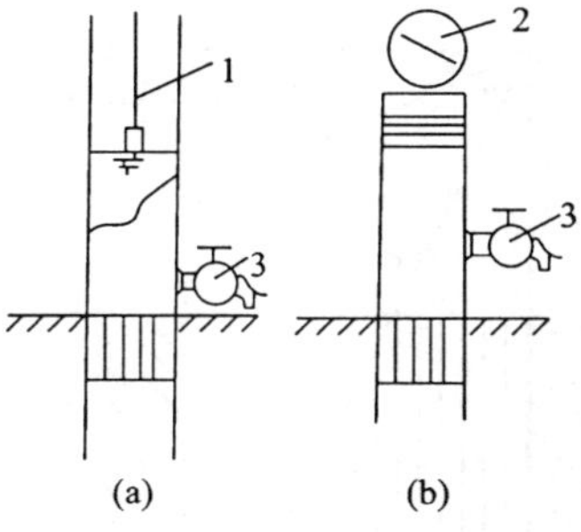

图6-20　测量涌水示意图

（a）套接管装截门测量法；（b）短套管上装压力表和截门测量法；

1. 电测水位计；2. 压力表；3. 截门

涌水量也可根据自流孔涌水高度及孔口管内径采用下式进行计算：

$$Q=11d^2\sqrt{f} \tag{6-3}$$

或 $$Q=11d^2\sqrt{f(1+0.0013f)} \tag{6-4}$$

式中：Q——孔内单位时间涌出的水量，L/s；

d——套管内径，dm；

f——喷水高度，dm。

当 $f<50$dm 时，用式（6-3）计算；当 $f\geqslant 50$dm 时，用式（6-4）计算。测量 f 的同时，最好能进行涌水试验，进行三次水位降深，测定的三个稳定水位即为所对应的涌水量。

（5）水温观测。对每个抽水的含水层都要测量水温。一般情况下，钻孔内水温的变化可作为判断新含水层出现的标志。因此在钻进过程中，如发现水位突变或大量涌水时，要测定水温；对巨厚含水层，要分上、中、下三段，分别测定地下水温度。

测量孔内水温的方法，最好采用热敏电阻温度计进行测量以保证足够的精度。使用普通的玻璃水银水温计在钻孔中测量水温时，水温计应插在一根短铜管制成的提筒内，在温度计的周围及水银球的下端填满棉花。水温计在钻孔中的停留时间为 30min～1h。

抽水时的水温测量和高承压含水层的水温测量，都在地面进行。可将水温计的水银球直接放在水流的出口处，等待 3～5min，在水银柱稳定后即可读数。

测量水温的读数精度要求达到 0.1℃ 。抽水时每隔 2～4h 测量水温一次。为了保证资料的正确性，每次测量应进行两次校正。

测量水温时，应同时将钻孔深度、孔内水位、水温计的放入深度、天气、气温和日期等在报表内填写清楚。

钻孔中要取水样，具体方法见第三章第二节。

5. 预防钻孔偏斜

钻孔偏斜（也称钻孔弯曲，简称孔斜）是指在钻进过程中，钻孔已经钻成的孔段轴心线与原设计轴心线发生了偏差的现象。

钻孔轴心线上任意一点 P 的空间位置，决定于该点的深度、天顶角（或倾角）和方位角三个要素（图 6-21）。天顶角（γ，简称顶角）是钻孔轴心线与铅垂线的夹角，倾角（σ）是钻孔轴心线与水平面的夹角，σ 和 γ 互为余角（$\gamma+\sigma=90°$），方位角（β）是钻孔倾角平面与定向方位（正北方向）平面的夹角或是钻孔轴心线在水平面上的投影线与正北方向的夹角。

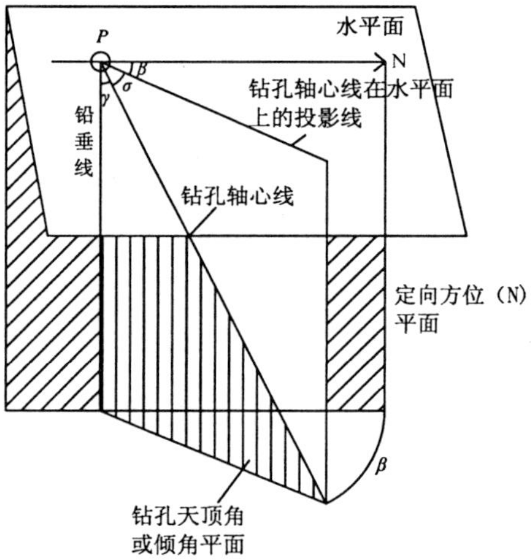

图 6-21　钻孔偏斜示意图

孔斜有三种情况：天顶角歪斜、方位角不歪斜（钻孔轴心线未偏离勘查线剖面）；天顶角不歪斜、方位角歪斜（钻孔轴心线偏离了勘查线剖面、但天顶角未变）；天顶角和方位角均歪斜（钻孔轴心线偏离了勘查线剖面、天顶角也发生了变化）。实际工作中，一旦发生孔斜，常常是天顶角和方位角均歪斜。

（1）孔斜的原因如下。

a. 地质方面的原因。遇溶洞、断层破碎带、流砂层、松散易坍塌岩层、卵石层等，因孔径扩大，钻具不易控制钻进方向，从而产生无规律孔斜（图 6－22）；软、硬岩层交替时，若岩层倾角较大，由于层面上可钻性不均，使钻头的钻进方向发生改变而发生孔斜（图 6－23）。

图 6－22　遇溶洞发生无规律孔斜示意图

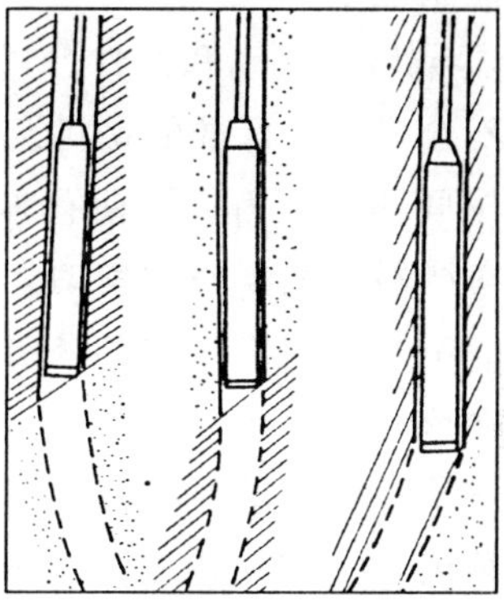

图 6－23　软、硬岩层交替发生孔斜示意图

b. 钻探设备方面的原因。钻塔、钻机安装质量不高；钻具的垂直性和粗径钻具的导向性差；钻头或其他钻具使用不当等。

c. 操作技术方面的原因。钻机转速选用不当；孔底压力太小；三班操作标准不一等。

（2）孔斜的危害如下。

a. 影响钻进效率。孔斜后，一方面钻具不能快速回转，也不能加压钻进，升降钻具也困难，减少了纯钻进时间；另一方面增加了无效进尺。

b. 增加钻孔事故。孔斜后，断钻、埋钻事故增加。因为孔斜后，一部分压力施加于钻具上迫使发生弯曲（断钻），另一部分压力作用于偏斜的孔壁，易使孔壁垮塌（埋钻）。

c. 加大设备的磨损。孔斜增加了钻具的磨损，缩短了使用寿命。

d. 影响抽水设备的正常运转，严重时甚至会使各种井管和抽水设备无法顺利地下入孔中。

e. 影响地质资料的可靠性。孔斜改变了原设计见层深度和岩层产状及工程密度等，还可使钻孔达不到设计的目的。

f. 测井困难。孔斜后，孔壁易垮塌、掉块、测井仪器和电缆入井困难，同时易发生仪器和电缆被埋的事故。

（3）预防钻孔弯曲的措施如下。

地质人员应将钻孔的地质情况，如岩性、软硬互层、断层破碎带特征等，经常向钻机人员交底，使钻机人员能够根据孔内地质条件的变化在钻探工艺上采取措施，减少和避免孔斜。具体如下。

a. 安装及机械维护人员应使钻探设备的安装合格，钻塔、钻机安装要求周正、水平、稳固，保证天车、回转器、钻孔中心“三点一线”。

b. 根据地质条件选择正常的钻进方法，确定不同岩层的钻进技术参数，在条件相同时，各项钻进技术参数应一致。钻机人员应加强判层，掌握孔底情况，合理调节孔底压力、转速、水量，合理选用钻头和控制钻程，要求三班的操作标准一致。

c. 根据钻孔结构合理选择钻具结构。若用三牙轮钻头钻进要采用钻铤加压；若用筒状钻具钻进要选择长、直筒状钻具。

d. 钻进软、硬互层的易孔斜地层、卵石层及破碎带地层，要求给进均匀，轻压慢转，同时要适当控制泵量。

e. 回转器或转盘松动和部件严重磨损的钻机不得使用，液压钻机的锁紧机构在给进中不得松动。不合乎技术标准的钻机及钻具应及时更换，绝不允许凑合使用。

f. 进行中间测斜。为了解钻孔施工过程中的孔斜情况，钻机人员应每隔一段距离用氢氟酸进行简易测斜。氢氟酸测斜时，所用玻璃管的厚度为 3mm、直径为 27～30mm、长度为 200～250mm 且不应有气泡和条痕，并在使用前应将油污洗净；测斜时上下钻操作要稳、动作要快、停放时间要充足；停放时间应根据孔深和氢氟酸的浓度确定。如钻过松散层、换径、扩孔等位置时，要求测斜；正常地质条件下，每钻进 50～100m 要进行测斜；地质条件复杂时，每钻进 30～50m 要进行测斜。

(4) 对孔斜的要求如下。

在现有钻探技术的条件下，钻孔在一定深度内产生一定的孔斜是难免的。但如果孔斜过大，不但加大了设备的磨损、增加孔内事故，而且还影响孔内管材和抽水设备的安装及正常运转，特别是当孔斜过大且又采用深井泵抽水时，还可能造成立轴和进水管折断等。因此，对孔斜必须有一定的要求。

水文地质普查、勘探孔，每钻进 100m 或换径、终孔时，应测量顶角弯曲度。探采结合孔和供水井，每钻进 50m、换径、终孔或扩孔结束，应测量顶角弯曲度。钻孔顶角允许弯曲度，每 100m 不得超过 2°，并按照孔深递增计算。采用深井水泵抽水的供水井，下入泵管段每 100m 不得大于 1.5°。使用风压机等抽水时，孔深在 100m 以内时，孔斜不得大于 1°；当孔深在 100～300m 时，孔斜不得大于 3°；当孔深大于 300m 时，孔斜不得大于 5°。

按《机井技术规范》(SL 256—2000) 第 3.3.2 条的规定，井孔必须保证井管的安装，井管必须保证抽水设备的正常工作。泵段以上顶角倾斜的要求是安装长轴深井泵时不得超过 1°，安装潜水电泵时不得超过 2°；泵段以下每 100m 顶角倾斜不得超过 2°，方位角不能突变。

6. 丈量钻具全长与孔深误差处理

丈量钻具全长的目的在于保证孔深测量的准确性。钻孔深度的正确与否，直接影响钻孔地质编录时分层深度的正确与否，进而影响到其他综合图件的正确性。由此可见，丈量钻具全长与地质报告的质量有一定的关系。因此，在钻进过程中应认真丈量钻具全长和检查孔深，当发现记录孔深（累计孔深）与丈量钻具后所确定的实测孔深间存在误差时，应予以平差。

(1) 丈量钻具全长。丈量钻具全长一般是在下钻时将钻具悬空，用钢尺逐一丈量。塔上一人（称上尺）持钢尺零端，塔下一人（称下尺）持钢尺的下端读数，小班记录员或地质人员负责记录。上尺、下尺和记录三人要配合好，丈量时拉紧钢尺，丈量长度不包括接头或丝扣的长度。记录时要准确无误。所有钻头、岩芯管、钻铤、钻杆机上钻杆的长度加在一起即是钻具全长（图 6-24）。丈量后的钻具全长和实测孔深按下式计算：

实测钻具全长＝钻头长＋岩芯管长＋钻铤长＋钻杆全长＋立轴长　（6-5）

实测孔深＝实测钻具全长－机高－残尺－钻头磨损　（6-6）

对丈量钻具全长的一般要求是：见基岩时丈量；每钻进 100 m 丈量；换径、下管前丈量；遇特殊情况（见断层或孔内发生事故等）时，可据需要丈量；终孔时丈量。丈量时均用钢卷尺测量。

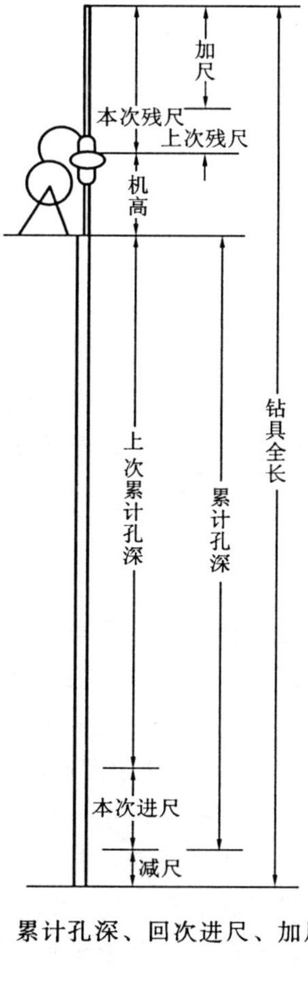

图 6-24　钻具全长、累计孔深、回次进尺、加尺、减尺关系示意图

（2）孔深误差处理。孔深误差即实测孔深与钻探记录孔深（累计孔深）之差，即：

孔深误差＝实测孔深－钻探记录孔深　（6-7）

误差值为“＋”值时，说明实测孔深大于记录孔深；误差值为“－”值时，则说明实测孔深小于记录孔深。

丈量钻具全长后发现的孔深误差实际是上次丈量全长后继续钻进的新孔段内所产生的误差。在这一孔段内所划分的岩层分界深度及岩层的钻探厚度，是以本次丈量全长前的孔深为基础确定的，孔深误差必然会反映到岩层的分层深度及伪厚度中，故需进行平差。根据《水文地质钻探规程》（DZ/T 0148—1994）的规定，误差应小于2‰，超差者应以校正测量数据为准更正。故在实际工作中，当误差小于2‰时，可直接从记录深度中将差值消除；当误差大于2‰时，应合理平差，将误差分摊给可能产生误差的岩层中。

平差的实质是按比例分配孔深误差。它根据产生误差的孔段长度内各岩层的厚度大小，分别按比例将误差值进行加权分配，即岩层厚度越大（权重大），分配的误差值越大；岩层厚度越小（权重小），分配的误差值也越小。其计算公式如下：

$$x=M+\frac{\Delta h\times M}{M_2-M_1-H} \tag{6-8}$$

式中：x——平差后的岩层分层厚度（钻探厚度）；

M——平差前的岩层分层厚度（钻探厚度）；

Δh——孔深误差；

M_1——上次实测孔深；

M_2——本次记录深度（累计孔深）；

H——不参加本次平差的岩层厚度总和，是指在产生孔深误差的孔段内，分层厚度可靠、不需要进行层厚改正的各岩层厚度之和（如分层岩芯采取率是100%或有准确判层深度而定厚的岩层或为较薄的参与平差意义不大的岩层）。

出现孔深误差以后，理应将产生误差这一孔段内各回次的孔深依据其回次进尺数按比例将孔深误差值予以分配，计算出修改后的各回次孔深。用这种办法修改钻机的原始记录是难以做到的，主要是计算繁琐，给小班记录员工作带来困难，更重要的是其需要在原始记录上划改每一个回次的累计孔深，将会使钻探原始记录显得脏乱。为解决这一孔深误差的钻探平差问题，现场多采用最简单的办法，即将孔深误差值在产生误差孔段的最后一个回次一次消除。误差较大时，可在最后几个回次分摊消除。

7. 成井工艺

在水文地质钻探钻凿成孔、取得钻孔地质剖面资料之后，还要下管成井，通过抽水试验查明地下水的水位、水量、水质等情况，有时还要将其建成用于长久供水的水源井。为此需要在井内安装各种井管并采取不同的技术措施，统称成井工艺，它是钻成孔井之后的主要工艺，包括扫孔（扫去孔壁泥皮）、冲孔（冲净井中泥砂和岩屑）、换浆（把井内浓泥浆稀释）、下管、填砾、止水、洗井等工序，各工序相互衔接，如果其中有一项不合乎要求，都会影响成井质量。成井工艺的目的概括起来为两个方面：其一，将含水层（目的层）的水经过疏通而能自由地流入井内；其二，封闭或隔离非目的层，以防止地下含水层的水互相串通或污染含水层。这种有选择的疏通和封闭，是成井工艺要解决的主要问题。

（1）成井井管的选择与连接要求如下。

A. 成井井管性能的基本要求如下。

具有良好的强度，能承受地层和静水侧压力以及管柱自重产生的拉压力。

能抵抗井水腐蚀，有较好的防腐蚀性能。

无毒、无味，对井水不污染，能溶于水中的有害物质含量低于国家规定指标。

管身圆直，端口平整，连接牢固，密封良好，无渗漏、无残缺、无裂纹。

B. 成井管柱的组成。成井管柱由井壁管、过滤管和沉淀管等三部分组成。井壁管被安装在非目的层，起保护井壁的作用，其内径应满足抽水设备的安装和正常抽水要求，若采用深井泵抽水时，安装泵管的井壁管内径应大于泵管外径约 50mm。过滤管安装在取水含水层处，起滤水挡砂作用，其安装长度一般与含水层厚度大体一致，含水层厚度超过 30m 时，可选用 20～30m 安装在主要含水层处，若含水层透水性很差，可适当加长；观测孔采用2～3m 即可。沉淀管用来沉淀水井中所含的砂粒，应与相连的过滤管同径，安装长度一般为 4～6m，其底部应封闭，顶部在 0.5m 范围内应加工成过滤管结构。在其顶端内壁处加工阻流座的内台阶，能使冲孔阻流塞“坐”在此台阶上。若阻流座在底部，沉淀管上部则不必加工成过滤管结构。

C. 井管类型选择。井管类型应根据地层、钻孔类型、孔深、孔径、设备能力、水质和经济性等参照表 6－15 选用。

表 6－15　井管类型选择［据《水文地质钻探规程》（DZ/T 0148—1994）］

井管类型	井管特性	适用条件	
		孔深	水质
铸铁井管	抗压、抗侧压强度较高，耐冲击、抗拉强度较低，有一定防腐蚀性能	中深孔、浅孔	适合在一般水质的水井中使用
钢质井管	抗拉、抗压、抗侧压、抗弯强度高，有一定的抗腐蚀性能，成本较高	深孔、中深孔	
玻璃钢井管	耐腐蚀性能良好，质量轻，有较高的强度，但成本较高	中深孔、深孔	适合在一般水质的水井中和腐蚀性较大的水井中使用
聚氯乙烯井管（PVC）	耐腐蚀性能良好，质量轻，价格低，强度较低	浅孔、中深孔	

D. 井管连接要求。井管采用丝扣或电焊连接，若使用其他方法连接时，应保证接头不错动或渗漏；井管连接成管柱后，轴心线应一致；管柱底端和过滤管部位应装设扶正器，确保管柱处在井孔中心位置。

（2）成孔后扫孔、冲孔、换浆与探孔。通常，采用冲洗液进行正循环钻进的钻孔，完孔后应进行冲孔换浆，之后方可下过滤器；泥浆正、反循环钻进的钻孔，应进行彻底的冲孔换浆，并按测井要求进行配管与下管。

a. 下管前的扫孔、冲孔、换浆与探孔要求。若含水层护壁泥皮过厚，可先用环状钢丝刷在含水层孔壁处上下提拉扫孔，待破坏孔壁泥皮后，再将冲孔钻杆下放到孔底，用大泵量冲孔排渣；孔内岩渣排净后，将孔内冲洗液的黏度降低至 18～20s，密度降低到 1.1～1.15g/cm^3；冲孔、排渣、换浆结束后，在下管前应进行探孔，所用探孔器直径比孔径小 50～80 mm，长度为 1.5～2.5m。经探孔确认钻孔圆直、畅通无阻后，才可下管。

b. 下管后填砾前的冲孔排渣换浆。应采用管底外返水冲洗的方法进行，冲孔钻杆下端应带阻流塞，并使其“坐”在沉淀管内的阻流座上，使冲孔液在过滤器以下流出管外冲洗钻孔，岩粉排净后，将孔内泥浆黏度降低至 16～18s，密度调至 1.03～1.1g/cm^3。

（3）下管。下管工作是成井工艺的关键工序，它直接影响成井质量，在下管过程中如发生井壁脱落、断裂、错位、扭斜和中途遇阻等事故，会造成很大损失。下管的目的是为了隔离含水层或为保护井壁，需按一定的要求、方法等来完成。

A. 下管的准备和基本要求如下。

a. 群孔和重要的水文地质钻孔，下管前一般应用物探测井，以指导过滤管的配置与下管，细颗粒松散地层除观测孔外一般不应下包网过滤管，以免影响出水量。除岩溶特别发育的地层外，禁止在同一含水层或试段中变径和下入异径过滤管。

b. 下管前应校正孔深，确定下管深度、过滤器长度和安装位置；按下管先后次序将井管逐根丈量、排列、编号、试扣，确保下管深度和过滤器安装位置准确无误。

c. 对井管逐根检查，不符合质量要求者不得下入孔内，过滤器的缠绕丝有错动者应进行修理使其符合要求；对下管设备和工具进行检查，不符合安全要求者不准使用。

d. 下管作业应统一指挥，互相配合，操作平稳准确，井管下放速度不宜太快，中途遇阻时，可适当地上下提动和缓慢地转动井管，仍下不去时，应将井管提出，去除孔内障碍后再下。

e. 下管期间应保持孔内液面到达孔口，若有下降应及时灌满。

f. 井管下完后，要用升降机将管柱吊直，并在孔口将其扶正、固定。

B. 下管方法选择。下管方法很多，应根据下管深度、设备能力以及井管强度和连接方式等条件确定，可参照表 6 - 16 选用。

表 6 - 16　下管方法选择

下管方法	适用条件	
	井管连接方式	井管总重量
悬吊下管法	丝扣连接管、电焊连接管	小于下管设备的安全负荷和小于井管的抗拉强度时采用
浮力下管法	丝扣连接管、电焊连接管	大于下管设备的安全负荷或大于井管的抗拉强度时采用
兜底下管法	非丝扣连接管、电焊连接管	小于下管设备的安全负荷和井管的抗压强度及大于井管的抗拉强度时采用
二次或多次下管法	非丝扣连接管、电焊连接管、丝扣连接管	大于下管设备的安全负荷时，或采用浮力塞后有效重量大于井管抗拉强度时采用

(4) 填砾。将选好的砾料投入过滤器与井壁之间的环状间隙中，这一工序称为填砾。

a. 填砾的目的和重要性。利用人工围填的砾料在过滤器与井壁间形成一个人工的过滤层；经过洗井和抽水后，砾料颗粒有规律地进行排列，在填砾的过滤器附近，透水性最高，到边缘则逐渐降低。这样就增大了过滤器外的透水性，从而减少进水时的水头损失，可增大单井出水量。由于人工过滤层的形成可以防止细小砂粒涌进管内，起挡砂作用，因此可延长水井的使用寿命。如按含水层粒度选择适当规格的砾料，则这一人工过滤层既能起到滤水效果，又能起到挡砂作用。对含水层颗粒而言，若砾料过小，会影响井的出水量；砾料过大，会产生井孔涌砂。

b. 对砾料的选择要求。砾料选择应以质地坚硬、密度大、浑圆度好、不易因化学作用而遭到腐蚀破坏等为标准。理想的砾料是石英或硅化岩石组成的砾石。易溶于盐酸和含铁、锰的砾石以及片状或多棱角碎石，不宜用作砾料。

c. 砾料粒径的确定。砾料的粒径应根据含水层颗粒筛分数据确定，可参照表 6 - 17、表 6 - 18 选用。

表 6-17　填砾的粒径选择

含水层类型	砂土类含水层	碎石土类含水层	
	$\eta_1<10$	$d_{20}<2$mm	$d_{20}\geqslant 2$mm
粒径（D）的尺寸	$D_{50}=$（6～8）d_{50}mm	$D_{50}=$（6～8）d_{20}mm	$D=10\sim 20$mm
砾料的 η_2 要求	$\eta_2\leqslant 2$		

注：1. 表中 η_1、η_2 为含水层、砾料的不均匀系数，即 $\eta_1=d_{60}/d_{10}$；$\eta_2=D_{60}/D_{10}$。

2. d_{10}、d_{20}、d_{50}、d_{60}和 D_{10}、D_{50}、D_{60}分别为含水层试样和砾料试样各在筛分中能通过筛眼的颗粒，其累计重量占筛样全重分别为 10%、20%、50%、60%时的筛眼直径。

表 6-18　我国砾料规格的选配经验值

含水层结构			过滤器		围填砾料	
筛选结果		含水层的分类	丝距（mm）	孔隙率（%）	直径（mm）	厚度（mm）
粒径（mm）	重量比（%）					
0.05～0.10	50	粉砂	0.75	25～30	1～2	100～200
0.10～0.25	50	细砂	0.75～1.00	25～30	1～2	100～200
0.25～0.50	60	中砂	1.00～1.50	30～45	2～4	100
0.50～2.00	70	粗砂	1.50～2.00	30～45	4～6	100
2.00～20.00	80	砾石	2.00～3.00	30～45	6～8	75～100

注：1. 此表所指的过滤器为钢制过滤器 。

2. 对于粉细砂层，应在过滤器外包扎 1～2 层棕皮。

3. 表中筛分结果的粒径是指筛分含水层样品时，留在筛子上面样品的重量为 50%～80%的筛眼孔径。

在不完整井的井底需填反滤层，其规格要求见表 6-19。

表 6-19　井底反滤填砾规格选择

厚度（m）			规格	
总厚度	第一层（最低层）	第二、三层	第一层（最低层）	第二、三层
0.80～1.00	0.30～0.40	0.25～0.30	与管外滤料相同	分别为第一层滤料粒径的 5 倍

d. 填砾厚度与高度的确定。填砾的厚度应根据含水层颗粒大小和钻孔类型确定，可参照表 6-20 选用。

表 6-20　填砾厚度要求

含水层类型	粗砂、砾石含水层		中、细、粉砂含水层	
钻孔类型	勘探孔（地质孔）	供水孔（开采孔）	勘探孔（地质孔）	供水孔（开采孔）
填砾厚度（mm）	50～75	75～100	75～100	100～150

由于洗井和抽水过程中，管外所填砾料下沉密实（一般下沉 1/10），因此，填砾的高度不小于含水层厚度的 120%。填砾高度一般需超过所利用含水层的顶板；若隔水层较薄且距含水层较近时，可填至隔水层顶板处。不同开采条件的填砾要求见表 6-21。

表 6-21　不同开采条件的填砾要求

开采条件	填砾位置	备注
开采离地表最近的一个含水层	高出含水层 8～10m	当含水层距地表过近时除外
开采两个相邻的含水层	将两个含水层间不取水段分为上、下两部分：下段为全段的 4/5，上段为全段的 1/5，分别填入与上、下含水层同规格的砾石	当不取水段＞15m 时，上部取 3m，下部取 12m，其间部分填入不合规格的砾石
含水层靠近咸、淡水界面	填砾要低于咸、淡水界面 5m 以上	

e. 砾料用量计算。投砾前根据井孔柱状图选择好下管井段、砾料、填砾厚度和高度等填砾参数，用下列公式计算并备足砾料用量或根据管外围填砾料理论计算表求得砾料所需数量。计算公式如下：

$$V=0.785(D^2-d^2)hk \tag{6-9}$$

式中：V——砾料数量，m^3；

D——钻孔直径，m；

d——井管外径，m；

h——填砾高度，m；

k——超径系数（一般取 1.2～1.5）。

例如，钻孔孔径为 500mm，下入外径为 370mm 的铸铁管，选择的含水层为粗砂，含水层组总厚度为 15m，填砾的垂直厚度为 40m，则所需砾料数量 $V=0.785(0.5^2-0.37^2)\times40\times1.3=4.62m^3$。

(5) 止水。在水文地质钻孔和供水井中，对目的层以外的地层进行封闭和隔离，以防止对目的层干扰和污染，为此目的所进行的工作称止水。止水工作是根据孔内试验的要求和地层情况，采用合适的止水材料来封闭套管（或井管）与含水层之间的间隙。

在多层结构含水层中进行水文地质钻探工作时，以下几种情况下需要止水：根据钻孔施工的目的，为了分层观测、分层抽水、分层取样以获得各个含水层的水文地质参数和为防止水质不良的含水层地下水流入孔内时，进行分层水位观测的钻孔，需在观测层与非观测层之间进行止水；进行分层试验（抽、压、注水）的钻孔，在试验层与非试验层之间要进行止水；取样做分层水质分析的钻孔，在取样层与非取样层之间要进行止水；供水孔的开采层与非开采层（如咸水层、受污染的含水层等）之间要进行止水；混合采水的井孔，不分层止水，但井身上段和井口要做好止水工作。钻进过程中为及时隔离某个强漏水层，以保证正常钻进，也需进行钻孔的止水工作。

水文地质钻孔和供水孔的止水，一般均采用套管隔离，在止水的位置用止水材料封闭套管与孔壁之间的间隙，止水材料不能污染水质。止水的部位应根据施工目的和客观条件，尽量选择在隔水性能好、能准确分层以及孔壁较完整、孔径圆直的孔段。止水有效期应保证在观测、试验过程中有较好的止水效果，止水后的出水断面应根据现有工具设备和技术条件，尽量满足观测、试验要求；对供水井的止水效果应保证长期可靠，进行永久性止水。

a. 止水方法的选择。止水方法按不同的条件可分为临时性止水和永久性止水、同径止水和异径止水、管外止水和管内止水等方法。止水方法的选择，主要取决于钻孔的类型（目的）、结构、地层岩性和钻探施工方法等多种因素。

临时性止水是当一个钻孔要对两个或两个以上含水层进行测试，或该目的层取完资料后并无保存钻孔的必要时所用的止水方法；永久性止水则用于供水井中，主要作用是封闭含有害水质的含水层。

管外异径止水的方法效果较好，且便于检查，但钻孔结构复杂，各种规格管材用量大，施工程序复杂，多适用于含水层研究程度较差的试验孔；管外同径止水或管外管内同径联合止水方法其钻孔结构简单、钻进效率高，管材用量少，但也有止水效果差、检查不便等缺点，多用于大口径的探采结合孔或开采孔止水。

b. 止水材料的选择。止水材料必须具备隔水性好、无毒、无嗅、不污染水质等条件，应根据止水要求和孔内地质条件来选择和确定（表 6－22）。

表 6－22　常用止水材料对比表

止水材料	适用条件	施工方法	优缺点	备注
海带	松软地层与完整的基岩钻孔中的临时性止水；孔斜不大的斜孔同径及换径止水；浅孔管径与钻孔口径必须相差两级以上	选用肉厚、叶宽、体长的海带，编成结实的海带辫子缠在止水套管或塞上（缠绕方向应和套管回旋方向一致），外部用纱布、棕皮等包裹，并用棉线或铅丝缠紧下至止水部位	膨胀性大，耽误时间短，效果好，但成本高，手续繁，材料来源不易，因海带易变质腐烂，不适于长期规模性测孔止水，亦不适于破碎地段及裂隙发育岩层	施工时动作要快，以免海带在钻孔过程中膨胀，而使止水工具不易下降
黏土	水压和水流大的同径及异径钻孔止水；松软岩层裂隙及岩溶化岩层的钻孔止水；斜孔和长期观测孔的止水	选择优质黏土，搓成 3～5cm 的黏土球，阴干后投入管外的环状间隙中，投放速度不宜过快，以免中途堵塞	材料来源较易，止水方法简单，易操作，成本低，止水效果好，但止水处易被升降钻具碰动而失去止水效果	注意保护孔壁，以免黄泥堵塞含水层，当钻孔承受水压较大时，黏土中应加入旧棉絮，以增加黏土的黏结性，使黏土球不膨胀
桐油石灰	水压和水流大的同径、异径钻孔止水；斜孔和长期观测孔止水；基岩和第四纪松散岩层的钻孔止水	按桐油：石灰为 1：5～1：3 的油灰比调均做成油灰球，投入或由专门工具送入孔内；当采用止水器压缩止水时，可将桐油、石灰、海带辫或粗麻绳相间包缠于心管外，下至止水部位	黏性大，可塑性强，不易被水冲散，止水牢固，需要时间较少（止水后即可钻井或实验），但成本较高，起拔套管麻烦	
水泥	除同黏土止水适用条件外，同时还适用于岩层破碎地段（构造破碎带）的止水	与黏土相似，为加速水泥的凝固，常加入适量的氧化钙或食盐做成水泥球（不宜晾得过干）	方法较简单，止水牢固，效果好，但成本较高，固结慢，起拔套管麻烦	同黏土止水
牛皮	潜水及出水量与水压大的承压水；孔壁完整的钻孔、换径处与斜孔、深孔止水	将牛皮剪成依次大小的牛皮圈（比孔径小 2～4mm），将牛皮圈套在异径接头上，叠成锥形，下入止水部位	膨胀性大，止水效果好，但成本高，手续麻烦，不适用长期观测止水	临时性止水材料
橡胶	完整的基岩钻孔；松软地层的钻孔止水	将用橡胶制成的一定几何形状的胶球、胶圈、胶囊等固定于止水心管外进行压缩和充气，使之膨胀，封闭心管与孔壁间隙	可塑性大，止水效果好，但成本较高，手续麻烦	临时性止水材料

（6）洗井。清除井壁上的泥皮并把渗入到含水层中的泥浆抽吸上来，恢复含水层的孔隙，进而抽吸出含水层中一部分细颗粒，以扩大含水层的孔隙而形成一个人工过滤层，这个高渗透率的人工过滤层的形成工作过程叫做洗井，也称洗孔。无论采用清水还是泥浆作冲洗液，凡正循环回转钻进的抽水试验钻孔或泥浆钻进的观测孔均须进行彻底洗孔，泥浆护壁的反循环钻孔亦应进行洗孔。

A. 洗井的目的与要求。通过洗井，可清除任何钻进方法不可避免的“泥皮影响”；松开过滤器周围的砂层，使其恢复失去的孔隙率；洗去含水层中的细砂，提高水井附近含水层的渗透率；在过滤器周围形成渗透性由高到低的自然圆环带。

a. 破坏井壁泥皮，消除井孔内和渗入含水层中的泥浆，恢复含水层的自然状态，使水流畅通。广东省地质勘查局水文工程地质一大队为了了解泥浆对钻孔涌水量的影响，在做过泥浆钻进及清水钻进对涌水量的影响对比试验后初步认为，泥浆钻进虽经过严格的较长时间的洗井，但仍不能全部消除它的影响，泥浆钻进的涌水量比清水钻进的涌水量在相同试验条件下要小 20％～30％；如果下管前冲孔、下管后换浆不彻底，则影响会更大。

b. 消除含水层和砾料的泥土以及靠近砾料部位含水层中的细小颗粒和杂质，使砾料和靠近砾料的含水层中颗粒重新按其大小自然排列，以形成良好的人工过滤层。

c. 初步了解含水层的涌水量，以确定正式抽水试验时的落程数和每一落程的水位降深。

洗井时，为防止泥皮硬结，在下管、填砾、止水后应立即进行洗井工作；抽水时适当抽出一些含水层中砂粒，达到水清、砂净的要求。

B. 洗井方法选择。常用的洗井方法有活塞洗井法、空压机洗井法、物理化学洗井法[液态二氧化碳洗井法、焦磷酸钠（含其他磷酸盐）洗井法、盐酸洗井法]、爆破扩裂洗井法、喷射洗井法等，其中物理化学洗井法分为物理洗井法和化学洗井法。物理洗井法是指向井内注入能产生强烈物理效应的物质，使井内的水、泥、砂等喷出地表而达到洗井目的的方法，当前，物理洗井法采用的洗井物质有液态二氧化碳、液态氮和固态二氧化碳（干冰）等；化学洗井法是向井内注入的化学药品在井下与泥皮发生化学作用，使泥皮软化分散和易于破坏并被抽出孔外而达到洗井目的的方法，适于化学洗井的药品有磷酸盐和盐酸等。

应根据含水层的类型、钻孔深度、口径和过滤器的性质以及钻进过程中泥浆使用情况选择洗井方法。在同一钻孔中，宜采用多种方法联合洗井。根据含水层类型选择洗井方法可参照表 6－23。而在泥浆中钻进的钻孔，当管材强度允许时，应采用活塞洗井法，根据钻孔性质与地层还可配合采用液态二氧化碳、焦磷酸钠等物理、化学洗井联合洗井法。但要注意在细颗粒松散地层采用活塞洗井的时间应短些，同时，液态二氧化碳洗井法一般不适用于这类地层。

表 6－23　洗井方法选择

含水层类型	洗井方法
第四纪含水层	焦磷酸钠（或其他磷酸盐）洗井；活塞洗井（或液态二氧化碳洗井）；空压机洗井、排渣
基岩下含水层	活塞洗井；液态二氧化碳洗井；空压机振荡，大降深连续抽水洗井、排渣
碳酸岩基岩含水层	盐酸洗井；液态二氧化碳压酸洗井；空压机洗井、排渣
基岩裸井含水层	爆破扩裂洗井；液态二氧化碳洗井；空压机振荡，大降深连续抽水洗井、排渣

（三）终孔后的地质管理工作

终孔后的地质管理工作是指钻探达到设计终孔层位停止钻进以后的一系列地质管理工作。具体包括以下六个方面。

1. 终孔工作

(1) 下达终孔通知书。在钻孔达到终孔层位以后再钻进 5～6m，达到测井下缆孔深（测井电缆长约 3.0m）的需要后，便可停钻。由分队长和大班记录员共同研究后下达终孔停钻通知书（表 6－24）。

表 6－24　钻孔终孔停钻及封闭通知书

<table>
<tr><td rowspan="4">________钻机：
你钻机所施工的________区________钻孔，现已探至________层位，达到预期设计目的，可以停钻。请按封孔设计进行封孔。特此通知。

岩芯鉴定员________
地质负责人________
钻探负责人________

________年____月____日</td><th colspan="6">钻孔封闭设计书</th></tr>
<tr><th rowspan="2">层位</th><th colspan="2">封闭深度（m）</th><th rowspan="2">柱状</th><th rowspan="2">封闭材料</th><th rowspan="2">封闭方法及质量要求</th></tr>
<tr><th>起</th><th>止</th></tr>
<tr><td></td><td></td><td></td><td></td><td></td><td></td></tr>
</table>

注：为方便钻机使用，一般都将钻孔终孔停钻通知书和封闭设计书合二为一。

(2) 丈量钻具全长和水文观测。停钻后立即量钻具全长以校正孔深；同时，应根据停钻时间的长短进行近以稳定水位和稳定水位的观测。

(3) 绘制简易钻孔柱状图。其目的是为测井提供钻孔基本情况。一般根据钻孔深度，按 1∶500～1∶100 的比例尺，将孔内所有中粗粒砂岩、灰岩、岩浆岩、含水层和垮塌掉块层段以及涌（漏）水层段、流砂层、孔斜和事故点等的层位、深度标注在柱状图上，并指出有疑问的地方供测井解释时参考，以防止发生测井事故。

2. 测井工作

测井是验证钻探成果的重要手段，地质技术员要配合测井人员做好测井解释，包括定性和定量解释，并与钻探成果对比，找出存在的问题，共同研究后给出恰当的结论。

3. 终孔验收

终孔验收是由分队长、机长、技术人员组成验收小组，按《水文地质钻探规程》（DZ/T 0148—1994）中第 14.3 条“工程质量验收及评定”中的工程质量验收标准，评出钻孔综合质量等级并填写钻孔质量验收报告书，对钻探、测井、水文等原始资料逐项进行审查和验收，并对工程质量和地质成果进行综合评价，确定该钻孔水文地质资料利用的可靠程度。对验收不合格的项目应及时补救，否则不能封孔。

4. 封孔

终孔验收合格后，水文地质钻孔在取得完整的水文地质资料后若不留作开采孔或观测孔，起拔井管之后一般应进行封孔。封孔的目的是为了隔断地表水与地下水及各含水层之间的水力联系。一般由地质人员监督钻机人员按封孔设计的要求进行封孔，地质人员在编制钻孔封闭设计时必须计算出封孔材料的数量，以便供应材料部门及时将封孔材料运至钻场。

根据钻孔水文地质条件和封孔材料，可以划分封孔的种类如下（表 6－25）。

表 6－25　封孔的种类

依据	种类	说明	备注
水文地质条件	不封闭钻孔	观测孔、长期水文监测孔、利用地下水的开采孔等	
	封闭孔口钻孔	孔内未见含水层和含水构造等	
	严格封闭钻孔	孔内见主要含水层、含水构造、第四纪松散层、天然气层、含油层等	
封孔材料	稠泥浆封孔	利用价值不大、未见含水层的钻孔	
	黏土封孔	见含水层但承压水不大的钻孔	
	水泥砂浆封孔	见含水层且水文地质条件复杂的钻孔	最常用

不需留作长期观测的钻孔，应按钻孔任务书要求在竣工后及时进行封孔工作。对于下列情况应用优质黏土回填捣实。

a. 有咸、淡水或水质不同的潜水、承压水钻孔。

b. 穿过工业矿体及在开采矿区内施工的钻孔。

c. 位于江、河、湖、海防护堤附近的钻孔，位于重要建筑物地基附近的钻孔。

d. 对土地耕作及道路安全有影响的钻孔。

e. 非探采结合的承压自流水孔、热水孔、矿泉水孔。

必要时，用水泥浆进行封孔。常用的水泥浆封孔方法有以下两种。

a. 泵入法。先将灌浆塞下入孔内一定深度，然后用泥浆泵注入水泥浆，待孔内水泥浆排出孔口为止，最后将灌浆塞堵死，向孔内压入水泥浆。其具体要求应由水文地质人员根据岩性情况在钻孔任务书中明确要求。

b. 导管注入法。即用 51～76mm 水管或 73mm 套管为导管，由下而上逐段灌注水泥进行封孔。将导管先下到离孔底约 0.5m 处，再将水泥浆通过 51～76mm 水管注入孔底，将导管封一段向上提一段，直到孔口为止。

对不需继续观测的高承压含水层进行封闭时，可选一段干燥、膨胀性大、无裂隙的直圆木，使其外径与计划堵塞处的孔径大致相同，用钻杆压着送到预定止水的顶板位置，用立轴夹住钻杆停留一段时间，待圆木膨胀，即可把承压水堵住。承压水头高的，圆木要长些。堵住后，在圆木上部一段再用黏土球填实，而后注入水泥浆，全孔封闭。

封孔后要进行封孔取样，目的是为检查是否封至设计深度和封孔质量。一般用砂浆取样器下入孔内至封闭段砂浆顶界面，提捞砂浆样检查。要在孔口设标，包括设明标和暗标，当孔位为非耕地、无地面物影响时，自孔口向下封闭 1.2m，设明标；当孔位为耕地、有地面物影响时，自孔口以下 0.5m 向下封 1～2m，设暗标。在水泥浆凝固以前，在浆液面上写出勘查区名称、孔号、坐标、孔深、开峻工日期等。

5. 封孔报告书

在封孔完毕后应填写封孔报告书（表 6－26）。

表 6-26　钻孔封闭报告书（参考式样）

________勘查区________号钻孔封闭报告书

钻孔深度________m　　　　停钻日期________年____月____日

终孔层位________　　　　封孔日期________年____月____日起________年____月____日止

日期		班次	深度（m）	钻孔结构	钻孔柱状	封孔柱状	水泥（kg）	砂子（kg）	清水（kg）	配制比	送入方法	补加系数（%）	气压（MPa）	漏水层位	止水方法	简要说明	记录员	班长
月	日																	
验收结论			验收人________ 钻探负责人________ 钻机负责人________															

注：必须详细记录的内容为封闭前所用的冲洗液种类及最后结果、所用水泥标号及砂子规格、下入孔内的木塞牢固程度、用泥浆泵加压情况、钻杆在孔内的深度及送入的砂浆量、封闭过程中所发生的问题、孔口标志等。

6. *岩芯缩选和入库*

岩芯是地质资料的实物依据，是水文地质钻探工作的重要成果，应很好地进行整理和保管，以免发生重要岩芯的混乱、散失而影响勘查成果的质量。

通常，钻孔验收后，对岩芯以箱为单位进行数码照相。钻孔的岩芯可根据具体情况保留、缩选或废除。当一个地区的钻孔数目比较多的时侯，重点钻孔（控制性钻孔或具有区域代表性钻孔）、标志层和断层带的岩芯必须保留。一般的钻孔可以按分层缩取代表性岩芯，放在带有方格的木制岩芯箱内，每一方格内放置一张岩芯层票，说明是按规定缩减样或者是标本样，需长期保存。缩选的岩芯在岩性、岩相和层位上要有代表性，长度大于 10cm 且直；废除的钻孔岩芯可以就地处理掩埋，地面上要保留埋弃岩芯的标志。

将保留、缩选的岩芯以箱为单位送至岩芯仓库，移交仓库人员保管；被保管的岩芯必须保持清洁整齐、包装牢固、顺序一致；除有关人员外，不能随意翻动。勘查工作结束以后，移交给设计、生产部门。

7. *钻孔资料整理归档*

钻孔施工结束后，积累、搜集了大量钻孔原始资料，主要包括：钻孔设计书、钻孔原始记录表、岩芯鉴定表、简易水文观测记录表、采样方案和取样记录及分析结果表、终孔通知书及封孔设计书、测井曲线及解译资料、封孔报告书、钻孔质量验收报告书、钻孔柱状图等，这些资料应按水文地质钻孔技术档案要求认真填写与归档。钻探班报表、钻孔各项原始记录及技术档案要用钢笔填写，不得任意涂改或追记，做到及时、真实、准确、整洁、齐全。

地质技术员应对所有的钻孔原始资料及时归纳和整理，经工作区地质负责人检查确认完整无误后，分门别类装订成册并装入钻孔原始资料档案袋存档；电子资料、影像资料等最好刻录光盘保存。这些是勘查工作获得的最珍贵的第一手资料，是宝贵的勘查成果，也是勘查报告编制的基础资料。

二、钻探工程的原始地质编录

水文地质钻探工程的原始地质编录是对钻孔中取出的岩芯、岩粉等实物资料、各种测量数据、测井资料以及钻孔中各种地质现象等进行观察、记录和整理的过程。它是一项非常重要的工作，因为钻探工作成果是通过对钻孔的原始地质编录反映出来的。但由于钻探工程揭露的范围很有限（“一孔之见”），使得钻孔资料不如天然露头和坑探工程所揭露的地质资料那样完整和全面，也不能对钻孔进行直接观察，再加上钻探磨损使岩芯采取得不完整，给钻孔的原始地质编录造成一定的困难。为了搞好钻孔的原始地质编录，必须对钻孔所获得的各种资料力求进行详尽地观察、描述和记录，认真分析研究，去粗取精、去伪存真，使原始地质编录的结果尽量符合客观实际。

通常，钻孔的原始地质编录是以钻孔为单位、随钻孔施工进度在钻探施工现场进行的及时、准确、完整、如实的编录。编录人员可采用手工或掌上电子计算机以及各种表格和图件的形式记录、整理原始地质资料，对每一个钻孔都应进行完整的编录。编录人员应熟悉勘查区的基本地质特征，包括地层及其岩性特征、水文地质单元划分、构造分布及特征等；熟练掌握原始编录的有关规定、程序、要求、方法等。

在编录前，编录人员应详细检查钻探班报表、钻孔简易水文观测记录表、孔深校正及弯曲度测量记录表等表格中记录的回次进尺、井深、有关水文观测数据等是否齐全、准确。在施工现场，将岩芯箱依井深顺序排列，仔细检查岩芯长度及编号是否正确、岩芯摆放有无拉长现象，发现岩芯顺序有颠倒的，应予以调整；发现破碎的岩芯有人为拉长现象时，应恢复到正常长度后重新丈量，并通知钻机当班记录员更正班报表，还应将检查后的每箱岩芯依次用数码相机拍照存档。

钻孔的原始地质编录时对以下内容要求进行了解和说明：钻孔的用途（地质孔、抽水试验孔、开采孔、长期观测孔等）、地理位置、地质与地貌位置、坐标及孔口地面高程；钻进情况，包括施工单位、施工起止时间、使用钻机种类、钻头种类、钻探工艺、取样方法、取样深度与编号等；钻孔结构，包括钻孔深度、钻孔直径（开孔直径、终孔直径及各部位直径）、钻孔斜度、下套管位置、套管种类与规格、井管材料种类与规格、过滤器位置、填砾规格、管外封闭位置、封闭材料及钻孔回填情况等；地层基本情况，包括地层名称、地质时代等。

实地进行钻孔原始地质编录工作时，具体编录内容和方法包括以下十个方面。

（一）记录回次数据

由开孔起直至终孔，依次将钻探原始记录班报表或回次岩芯票中每一个回次的编号、起止孔深、岩芯块数、岩芯长度、残留岩芯、进尺、采取率及主要钻进工艺、水文地质现象等记录在钻孔回次记录表（表 6－27）的相应栏目内。

表 6－27　钻孔回次记录表

勘查区名称＿＿＿＿＿＿　　钻孔编号＿＿＿＿＿＿　　第＿＿页

回次编号	下界记录孔深（m）	岩芯					孔深校正量（m）	下界校正孔深（m）	备注
		块数	长度（m）	上次残留（m）	处理后岩芯长度（m）	回次采取率（%）			

记录人＿＿＿＿＿＿　日期＿＿＿＿＿＿　检查人＿＿＿＿＿＿　日期＿＿＿＿＿＿

（二）残留岩芯的判断

残留岩芯是指提钻后残留于孔底未取出的岩芯。它可分为上残留岩芯（上残芯）和下残留岩芯（下残芯），上残留岩芯即上回次钻进的残留岩芯；下残留岩芯即本回次钻进的残留岩芯。

残留岩芯是计算岩芯采取率和确定换层孔深的重要依据，要准确地确定残留岩芯的长度往往比较困难，但是，有无残留岩芯可根据以下标志进行判断。

1. 无残留岩芯的标志

（1）若上回次无残留岩芯，本回次采取长度与进尺数基本相等。

（2）提钻后，岩芯底部凸出钻头之外，且岩芯底部的直经稍大于钻头内径。

（3）提钻后，岩芯底面与钻头底面平齐，岩芯底面无磨损，岩芯在岩芯管中卡得较紧。

2. 有残留岩芯的标志和处理方法

（1）有残留岩芯的标志如下。

岩芯采长与回次进尺相差大。

提钻后，如岩芯管下端有无芯空段，且岩芯管上部岩芯卡得紧，一般该空段长度等于残留岩芯长度。

下钻时，钻具下不到孔底，则所差深度（可从上余量得）即为残留岩芯长度。

（2）对残留岩芯的处理方法如下。

一般来说，有无残芯主要靠钻探施工人员记录于报表中，编录人员根据记录的情况来作处理，如果没有记录则就可当无残芯对待。有残留岩芯时，其长度一般以钻探施工人员测量为准。当未进行残留岩芯的判断和测量或残留岩芯测量不准，使回次岩芯长度大于回次进尺时，残留岩芯可按下面办法由编录人员进行处理。

若回次岩芯采取率超过100％，即岩芯总长大于回次进尺时，一般皆为残留岩芯所引起。其处理方法是：在岩芯完整时，以本回次岩芯采取率为100％计，将超出部分推到上回次计算，如继续超出可继续上推，最多只能上推三个回次。具体做法是：回次进尺数不变，修改回次岩芯采长数字，将回次岩芯采取率超过100％的部分（即回次岩芯采长比回次进尺多出的部分）依次往上一回次推；若上一回次的回次岩芯采长加上推上来的岩芯长还比回次进尺数大，即回次岩芯采取率又超过100％时，继续往上推，一般只能往上推三个回次；如果回次岩芯采取率仍大于100％，则通知机长或当班班长查明原因并作详细记录。

如果岩芯破碎为砂状、粉状和不在同一岩性中钻进而用反循环采芯工具采取的岩芯，一般不准上推。

（三）岩芯的分层、鉴定和描述

1. 岩芯分层

编录时，按地层单位、岩石组成、岩层厚度、含水层、隔水层和分层精度的要求等或勘查区已经厘定的分层标准，尽可能对较长孔段的岩芯进行综合观察、分析后进行分层；对松散层、标志层或其他重要岩层、特殊成分和成因的夹层、孔内坍塌和涌（漏）水层段、断层破碎带和裂隙密集发育段等，不论厚度大小，均应单独分层。分层的正确与否，直接影响到钻孔原始地质编录成果的精度，要求地质编录人员高度重视岩芯分层工作，力争做到准确无误。

2. 填岩芯分层票

岩芯分层后，按钻孔岩芯分层票格式（图6－18）填写分层票，在每一个分层结束处放入一个分层票（图 6－25）；如遇分层界线刚好在某一段完整的岩芯中时，则用钉锤或劈样机自分层处将岩芯劈开后放入分层票。

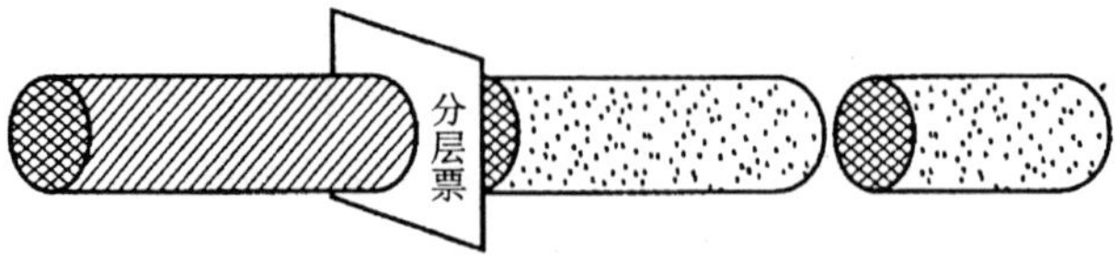

图 6－25　岩芯分层票放置示意图

3. 记录分层数据

将分层后测量和计算得到的分层数据填写在钻孔原始地质记录表（表 6－28）中。分层数据应对应于表中左侧的回次位置填写。表中的“岩芯长”是本分层在回次内属于该分层的岩芯长度，包括回次换层岩芯采长（换层上部采长、换层下部采长）和回次中的分层采长。

表 6－28　钻孔原始地质记录表

勘查区＿＿＿＿＿　　工程编号＿＿＿＿＿　　第＿＿＿页

层号	起		止		分层采取率（%）	分层进尺（m）	换层孔深（m）	轴夹角（°）	分层真厚度（m）	岩石名称	花纹代码	地质描述	备注
	回次号	岩芯长（m）	回次号	岩芯长(m)									

记录人＿＿＿＿＿　　日期＿＿＿＿＿　　检查人＿＿＿＿＿　　日期＿＿＿＿＿

实际工作中，大多数生产单位习惯将钻孔回次记录表（表 6－27）和钻孔原始地质记录表（表 6－28）的有关内容合并在一起，即用一个表把有关钻孔回次和分层的原始编录内容全部体现出来（表 6－29）。但合并后的钻孔原始地质编录记录表应编制合理、内容齐全，使不同的编录人员在分层时与回次对应，按回次采取率计算分层厚度及换层孔深等，便于质量与监理人员检查和复查分层厚度、岩石名称、岩芯分层描述等的质量情况。

4. 岩芯地质描述

岩芯的观察、鉴定及地质描述是一项重要的基础地质工作，它直接关系到勘查成果质量的高低，因此必须认真地做好这项工作。负责岩芯编录的地质人员每天都应到现场，及时进行岩芯的观察、鉴定与地质描述。

（1）基岩岩芯观察和描述。水文地质勘查中对基岩岩芯观察和描述的内容，除了按岩石学的要求描述岩石的颜色、矿物成分、结构、构造、成因等一般特征以外，还应着重观察和描述与岩石的水文地质特征有密切关系的以下几个方面。

a. 岩石的风化情况。根据岩芯风化强弱区分岩石的风化程度，进而划分岩石的风化带。通常，考虑岩石的风化程度和深度及其他特征，从地表向下将岩石分为全风化带、强风化带、弱风化带和微风化带四个风化带。岩石风化后，结构破坏使得岩石易碎甚至成土状，进而使岩石的孔隙度、含水性、透水性等空隙特征及水理性质发生变化，对地下水的赋存、分布等会造成直接的影响。

表 6-29　钻孔原始地质编录记录表（综合表，参考格式）

勘查区__________　钻孔编号__________　第___页　共___页

钻进		回次							岩性分层									采样编号	岩石可钻性等级	其他（钻探、工艺、水文地质现象等）
日期	班次	编号	进尺（m）			岩芯			岩芯分长（m）	分层岩芯总长（m）	分层进尺（m）	分层采取率（%）	换层深度（m）	轴夹角（°）	分层真厚度（m）	层号	岩性描述			
			自	至	计	长度（m）	残留（m）	采取率（%）												

地质记录员____________　______年___月___日

b. 裂隙的发育情况。详细观察记录岩芯中裂隙的宽度、充填物成分、充填程度、裂隙面的粗糙程度、有无擦痕、地下水活动痕迹等；重点描述宽大裂隙，可参考表 6-30 进行裂隙分级并统计线裂隙率。统计公式为：

$$线裂隙率(条/m)=\frac{该段岩芯裂隙条数(条)}{该段岩芯长(m)} \tag{6-10}$$

表 6-30　裂隙分级

按裂隙间距分级				
分级	Ⅰ	Ⅱ	Ⅲ	Ⅳ
间距（m）	>2	0.5～2	0.1～0.5	<0.1
描述	不发育	较发育	发育	极发育
按裂隙开口宽度分级				
分级	Ⅰ	Ⅱ	Ⅲ	Ⅳ
裂隙宽度（mm）	<0.2	0.2～1	1～5	>5
描述	闭合	微张	张开	宽张

c. 岩溶的发育情况。详细观测描述岩芯上出现的溶孔、溶洞的大小、深度、个数、连通情况及洞壁上的沉淀物等。岩溶地区应计算岩芯线岩溶率，公式如下：

$$\beta_L=\frac{\sum L_0}{L\cdot X_{回次}}\times 100\% \tag{6-11}$$

式中：β_L——岩芯线岩溶率；

$\sum L_0$——在回次进尺 L 段内岩芯上岩溶的轴向总长度之和，m；

L——回次进尺，m；

$X_{回次}$——回次岩芯采取率。

上述基岩的线裂隙率或线岩溶率是用来确定岩石裂隙或岩溶发育程度以及确定含水段位置的可靠标志，应分段统计，并按不同深度标在钻孔成果图表中。

有两点值得注意：一是对地表见不到的现象进行观察和描述，如未风化岩石的孔隙、裂隙发育及其充填胶结情况，地下水活动痕迹（溶蚀或沉积），发现地表未出露的岩层、构造等；二是注意分析和判别由于钻进所造成的一些假象，把它们从自然现象中区别出来，如某些基岩因钻进而造成的破碎擦痕、岩层的扭曲、变薄、缺失和错位及松散层的扰动、结构破坏等。

（2）松散土的观察和描述。应根据土的不同类型按要求进行观察和描述。

对以上观察和描述的内容，要求繁简适度、重点突出、针对性强，对含水层、隔水层及重要的水文地质现象等应详细描述，并填入表 6-27 或表 6-28 中。

5. 钻进过程中判断含水层的方法

（1）钻孔岩芯采取率低的井段、岩溶地层中线岩溶率大于30%的井段、钻进过程有掉钻（放空）现象、溶洞发育、溶洞层的标高已在区域水位标高以下。

（2）钻进过程中，孔内水位突然上升，甚至自喷或突然下降达几十米，低于上覆地层水位。但要注意由于钻杆与孔内水体相对运动速度之差而造成的下钻过程中钻杆的涌水现象，不要误认为地层出现了自流水。

（3）基岩地区孔内冲洗液大量消耗甚至不返水，松散地层钻进泥浆变稀并有含水层砂粒返出，回转钻机有声响，进尺较快。

根据上述现象结合岩芯观察和测井资料可以准确地确定含水层位置。

（四）岩芯采长的量取

岩芯采长即岩芯采取长度，是钻探取芯的实际长度。岩芯采长包括回次采长、分层采长和换层采长（图 6-26）。回次采长是一个回次钻进所采取的岩芯长度，主要用于计算回次岩芯采取率；分层采长（层厚采长）是同一岩性的岩芯分层采取的总长度，主要用于计算分层岩芯采取率；换层采长包括换层上部采长和换层下部采长，换层上部采长是自换层界面向上至本回次钻进所取的最上部岩芯顶面的岩芯长度，换层下部采长是自换层界面向下至本回次钻进所取的最下部岩芯底面的岩芯长度，主要用于计算换层孔深。

量岩芯采长时，需将钻进所取岩芯按顺序用钢尺贴紧丈量（以 m 为单位，精确到 cm）；量取要认真、准确，对采长量不准将导致一系列编录数据的错误，严重影响钻孔质量和资料的可靠性。回次采长是在每回次钻进取芯、整理后丈量；分层采长一般要从几个回次钻进的岩芯中取得，有时也可从一个回次钻进的岩芯中取得；换层采长在量取分层采长时已经取得。所有采长都要记录于钻孔原始地质编录表中。

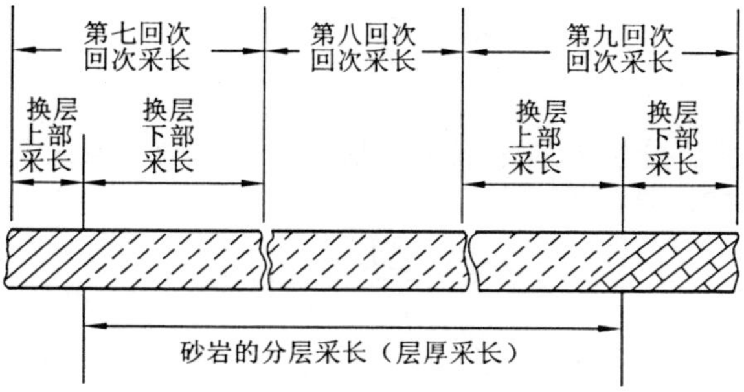

图 6－26　回次采长、分层采长、换层采长的关系示意图

（五）岩芯采取率、获得率的计算

1. 岩芯采取率

岩芯采取率是指钻进过程中所取岩芯长度与钻孔进尺长度之比的百分数。可分为回次岩芯采取率、分层岩芯采取率和全孔岩芯采取率。

(1) 回次岩芯采取率。回次岩芯采取率是指每一回次所采取岩芯实际长度与该段岩芯所代表的实际进尺之比（图 6－27）。计算公式如下：

$$X_{回次}=\frac{\sum L}{L_A-L_B+L_C}\times 100\% \tag{6-12}$$

式中：$X_{回次}$——回次岩芯采取率；

$\sum L$——回次岩芯采取长度之和（岩芯取出后，将能够合拢在一起的直接量出长度；不能合拢在一起的，装入同规格的短岩芯管里量长度；最后把两种长度加在一起），m；

L_A——本回次进尺，m；

L_B——本回次残留岩芯长度，m；

L_C——上回次残留岩芯长度，m。

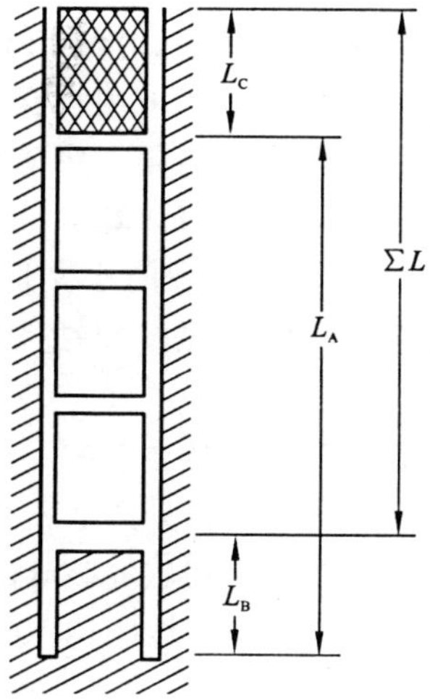

图 6－27　回次岩芯采取率计算示意图

实际工作中，岩芯在钻进中磨损较大（尤其是软岩层）。因此残留进尺与实际残留岩芯之间差别很大，所以经常不考虑残芯，故回次岩芯采取率用下式计算：

$$X_{回次}=\frac{\sum L}{L_A}\times 100\% \tag{6-13}$$

式中：各符号意义同前。

（2）分层岩芯采取率。分层岩芯采取率是指每一岩层的分层采长与其钻探厚度（分层进尺）之比。计算公式如下：

$$X_{分层}=\frac{\sum L_{分}}{L}\times 100\% \tag{6-14}$$

式中：$X_{分层}$——分层岩芯采取率；

$\sum L_{分}$——同一岩层所取岩芯总长度，m；

L——同一岩层钻探厚度（即岩层底界面深度－顶界面深度，实质上就是分层进尺），m。

（3）全孔岩芯采取率。全孔岩芯采取率是指全孔要求取芯孔段所采取的岩芯总长度与取芯孔段总进尺之比。计算公式如下：

$$X_{全孔}=\frac{\sum h}{H}\times 100\% \tag{6-15}$$

式中：$X_{全孔}$——全孔岩芯采取率；

$\sum h$——全孔要求取芯孔段所取岩芯总长度，m；

H——要求取芯孔段的总进尺（当全孔都采取岩芯时，H 为孔深），m。

岩芯采取率是评价钻探质量、判断钻孔资料可靠性的一个重要依据，同时又是计算换层孔深和岩层厚度所必须的基础资料。它除可反映岩层的完整程度外，常常可表明钻探工作质量的好坏。岩芯采取率高，即自钻孔中取出的岩芯多，在一定程度上表明钻探操作方法好、技术水平高；岩芯采取率低，取出的岩芯少，在一定程度上说明钻探工作的质量差、操作不当、钻进方法不合理。因此，对岩芯采取率的要求如下。

a. 水文地质普查、勘探孔（含探采结合孔）。采用回转正循环钻进法取芯时，黏性土和完整基岩平均采取率应大于70%、单层不少于60%；砂性土、疏松砂砾岩、基岩强烈风化带、破碎带平均采取率应大于40%、单层不少于30%，无岩芯间隔一般不超过3m；对取芯特别困难的巨厚（大于30m）卵砾石层、流砂层、溶洞充填物和基岩强烈风化带、破碎带，无岩芯间隔一般不超过5m、个别不超过8m。当采用物探测井验证时，采取率可以放宽。采取率的计算应以实际钻进岩层为准，无充填的溶洞、废矿坑及允许不取芯孔段的进尺，不准参与计算；凡从取粉管内捞取的岩粉，不得参与计算。

b. 供水井和观测孔。岩芯采取要根据已掌握的水文地质资料及所采用的钻进方法而定。一般应配合物探测井进行无岩芯钻进，特殊情况按照钻孔设计要求进行。

2. 岩芯获得率

岩芯获得率通常是在基岩地层回次钻进取出的岩芯中，只选其成柱状的、能合成柱状的及成圆形片状的，量其总长度与本回次进尺的比，用百分数来表示（式6－16）；不能合拢在一起的破碎岩芯、填充物和夹泥等，不计算在内。因此，在软弱破碎的复杂地层，岩芯获得率都低于采取率。在极严重破碎的断层夹泥中钻进，甚至可能采取率达100%，而获得率却为零。

$$X_{获得}=\frac{\sum L_{柱}}{L_A}\times 100\% \tag{6-16}$$

式中：$X_{获得}$——岩芯获得率；

$\sum L_{柱}$——回次取芯中成柱状的、能合成柱状的及成圆形片状的岩芯总长度，m；

L_A——回次进尺，m。

岩芯获得率表明岩芯的完整程度，其目的是用以表明地层条件优劣。获得率愈高，则钻过的地层愈完整、岩石硬度大；反之，则表示钻过的地层软弱破碎、岩石硬度小，也就是通常说的地质条件差、地质情况很复杂。

在完整的岩层中钻进时，因为取出的岩芯比较完整，岩芯的采取率与获得率没有什么差别；但在软弱破碎的复杂地层中钻进时，区别岩芯的采取率和获得率就很重要。在软弱破碎的复杂地层里钻进时，要将采取率和获得率分别记录、分别计算，不能混为一谈；在松散覆盖层中钻进时，因获得率为零，所以只计算采取率，不计算获得率。

（六）换层孔深及分层钻探厚度的计算

1. 换层孔深的计算

在钻进过程中，岩层从一个分层变换为下一个分层时称为换层；各岩层的分层界面在钻孔深度中所处的深度称为换层孔深（R）。由于岩芯在钻进中的磨损，因此岩芯的采长可能不等于其所在的孔段长度（进尺），故不能简单地直接用岩芯采长求得换层孔深，一般只有通过计算才能获得。根据换层所处位置不同，分为回次间换层、回次内换层及空回次换层三种情况计算换层孔深。回次内换层即岩层换层界面在回次钻进所采取的岩芯中间；回次间换层即岩层换层界面正好在回次取芯的终点；空回次换层即未取出岩芯的某回次内出现换层。在不同条件下，换层孔深的计算方法如下。

（1）回次间换层。回次间换层即岩层换层界面正好在回次取芯的终点。

a. 若本回次无残留岩芯［图 6－28（a）］，换层孔深计算公式为：

$$R=H_n \tag{6-17}$$

式中：R——换层孔深，m；

H_n——本回次累计孔深，m。

b. 若本回次有残留岩芯［图 6－28（b）］，换层孔深计算公式为：

$$R=H_n-L_B \tag{6-18}$$

式中：L_B——本回次残留岩芯长度，m；

其余符号意义同前。

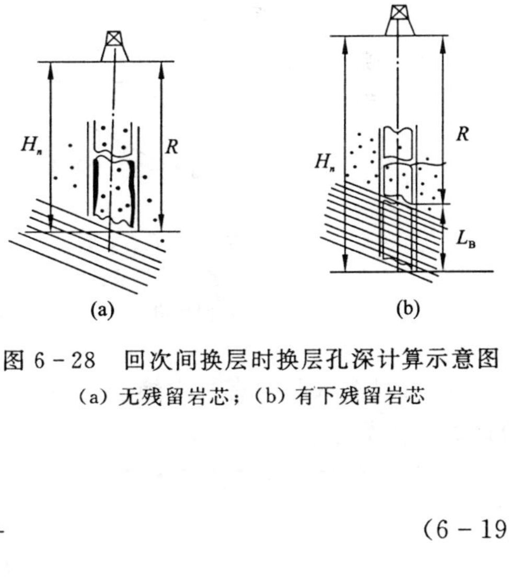

图 6－28　回次间换层时换层孔深计算示意图

（a）无残留岩芯；（b）有下残留岩芯

（2）回次内换层。回次内换层即岩层换层界面在回次钻进所采取的岩芯中间。换层孔深计算方法如下。

第一步，计算回次岩芯采取率——$X_{回次}$%。

第二步，计算回次取芯中换层上、下部采长磨损前的长度（即与此采长相当的进尺或孔段长度），计算公式如下：

$$d_1=\frac{\sum L_{换上}}{X_{回次}} \tag{6-19}$$

$$d_2=\frac{\sum L_{换下}}{X_{回次}} \tag{6-20}$$

式中：d_1、d_2——回次取芯中换层上、下部采长磨损前的长度，m；

$\sum L_{换上}$、$\sum L_{换下}$——回次取芯中换层上、下部采长，m。

第三步，计算换层孔深——R。

A. 当回次取芯中只有一次换层时，换层孔深的计算方法如下。

a. 当本回次和上回次均无残留岩芯时［图 6－29（a）］，换层孔深计算公式为：

$$R=H_n-d_2 \tag{6-21}$$

或

$$R=H_{n-1}+d_1 \tag{6-22}$$

式中：H_{n-1}——上回次累计孔深，m；

其余符号意义同前。

b. 当本回次和上回次均有残留岩芯时［图 6－29（b）］，换层孔深计算公式为：

$$R=H_n-d_2-L_B \tag{6-23}$$

或

$$R=H_{n-1}+d_1-L_C \tag{6-24}$$

式中：L_B——本回次残留岩芯长度，m；

L_C——上回次残留岩芯长度，m；

其余符号意义同前。

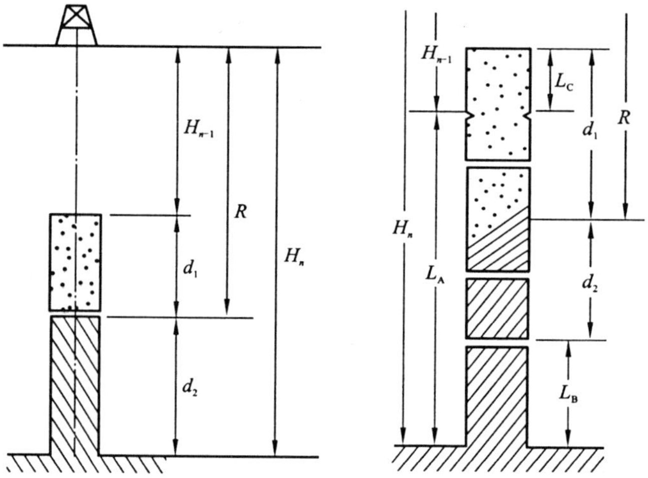

图 6－29　回次内一次换层时换层孔深计算示意图

（a）无残留岩芯；（b）有下残留岩芯

R. 换层孔深；H_n. 本回次累计孔深；H_{n-1}. 上回次累计孔深；

d_1. 回次取芯中换层上部采长磨损前的长度；d_2. 回次取芯中换层下部采长磨损前的长度；

L_A. 本回次进尺；L_B. 本回次残留岩芯长度；L_C. 上回次残留岩芯长度

B. 当回次取芯中有两次换层且本回次和上回次均有残留岩芯时（图 6－30），换层孔深的计算方法如下。

a. 用本回次孔深向上推算换层孔深，计算公式为：

$$R_2=H_n-d_3-L_B \tag{6-25}$$

$$R_1=H_n-d_3-d_2-L_B \tag{6-26}$$

式中：d_3——回次取芯中分层采长磨损前的长度，m。

b. 用上回次孔深向下推算换层孔深，计算公式为：

$$R_1=H_{n-1}+d_1-L_C \tag{6-27}$$

$$R_2=H_{n-1}+d_1+d_2-L_C \tag{6-28}$$

同理，一个回次取芯中若有三次及以上换层时，确定换层孔深的方法类同。

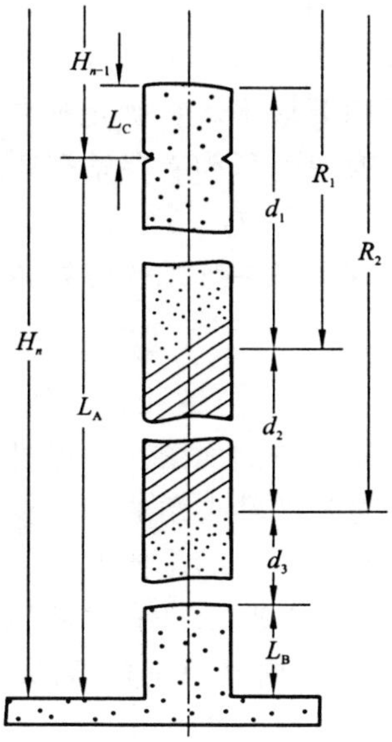

图 6-30　回次内两次换层时换层孔深计算示意图

R_1. 回次内第一次换层孔深；R_2. 回次内第二次换层孔深；H_n. 本回次累计孔深；H_{n-1}. 上回次累计孔深；d_1. 回次取芯中换层上部采长磨损前的长度；d_2. 回次取芯中分层采长磨损前的长度；d_3. 回次取芯中换层下部采长磨损前的长度；L_A. 本回次进尺；L_B. 本回次残留岩芯长度；L_C. 上回次残留岩芯长度

（3）空回次换层。空回次换层时，换层孔深＝上回次累计孔深＋空回次进尺的二分之一；也可根据上下层岩石的相对硬度、破碎情况确定合适比例。如图 6-31 中换层孔深＝$86.5+\frac{1}{2}\times 0.3=86.65\text{m}$。

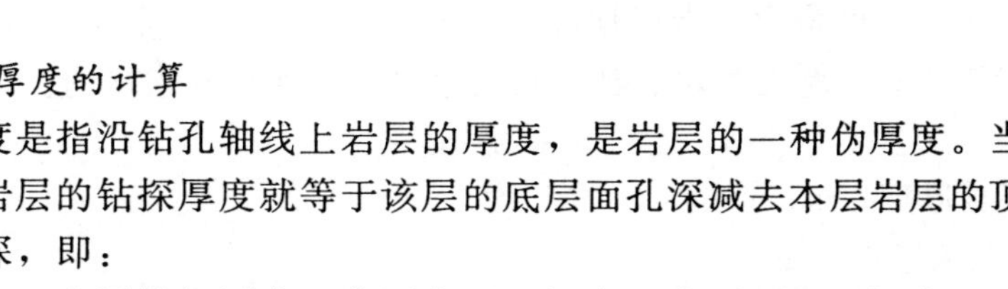

图 6-31　空回次换层时换层孔深计算示意图

2. 分层钻探厚度的计算

分层钻探厚度是指沿钻孔轴线上岩层的厚度，是岩层的一种伪厚度。当各岩层的换层孔深确定后，某一岩层的钻探厚度就等于该层的底层面孔深减去本层岩层的顶层面（即上一岩层的底层面）孔深，即：

$$岩层钻探厚度=岩层底界面深度-岩层顶界面深度 \quad (6-29)$$

3. 对换层孔深和分层钻探厚度计算的几点说明

（1）关于岩芯采取率和磨损率的问题。在同一回次中常有不同的岩性分层，由于岩石本身硬度、破碎程度、耐磨性及不同钻进方法对不同岩性岩石磨损的差异性，使钻进过程中软岩层的磨损大、采取率低；而硬岩层的磨损小、采取率高。所以同一次回次中不同岩性的岩芯磨损率不同，岩芯采取率也不同。但上述计算换层孔深及岩层钻探厚度的公式中，都把同一回次不同岩性的岩芯采取率视为相同，这种机械的、数学公式的方法显然与实际不符。但目前尚未有确定岩芯磨损率的科学方法，通常是通过对大量资料的统计分析，得出一个经验数据，作为不同岩性的岩芯采取率和磨损率。在确定换层孔深时，还应参考钻探判层记录，进行综合分析，以取得较为可靠的换层孔深和岩层钻探厚度。

(2) 关于残留岩芯的问题。上述公式中，考虑了残留岩芯。实际工作中，确定残留岩芯长度很困难，因此往往凭经验估计或干脆不考虑残留岩芯。

（七）岩芯轴夹角的测量

岩芯轴夹角（δ）是指岩芯上的岩层面与钻孔轴心线的夹角。岩芯轴夹角是了解岩层分界面、节理面、断层面的倾角及编制地质剖面图、计算岩层真厚度的基础数据。在野外编录时通常用量角器测量。用量角器测量岩芯轴夹角的方法步骤如下（图 6-32)。

首先找出要测量的岩层分界面在岩芯上的总体方向，找出岩层分界面在岩芯上的最高与最低点（可用红、蓝铅笔划一条线)，如图中 AB；并将岩芯柱面 CD 紧靠岩芯隔板；让量角器的零度边 ab 与岩层分界面 AB 平行，同时使量角器的 O 点与岩层分界面 AB 同岩芯柱面 CD 的交点 O 重合，读出的岩芯柱面在量角器上的读数（70°）即为岩芯轴夹角。

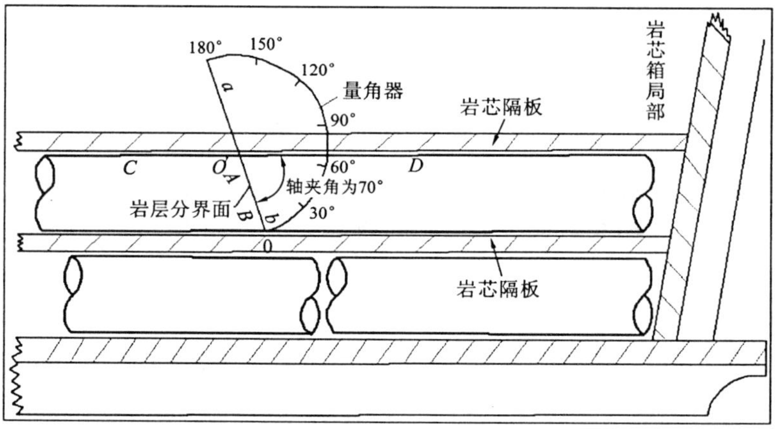

图 6-32　用量角器测量岩芯轴夹角示意图

（八）岩层真厚度的计算

钻孔所穿过岩层真厚度是指该岩层顶界面与底界面之间的垂直距离（图 6-33)。岩层真厚度是在已知岩层的钻探厚度和岩芯轴夹角的基础上，经计算求得的。计算公式为：

$$M = L\sin\delta \tag{6-30}$$

式中：M——岩层真厚度，m；

L——岩层钻探厚度，m；

δ——岩芯轴夹角，°。

由图 6-33 中可以看出，不论是直孔、顺岩层倾向斜孔、逆岩层倾向斜孔，岩层的真厚度只与其钻探厚度和岩芯轴夹角有关，而与钻孔天顶角、方位角及岩层倾角无关。

岩层真厚度是编制钻孔柱状图的基础数据，也是衡量勘查区含水层厚度的指标。

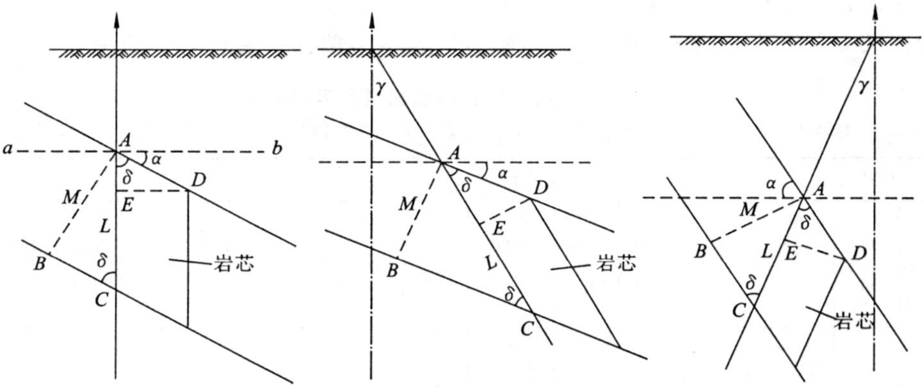

图 6－33　直孔、斜孔中岩层真厚度的计算示意图

M. 岩层真厚度；*L*. 岩层钻探厚度；*δ*. 岩芯轴夹角；*α*. 岩层倾角；*γ*. 钻孔天顶角

（九）钻探与测井成果的综合

由于地质、技术条件等多种因素的影响，从钻孔中获得的地质资料可能不尽如人意——如孔深的误差、岩芯采取率低而导致换层孔深和分层厚度不准等。为了弥补钻探的不足以提高地质资料的可靠性，必须依靠测井对钻探资料进行验证、修正和补充。但由于某种测井曲线对某一岩石的多解性及地质情况的复杂性，测井成果也难免会出现错误，因此单靠测井解释也不可行。只有将两者科学地结合起来，才能使钻孔地质资料尽可能符合客观实际情况。

对钻探与测井资料进行综合评价后，应填写钻孔综合成果鉴定表（表 6－31），将其作为钻孔最终综合成果，为钻孔柱状图的编制提供可靠的资料。

表 6－31　钻孔综合成果鉴定表（参考格式）

勘查区＿＿＿＿＿　　工程号＿＿＿＿＿　　共＿＿页第＿＿页

层号	岩石名称	地质描述	钻探								测井			综合成果		
			底界深度（m）	钻探厚度（m）	采长（m）	分层采取率（%）	岩芯倾角（°）	真厚（m）	样品种类	样品编号	底界深度（m）	钻探厚度（m）	真厚（m）	底界深度（m）	钻探厚度（m）	真厚（m）

地质技术员＿＿＿＿＿　　测井技术员＿＿＿＿＿　　项目负责人＿＿＿＿＿　　日期＿＿＿＿＿

（十）钻孔综合柱状图的编制

钻孔综合柱状图是根据测井成果、钻探成果及综合成果等三部分资料编制而成。测井部分应填绘主要定性曲线、岩层的深度和厚度以及岩性柱状；钻探部分要填绘岩层的深度和厚度、分层岩芯采长及岩性柱状；综合部分应填绘时代、层号、岩性柱状、岩层厚度、深度、轴夹角、岩石名称及岩性描述。钻孔综合柱图的比例尺为 1∶200～1∶100，视钻孔深度、不同勘查阶段的精度要求而定。

在编绘钻孔综合柱状图时，对于厚度太小的特殊岩层难以表示时可适当放大；对于厚度很大、岩性又无明显变化的岩层可采用缩画符号表示。钻孔综合柱状图的格式见表 6－32。

表 6－32　钻孔综合柱状图（参考格式）

勘查区_______　工程号_______　孔口坐标 X____ Y____ Z____　开孔层位______终孔层位______终孔深度______

测井成果					钻探成果				综合成果						
曲线		层厚（m）	柱状 1∶200	深度（m）	层厚（m）	采长（m）	柱状 1∶200	深度（m）	时代	层号	层厚（m）	柱状 1∶200	深度（m）	轴夹角（°）	岩石名称及地质描述
伽马曲线	视电阻率曲线														

测井_________　钻探_________　综合_________　审核_________　日期_________

思考题

1. 勘查工程的施工管理和原始地质编录的含义是什么？施工管理一般包括几个环节，分别是什么？
2. 坑探工程施工前的准备工作有哪些？
3. 探槽的野外编录中，编录壁的确定方法和绘图方向如何确定？
4. 探槽原始地质编录应提交的资料有哪些？
5. 简述探槽的一壁一底野外编录流程。
6. 钻探工程的施工管理中，钻进中、终孔后的地质管理工作有哪些？
7. 钻探工程原始地质编录有哪些方面？
8. 在钻进过程中，如何判定是否有残留岩芯？
9. 哪些孔应进行简易水文地质观测，钻孔简易水文地质观测项目有哪些？
10. 如何计算本回次进尺段内冲洗液的消耗量（V）？
11. 钻进过程中，导致孔斜的原因有哪些？如何预防孔斜？
12. 岩芯采取率和岩芯获得率的概念及其计算公式分别是什么？
13. 什么叫做岩芯轴夹角？如何测量？
14. 计算图中分层界面的换层孔深及岩层真厚度（不考虑残留岩芯，岩芯倾角为 45°）。

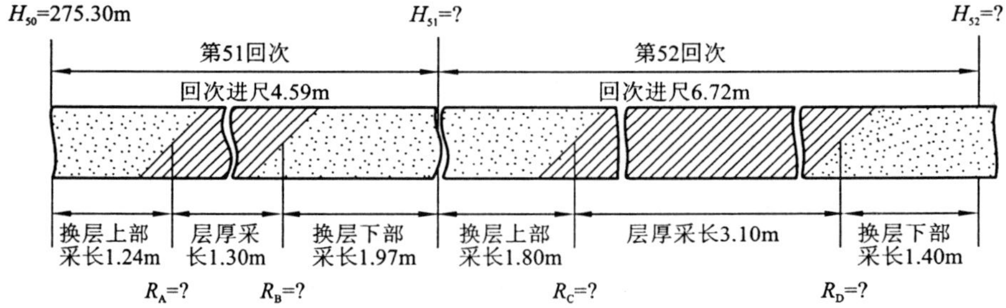

第七章 地下水资源评价与开发

第一节 地下水资源评价概述

一、地下水资源及其组成和特点

（一）地下水资源及其组成

地下水资源是指埋藏于地表以下各种形式的重力水，其埋藏、富水性、水质等可在当前或未来的技术经济条件下开发利用，具有现实或潜在的经济意义。简单来说，地下水资源就是含水层中有使用价值的各种地下水量的总称。地下水的使用价值包括水质和水量两个方面，它是否能成为有使用价值的资源首先是由水质决定的，即只有水质符合要求的地下水量才是可利用的地下水资源。

地下水资源是一种矿产资源，是整个地球水资源的重要组成部分。地下水资源是由补给资源和储存资源构成（图 7－1）。地下水补给资源一般包括降水和凝结水入渗量，河（渠）水、洪水及田间水入渗量，山区对平原区的地下水侧向补给量，河流侧向入渗量；地下水储存资源包括容积储存量和弹性储存量两部分。

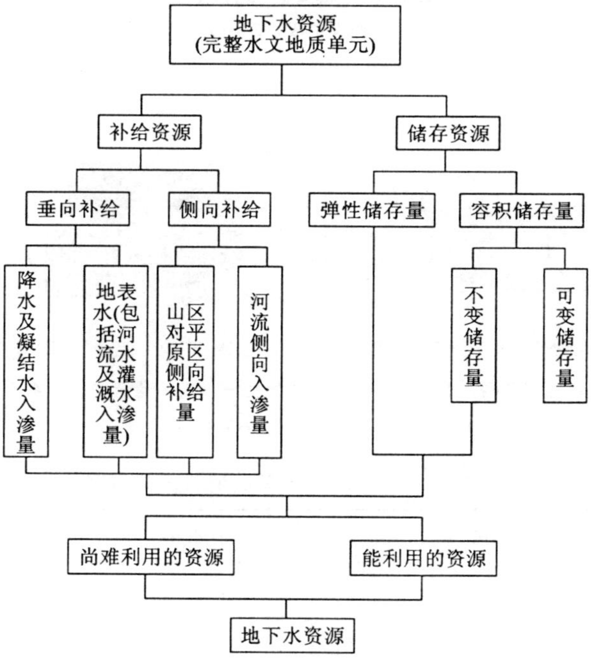

图 7－1 地下水资源的组成关系图

（据李伯汉，2001）

在《水文地质术语》(GB/T 14157—1993) 中规定了地下水天然资源和地下水开采资源的定义：地下水天然资源是指天然条件下，地下水在循环交替过程中，可以得到恢复的那部分水量，即多年平均补给量。地下水补给量是指在天然或开采条件下，单位时间内以各种方式进入到含水层中的水量。用均衡法计算时，天然资源量一般包括河（渠）水、洪水及田间水入渗量，降水和凝结水入渗量，山区对平原区的地下水侧向补给量（图 7-2、图 7-3、表 7-1）。地下水开采资源是指在一定的技术经济条件下，在不至于引起严重环境地质问题的前提下，单位时间内可从含水层中提取的地下水量。它用于表征区域性的地下水开采资源。地下水可开采量（允许开采量）是指在水源地设计的开采时期内，以合理的技术经济开采方案，在不引起开采条件恶化和产生环境地质问题的前提下，单位时间内可以从含水层中取出的最大水量，常用于表征集中地下水水源地的可开采水量（图 7-4、表 7-2)。

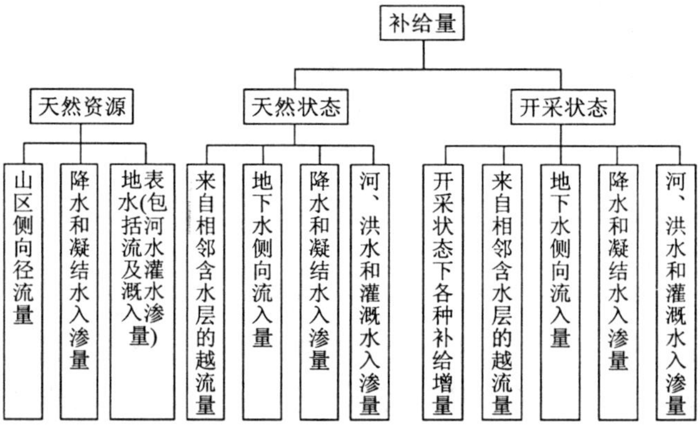

图 7-2　地下水天然资源与补给量的组成分析

（据李伯汉，2001）

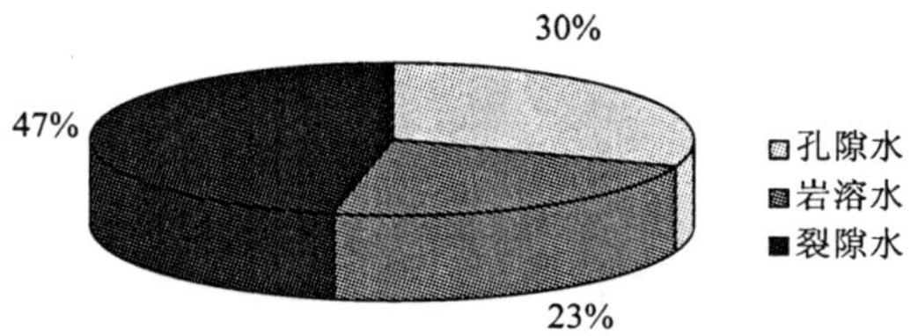

图 7-3　我国不同类型地下水天然资源

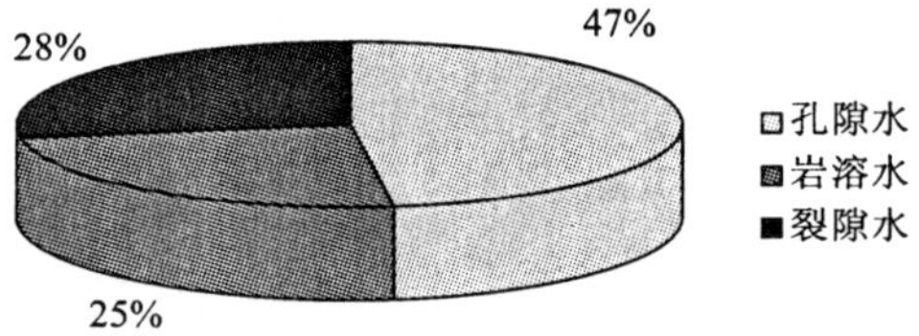

图 7-4　我国不同类型地下水可开采资源

（据中国地质环境信息网，2010，中国地下水资源——新一轮全国地下水资源评价成果）

表 7-1　我国地下水天然资源量分布表　　单位：$\times 10^8 m^3/a$

分布地区	全国	北方	南方
平原区	2 566.81	1 648.90	917.91
山区	6 667.91	1 334.25	5 333.66
合计	9 234.72	2 983.15	6 251.57

表 7-2　我国地下水（淡水）可开采资源量分布表　单位：$\times 10^8 m^3/a$

分布地区	全国	北方	南方
平原区	1 561.19	1 089.84	471.35
山区	1 966.59	446.47	1 520.12
合计	3 527.78	1 536.31	1 991.47

（二）地下水资源的特点

地下水资源既不同于固体矿产资源，也有别于地表水资源，有它自己的特点，一般把地下水资源的特点概括为系统性、流动性、可恢复性、可调节性四个方面。

1. 系统性（整体性）

地下水一般是按一定的含水系统形成和分布的，存在于同一含水系统中的水是一个统一整体，有着共同的补给、径流、排泄体系。在含水系统的任一部分注入或排出水量，其影响将波及整个含水系统。地下水系统有不同的级次和类型，如孔隙含水系统、裂隙含水系统、岩溶含水系统、山前倾斜平原含水系统、河流冲积平原含水系统等。地下水具有整体性，因此，必须从含水系统的整体上寻求最优开发利用方案，如果仅仅考虑局部地区或某一部分的利益，就会引起一系列负效应。

2. 流动性（活动性及与周围环境的密切联系性）

地下水是流体，处在不断运动、循环之中，表现为地下水具有径流量。地下水资源是一种动态资源，地下水的数量、质量和热量随外界环境的变化而变化。由于地下水与周围环境（气候、水文条件及地质条件等）有密切的联系，所以大都具有流动性或活动性，特别是与地表水联系得更加密切，常常可以互相转化。这种联系反映在含水层的平面和剖面边界条件上，包括地下水的补给和排泄条件。考虑到地下水的流动性，可用地下水的流量表示地下水的数量。由于人工开采地下水后，其边界条件可能发生变化，使地下水的流动状态改变，所以地下水的天然流量也不能完全反映地下水可被开采利用的数量。

3. 可恢复性（可再生性）

当人工开采地下水时，在多数情况下，只要开采量不超过一定限度，虽然井附近的地下水位要降低，使地下水的储存量暂时减少，但只要停止开采，水位又可逐渐恢复原位，即地下水的储存量又得到了补充，这就是地下水的可恢复性。在天然条件下，补、排水量在多年间可以大体平衡，各地段水量和水质保持相对稳定。在地下水开发利用的过程中，如果系统排出的水量不超过某一特定值，则大部分水量可以通过外界的补给得到补偿。地下水的可恢复性是其与其他矿产资源的重要区别，如固体矿产和液体石油矿产，开采一点就少一点，没有恢复补偿性质。地下水资源的可恢复性是地下水资源可持续利用的保证，虽然地下水可以不断得到补给和更新，开采后可以补充、恢复，但也不是取之不尽、用之不竭的——如果大量超采，也会造成地下水资源的消耗甚至枯竭。

4. 可调节性（或储存量的可变性）

可调节性指地下水在系统结构的作用下，使不连续的降水和水量输入变为相对连续、均匀输出的这种自然特性。调节性主要是针对水量而言。一般来说，地表水系统的水量调节能力较差，水量、水位的动态变化与降水过程极为密切，滞后、延迟效应均不明显，获得的降水补给量可以快速地排出；与地表水相比，地下水更具有调节性，集中的降水补给可积蓄在季节变动带中，然后缓慢释放、缓慢径流的路程效应可平抑各处来水的波动，发挥削峰填谷的作用。

地下水在含水层中始终处在不断地补给和消耗的新旧交替过程中。补给量和消耗量在不同年份或季节是不同的，特别是补给量随时间变化较大。当补给丰富、大于消耗时，含水层就把多余的水蓄集起来，使地下水的储存量增加；当补给较少或暂时停止时，又可用储存的地下水维持消耗，使储存量减少。储存量的这种可变性，在地下水的补给、径流、排泄及开采过程中均起着调节作用。这种性质是其他矿产资源所不具备的。有的含水盆地具有相当大的调蓄能力，如山西娘子关泉域的调蓄能力有 14 亿 m^3。利用这一性质，可以进行人工调蓄，增大开采量。

二、地下水资源评价的一般概念

（一）地下水资源评价的含义

地下水资源评价是根据规定时段内水文、气象以及水文地质条件的变化规律，对地下水资源的质量、数量、时空分布特征和开发利用条件进行科学、综合、全面地分析、计算和预测等工作的总称。它是地下水资源合理开发和科学管理的基础。地下水资源评价的最终目的是要查清可供开采的并符合水质标准的地下水量。

水文地质勘查的主要任务之一是要进行水质和水量的评价，即进行地下水资源评价。地下水资源评价实质上包括地下水水质评价和地下水水量评价，水质评价是水量评价的前提，水量评价则是评价工作的核心。一般地下水资源评价都是在水质符合要求的前提下，着重对水量进行评价的，但地下水量的计算和评价比水质评价复杂得多。通常所说的地下水资源评价往往是就水量评价而言的，又称地下水资源量评价（或地下水水量评价）。地下水量处在地下水补给与排泄的动平衡中，是随着自然和人为因素的改变而变化的，特别是在大量开采地下水后，会引起地下水补给、排泄条件的改变，给地下水量的准确计算带来不少困难，这就迫使人们去研究不同的计算方法，同时也出现了对地下水量描述的不同术语或不同分类。

在对地下水资源进行水质、水量评价时，还应研究如何合理地开发和保护地下水资源以及加强科学管理工作，以利于长期正常地开采利用地下水资源。地下水的水质和水量，都有各自的形成规律。在天然条件下，绝大多数地区地下水的水质与水量均处于相对平衡状态之中。有时，它们也可能随着某种自然因素的变化而变化，但其变化过程一般是非常缓慢的。因此，只要能正确地认识它们的形成规律，就基本上可以做到在不破坏原有均衡关系的条件下，充分利用地下水资源为人类造福。但是，如果违背这些规律，盲目、恣意地开采地下水资源，就会破坏其均衡关系，给人类的生活、生产、环境及自然界的生态平衡带来种种严重后果。

（二）地下水类型区的划分

在地下水资源评价时，常常要对不同的地下水类型区进行评价。按“地下水资源量及可开采量补充细则”（2002-10）的要求，地下水类型区（以下简称“类型区”）按三级划分，同一类型区的水文及水文地质条件比较相近，不同类型区之间的水文及水文地质条件差异明显。各级类型区名称及划分见表 7－3。

表 7-3　地下水类型区名称及划分一览表

<table>
<tr><th colspan="2">Ⅰ级类型区</th><th colspan="2">Ⅱ级类型区</th><th colspan="2">Ⅲ级类型区</th></tr>
<tr><th>划分依据</th><th>名称</th><th>划分依据</th><th>名称</th><th>划分依据</th><th>名称</th></tr>
<tr><td rowspan="12">区域地形地貌特征</td><td rowspan="8">平原区</td><td rowspan="12">次级地形地貌特征、含水层岩性及地下水类型</td><td rowspan="2">一般平原区</td><td rowspan="12">水文地质条件、地下水埋深、包气带岩性及厚度</td><td>均衡计算区</td></tr>
<tr><td>⋮</td></tr>
<tr><td rowspan="2">内陆盆地平原区</td><td>均衡计算区</td></tr>
<tr><td>⋮</td></tr>
<tr><td rowspan="2">山间平原区（包括山间盆地平原区、山间河谷平原区和黄土高原台塬区）</td><td>均衡计算区</td></tr>
<tr><td>⋮</td></tr>
<tr><td rowspan="2">沙漠区</td><td>均衡计算区</td></tr>
<tr><td>⋮</td></tr>
<tr><td rowspan="4">山丘区</td><td rowspan="2">一般山丘区</td><td>均衡计算区</td></tr>
<tr><td>⋮</td></tr>
<tr><td rowspan="2">岩溶山区</td><td>均衡计算区</td></tr>
<tr><td>⋮</td></tr>
</table>

Ⅰ级类型区划分为两类，即平原区和山丘区 。平原区指海拔高程相对较低、地面起伏不大、第四纪松散沉积物较厚的宽广平地，地下水类型以第四纪孔隙水为主（被平原区围裹、面积不大于 1 000km^2 的残丘，可划归平原区）；山丘区指海拔高程相对较高、地面绵延起伏、第四纪覆盖物较薄的高地，地下水类型包括基岩裂隙水、岩溶水和零散的第四纪孔隙水。山丘区与平原区的交界处具有明显的地形坡度转折，该处即为山丘区与平原区之间的界线。

Ⅱ级类型区划分为六类。其中，平原区划分为四类，即一般平原区、内陆盆地平原区、山间平原区（包括山间盆地平原区、山间河谷平原区和黄土高原台塬区）和沙漠区；山丘区划分为两类，即一般山丘区和岩溶山区。一般平原区指与海洋为邻的平原区；内陆盆地平原区指被山丘区环抱的内陆性平原区，该区往往与沙漠区接壤；山间平原区指四周被群山环抱、分布于非内陆性江河两岸的平原区；沙漠区指发育于干旱气候区的地面波状起伏、沙石裸露、植被稀疏矮小的平原区，又称荒漠区。一般山丘区指由非可溶性基岩构成的山地（又称一般山区）或丘陵（又称一般丘陵区），地下水类型以基岩裂隙水为主；岩溶山区指由可溶岩构成的山地，地下水类型以岩溶水为主。面积较小且不单独划分的小型山间河谷平原（包括山间盆地平原、山间河谷平原和黄土台塬）可并入附近的一般山丘区或岩溶山区。

Ⅲ级类型区划分是在Ⅱ级类型区划分的基础上进行的。每个Ⅱ级类型区，首先根据水文地质条件划分出若干水文地质单元（具有统一边界和补给、径流、排泄条件的地下水系统）；然后再根据地下水埋深、包气带岩性及厚度等因素，将各水文地质单元分别划分出若干个均衡计算区，称Ⅲ级类型区。均衡计算区是各项资源量的最小计算单元。

（三）地下水资源评价的一般程序

地下水资源量评价工作的程序可分为九个步骤，涵盖了从基础资料搜集、分区确定、参数确定到各类资源量计算、可开采量评价、成果编制等相关工作的全过程（图 7-5）。

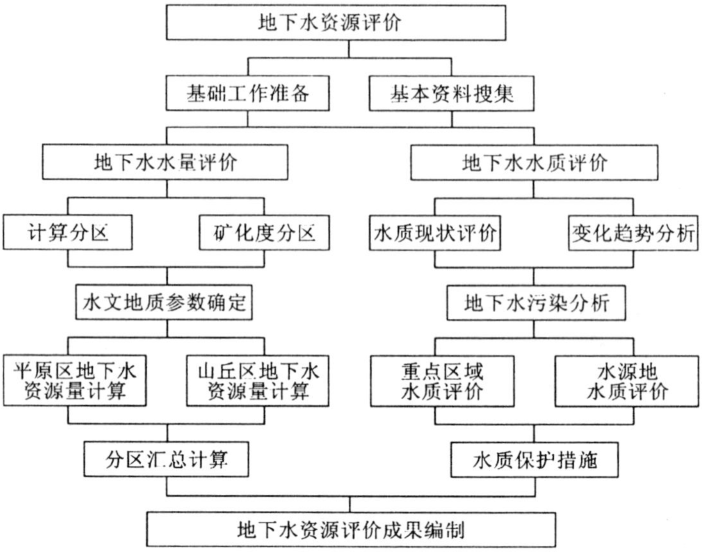

图 7-5　地下水资源评价流程框图

（据《地下水资源管理培训教材》，水利部水资源管理中心，2008-12）

1. 准备工作

包括确定评价区域和成图比例尺，估计评价工作量，组建专门技术工作班子和做出明确工作责任分工，绘制工作底图和选择评价代表年。

2. 基本资料搜集整理

要求搜集和分析整理如下各类基本资料：地形地貌、植被、地质构造及水文地质特征等资料；地下水水位动态监测资料；评价代表年期间逐年的地下水实际开采量资料；因开发利用地下水引发的生态环境恶化状况；引灌资料；平原区骨干河道资料；水均衡试验、抽水试验资料；水稻田分布；水文气象资料。

3. 评价区划分

地下水资源量评价类型区划分的目的是确定各个具有相似水文地质特征的均衡区。根据水文地质条件和水文地质参数大小，可将均衡区再划分为若干个计算区。计算区是选取有关水文地质参数值和进行各项补给量、各项排泄量、地下水蓄变量和地下水资源量计算的最小单元。正确划分评价类型区是一项关系地下水资源量评价成果精度的重要基础工作。

4. 水文地质参数的确定

常用的水文地质参数主要有：给水度（μ）、降水入渗补给系数（α）、潜水蒸发系数（C）、渗透系数（K）、导水系数（T）、渠系渗漏补给系数（m）、修正系数（γ）、渠灌田间入渗补给系数（$\beta_{渠}$）、井灌回归补给系数（$\beta_{井}$）、水稻田水稻生长期稳渗率（φ）和地下水可开采系数（ρ）等。

在地下水资源量评价中，除了地下水实际开采量（采用调查统计方法定量）、河川基流量（采用直线斜割法或加里宁试算法定量）、山前泉水溢出量（采用调查统计或实测法定量）这三项排泄量之外，其他各项补给量、排泄量和地下水蓄变量都是依据相关的面积、时间和水文地质参数进行定量计算的。水文地质参数的确定是一项既重要又复杂的工作，分析、确定出一套符合评价区域实际情况、可供各计算区取值的水文地质参数，直接关系地下水资源量评价成果的精度。

5. 地下水矿化度分区的确定

矿化度是指水容积内含有的无机矿物质总离子量。矿化度是表示地下水水质特征的重要指标之一，单位为 g/L。

在评价区域内，采集地下水水样（采集水样的密度应满足相应比例尺的精度要求），化验分析矿化度值后，绘制矿化度分别为不大于 1g/L、大于 1g/L 且小于等于 2g/L、大于 2g/L且小于等于 3g/L、大于 3g/L 且小于等于 5g/L 和大于 5g/L 这五个矿化度分区图。

在地下水资源量评价中，应分别计算五个矿化度分区的地下水资源量。

6. 平原区地下水资源量计算

平原区地下水主要由当地降水入渗补给和地表水体渗漏补给，通过人工开采、潜水蒸发等形式排泄。平原区积累了大量地下水动态试验研究、开发利用和地质勘查资料，能够比较准确地确定有关水文地质参数及其变化规律。区域地下水资源计算与评价，常采用水量均衡法，根据水文地质条件等划分均衡计算单元，计算各项补给量，并采用排泄量与储存变化量进行校核。

平原区地下水的补给量包括：降水入渗补给量、河道渗漏补给量、渠系渗漏补给量、渠灌田间入渗补给量、井灌回归补给量、越流补给量以及闸坝蓄水渗漏补给量，还有人工回灌补给量等。

平原区地下水的排泄量包括：潜水蒸发量、河道排泄量、侧向流出量、越流排泄量以及人工开采量等。

地下水蓄变量是指在一个均衡期内含水层蓄水量的变化值。

根据平原区各均衡区各项补给量、各项排泄量和地下水蓄变量的计算成果以及在进行水均衡分析的基础上，可确定平原区各均衡区的多年平均地下水资源量。多年平均地下水资源量等于多年平均总补给量与多年平均井灌回归补给量之差。

7. 山丘区地下水资源量计算

山丘区地质条件复杂，研究程度相对较低，资料短缺，直接计算地下水的补给量往往是有困难的。但是，就地下水的循环来说，无论补给方式多么复杂，补给量总会转化成排泄量，尤其是山丘区，地形起伏、高差悬殊、河床深切、底坡陡峻、调蓄较差，在接受大气降水入渗补给后，易形成径流通并过散泉很快溢出地面、排入河流，其补排机制比较简单。正是这样，按地下水均衡原理，总排泄量等于总补给量，所以，山丘区的地下水资源量可用各项排泄量之和来计算。

由排泄量反推补给量时，必须具有实测的泄（流）量资料系列，然后采用适当的分析方法进行计算和评价。目前，对于一般山丘区浅层地下水（主要来自裂隙水）的计算常用水文分析法（即水文图分割法）；对于岩溶水的计算常用流量衰减分析法及相关分析法等。

8. 评价分区汇总计算

评价分区是指评价区域内的特定分区。评价分区可能由单一的平原区构成，也可能由单一的山丘区构成，还可能由平原区和山丘区共同构成。评价分区汇总计算包括各项补给量、排泄量、地下水蓄变量、地下水资源量、地下水与地表水之间的重复计算量，以及地下水可开采量计算。

9. 评价成果的表达

主要包括填制成果表、绘制成果图、编写成果文字报告三项内容。

成果表是表达各评价分区各项补给量、各项排泄量、地下水蓄变量、地下水资源量、地下水资源量与地表水资源量间的重复计算量以及地下水可开采量等评价成果数据的重要方式之一。成果表中的数据还是绘制成果图、编写文字报告的依据。成果图是表达地下水资源量、总补给量、地下水可开采量等主要评价成果空间分布状况最重要的方式。成果图中所表示的空间分布状况也是编写文字报告的依据。

在成果文字报告中需要全面、准确、清晰地叙述地下水资源评价工作的任务来源、目的、评价区域、评价代表年、主要工作过程，各评价工作程序的工作状况，评价工作的整体思路和技术方法，各项评价成果、结论和建议。

第二节　地下水水质评价

地下水水质是指地下水体的物理、化学和生物学特征和性质。对地下水资源的评价，首先是对地下水水质进行评价，只有在水质符合要求的前提下，对地下水资源量进行评价才有实用意义。

实际工作中，不同用水单位对水质的要求不同，各部门都规定有相应的水质标准。如《地下水质量标准》(GB/T 14848—1993)、《生活饮用水卫生标准》(GB 5749—2006)、《饮用天然矿泉水》(GB 8537—2008)、《农田灌溉水质标准》(GB 5084—2005) 等，这些标准是在实践中不断地总结、修改、逐渐完善的。因此，在进行水质评价时，应以最新标准为依据，不仅考虑水质的现状是否符合标准，还应考虑是否有改善的可能，即经过处理后能否达到用水标准；还应预测地下水开采后水质可能发生的变化，并提出卫生防护和管理的措施。

各种不同目的用水对水质要求的标准是地下水水质评价的准则。只有了解各种目的供水对水质的要求，才能在勘查中选择适当的取水样地点，有针对性地提出水质分析项目，作出正确的水质评价。只有水质符合用水标准，即能够达到用水标准的地下水才能被列入地下水资源的范畴。

一、地下水水质评价的内容

地下水水质评价的内容包括水质现状评价和水质预测评价、水自然环境评价和水污染环境评价、单指标评价（如水化学类型、总矿化度以及少量特异指标评价）和综合评价等。对于具体地区，可根据实际情况确定评价的内容和方法。

区域性地下水水质评价内容通常包括地下水化学分类、地下水现状水质评价、近期地下水水质动态变化趋势和地下水污染分析等。

1. 搜集

基础资料包括历年地下水水质监测资料以及历史评价成果。若在地方病区，还应搜集特征水质参数及对人体健康的影响、发病率等资料，深入调查主要污染物及其对地下水水质的影响程度等，在此基础上确定地下水化学类型。

2. 地下水现状水质评价

按照《地下水质量标准》(GB/T 14848—1993) 对现状年各计算分区的地下水水质进行

分类。通常评测 pH 值、矿化度（mg/L）、总硬度（以 $CaCO_3$ 计）、氨氮、挥发性酚类（以苯酚计）、高锰酸盐指数、总大肠菌群共七项主要指标。因地区差异，各地也可进一步选用评价氟化物（以 F 表示）、氯化物、氰化物、碘化物、砷、硝酸盐、亚硝酸盐、铬（+6价）、汞、铅、锰、铁、镉、化学需氧量以及其他有毒有机物或重金属等水质监测项目。

3. 地下水水质变化趋势分析

在广泛搜集各有关部门地下水水质监测资料的基础上，选用质量较好且具有代表性的、尽可能多年份的地下水水质监测井进行地下水水质变化趋势分析。综合分析分区内地下水水质监测井各监测项目的变化趋势，将其作为相应分区的地下水水质变化趋势。

4. 地下水污染分析

调查有可能造成地下水污染的污染源。污染源包括水质低劣的地表水体（如排污河道、渗井、纳污湖库塘坝等）、污灌区和农药化肥施用量较高的农田、废弃物堆放场等。地下水污染分析的重点区域是污染源附近，尤其是存在污染源的地下水水源地。个别区域还应调查分析海水入侵、地下咸水侵入淡水含水层的情况，分析其变化趋势，绘出现状条件下咸淡水界线。

充分利用地下水水质现状评价和变化趋势分析成果，密切结合污染源种类、物质组成和地理分布特征，通过综合分析，确定地下水现状污染区域界线、主要污染项目和污染程度。

5. 地下水水源地水质评价

对区域内重要水源地（特别是大型及特大型地下水水源地）逐一进行水质评价。未形成超采区的，以生产井布井区为评价区；已形成超采区的，以相应超采区为评价区。评价内容包括地下水水质现状、变化趋势和地下水污染分析，对监测井应适当加密，并要求充分搜集“三致”物质的检出情况，必要时进行补充监测。

6. 提出水质保护措施

根据评价区地下水水质现状、变化趋势分析和地下水污染分析成果，以及各大型及特大型地下水水源地水质评价成果，提出保护和改善地下水水质的保障措施。

二、地下水水质评价的有关规定

《供水水文地质勘察规范》（GB 50027—2001）对地下水水质评价的规定如下。

（1）地下水水质评价，应在查明地下水的物理性质、化学成分、卫生条件和变化规律的基础上进行。对与开采的含水层有水力联系的其他含水层以及能影响该层水质的地表水均应进行综合评价。

（2）生活饮用水的水质评价应按国家现行的《生活饮用水卫生标准》（GB 5749—2006）执行。在有地方病的地区应根据当地环境保护和卫生部门等有关单位提出的水质特殊要求进行。

（3）生产用水的水质评价应按生产或设计提出的水质要求和现行的有关生产用水标准进行评价。

（4）地下水水质变化复杂的地区应分区、分层进行评价。

（5）在地下水受到污染的地区应在查明污染现状的基础上，着重对与污染源有关的有害成分进行评价，并提出改善水质和防止水质进一步恶化的建议和措施。

（6）评价地下水水质时，应预测地下水开采后水质可能发生的变化并提出卫生防护措施。

三、地下水水质评价方法

（一）按《地下水质量标准》（GB/T 14848—1993）中推荐的方法

1）评价因子

在一般情况下，评价因子为 pH 值、氨氮、硝酸盐、亚硝酸盐、挥发酚、氰化物、砷、汞、铬、总硬度、铅、氟、镉、铁、锰、溶解性总固体、高锰酸钾指数、硫酸盐、氯化物共 19 项。如有特殊的污染项目，可再增加。

2）评价方法

采用单项组分评价和综合评价相结合的方法。

（1）单项组分评价。按标准所列分类指标，划分为五类（表 7－4）。代码和类别代号相同，不同类别标准值相同时，从优不从劣。例如，挥发性酚类＞Ⅰ、＞Ⅱ类标准值均为＞0.001mg/L，若水质分析结果为＞0.001mg/L 时，应定为＞Ⅰ类，不定为＞Ⅱ类。

表 7－4　地下水质量分类指标

项目序号	类别 / 标准值 / 项目	Ⅰ类	Ⅱ类	Ⅲ类	Ⅳ类	Ⅴ类
1	色（度）	≤5	≤5	≤15	≤25	＞25
2	嗅和味	无	无	无	无	有
3	浑浊度（度）	≤3	≤3	≤3	≤10	＞10
4	肉眼可见物	无	无	无	无	有
5	pH 值		6.5～8.5		5.5～6.5，8.5～9	＜5.5，＞9
6	总硬度（以 $CaCO_3$ 计）（mg/L）	≤150	≤300	≤450	≤550	＞550
7	溶解性总固体（mg/L）	≤300	≤500	≤1 000	≤2 000	＞2 000
8	硫酸盐（mg/L）	≤50	≤150	≤250	≤350	＞350
9	氯化物（mg/L）	≤50	≤150	≤250	≤350	＞350
10	铁（Fe）（mg/L）	≤0.1	≤0.2	≤0.3	≤1.5	＞1.5
11	锰（Mn）（mg/L）	≤0.05	≤0.05	≤0.1	≤1.0	＞1.0
12	铜（Cu）（mg/L）	≤0.01	≤0.05	≤1.0	≤1.5	＞1.5
13	锌（Zn）（mg/L）	≤0.05	≤0.5	≤1.0	≤5.0	＞5.0
14	钼（Mo）（mg/L）	≤0.001	≤0.01	≤0.1	≤0.5	＞0.5
15	钴（Co）（mg/L）	≤0.005	≤0.05	≤0.05	≤1.0	＞1.0
16	挥发性酚类（以苯酚计）（mg/L）	≤0.001	≤0.001	≤0.002	≤0.01	＞0.01
17	阴离子合成洗涤剂（mg/L）	不得检出	≤0.1	≤0.3	≤0.3	＞0.3
18	高锰酸盐指数（mg/L）	≤1.0	≤2.0	≤3.0	≤10	＞10
19	硝酸盐（以 N 计）（mg/L）	≤2.0	≤5.0	≤20	≤30	＞30
20	亚硝酸盐（以 N 计）（mg/L）	≤0.001	≤0.01	≤0.02	≤0.1	＞0.1

续表 7-4

项目序号	类别 / 标准值 / 项目	Ⅰ类	Ⅱ类	Ⅲ类	Ⅳ类	Ⅴ类
21	氨氮（NH_4）（mg/L）	≤0.02	≤0.02	≤0.2	≤0.5	>0.5
22	氟化物（mg/L）	≤1.0	≤1.0	≤1.0	≤2.0	>2.0
23	碘化物（mg/L）	≤0.1	≤0.1	≤0.2	≤1.0	>1.0
24	氰化物（mg/L）	≤0.001	≤0.01	≤0.05	≤0.1	>0.1
25	汞（Hg）（mg/L）	≤0.000 05	≤0.000 5	≤0.001	≤0.001	>0.001
26	砷（As）（mg/L）	≤0.005	≤0.01	≤0.05	≤0.05	>0.05
27	硒（Se）（mg/L）	≤0.01	≤0.01	≤0.01	≤0.1	>0.1
28	镉（Cd）（mg/L）	≤0.000 1	≤0.001	≤0.01	≤0.01	>0.01
29	铬（Cr^{6+}）（mg/L）	≤0.005	≤0.01	≤0.05	≤0.1	>0.1
30	铅（Pb）（mg/L）	≤0.005	≤0.01	≤0.05	≤0.1	>0.1
31	铍（Be）（mg/L）	≤0.000 02	≤0.000 1	≤0.000 2	≤0.001	>0.001
32	钡（Ba）（mg/L）	≤0.01	≤0.1	≤1.0	≤4.0	>4.0
33	镍（Ni）（mg/L）	≤0.005	≤0.05	≤0.05	≤0.1	>0.1
34	滴滴滴（μg/L）	不得检出	≤0.005	≤1.0	≤1.0	>1.0
35	六六六（μg/L）	≤0.005	≤0.05	≤5.0	≤5.0	>5.0
36	总大肠菌群（个/L）	≤3.0	≤3.0	≤3.0	≤100	>100
37	细菌总数（个/L）	≤100	≤100	≤100	≤1 000	>1 000
38	总 σ 放射性（Bq/L）	≤0.1	≤0.1	≤0.1	>0.1	>0.1
39	总 β 放射性（Bq/L）	≤0.1	≤1.0	≤1.0	>1.0	>1.0

注：依据我国地下水水质现状、人体健康基准值及地下水质量保护目标，并参照了生活饮用水、工业用水、农业用水水质最高要求，将地下水质量划分为以下五类。

Ⅰ类，主要反映地下水化学组分的天然低背景含量。适用于各种用途。

Ⅱ类，主要反映地下水化学组分的天然背景含量。适用于各种用途。

Ⅲ类，以人体健康基准值为依据。主要适用于集中式生活饮用水水源及工、农业用水。

Ⅳ类，以农业和工业用水要求为依据。除适用于农业和部分工业用水外，适当处理后可作生活饮用水。

Ⅴ类，不宜饮用，其他用水可根据使用目的选用。

（2）综合评价。采用加附注的评价方法。评价的具体步骤如下。

a. 首先进行各单项组分评价，划分组分所属质量类别，对各类别按表 7-5 分别确定单项组分评价分值 F_i。

表 7-5　地下水质量评分表

类别	Ⅰ	Ⅱ	Ⅲ	Ⅳ	Ⅴ
i	0	1	3	6	10

b. 选用内梅罗指数计算综合评分值 F：

$$F=\sqrt{\frac{1}{2}\left(F_{\max}^{2}+\bar{F}^{2}\right)} \tag{7-1}$$

$$\bar{F}=\frac{1}{n}\sum_{i=1}^{n}F_i \tag{7-2}$$

式中：n——组分总数；

$\bar{F}$——各单项组分评分值 F_i 的平均值；

$F_{\max}$——单项组分值 F_i 的最大值。

c. 根据 F 值按表 7-6 的规定划分地下水质量级别，再将细菌学指标评价类别标注在级别之后。

表 7-6　地下水质量评分表（据唐克旺等，2006，修改）

类别	Ⅰ类	Ⅱ类	Ⅲ类	Ⅳ类	Ⅴ类
级别	优良	良好	较好	较差	极差
F	<0.80	0.80～2.50	2.50～4.25	4.25～7.20	>7.20

应该指出，《地下水质量标准》（GB/T 14848—1993）中推荐的方法是内梅罗指数法，其优点是：数学过程简捷，运算方便；物理概念清晰，对于一个评价区，只要计算出它的综合指数，再对照相应的分级标准，便可知道该评价区某环境要素的综合环境质量状况，便于决策者作出综合决策。但内梅罗指数法存在很多问题：过于突出最大污染因子，即公式中考虑最大污染因素（$F_{\max}$），使参评项目中即使只有一项指标 F_i 值偏高，而其他指标 F_i 值均较低也会使综合评分值偏高；而事实上须考虑不同污染因子对环境的毒性、降解难易及去除难易程度等因素。因此同处一个质量级别的不同污染因子的 F_i 取值应区别对待，即增加权重因素。针对内梅罗指数存在的问题，建议增加权重因素来对指数进行修正。

（二）其他评价方法

1. 模糊综合评判法

与传统的评价方法相比，模糊集理论更适应于水质污染级别划分的模糊性，更能客观地反映水质的实际状况。应用模糊综合评判法，最关键的问题是如何构造合理的隶属函数和权重矩阵。模糊综合评判法最主要的优点就是通过构造隶属函数可以很好地反映水质界限的模糊性。

2. 人工神经网络模型

20 世纪中期兴起的神经网络技术在地下水水质评价领域也被广泛应用。人工神经网络与传统的综合指标评价方法相比，主要具有以下优点：①通过模型的自学习和自适应能力，可自动获得水质参数间的合理权重，无需人为干预，因此评价结果具有客观性；②一旦对标准训练完毕，就可以用训练好的网络对实测样本进行评价，计算简便，可操作性强；③可以通过在训练过程中适当改变输入节点数和输出节点数来修改评价参数和等级，从而使模型的应用具有一定的灵活性；④基于大量成熟的计算机软件的支持，使工作效率得到极大地提高。

3. 灰色聚类法

灰色系统理论也被广泛应用于地下水水质综合评价中。通过灰色聚类法处理环境污染评价问题时，不必事先给定一个临界判断，而可以直接得到聚类评价结果。灰色聚类法能对水环境进行评价，反映水质的综合状况，因而比指数法更全面直观、更有说服力，同时又比模糊综合评价简便，易于推广。灰色聚类法也存在着一些不足。例如，由于采用了"降半梯形"形式，每一评价级别仅与相邻级别间存在隶属关系，当污染物浓度分布过于离散时，可能会损失较多有用信息。灰色聚类方法在地下水水质评价过程中也需要考虑不同评价指标的赋权问题，不同的赋权方法直接影响评价结果。

对地下水水质评价还有许多方法，如模糊聚类分析、基于 Matlab 模糊算子、模糊模式识别模型、神经网络一地理信息系统耦合法、集对分析法、逻辑斯蒂曲线模型、灰色关联度法等。

四、各类用水水质评价

不同行业对供水水质的要求不同，特别是工业企业种类繁多，即便是同一企业，由于生产形式不同，各项生产用水也有自己的水质要求。因此在对这些行业进行供水水质评价时，就要针对不同用户的水质标准进行评价。评价步骤和方法仍可按前述的水质评价方法，只需把水质标准改变即可。下面针对几个用水量大的行业的用水水质要求进行简单介绍。

（一）生活饮用水的水质要求

生活饮用水的水质应符合下列基本要求：①水的感官性状良好；②水中所含的化学物质和放射性物质不得危害人体健康；③水中不得含有病源微生物。

生活饮用水水质评价时，应考虑水的物理性质、溶解的普通盐类（主要离子），特别应注意地下水是否受到细菌和毒物的污染。饮用水的物理性质应当是无色、无味、无嗅、不含可见物，清凉可口（水温 7～11℃）；水中溶解的普通盐类主要指常见的成分，如 Cl^-、SO_4^{2-}、HCO_3^-、Ca^{2+}、Mg^{2+}、Na^+、K^+、Fe、Mn、I、Sr、Be 等，它们大都来源于天然矿物，在水中的含量变化很大（含量过高时，会损及水的物理性质，使水过咸或过苦，不能饮用；含量过低时，会对人体健康产生不良影响）；水中的有毒物质主要有砷、硒、镉、铬、汞、铅、氟、氰化物、酚类，有时还有洗涤剂及农药；当地下水被生活污水污染时，水中常含有各种细菌、病原菌、病毒和寄生虫等，这种水不能作为饮用水。

我国卫生部于 1973 年颁发了生活饮用水水质标准；1985 年颁发了《中华人民共和国生活饮用水卫生标准》（GB 5749—1985）；2006 年又颁发了《中华人民共和国生活饮用水卫生标准》（GB 5749—2006）。各地方也制定了地方饮用水标准。在进行饮用水水质评价时，应以最新标准为依据，并可结合地方标准一起考虑。生活饮用水的水质常规指标及限值见表 7-7。

表 7-7 水质常规指标及限值（GB 5749—2006）

指　　标	限　　值
1. 微生物指标[a]	
总大肠菌群（MPN/100mL 或 CFU/100mL）	不得检出
耐热大肠菌群（MPN/100mL 或 CFU/100mL）	不得检出
大肠埃希氏菌（MPN/100mL 或 CFU/100mL）	不得检出
菌落总数（CFU/mL）	100
2. 毒理指标	
砷（mg/L）	0.01
镉（mg/L）	0.005
铬（+6 价，mg/L）	0.05
铅（mg/L）	0.01
汞（mg/L）	0.001
硒（mg/L）	0.01
氰化物（mg/L）	0.05
氟化物（mg/L）	1.0
硝酸盐（以 N 计，mg/L）	10 （地下水源限制时为 20）
三氯甲烷（mg/L）	0.06
四氯化碳（mg/L）	0.002
溴酸盐（使用臭氧时，mg/L）	0.01
甲醛（使用臭氧时，mg/L）	0.9
亚氯酸盐（使用二氧化氯消毒时，mg/L）	0.7
氯酸盐（使用复合二氧化氯消毒时，mg/L）	0.7
3. 感官性状和一般化学指标	
色度（铂钴色度单位）	15
浑浊度（散射浑浊度单位）（NTU）	1 （水源与净水技术条件限制时为 3）
嗅和味	无异嗅、异味
肉眼可见物	无
pH 值	大于等于 6.5 且小于等于 8.5
铝（mg/L）	0.2
铁（mg/L）	0.3
锰（mg/L）	0.1
铜（mg/L）	1.0
锌（mg/L）	1.0
氯化物（mg/L）	250
硫酸盐（mg/L）	250

续表 7－7

指　　标	限　　值
溶解性总固体（mg/L）	1 000
总硬度（以 $CaCO_3$ 计，mg/L）	450
耗氧量（COD_{Mn}法，以 O_2 计，mg/L）	3 （水源限制，原水耗氧量＞6mg/L 时为 5）
挥发酚类（以苯酚计，mg/L）	0.002
阴离子合成洗涤剂（mg/L）	0.3
4. 放射性指标[b]	指导值
总 α 放射性（Bq/L）	0.5
总 β 放射性（Bq/L）	1

注：a. MPN 表示最可能数；CFU 表示菌落形成单位。当水样检出总大肠菌群时，应进一步检验大肠埃希氏菌或耐热大肠菌群；当水样未检出总大肠菌群时，不必检验大肠埃希氏菌或耐热大肠菌群。

b. 放射性指标超过指导值，应进行核素分析和评价，判定能否饮用。

进行饮用水水质评价时，应将勘查区所取水样分析资料逐项与标准对照比较，只有全都符合标准的水才能作为饮用水。如果出现个别超标项目，则看其经人工处理后能否达到标准要求，若能，则应指出必须经处理后才能作为饮用水。对区域不同地段和不同层位的地下水，可根据达到标准或超过标准的程度，将地下水水质分为若干级别（目前尚无统一的分级）来评价，例如可分为优良、合格、微超标、严重污染四级。

（二）农田灌溉用水水质要求

农田灌溉用水水质的好坏，主要是从水温、水的总矿化度及溶解盐类的成分对农作物和土壤的影响来考虑的。有时还要考虑水的 pH 值和水中有毒元素的含量对农作物和土壤的影响。

1. 对水温的要求

在我国北方，以 10～15℃为宜；在南方水稻区，以 15～25℃为宜。

2. 对水中矿化度的要求

一般以不超过 1.7g/L 为宜。超过 1.7g/L，则需视作物的种类和水中所含的盐类成分确定。对作物生长最有害的是钠盐，尤其以碳酸钠最严重，它能腐蚀作物的根部致使作物死亡，还能使土壤板结化。而水中的 Fe^{2+} 和多种有机酸能抑制水稻根部对养分的吸收和植物体内的新陈代谢。

农田灌溉用水的水质，不仅应考虑对作物生长有无影响，还应注意不要造成环境污染。特别是城市郊区，常用废水作为灌溉水源，因此，对水质必须严格限制。为了保护人体健康、维护生态平衡、促进经济发展，我国制定了国家《农田灌溉水质标准》（GB 5084—2005）（表 7－8、表 7－9），评价时可以作为依据。

表 7－8　农田灌溉用水水质基本控制项目标准值［据《农田灌溉水质标准》（GB 5084—2005）］

序号	项目类别		作物种类		
			水作	旱作	蔬菜
1	五日生化需氧量（mg/L）	≤	60	100	40[a]，15[b]
2	化学需氧量（mg/L）	≤	150	200	100[a]，60[b]
3	悬浮物（mg/L）	≤	80	100	60[a]，15[b]
4	阴离子表面活性剂（mg/L）	≤	5	8	5
5	水温（℃）	≤	25		
6	pH 值		5.5～8.5		
7	全盐量（mg/L）	≤	1 000[c]（非盐碱土地区），2 000[c]（盐碱土地区）		
8	氯化物（mg/L）	≤	350		
9	硫化物（mg/L）	≤	1		
10	总汞（mg/L）	≤	0.001		
11	镉（mg/L）	≤	0.01		
12	总砷（mg/L）	≤	0.05	0.1	0.05
13	铬（＋6 价）（mg/L）	≤	0.1		
14	铅（mg/L）	≤	0.2		
15	粪大肠菌群数（个/100mL）	≤	4 000	4 000	2 000[a]，1 000[b]
16	蛔虫卵数（个/L）	≤	2		2[a]，1[b]

注：a. 加工、烹调及去皮蔬菜。

b. 生食类蔬菜、瓜类和草本水果。

c. 具有一定的水利灌排设施，能保证一定的排水和地下水径流条件的地区，或有一定淡水资源，能满足冲洗土体中盐分的地区，农田灌溉水质全盐量指标可以适当放宽。

表 7－9　农田灌溉用水水质选择性控制项目标准值［据《农田灌溉水质标准》（GB 5084—2005）］

序号	项目类别		作物种类		
			水作	旱作	蔬菜
1	铜（mg/L）	≤	0.5	1	
2	锌（mg/L）	≤	2		
3	硒（mg/L）	≤	0.02		
4	氟化物（mg/L）	≤	2（一般地区），3（高氟区）		
5	氰化物（mg/L）	≤	0.5		
6	石油类（mg/L）	≤	5	10	1
7	挥发酚（mg/L）	≤	1		
8	苯（mg/L）	≤	2.5		
9	三氯乙醛（mg/L）	≤	1	0.5	0.5
10	丙烯醛（mg/L）	≤	0.5		
11	硼（mg/L）	≤	1[a]（对硼敏感作物），2[b]（对硼耐受性较强的作物），3[c]（对硼耐受性强的作物）		

注：a. 对硼敏感作物，如黄瓜、豆类、马铃薯、笋瓜、韭菜、洋葱、柑橘等。

b. 对硼耐受性较强的作物，如小麦、玉米、青椒、小白菜、葱等。

c. 对硼耐受性强的作物，如水稻、萝卜、油菜、甘蓝等。

（三）锅炉用水水质要求

在工业中，锅炉用水构成了供水的主要部分，其对水质的要求也较高。地下水在锅炉中处于高温、高压环境下，所发生的成垢作用、起泡作用和腐蚀作用等不良化学作用会严重影响到锅炉的正常使用，减少锅炉的正常寿命，甚至还可能发生爆炸。

（1）成垢作用。当地下水中的硬度比较高时，在高温环境下，Ca^{2+}、Mg^{2+}会形成碳酸盐等沉淀物附着在锅炉壁上，形成锅垢。这会严重影响锅炉的传热，造成燃料损失。

（2）起泡作用。是指水在锅炉里煮沸时产生大量气泡。如果地下水中的K^{+}、Na^{+}含量较高，产生的气泡就不会立即破裂，就会在水面上形成很厚的且很不均匀的泡沫层，导致锅炉中水的气化不均匀，水位急剧升降，致使锅炉不能正常运转。

（3）腐蚀作用。地下水中的某些酸性、碱性或盐类物质会对锅炉的炉壁（金属材料）产生腐蚀，尤其是在高温、高压状态下，这种腐蚀会被加强。水的腐蚀性可按腐蚀系数来评价。

由于锅炉的种类和形式很多，对水中的各种成分的具体要求有所不同，在评价时，可查阅锅炉的使用说明。

（四）工程建设用水水质评价

地下水中的Cl^{-}和侵蚀性的CO_2^{-}、SO_4^{2-}等会对混凝土（或钢）基础产生侵蚀性，使混凝土（或钢）基础的强度降低，耐久性下降。

地下水对混凝土（或钢）基础产生的侵蚀作用有分解性侵蚀、结晶性侵蚀和分解结晶性复合类侵蚀三种。具体的评价方法可参见《岩土工程勘察规范》（GB 50021—2001）。

（五）其他行业对水质的要求

（1）纺织业。硬水不利于纺织品着色，会使纤维变脆，使皮革不坚固。

（2）造纸业。水中如含有过量的铁、锰，会使纸张出现色斑。

（3）食品。硬水使糖不结晶，如果水中所含的亚硝酸盐过高，可使糖制品大量减产。

第三节　地下水资源量的分类、计算与评价

一、地下水资源量的分类

由于地下水量具有可恢复性、活动性和调节性等特点，因而对地下水量的准确表达较困难，出现了许多不同的术语和分类。对地下水资源的分类目前尚未取得统一和完善，有待进一步研究解决。现仅将常用的分类和术语概念简述于下。

（一）《地下水资源分类分级标准》（GB 15218—1994）中的分类

在《地下水资源分类分级标准》（GB 15218—1994）中，地下水资源被划分为允许开采资源（能利用的资源）和尚难利用的资源两类。

允许开采资源是具有现实经济意义的地下水资源，即通过技术经济合理的取水构筑物，在整个开采期内出水量不会减少、动水位不超过设计要求、水质和水温变化在允许范围内、不影响已建水源地正常开采、不发生危害性的环境地质问题并符合现行法规规定的前提下，

从水文地质单元或水源地范围内能够取得的地下水资源。

尚难利用的资源是具有潜在经济意义的地下水资源，指在当前的技术经济条件下，在一个地区开采地下水，将在技术、经济、环境或法规方面出现难以克服的问题和限制，使目前难以利用的地下水资源。这些问题有：地下水的补给资源和储存资源有限，在整个开采期出水量得不到保证；宜井区或水源地位置偏远，输水工程耗资过大；含水层埋藏过深，施工水井工程耗资过高；含水层导水极不均匀，施工水井的成功率过低；地下水水位埋藏过深，提水困难或不经济；含水层的导水性过差，单井的出水量过小；地下水的水质或水温不符合要求；新建水源地将对原有水源地采水量或泉水流量产生过大的削减；地下水开采后，将会产生危害性的环境地质问题；建设取水构筑物，在地质或法规方面存在着难以克服的问题或限制等。

（二）《供水水文地质勘察规范》(GB 50027—2001) 中的分类

许多学者考虑到地下水量的特殊性，认为不宜用“储量”这个术语来描述地下水量，应改用“地下水资源”；另一些人认为，“资源”的含意应包括质和量两方面，单纯指水量时用资源来描述不合适，不如直接用地下水的各种量来表达。20 世纪 70 年代后期，我国提出了自己的地下水资源分类方案，将地下水资源划分为补给量、储存量和允许开采量（可开采量）三类。分类中既不用“储量”、也不用“资源”，直接叫作地下水的各种量。该方案于 1989 年由国家计划委员会正式批准为国家标准（GBJ 27—1988)。《城市地下水工程与管理手册》也推荐这一分类方案，国家标准《供水水文地质勘察规范》(GB 50027—2001) 中仍执行该方案，下面重点讨论这种分类。

1. 补给量

补给量是指天然状态或开采条件下，单位时间内通过各种途径由外界进入地下水系统的总量（m^3/a)。它包括了天然补给量、开采补给增量和人工补给量等。

补给单元含水层（带）水量的补给来源有降水渗入、地表水渗入、地下水侧向流入和垂向越流以及各种人工补给。实际计算时，应按天然状态和开采条件下两种情况进行。实际上，许多地区的地下水都已有不同程度的开采，很少有保持天然状态的情况。因此，首先是计算现实状态下地下水的补给量；然后再计算扩大开采后可能增加的补给量。后者称为补给增量（或称诱发补给量、激发补给量、开采袭夺量、开采补充量等)，常见的补给增量由大气降水的入渗补给增量、地表水的入渗补给增量、越流补给增量、地下水径流补给增量和人工补给增量等来源组成。

补给增量的大小不仅与水源地所处的自然环境有关，同时还与取水构筑物的种类、结构和布局，即开采方案和开采强度有关。当自然条件有利、开采方案合理、开采强度较大时，夺取的补给增量可以远远超过天然补给量。例如，在傍河地段取水、沿岸布井开采时，可获得大量地表水的入渗补给增量，该量远大于原来的天然补给量，成为可开采量的主要组成部分。但是，开采时的补给增量也不是无限制的。从上述补给增量的来源可以看出，它无非是夺取了含水层或含水系统以外的水量。从整个地下水资源的观点来看，邻区、邻层的地下水资源也要开发利用，这里补给量增加了，那里就减少了。再从“三水”转化的总水资源的观点考虑，如果河水已被规划开发利用，这里再加大开采强度，大量夺取河水的补给增量，则会减少地表水资源。因此，在计算补给增量时，应全面合理地考虑，而不能盲目无限制地扩大补给增量。

计算补给量时，应以天然补给量为主，同时考虑合理的补给增量。地下水的补给量是使地下水运动、排泄、水交替的主导因素，它维持着水源地的连续长期开采。允许开采量主要取决于补给量。因此，计算补给量是地下水资源评价的核心内容。

2. 储存量

储存量是指储存于单元含水层内的重力水体积（m^3），其中包括容积储存量、弹性储存量和弱含水层的释水量。

（1）潜水含水层的储存量，也称为容积储存量，可用下式计算：

$$W=\mu\times F\times h=\mu\times V \tag{7-3}$$

式中：W——地下水的储存量，m^3；

μ——含水层的给水度（小数或百分数）；

F——潜水含水层的面积，m^2；

h——潜水含水层的厚度，m；

V——潜水含水层的体积，m^3。

（2）承压含水层的储存量除了容积储存量外，还有弹性储存量（承压含水层压力水头的变化主要反映弹性水的释放，称为弹性储存量）（图 7－6），可按下式计算：

$$W_\mu=\mu^*\times F\times h \tag{7-4}$$

式中：W_μ——承压水的弹性储存量，m^3；

μ^*——贮水（或释水）系数（弹性给水度）（无因次）；

F——承压含水层的面积，m^2；

h——承压含水层自顶板算起的压力水头高度，m。

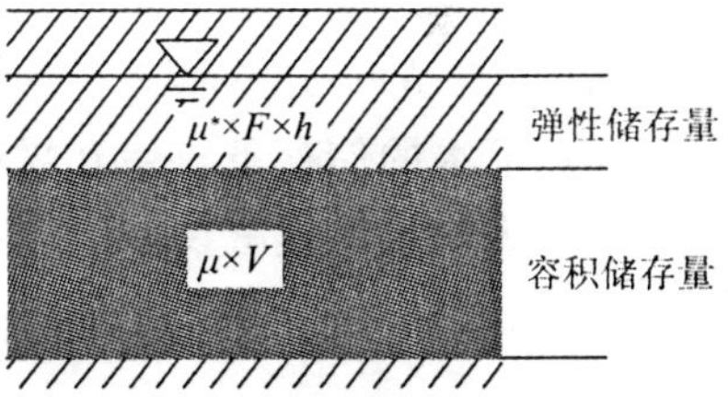

图 7－6　承压含水层的储存量示意图

由于地下水的水位常常是随时间而变化的，地下水储存量也随时而异，这是由于地下水的补给与排泄不均衡而引起的。地下水的储存量在地下水的运动交替和地下水开采过程中起着调节作用。在天然条件下，地下水的储存量呈周期性的变化，主要有年周期，还有不同长短的多年周期，一般应当计算一年内最大储存量和最小储存量。在开采条件下，如果开采量不大于补给量，储存量仍呈周期性变化；在开采量超过补给量时，就由储存量来补偿这部分超过的开采量，使储存量出现逐年减少的趋势性变化。

有人将一定期限内的最小储存量称为永久储存量，它是在一定周期内不变的储存量；最大与最小储存量之差称为暂时储存量。在地下水径流微弱的地区，暂时储存量的数量可以很大，几乎接近补给量，可以将它作为允许开采量。在一般情况下，计算允许开采量时不能考虑永久储存量，如果动用了它，就会出现区域地下水位逐年持续下降的趋势，导致地下水源枯竭。但是，如果永久储存量很大（如含水层厚度大、分布又广的大型贮水构造），每年适当动用一部分永久储存量，使在 100 年或 50 年内总的水位降不超过取水设备的最大允许降深也是可以的。

3. 允许开采量（可开采量）

允许开采量（或可开采量）是指在一定的技术经济条件下，采用合理开采方案和合理开采动态，在整个开采期间不明显夺取已有水源地、不发生危害性的环境地质问题的前提下，单位时间内从该水文地质单元或取水地段开采含水层中可以取得的水量（m^3/d 或 m^3/a）。简言之，地下水允许开采量（或可开采量）即在可预见的时期内，通过经济合理、技术可行的措施，在不引起生态环境恶化条件下允许从含水层中获取的最大水量（m^3/d 或 m^3/a）。它包括开采时可夺取的天然补给量或排泄量、开采补给增量、可利用的储存量和人工补给量。

允许开采量与开采量是不同的概念。允许开采量的大小是由地下水的补给量和储存量的大小决定的，同时还受技术经济条件的限制。而开采量是指目前正在开采的水量或预计开采量，它只反映了取水工程的产水能力。开采量不应大于允许开采量，否则会引起不良后果。为了说明这一关系，有必要分析开采量的组成。

地下水在开采以前，由于天然的补给、排泄，形成了一个不稳定的天然流场。雨季补给量大于消耗量，含水层内储存量增加，水位抬高，流速增大；雨季过后，消耗量大于补给量，储存量减少，水位下降，流速减小。补给与消耗总是这样不平衡地发展着，形成一个不稳定的天然流场。这种不平衡的发展过程具有年和多年的周期性。从一个周期的时间来看，这段时间的总补给量和总消耗量是接近相等的，即 $Q_{补} \approx Q_{排}$；如果不相等，则含水层中的水就会逐渐被疏干或者水会储满含水层而溢出地表。

在人工开采地下水时，增加了一个经常定量的地下水排泄点，改变了地下水的天然排泄条件，即在天然流场上又叠加了一个人工流场，这既破坏了补给、消耗之间的天然动平衡，又力图建立新的、开采状态下的动平衡。在开采最初阶段，由于增加了一个人工开采量，必须减少地下水的储存量，使开采地段水位下降形成一个降落漏斗。随漏斗扩大，流场发生了变化，使天然排泄量减少，促使补给量增加，即为补给增量。在开采状态下，可以用下面水均衡方程表示：

$$(Q_{补} + \Delta Q_{补}) - (Q_{排} - \Delta Q_{排}) - Q_{开} = -\mu F \frac{\Delta h}{\Delta t} \tag{7-5}$$

式中：$Q_{补}$——开采前的天然补给量，m^3/d；

$\Delta Q_{补}$——开采时的补给增量，m^3/d；

$Q_{排}$——开采前的天然排泄量，m^3/d；

$\Delta Q_{排}$——开采时天然排泄量减少值，m^3/d；

$Q_{开}$——人工开采量，m^3/d；

μ——含水层的给水度；

F——开采时引起水位下降的面积，m^2；

Δt——开采时间，d；

Δh——在 Δt 时间段内开采影响范围内的平均水位降，m。

由于开采前的天然补给量与天然排泄量在一个周期内是近似相等的，即 $Q_{补} \approx Q_{排}$，所以上式可简化为：

$$Q_{开} = \Delta Q_{补} + \Delta Q_{排} + \mu F \frac{\Delta h}{\Delta t} \tag{7-6}$$

这个方程表明，开采量实质上是由三部分组成的。具体如下。

（1）增加的补给量（$\Delta Q_{补}$）。也就是开采时夺取的额外补给量，可称为开采夺取量。

（2）减少的天然排泄量（$\Delta Q_{排}$）。如开采后潜水蒸发消耗量的减少、泉流量减少甚至消失、侧向流出量的减少等。这部分水量实质上就是由取水构筑物截获的天然补给量，可称为开采截取量。它的最大极限等于天然排泄量，接近于天然补给量。

(3) 可动用的储存量 ($\mu F\dfrac{\Delta h}{\Delta t}$)。是含水层中永久储存量所提供的一部分（枯水期抽水）。

明确了开采量的组成，就可以按各个组成部分来确定允许开采量。

(1) 允许开采量中补给增量部分，只能合理地夺取，不能影响已建水源地的开采和已经开采含水层的水量；地表水的补给增量，也应从总的水资源考虑，统一合理调度。

(2) 允许开采量中减少的天然排泄量，应尽可能地截取，但也应考虑已经被利用的天然排泄量。例如，有的大泉是风景名胜地。由于增加开采后泉的流量可能减小甚至枯竭，破坏了旅游景观，这也是不允许的。截取天然补给量的多少与取水构筑物的种类、布置地点、布置方案及开采强度有关。如果开采方案不佳，则只能截取部分天然补给量；只有选择最佳开采方案及开采强度，才能最大限度地截取天然补给量。因此，在计算允许开采量时，只要天然排泄量尚未加以利用，就可以用天然补给量或天然排泄量作为开采截取量。

(3) 允许开采量中可动用的储存量，应慎重确定。首先要看永久储存量是否足够大，再看现时的技术设备最大允许降深是多少；然后算出从天然低水位至区域允许最大降深动水位这段含水层中的储存量，按 100 年或 50 年平均分配到每年的开采量中，作为允许开采量的一部分。

4. 地下水量之间的关系

(1) 地下水各量的转化关系。上述地下水各种量之间是相互联系的，并且是不断转化、交替的。永久储存量是储存水的那部分空间体积始终含水，并不是说那部分水是永久储存不变的，它仍然会转化为排泄的水流走，再由补给来的水补充，同样参加水循环；只有极少数在特殊条件下形成的地下水，如处在封闭构造中的沉积水，才没有补给量、排泄量，而只有永久储存量。大多数自然条件下的地下水都是由补给量转化为储存量、储存量又转化为排泄量，处在不断的水交替过程中。在开采条件下所取出来的水，都是由储存量转化来的。由于储存量的减少，可以夺取更多的补给量来补充；同时，又截取了部分天然补给量，则使天然排泄量减少。各量之间的转化关系可用图 7－7、图 7－8 的形式表示。

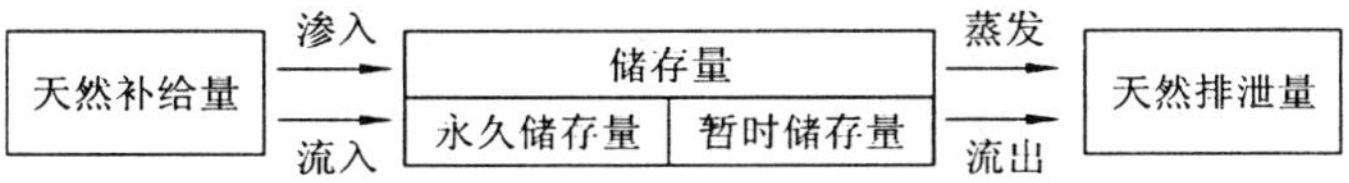

图 7－7　天然状态下地下水各量的转化关系示意图

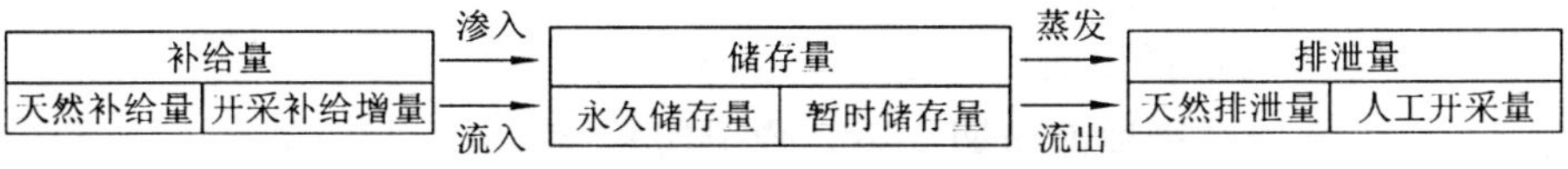

图 7－8　开采状态下地下水各量的转化关系示意图

(2) 地下水各量的数量关系。各种量的数量关系如下。

在天然状态下：

$$Q_{天补}-Q_{天排}=\Delta Q_{储} \tag{7-7}$$

若在均衡期内，则 $\Delta Q_{储}\to 0$，上式变为：$Q_{天补}\approx Q_{天排}$

在开采状态下：

$$\begin{aligned} Q_{实开}&=\Delta Q_{补}+\Delta Q_{排}+\Delta Q_{储} \\ Q_{允开}&=\Delta Q'_{补}+\Delta Q_{排}+\Delta Q'_{储} \end{aligned} \tag{7-8}$$

式中：$Q_{天补}$——天然补给量，m^3/d；

$Q_{天排}$——天然排泄量，m^3/d；

$\Delta Q_{储}$——储存变化量，m^3/d；

$Q_{实开}$——实际开采量，m^3/d；

$Q_{允开}$——允许开采量，m^3/d；

$\Delta Q_{补}$——补给增量，m^3/d；

$\Delta Q_{排}$——减少的排泄量，m^3/d；

$\Delta Q'_{补}$——合理的开采夺取量，m^3/d；

$\Delta Q'_{储}$——可动用的储存量，m^3/d。

由于开采量与补给量的不同关系，可出现三种开采动态类型水源地：①稳定型，即任何时间 $Q_{开} \leqslant Q_{天排} + \Delta Q_{补}$；②调节型，即雨季开采量小于总补给量，而旱季开采量可大于总补给量，但在一年或数年期间，累计总开采量仍应小于总补给量，即未动用储存量；③消耗型，即开采量大于总补给量，须动用消耗储存量。

二、各种地下水补给量和排泄量的计算

（一）平原区地下水资源补给量和排泄量的计算

平原区包括一般沿江、沿湖、沿海平原和山间盆地平原两类。以长江流域为例，主要包括洞庭湖平原、江汉平原、鄱阳湖平原、太湖平原、长江中下游沿江平原和江苏、浙江沿海平原，以及成都盆地、汉中盆地和南阳盆地。平原区地下水资源量的计算应以现状条件为评价基础，以水均衡原理评价各区多年平均的各项补给量和各项排泄量。

1. 各项补给量的计算

地下水补给量应计算由地表水入渗、降水入渗、地下水径流的流入、越流补给等途径进入含水层（带）的水量，并按自然条件和开采条件下两种情况计算。

（1）水稻田的灌溉入渗补给量。其计算公式为：

$$Q_1 = \varphi W_{水稻} F_{水田} T \tag{7-9}$$

式中：Q_1——水稻生长期内降水和灌溉水的入渗补给总量，m^3/a；

φ——水稻平均稳定渗透率；

$F_{水田}$——计算区内水稻田面积，亩；

T——水稻生长期（包括泡田期，不计晒田期），d；

$W_{水稻}$——水稻的灌水定额，$m^3/$（亩·a），其取值可参照表 7-10 确定。

表 7-10 按灌溉作物的种类确定 $W_{水稻}$ 值［据《农田灌溉水质标准》（GB 5084—1992），参考］

按灌溉农作物的对水量需求状况分类	$W_{水稻}$
一类：水作物，如水稻等	800 $m^3/$（亩·a）
二类：旱作物，如小麦、玉米、棉花等	300 $m^3/$（亩·a）
三类：蔬菜，如大白菜、韭菜、洋葱、卷心菜等	200～500 $m^3/$（亩·茬）

江苏省曾在全省各地以不同水稻品种、不同灌水深度、不同植株密度进行了水稻需水量试验，求得一系列水稻淹灌期水田渗漏量。根据试验结果，结合各地的情况确定了 φ 值，其

具体取用值见表 7－11。

表 7－11　江苏省平原区渗透率取值表（据陆小明，2004）

岩性	黏土	黏土亚黏互层	亚黏土	亚砂亚黏互层	亚砂土
φ值	1.1～1.4				2.0

为了将降水入渗量与灌溉入渗量分开，可采用式（7－10）、式（7－11）分别计算：

$$Q_{1雨}=Q_1 I_e \quad (7-10)$$

$$Q_{1灌}=Q_1(1-I_e) \quad (7-11)$$

式中：$Q_{1雨}$——降雨入渗补给量，m^3/a；

$Q_{1灌}$——灌溉入渗补给量，m^3/a；

I_e——水稻生长期内灌溉有效雨量利用系数；

Q_1 意义同式（7－9）。

（2）旱地降水入渗补给量。其计算公式为：

$$Q_2=P_{旱地}\alpha F_{旱地} \quad (7-12)$$

式中：Q_2——旱地降水入渗补给量，m^3/a；

$P_{旱地}$——旱地面积上的降水量，mm/a；

α——降水入渗补给系数；

$F_{旱地}$——旱地的面积，km^2。

（3）水稻田旱作期降水入渗补给量。南方水稻田无论是单季稻还是双季稻都有一旱作期，此时的降水入渗补给量按旱地的入渗补给系数 α 计算。

$$Q_3=P_{田旱}\alpha F_{水田} \quad (7-13)$$

式中：Q_3——水稻田旱作期降水入渗补给量，m^3/a；

$P_{田旱}$——水稻田旱作期雨量，由年雨量扣除早、晚稻生长期雨量求得，mm/a；

$F_{水田}$——水田面积，km^2。

（4）水稻田旱作期灌溉入渗补给量。南方水田旱作期灌溉，即小春灌溉，一般水田旱作期以种绿肥为多，亦有种大麦、小麦或豆类作物，其灌溉次数不多。其补给量为：

$$Q_4=W\theta F_{水田} \quad (7-14)$$

式中：Q_4——水田旱作期灌溉入渗补给量，m^3/a；

θ——旱地灌溉补给系数。

$F_{水田}$——水稻田面积，亩；

W——旱作期灌水定额，$m^3/$（亩·a），其取值可参照表 7－10 确定。

（5）河道及湖泊周边渗漏补给量。当河道或湖泊的水位高于计算区内的地下水位时，其渗漏补给地下水的量一般用达西公式计算：

$$Q_5=KIALT \quad (7-15)$$

式中：Q_5——河道或湖泊周边的渗漏补给量，m^3/d；

K——渗透系数，m/d；

I——垂直于剖面方向上的水力坡度，可用河、湖水位及潜水位来确定；

A——单位长度的河道（或湖泊）周边垂直地下水流方向的剖面面积，m^2；

L——河道（或湖泊）周边的计算长度，m；

T——渗漏时间，d。

（6）渠道渗漏补给量。在一般情况下，渠道水位均高于地下水位，故灌溉渠道一般总是补给地下水。可用干、支、斗三级渠道综合计算：

$$Q_6 = Vm = V\gamma\ (1-\eta) \tag{7-16}$$

式中：Q_6——渠道渗漏补给量，m^3/d；

V——渠道的引水量，m^3/d；

m——渠系渗漏综合补给系数；

γ——修正系数，即损失量中补给地下水的比例系数；

η——渠系有效利用系数。

（7）山前侧向补给量。山前侧向补给量指山丘区的山前地下径流补给平原区的水量，一般可用达西公式计算：

$$Q_7 = KIHL \tag{7-17}$$

式中：Q_7——山前侧向补给量，m^3/d；

K——计算断面含水层平均渗透系数，m/d；

I——计算断面平均水力坡度；

H——计算断面含水层平均厚度，m；

L——计算断面长度，m。

（8）残丘地下水补给量。南方平原区内往往存在一些低丘陵区，这些丘陵区的地下水补给量，可通过区内小河站的流量过程线分割基流后求得地下径流模数，再用类比法进行估算：

$$Q_8 = DF \tag{7-18}$$

式中：Q_8——残丘地下水补给量，m^3/s；

D——残丘代表站地下径流模数，$m^3/(s \cdot km^2)$；

F——残丘面积，km^2。

（9）井灌回归补给量。利用井水灌溉时，井水回归补给地下水量包括井灌输水渠的渗漏量。计算公式为：

$$Q_9 = \beta_{井}\ Q_{井} \tag{7-19}$$

式中：Q_9——井灌回归补给量，m^3/d；

$\beta_{井}$——井灌回归补给系数；

$Q_{井}$——水井的实际开采量，m^3/d。

（10）相邻含水层的垂向越流补给量。若能够确定相邻弱透水层的有关参数时，越流补给量应按下式计算：

$$Q_{10} = K_s F_s \frac{H_s - h}{M_s} + K_x F_x \frac{H_x - h}{M_x} \tag{7-20}$$

式中：Q_{10}——越流补给量，m^3/d；

K_s、K_x——计算含水层上、下部弱透水层垂向渗透系数，m/d；

F_s、F_x——计算含水层上、下部弱透水层垂向越流面积，m^2；

M_s、M_x——计算含水层上、下部弱透水层厚度，m；

H_s、H_x——计算含水层上、下部补给层的地下水位，m；

h——计算含水层的水位或开采漏斗的平均水位，m。

在具有分层动态观测资料时，可采用数值法确定越流补给量。

2. 各项排泄量的计算

地下水排泄量应计算由潜水蒸发蒸腾、地下水径流排泄、地表水排泄、越流排泄、人工开采等途径从含水层（带）排泄的水量。

（1）旱地和水稻田旱作期潜水蒸发量。其计算公式为：

$$\varepsilon_{旱地}=\varepsilon_0 CF_{旱地} \tag{7-21}$$

或

$$\varepsilon_{旱地}=\mu\ (\sum\Delta H)\ F_{旱地} \tag{7-22}$$

$$\varepsilon_{水田}=\varepsilon_0 nCF_{水田} \tag{7-23}$$

或

$$\varepsilon_{水田}=\mu n\ (\sum\Delta H)\ F_{水田} \tag{7-24}$$

式中：$\varepsilon_{旱地}$、$\varepsilon_{水田}$——分别为旱地和水田旱作期潜水蒸发量，m^3/d；

ε_0——多年平均水面蒸发量，m^3/d；

C——潜水蒸发系数；

$F_{旱地}$、$F_{水田}$——分别为计算区内旱地和水田面积，km^2；

n——旱作期占全年日数的比例，%；

μ——给水度；

ΔH——潜水蒸发而引起的潜水位下降值，m。

（2）河道排泄量。在南方水网平原区，河道排泄量为排泄项的主要方面，由于各地地面坡降不同，排水的沟渠尺寸有差异，可通过调查得出一个典型的有代表性的均网密度及其间距。

河道排泄量的计算公式如下：

$$Q_{河排}=qLFT \tag{7-25}$$

式中：$Q_{河排}$——河道排泄量，m^3/d；

L——单位面积河长，m^{-1}；

F——计算区面积，m^2；

T——年内排泄天数，d；

q——排水单宽流量，m^2/d，可用裘布依公式计算：

$$q=K\frac{H^2-h^2}{2b} \tag{7-26}$$

式中：K——渗透系数，m/d；

b——地下水分水岭到排水基准点的水平距离，m；

H——分水岭处含水层的计算厚度，m；

h——排泄基准点处含水层厚度，m。

（二）山丘区地下水径流量的计算

山丘区和岩溶山丘区的入渗补给量直接估算有困难，但可根据补排平衡的原则，通过各种排泄量求出地下水资源量。其方法主要有水文分割法、理化分析法和水文-水文地质法。现将这些分析方法和适用条件简述如下。

1. 水文分割法

(1) 直线分割法。直线分割法又可分为平割法和斜割法两种。平割法又称枯季最小流量法，它又有最小日平均流量、最小月平均流量和3个月最小平均流量三种。经有关单位的分析研究认为：在我国南方润湿地区，选择枯季最小月平均流量较好（即该时段河川径流量均为地下水的流出量）；而在我国北方则以3个月最小流量作为地下水为妥，但亦有用最小5个月和最小8个月的平均流量来分割的。直线分割法是一种应用十分广泛的方法，直线即洪水过程的起涨点与地表径流的终止点的连线。至于地表径流终止点的确定，可参考Linsley的经验公式：

$$N=A^{0.2} \tag{7-27}$$

式中：N——洪峰流量到地表径流终止点的时距，d；

A——流域面积，以平方英里计。

我国学者赵人俊认为壤中流终止时间与雨止时间的间距为壤中流汇流时间，对某一特定流域为常数。经过分析得出此常数后，便可根据雨止时间确定壤中流终止点，这样不仅可以分割单峰也可分割复峰。

(2) 综合退水线法。河川径流一般可分为地表径流、壤中流和地下径流三部分。这三部分水量在径流过程线上表现出不同的退水特性，退水流量的方程可表示为：

$$Q_t=Q_0\exp(-at) \tag{7-28}$$

式中：Q_t——任何t时刻的退水流量，m^3/d；

Q_0——退水开始时的流量，m^3/d；

a——退水常数；

t——退水时间，d，当$t=1d$时，可得：

$$K=\frac{Q_1}{Q_0}=\exp(-a) \tag{7-29}$$

根据Barnes的研究，地表径流$K=0.329$、壤中流$K=0.694$、地下径流$K=0.980$。可见河川径流的几个分量是可以通过退水曲线的特性予以分割的。

地表径流、壤中流、地下径流的汇流特性不同，若用三种不同特性的汇流参数进行流量演算，其结果要比用河川径流总体进行演算的结果好得多。

(3) 加里宁试算法。早在20世纪50年代，前苏联学者加里宁等曾用试算法对河川补给地下水进行估算。他们根据山丘区河流一般由裂隙水所补给且无水力联系的特点，假定含水层的来水量与地表流量间存在比例关系，则有下列近似平衡方程：

$$W_1=W_0+By_{地表}-y_{地下} \tag{7-30}$$

式中：W_1——时段末的含水层储量，m^3；

W_0——时段初的含水层储量，m^3；

B——地下径流总量与河川径流总量的比值；

$y_{地表}$——地表径流总量，m^3；

$y_{地下}$——地下径流总量，m^3。

将退水曲线方程式（7-28）从0～∞的时间内积分即得到：

$$W_0=\int_0^{\infty}Q_0\exp(-at)\mathrm{d}t=\frac{Q_0}{a} \tag{7-31}$$

于是，式（7-30）变为：

$$W_1=\frac{Q_0}{a}+B\ (\bar{Q}-Q_{地下})\ \Delta t-Q_{地下}\Delta t \tag{7-32}$$

式中：$\bar{Q}$——河川在 Δt 时段内的平均流量，m^3/d；

$Q_{地下}$——地下径流量，m^3/d；

B——未知参数，可用试算法确定。分析演算的具体步骤如下。

a. 选择一个典型的年径流过程，一般是选择其年水量接近所要求的代表年（例如其年水量 $P=20\%$、50%、75%）；然后点绘年径流过程线。

b. 用一般简单的分割法，粗略地求出地下径流总量 $y_{地下}$，并求出比值 B $[B=y_{地下}/(y_{地表}+y_{地下})]$。

c. 在流量过程线中选取退水规律较好的一段，计算退水常数 $a=\frac{\lg Q_0-\lg Q_1}{t\times\lg e}$。

d. 根据式（7-32）可列表演算地下水出流过程。

e. 将演算所得的值（$y_{地下}$）点绘在典型流量过程线上，这些点的连线与简单分割法的结果接近，则表示分割无误；如相去甚远，则另行分割，修正 B 值重算，直至二者符合"满意"为止。经验表明，一般二次试算则"较满意"，常常遇到一次成功，所以试算并不都是费时的。

在我国南方，由于雨量丰沛，实测的逐日流量曲线多为连续峰型，采用直线斜割法确定退水拐点的难度大，如采用加里宁及其改进法来分割河川径流将取得较好的效果，特别利用电脑计算可不需考虑工作量大的问题。

（4）入渗量演算法。入渗量演算法认为，渗入地下水库的那部分净雨及其过程，经地下水库线性调节后形成地下径流及其过程。取地下水库蓄水量 $W_下$ 及其出流量 $Q_下$ 的关系为：

$$W_下=K_下\ Q_下 \tag{7-33}$$

与水量平衡方程式：

$$\bar{q}\Delta t-\frac{1}{2}\ (Q_{下1}+Q_{下2})\ \Delta t=W_2-W_1 \tag{7-34}$$

联解得：

$$Q_{下2}=\frac{\bar{q}\Delta t}{K_下+0.5\Delta t}+\frac{K_下-0.5\Delta t}{K_下+0.5\Delta t}Q_{下1} \tag{7-35}$$

即可演算出地下的径流过程线。

式中：$Q_{下1}$、$Q_{下2}$——分别为 Δt 时段始、末地下水出流量，m^3/s；

$W_下$——地下水库蓄量，m^3；

$K_下$——地下水汇流时间常数，可根据退水曲线 $W_下-Q_下$ 的直线段斜率确定；

$\bar{q}$——Δt 时段内进入地下水库的平均入流量，由式（7-36）确定：

$$\bar{q}=\frac{0.278f_c t_c}{\Delta t}F \tag{7-36}$$

式中：f_c——稳定入渗强度，f_c 既可取常数，也可分时段由降雨径流关系求得，还可用试算法确定，mm/h；

t_c——Δt 时段内的净雨历时，h；

F——流域面积，km^2。

由于山丘区河川径流的组成还没有确切的实验数据验证，但组成划分后的演算结果要比不划分的更符合实际已得到了公认，因此用水文分割法算出的地下水资源只是具有相对合理性。在具备先进的计算工具的现代，采用加里宁改进法等通过一定控制条件的试算法是可行的，应该提倡，但要避免应用任意性很大的斜割等各种过于简单的方法。

2. 理化分析法

（1）溶解质浓度法。水通过土壤和岩层时会溶解一部分固体物质，由于地表水体与岩石接触时间短，溶解的固体物质的数量比较少，含某种物质的浓度小；而通过岩层的地下水，由于地下水与地层中某种物质的接触时间长，故其浓度较大，且较稳定。为此可通过测定河川径流在各个时期某种物质的溶解质浓度，建立特定地层的特定元素与有关因子间的关系，便可用以分割出地下径流。根据流量与溶解质浓度关系可列出混合方程：

$$C_{总}=(C_{地表}Q_{地表}+C_{地下}Q_{地下})/Q \tag{7-37}$$

式中：$C_{总}$——河川径流中溶解质总浓度，mg/L；

$C_{地表}$、$C_{地下}$——分别为地表水、地下水中溶解质的总浓度，mg/L；

$Q_{地表}$、$Q_{地下}$——分别为地表水流量、地下水流量，m^3/d；

Q——河川径流总量，即 $Q=Q_{地表}+Q_{地下}$，m^3/d。

当很长时间未下雨时，$Q_{地表}$很小，可以忽略，则式（7－37）变为：

$$C_{总}=C_{地下} \tag{7-38}$$

式（7－38）说明地下水的溶解质浓度，可以用枯季河川径流的溶解质浓度代替，据此则可求得非枯季地下水流量：

$$Q_{地下}=QC_{总}/C_{地下} \tag{7-39}$$

式（7－39）中的$C_{总}$、Q可以实测，$C_{地下}$可根据枯季资料求出，故$Q_{地下}$可以算得。在选用溶解固体时，要选择那些在降水和地表径流中含量甚少的物质。对花岗岩地层，溶解铁可以作为分割地下水的指示剂。

前苏联学者特万诺夫在西伯利亚各山丘区河流上最先应用式（7－40）计算地下径流：

$$Q_g=Q_p\frac{C_p-C_s}{C_g-C_s} \tag{7-40}$$

式中：Q_g——地下径流量，m^3/d；

Q_p——河川径流量，m^3/d；

C_p——瞬时河水的总矿化度或某种成分的浓度，mg/L；

C_s——地表径流总矿化度或某种成分的浓度，mg/L；

C_g——地下水的总矿化度或某种成分的浓度，mg/L。

（2）电导率法。溶液的电导率与溶解质的浓度成正比，故测定溶液的电导率可以代替测定溶液的浓度。

地下水与地层中的溶解质接触时间长，而地表水与溶解质的接触时间短，故地下水溶解质浓度一般比地表水浓度大，而溶液的浓度与电导率有较好的对应关系，可由式（7－37）稍加变换得到：

$$C_T=C_0-\frac{Q_n}{Q_T}(C_0-C_n) \tag{7-41}$$

式中：C_T——混合水体的电导率；

C_0——老水（地下水）的电导率；

C_n——新水（地表水）的电导率；

Q_n——新水（地表水）的流量，m^3/d；

Q_T——新老水混合水体的流量，即河川的径流量，m^3/d。

地下水的电导率 C_0 较稳定，可假定为常数；地表水的电导率 C_n 随时间而变，因此式(7-41)可以作为时间的连续函数，在测定 C_T、Q_T 的情况下可以解得 Q_n。

(3) 离子平衡法。利用地下水的离子浓度大以及蒸发时不移去水中盐类的特点，通过离子平衡计算，可估算出湖泊的地下水入流量（湖泊的地下水入流量一般是难以精确估算的）。离子平衡方程可以列出很多，现以氯化钠溶于水的离子平衡方程为例：

$$\begin{aligned}\sum Na^+_{入} - \sum Na^+_{出} \pm \Delta Na^+_{蓄} = 0 \\ \sum Cl^-_{入} - \sum Cl^-_{出} \pm \Delta Cl^-_{蓄} = 0\end{aligned} \tag{7-42}$$

式中：Na^+、Cl^-——分别为钠离子、氯离子；

入、出、蓄——分别代表入流、出流和蓄变量。

对湖泊的地下水入流量的估算要通过水量平衡和离子平衡进行，具体步骤如下。

a. 将观测的和估算出来的每月地表入流量、降水量、地表出流量、湖水蓄变量代入水量平衡方程。

b. 把湖面水面蒸发和湖滨沼泽地蒸发量的初估值也代入水量平衡方程。

c. 在水量平衡方程中，仅地下水入流量为未知项，因此它能被计算出来。湖泊的总蒸发量（包括水面蒸发、沼泽蒸发）与地下水的入流量在水量平衡方程中符号相反，所以蒸发量的估算精度直接影响到对地下水水量的计算精度。

d. 为了提高地下水入流的估算精度，可以借助于离子平衡方程。利用观测得到的每月入流量中的离子浓度，由离子方程解出研究时段内的模拟浓度，地下水入流的增减就会引起离子入流的增减，但由于蒸发并不移去盐类，这就会引起盐浓度的增减。

e. 把模拟的离子浓度变化过程与湖泊实测的离子浓度变化过程相比较。

f. 调查估算的湖泊蒸发值，使增减离子浓度过程与实测值接近，直至配合最优为止，配合最优时地下水入流量的估算就可得到较精确的结果。

利用化学的溶解质浓度法和离子平衡法不需要专门测定有关溶解质浓度，一般水文年鉴的水化学项目内都有刊印数据。主要问题是目前水化学站网的密度较稀，测次较少，资料质量可能不一定满足分析要求，特别是测次方面，一般是一个月测 1～2 次，很少测得洪水过程中的水质变化过程，但对于以评价水资源数量为目的的地下水分析不一定需要洪水过程，因此利用水化学方法来分析地下水的入流量是一种比较客观的、科学的并可验证的方法。

3. 水文-水文地质法

(1) 一般山丘区。水文-水文地质法是利用地表径流和地下径流的动态资料来计算河流的地下径流的方法。流域内一般具有河川径流的实测过程，如果同一流域内又有与河川径流相应的地下水动态资料，就能较客观地估算出相应的地下径流过程。利用流域中泉水年内变化的动态资料是本方法的基础，其计算式如下：

$$Q=q\ (K_1+K_2+\cdots+K_n)\ \Delta t \tag{7-43}$$

式中：Q——流域或河段的地下径流量，m^3/d；

q——汛前最枯河川径流量（此时的河川径流仅由地下水补给），m^3/d；

K_1、K_2、…、K_n——地下径流动态系数，由流域内典型泉水的涌水过程确定；

Δt——不同地下径流动态系数间的时距。

地下水动态系数的计算方法：用泉的实测流量过程 Q_i 除以汛初泉水的最小涌水量 $Q_{初}$，即 $K_i=Q_i/Q_{初}$。每隔一个 Δt（10 天、15 天或 1 个月）选一点，求得多个大于 1.0 的动态系数 K_i；如每隔一个月选一点，则一年要计算 13 个点的动态系数，形成一个动态系数数组。为保证这样的数组对应于河川径流的保证率，至少要选丰、平、枯三个典型年的动态系数数组。实际推求地下水时，要根据实测河川径流属于哪种典型年就选用哪个数组计算。

（2）岩溶山丘区。岩溶山丘区流域的河流，一般情况下总是由岩溶水与非岩溶水混合组成，其总径流包含了碎屑岩区地表水、地下水，岩溶区的地表水、地下快速流与慢速流。单一的水文分割法难以分别评价上述水源，必须采用水文-水文地质法。即首先进行水文地质分区，采用降雨入渗系数法分别评价同一流域上岩溶区与非岩溶区的地下水；然后对岩溶区地下水用代表性泉域分割出快速流与慢速流。从水文学的观点看，可把快速流归入地表水范围。

三、地下水允许开采量的计算与分级

（一）地下水允许开采量的计算

地下水允许开采量是各种勘查和评价报告的主要成果，供水资源分配，水源地建设立项，设计制定国民经济计划利用的 A、B、C 级地下水允许开采量及其勘查、评价报告，应依法进行审批。因此，计算地下水的允许开采量是地下水资源评价的核心问题。计算允许开采量的方法，也称为地下水资源评价方法。允许开采量的大小，主要取决于补给量，还与开采的经济技术条件及开采方案有关。

1. 确定地下水允许开采量的要求

根据《供水水文地质勘察规范》（GB 50027—2001），允许开采量的计算和确定应符合下列要求。

（1）取水方案在技术上可行，经济上合理。

（2）在整个开采期内动水位不超过设计值，出水量不会减少。

（3）水质、水温的变化不超过允许范围。

（4）不发生危害性的环境地质现象和影响已建水源地的正常生产。

2. 地下水允许开采量的确定方法

由于各地水文地质条件的差异和已有资料详细程度的不同以及对计算成果要求的精度不同，故可采用不同的计算方法。目前已有计算方法二三十种，依据不同原则，学者们对众多计算方法作了多种分类。根据计算方法的主要理论基础、所需资料及适用条件，可将计算方法分为四类（表 7-12）。在实际勘查中，可据具体条件，选择一种或几种方法进行计算与评价，以相互比较论证与择优。因篇幅所限，下面只对一些方法进行了简单介绍，欲全面了解，请参阅《水文地质手册》及《地下水资源评价》等书籍。

表 7－12　地下水资源评价方法分类表

评价方法分类	主要方法名称	所需资料数据	适用条件
以水均衡理论为基础的方法	水均衡法、单项补给量计算法、综合补给量计算法、地下径流模数法、开采模数法	需测定均衡区内各项水量均衡要素	最好为封闭的单一隔水边界，补给项或消耗项单一，水均衡要素易于测定
以渗流理论为基础的方法	解析法	渗流运动参数和给定边界条件、起始条件；一个水文年以上的水位、水量动态观测或一段时间抽水流场资料	含水层均质程度较高、边界条件简单，可概化为已有计算公式要求模式
	数值法（有限元、有限差、边界元），电模拟法		含水层非均质、但内部结构清楚，边界条件复杂、但能查清，对评价精度要求高、面积较大
	泉水流量衰减法	泉动态和抽水资料	泉域水资源评价
以观测资料、统计理论为基础的方法	水力削减法	需抽水试验或开采过程中的动态观测资料	岸边取水
	回归分析法、系统理论法（黑箱法）、开采抽水试验法、Q-S 曲线外推法		不受含水层结构及复杂边界条件的限制，适于旧水源地或泉水扩大开采评价
以相似比理论为基础的方法	直接比拟法（水量比拟法）、间接比拟法（水文地质参数比拟法）	需类似水源地的勘探或开采统计资料	已有水源地与勘探水源地地质条件、水资源形成条件相似

注：据廖资生、余国光、张长林的分类，略加修改。原分类见：北方岩溶水源地的基本类型的资源评价方法的选择（《中国岩溶》，1990 年第 2 期）。

(1) 水均衡法。水均衡法（也称水量平衡法）是全面研究某一地区（均衡区）在一定时期内（均衡期，一般为 1 年）地下水的补给量、储存量和消耗量之间的数量转化关系，以评价地下水的允许开采量。它是根据物质（质量）守恒定律和物质转化原理分析地下水循环过程，计算地下水量。当能够确定勘查区地下水在开采条件下的各项均衡要素时，宜采用水均衡法确定允许开采量，水均衡法是水量计算中最常用、最基本的方法。实际上，它不仅是地下水资源计算与评价方法的主要类型之一，在某些情况下还是其他类型计算与评价方法的指导思想与验证的依据。

A. 水均衡法的基本原理。对一个均衡区（地段或水文地质单元）的含水层来说，在任一时段 Δt 内补给量与排泄量之差，恒等于此含水层中水体积的变化量，此即物质不灭原理。据此可以建立水均衡方程式：

$$Q_{补}-Q_{排}=\pm\mu F\frac{\Delta h}{\Delta t}\ （潜水）\tag{7-44}$$

$$Q_{补}-Q_{排}=\pm\mu^{*}F\frac{\Delta H}{\Delta t}\ （承压水）\tag{7-45}$$

$$\begin{aligned}Q_{补}&=Q_{流入}+Q_{越入}+Q_{河渗}+Q_{雨渗}+Q_{人补}+\cdots\ (m^3/d)\\Q_{排}&=Q_{流出}+Q_{越出}+Q_{溢出}+Q_{蒸发}+Q_{实开}+\cdots\ (m^3/d)\end{aligned}\tag{7-46}$$

式中：μ、μ^{*}——分别为重力给水度和弹性释水系数（贮水系数）；

Δh、ΔH——分别为潜水含水层厚度和承压水头变化值，m。

由前述对允许开采量的分析可知，如果是稳定型开采动态，则允许开采量为：

$$Q_{允}=\Delta Q_{补}+\Delta Q_{排}\ (m^3/d)\tag{7-47}$$

如果是合理的消耗型开采动态，则允许开采量为：

$$Q_{允} \approx \Delta Q_{补} + \Delta Q_{排} + \mu F \frac{S_{max}}{T \cdot 365} \ (m^3/d) \tag{7-48}$$

式中：$\Delta Q_{排}$——减少的排泄量，即截取的补给量；

$\Delta Q_{补}$——开采时增加的补给量；

S_{max}——最大允许降深，m；

T——开采年限，一般取 50～100a。

补给量（$Q_{补}$）和排泄量（$Q_{排}$）的组成项目很多，并且要准确地测得这些数据往往也是困难的。但对某一个具体的地区来说，常常不是包含全部项目，有的甚至非常简单。例如，在我国西北干旱气候条件下的山前冲洪积扇地区，年降水量很少而蒸发强烈，雨水渗入补给（$Q_{雨渗}$）几乎可以忽略不计；如果山区基岩裂隙也不发育，则侧向补给（$Q_{流入}$）也可略去。当含水层为较单一的砂卵砾石层，无越流补给，也没有各种人工补给时，则地下水的补给量主要靠从山区流出的河水渗入补给（$Q_{河渗}$）。开采后，由于水位降低，可以使排泄项中的蒸发（$Q_{蒸发}$）、溢出（$Q_{溢出}$）都变为零。在这种条件下，水均衡方程可简化为：

$$Q_{河渗} - Q_{流出} - Q_{实开} = \pm \mu F \frac{\Delta h}{\Delta t} \tag{7-49}$$

稳定型的最大允许开采量可用下式确定：

$$Q_{允开} \approx Q_{河渗} \tag{7-50}$$

此时，准确测定河流渗入量是用水均衡法评价地下水资源的关键。

又如，我国南方的岩溶水地区，主要补给来源是 $Q_{雨渗}$ 和 $Q_{河渗}$，其次是侧向流入 $Q_{流入}$，排泄项中主要是 $Q_{溢出}$，其次是 $Q_{流出}$ 及 $Q_{蒸发}$。只要采用恰当的开采方式，可以充分截取补给、减少排泄，则计算允许开采量的公式可简化为：

$$Q_{允开} \approx Q_{雨渗} + Q_{河渗} \tag{7-51}$$

因此，在各种情况下，都应按具体条件建立具体的水均衡方程式。

B. 水均衡法评价的步骤如下。

第一步，划分均衡区，确定均衡期，建立均衡方程。

均衡区的选择。原则上应为整个水文地质单元，但当勘查区或取水面积不大、仅为整个单元的一部分时，可以水源地或取水地段作为均衡区；划分均衡区时，应从大到小地划分，即按均衡要素大体一致的情况进行分区，分别计算后，再总加起来。在区域地下水资源量计算中，以地下水系统边界圈定的范围为均衡区；局域地下水水量计算中，均衡区需要人为划分，均衡区的边界尽量选择天然边界或地下水交换量容易确定的边界。如果均衡区面积大，水文地质条件复杂，均衡要素差别大，还可以根据含水介质成因类型和地下水类型的组合作为一级分区依据。例如在基岩山区—平原地区，可分为基岩山区裂隙水、平原区松散孔隙水等一级子区。如果同一区内的水文地质条件还有较大差异，可以按不同的定量指标进行二级分段，分段指标通常是含水层导水系数、给水度、水位埋深、动态变幅及包气带岩性等，分段以便于测定均衡要素为原则。

均衡期一般以年为单位，也可将旱季、雨季分开来计算，这样可以简化均衡方程中的项目。

划分了均衡区、确定了均衡期以后，分析各个区在这段时期内有哪些均衡要素，便可以建立均衡方程。

第二步，测定每个区的各项均衡要素值。

均衡要素指通过均衡区的边界流入和流出水量项的总称。进入的水量项称为补给项，流出的水量项称为排泄项。首先应分析各个均衡区有哪些均衡要素；然后确定天然条件下补给量和排泄量，看是否均衡；再考虑增加开采条件下的补给增量和可能减少的消耗量，以此作为地下水的允许开采量。为了取得较准确的计算资料，最好在每个均衡区选择一个有代表性的地段做小范围的均衡试验，实际测定各项均衡要素的数值，取得计算所需的参数；然后用以计算整个均衡区的各种补给量和消耗量。均衡要素计算时应选择主要的项目，避免重复；同时应注意均衡要素在开采前后可能发生的变化，应以计算和确定开采条件下的均衡要素为主。

第三步，计算和评价。

将各项均衡要素值代入均衡方程中，计算出补给与消耗的差值，即各均衡区的允许开采量，看地下水储存量的变化是否与之相符；如果不符，审查各均衡要素的计算是否准确，作适当修改，直到使方程平衡为止。最后把各均衡区的允许开采量进行总和，便得到全区的总允许开采量。

评价时，一般以可能减少的消耗量加上实际已开采量作为总的允许开采量，或以总补给量作为允许开采量的极限。如果储存量很大，可以动用，应确定最大允许降深值 S_{max}，将此范围内的储存量逐年分配到开采量中，开采期限一般取 50～100a。

在实际计算中，常常是根据多年的动态观测资料分析，计算不同保证率典型年的水均衡，可评价允许开采量的保证程度。某水源地的水均衡计算结果见表 7－13。

表 7－13　某水源地水均衡计算结果　　单位：$\times 10^4 m^3$

典型年份	$Q_{雨渗}$	$Q_{流入}$	$Q_{河渗}$	$\Sigma Q_{补}$	$\Delta Q=\Sigma Q_{补}-\Sigma Q_{排}$	ΔS（m）
枯水年（保证率 $P=97\%$）	427	804	1 990	3 266		
平水年（保证率 $P=50\%$）	836	804	7 006	8 646		
典型年份	$Q_{计开}$	$Q_{农开}$	$Q_{工开}$	$\Sigma Q_{排}$		
枯水年（保证率 $P=97\%$）	3 185	2 216	263	5 664	－2 398	－2.68
平水年（保证率 $P=50\%$）	3 185	0	263	3 448	＋5 198	＋3.02

从表 7－13 中可见，枯水年是负均衡，即每年计划增开 3 185$\times 10^4 m^3$ 时，尚需借用储存量 2 398$\times 10^4 m^3$，使区域水位降深（ΔS）增加 2.68m；但在平水年可余 5 198$\times 10^4 m^3$，是可以将枯水年借用量补偿回来的。但若遇到连续枯水年，降深会是多少？丰水年能否补偿回来？要解决这些问题，应依赖于多年水均衡分析。而多年水均衡计算是把含水层视为一个地下水库，进行多年调节计算。根据多年动态资料，从正常高水位开始，据各年的补给量和消耗量（其中含增加的开采量）逐年推算时段末的地下水埋深（或降深）。经过多年调节计算，分析在满足一定用水条件下，多年内达到的最大降深和干旱年份动用的地下水储存量能否在丰水年份得到完全的回补。

采用水均衡法评价时，应当注意对均衡时段的选择。

a. 采用“多年平均”作为计算时段。目前实际工作中大致有以下三种方法：采用平水年（$P=50\%$）的丰、平、枯季作为计算时段；采用勘查年份的前几年（如取前 5 年或前 7 年）；采用典型年组合，如取丰（$P=25\%$）、平（$P=50\%$）、枯（$P=75\%$）水三年作为计算时段（农田供水常用的计算时段）。实际工作中常应用后两种。

b. 采用需水保证率年份作为计算时段。如以岩溶泉作为供水水源时，以其流量频率曲线作为依据，按需水保证率（$P=95\%$或 $P=97\%$）的要求直接进行评价。

c. 采用连续枯水年组或设计枯水年组作计算时段。这是目前电力系统在傍河水源地下水资源评价中常用的方法。

C. 水均衡法的特点和适用条件

水均衡法的原理明确、计算公式简单、成果要求适应性强，原则上可以适用于任何水文地质条件和开采条件。可作区域资源评价，也可用于局部资源评价；适用于山区基岩裂隙水，更适合于平原区的孔隙水；可用于潜水区，也可用于承压水区。但因均衡要素不易测准，所以目前主要用于平原潜水区。一般在地下水的补给排泄条件较简单、水均衡要素容易确定、开采后变化又不大的地区，用此法评价地下水资源的效果较好。它也常用于验证其他方法的计算结果，论证取水量的保证程度。

但水均衡法的计算项目有时较多，对有些均衡要素难以准确测定，或者要花费较大的勘查试验工作量，特别是对开采条件下各项要素的变化及边界条件的确定比较困难。因此，有时只能算出一个粗略的量。

（2）解析法。解析法是根据水文地质条件和布井方案，选用地下水动力学中相应的井流理论公式计算各个井的涌水量，总加起来便是允许开采量。只要没有不良后果发生，便是允许开采量。

解析法在理论上是较严密精确的，只要介质条件、边界条件和取水条件（取水构筑物结构、类型等）符合公式的假定条件，则计算出来的开采量是既能取得出来又有补给保证的水量（稳定流），或通过计算的开采量可以预报出该条件下开采时的水位变化情况（非稳定流）。

但在实际运用中，解析法也有困难，尽管各种不同条件下的公式很多，但完全符合公式中假定条件的情况是较少的。例如，介质条件要求是均质或简单的非均质，而自然条件常是复杂的非均质；边界条件假定是无限、直线或简单的几何形态，而自然界常是复杂的边界；补给条件在自然界常是随时间而变化的，在解析法的公式中难以反映，只能简化为均匀连续的补给等。由于实际情况不能完全符合公式的假定条件，所以解析解也变为近似的了。

实际上除少数情况下可以直接运用水动力学解析公式计算出允许开采量（如有河流补给的岸边取水水源地、无补给的大面积承压水及边界简单的水源地等）以外，常常是用解析公式计算出开采量（只反映产水能力），再用水均衡法计算补给量来论证其保证程度，并评价在这样开采条件下是否会引起其他不良后果。

解析法的计算过程，一般分三步进行。

第一步，利用勘查试验资料确定计算所需的水文地质参数，如渗透系数 K（或导水系

数 T)、导压系数 a、释水系数（贮水系数）μ_e、重力给水度 μ_d 等。

第二步，根据水文地质条件进行边界概化，同时依需水量拟定开采方案，选择公式。计算公式的选择应考虑以下几个问题。

a. 计算公式的选择问题应结合水文地质条件确定。自然界大都是非稳定流，在一般情况下均应采用非稳定井流公式。但在补给较好、井流较强的地段，如傍河（湖）和岩溶裂隙十分发育的地段，选用稳定流公式计算既简便，又可获得较好的成果。

b. 根据地下水类型、含水介质性质和边界条件选择承压水井或潜水井的公式，即根据介质是均质还是非均质，无限边界还是有限边界，有无渗入补给和越流补给等选择不同公式。

c. 按拟定的开采方案选用相应的公式，考虑取水构筑物的类型、结构、布局、井距等。通常，井距大、各水井之间相互影响极小时，用单井理论公式计算各井的出水量，其总和作为允许开采量。各水井间相互影响时，采用水位削减法等井群干扰计算公式，按布井方案计算出水量作为允许开采量；或将不规则的布井方案概化为规则的理想"大井"，用"大井"法计算出水量作为井群的允许开采量。

第三步，按设计的单井开采量、开采时间计算各井点特别是井群中心的水位降落值。如果各井的水位降深均符合设计要求，则说明开采方案满足设计要求，否则应重新调整各井的抽水量。

一般情况下，对开采方案的可行性还需作出补给条件论证。只有在有补给保证的条件下，计算结果方可作为可开采量或一定开采期限内的可开采量。

(3) 数值法。采用数值法计算地下水资源量是从 20 世纪 70 年代随着计算机的出现而发展起来的，其应用十分广泛。数值法能够描述形状不规则的区域以及含水层的非均质、各向异性和复杂的边界条件，能够处理河流入渗、大气降水入渗等垂向补给，各种抽水、排水、溶质交换和蒸发在时空分布上的变化，能够解决其他计算方法不易处理的复杂问题。理论上看，尽管它是对渗流偏微分方程的一种近似解，但实际应用中完全可以满足精度要求，它可以解决许多复杂条件下的地下水资源评价问题，往往比简化条件的解析解更为精确，目前数值法已成为地下水资源评价中的主要方法之一。

尽管数值法是对渗流方程的一种近似解，但它可以处理复杂的条件，本身的精度完全能满足生产要求，反而比简化条件下的解析解更精确，很有发展前途。采用数值法计算允许开采量时，应符合下列要求：①水文地质条件的概化宜以完整的水文地质单元作为计算区；②计算区网格剖分的疏密应与相应勘查阶段的资料相适应，布局应合理，应先按含水层特征分区，给出水文地质参数的初始估算值，如需在模型识别过程中调整分区，也应与其水文地质特征相符合；③地下水预报时，应以计算区内降水量和径流量的平、枯、丰年份的作为地下水预报的基础，对给定的方案或各种可行的开采方案进行预报，并应论证其是否满足给定的技术经济和环境的约束条件；④要求有较多的资料，其精度取决于参数和条件的精度。它适用于要求较高、条件复杂的大中型水源地的水资源评价，更适用于水资源管理和指导合理开发利用等方面。

在地下水资源评价中常用的数值法有两种，即有限差分法和有限单元法。这两种方法各有利弊，在实际运用中许多方面是相似的，都是把研究区进行剖分，分为若干网格（方形、矩形、三角形），写出单元网格的水均衡偏微分方程，用不同的方法线性化，得出线性方程组，用计算机联立求解线性方程组。所不同的是，二者在网格剖分及线性化的方法上有所差别。

数值法的计算一般分五步进行。

第一步，水文地质条件分析。研究和了解计算区域水文地质条件，是运用数值法进行地下水资源评价的基础。根据评价区的水文地质条件，评价的任务，取水工程的类型、布局等，合理地确定计算区域以及边界的位置和性质。此外，对区域水文地质条件的了解还对在第四步中进行的识别模型过程有帮助。为此应查明含水介质条件、水的流动条件以及边界条件三方面。

第二步，建立水文地质概念模型和数学模型。实际水文地质条件是十分复杂的，要想完善地建立描述计算区地下水系统的数值模型是困难的，因此，应根据水文地质条件和工作的目的，对实际的水文地质条件进行简化，抽象出能用文字、表格或图形等简洁方式表达地下水运动规律的水文地质概念模型，这一过程称为水文地质条件的概化。

第三步，确定模拟期和预报期。根据资料情况和评价的要求确定模拟期和预测期。模拟期主要用来识别水文地质条件和计算地下水补给量，而预测期用于评价地下水可开采量和预测一定开采量条件下的地下水位。对于地下水量评价，一般取一个水文年或若干个水文年作为模拟期，这样可最大限度地避免前期水文因素对地下水系统的影响。预测期的确定主要取决于评价的目的和要求。

第四步，水文地质条件识别与验证。为了验证所建立的数值模型是否符合实际，还要根据抽水试验的水位动态来检验其是否正确，即在给定参数，各补、排量和边界，初始条件的前提下，通过比较计算水位与实际观测水位，验证该数值模型的正确性。如果不符，则进行适当地修改，以求得符合实际的模型。这个过程也称为识别模型，也就是数学运算中的解逆问题，既可以对水文地质参数进行识别，也可以对水文地质边界性质、含水层结构作进一步的确认。

第五步，地下水资源评价和预报。经过验证的模型只能说是符合勘探试验阶段实际情况的模型，用来进行开采动态预报时，还应考虑开采条件下可能出现的变化。一般来说，含水介质的水文地质参数变化不大，但边界条件和地下水的补给排泄条件可能会随开采发生变化。根据开采条件对模型进行修改以后便可将模型应用于地下水资源评价计算以及多种预报计算。

国内外现有十几种数值法计算软件和应用成果，比较著名的有：美国地质调查局的标准有限差分程序“MODFLOW－1996”、德国卡塞尔大学的“PM 有限差分程序”、中国地质大学的“渗流计算程序”和“三维有限单元地下水计算程序”、吉林大学（原长春地质学院）的“地下水水量水质数值模拟及管理程序”、长安大学（原西安地质学院）的“不规则网格有限差分程序”，以及建设综合勘查研究设计院、中国兵器工业勘查设计研究院等单位编制的计算程序。

(4) 回归分析法。回归分析法也称相关分析法或相关外推法，它根据开采地下水的历史资料或不同流量、不同降深的抽水试验资料，用数理统计方法找出流量与降深或其他自变量之间的相关关系，并依据这种关系外推未来开采时的允许开采量以及增大开采量以后的水位降深。

地下水的开采量与水位降深的关系本来是函数关系，但是由于开采区的井数众多，影响因素复杂，加上人为的观测误差，常常使开采量和水位降深的关系变为相关关系，所以可以用数理统计的方法来进行外推。

根据研究的变量数目和相关性质不同，可分为一元线性回归分析、一元非线性回归分析、多元线性回归分析、多元非线性回归分析。实际工作中，可根据具体的条件选用单个变量或多个变量进行线性或非线性回归分析。

常见的回归分析法是根据总出水量与区域漏斗中心处水位降的相关关系计算单位下降系数，并应结合相应的补给量确定扩大开采时的允许开采量。

使用回归分析法的前提是必须有足够的动态观测资料。大致分两种情况：①已经投产的水源地，根据动水位预测进一步开采下降时的开采量；②利用泉或暗河的流量资料和气象、水文资料建立相关关系以求得泉或暗河的允许开采量。很明显，前一种相关关系没有考虑扩大开采时的补给因素是否增加，若扩大开采补给不足，仅根据相关关系预测是有问题的，应进一步验证相应的补给量。对于后一种相关关系，当需水量大于动态观测的最枯流量时，也存在类似的问题。

回归分析法是根据现实物理背景得出的统计规律，在此基础上适当地外推是可以的，但外推范围不能太大，否则物理背景可能发生变化，改变了原有的规律性。它适用于稳定型开采动态或调节型开采动态而且补给有余的水源地扩大开采时的地下水资源评价。如果已经是消耗型开采动态的水源地，问题不是扩大开采，而是要用人工调蓄、节制开采来保护水源地，这时也可以用相关分析法，只是分析的内容不同了。

如田胜龙等（2006）曾应用多元线性回归理论对河北省邯郸地区黑龙洞泉域进行地下水资源评价。其数学模型是以大气降雨、人工开采量、地下水位为自变量，以泉流量为因变量，建立了如下的三元线性模型：

$$\hat{y}=\hat{b}_0+\hat{b}_1x_1+\hat{b}_2x_2+\hat{b}_3x_3 \tag{7-52}$$

式中：$\hat{y}$——泉流量，m^3/s；

x_1——面降雨量，mm；

x_2——人工开采量，10^4m^3；

x_3——泉附近地下水位，m；

$\hat{b}_0$、$\hat{b}_1$、$\hat{b}_2$、$\hat{b}_3$——待求的系数。

经过最小二乘法求解后，田胜龙等得到的回归方程为：

$$\hat{y}=-98.1+0.002\,686x_1-0.000\,092\,62x_2+0.81x_3 \tag{7-53}$$

利用该模型可在预测地下水位降深和降雨量后通过控制人工开采量来调节泉流量。可见，该模型能为地下水资源的管理提供一种辅助手段。

(5) 开采试验法。开采试验法，也称为试验性开采抽水法。它是模拟水源地开采条件（包括开采方案、开采降深、开采量等）进行较长时期的抽水试验，根据抽水试验的结果确定允许开采量。用开采试验法求得的允许开采量是可靠而准确的。

一般在选定的水源地范围内，根据水文地质条件选择合适的布井方案，打探采结合孔，尽可能地按照或接近开采条件进行较长时期、大流量、大降深试验性开采抽水。为了解地下水的补给能力，抽水期一般选择在旱季；当抽水量达到设计开采量后，再延续一至数月；在抽水过程及水位恢复阶段要进行全面观测。水位观测可能出现以下两种情况。

a. 稳定状态。按设计需水量进行长时间开采抽水试验，主井中或井群中心的动水位应在允许降深以内并能保持稳定，各观测孔中的水位也能保持稳定，停抽后水位又能较快地恢复到原始水位。动水位历时曲线如图 7－9 所示。这表明，在开采过程中含水层内建立了新的动平衡，抽水量小于或等于抽水时的补给量，按这样的抽水量开采是完全有保证的，则实际抽水量就是允许开采量（$Q_{抽}=Q_{允}$）。这种抽水试验一般要求选在旱季进行，如果旱季水量有保证，补给季节就更无问题了。但这样确定的允许开采量是偏保守（小）的，在补给条件较好的地区还可以适当外推扩大允许开采量。

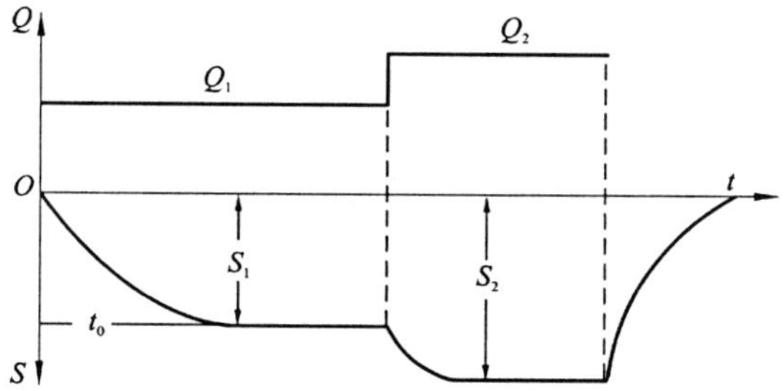

图7－9　稳定开采抽水试验状态动水位历时曲线图

b. 非稳定状态。进行抽水试验时水位不稳定，特别是观测孔中的水位一直持续缓慢下降；停抽后水位虽有所恢复，但始终达不到原始水位，这说明抽水量大于补给量，已消耗了储存量，若按这样的抽水量开采，水量是得不到保证的。在抽水初期，主井水位下降较快，随即稳定，而观测井中水位仍持续下降，特别是距主井一定距离的观测孔中水位不稳定，降落漏斗在不断扩大；到后期可能出现主井与观测井水位同步等幅下降，说明抽水量大于补给量，这时，任一时段 Δt 的抽水均产生水位下降 ΔS，水位历时曲线如图 7－10 所示。在这种情况下确定允许开采量，可以通过分析抽水过程曲线，求出开采条件下的补给量作为允许开采量（$Q_{允}=Q_{补}$），或者再加上年暂时储存量作为允许开采量。

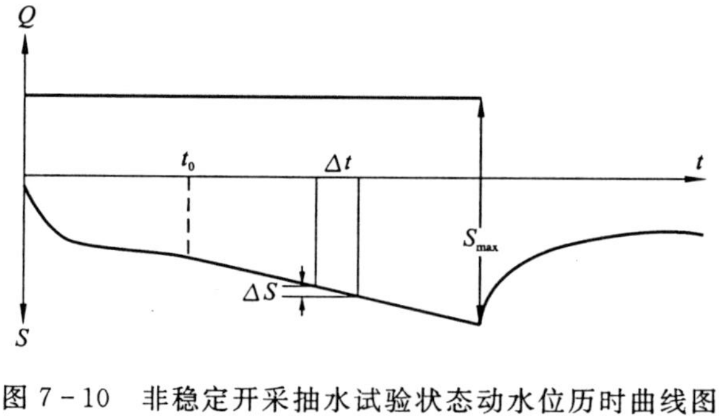

图 7－10　非稳定开采抽水试验状态动水位历时曲线图

当水文地质边界条件复杂、一时很难查清补给条件而又急需作出评价，且供水部门对水量的保证程度要求又较高时，才采用这种方法计算允许开采量，主要适用于中小型水源地勘探阶段和开采阶段；有的大型水源地为提高地下水允许开采量的计算精度，也应用开采试验法。此法对于潜水或承压水、新水源地或旧水源地的扩建都能适用，但要花费较多的人力和物力。

用开采试验法计算地下水允许开采量的具体作法详见本书的附录1。

(6) 地下水文分析法。地下水文分析法是仿照陆地水文学的测流分析计算地下水补给量的一种方法。该方法的基本原理是：一个地下水系统就其水量循环过程来说，无论补给方式多么复杂，补给量总要转化为地下径流量，而地下径流又必然会在适当的地点溢出地表，成为地表水。如果已知地下水的总径流量或总排泄量，则可推算出地下水的补给量。由此可以看出，地下水文分析法实质上属于水量均衡法的范畴，只不过它的适用条件比较特殊，即地下水的补给量必须全部转化为地下水的泄流，所以，该方法只能用于一些特定地区，如岩溶管道流区、具有全排型岩溶大泉的岩溶水系统和发育在基岩山区的裂隙水系统等其他许多方法难以应用的地区。

目前常用的地下水文分析方法有地下径流模数法和流量过程线分割法。

a. 地下径流模数法。此法通常应用于岩溶区。其原理是，考虑到在一个地区内岩溶发育程度相差不大，其补给条件相近，可以认为地下暗河的流量与其面积是成正比的。其比例系数的意义就是单位补给面积内的地下径流量，即地下径流模数。在岩溶发育程度和补给条件相似的地区，地下径流模数应是定值。因此，只要在该地区选择一两个地下暗河通道测定出流量和相应的补给面积，计算出地下径流模数，再乘以全区的补给面积，便可求得区域地下水的径流量，以此作为区域地下水的允许开采量。

b. 流量过程线分割法。在有地下水排入使河流常年有水的地区，河流的补给来源大多为大气降水与地下水。在枯水期，由于降水很少，河水流量几乎全部由地下水维持，称为基流量；而在洪水期，河水绝大部分为降水补给，这时的流量称为雨洪量，地下水补给比重极少，甚至河水倒流补给地下水。因此，可以充分利用水文站现成的河流水文图（即流量过程图），结合具体的水文地质条件，如含水层的埋藏条件、地下水和河水水力联系特点等，对地表水的流量过程线进行深入分析，则可把流量过程曲线上补给河水的地下径流量（基流量）分割出来。如果把评价区内各河流的水文图上的地下径流量都分割出来，即可得全区域的地下水径流量，可以此作为该区域的地下水允许开采量。

(7) 其他评价方法。具体如下。

A. 采用岸边渗入公式确定。当含水层埋藏较浅、开采期间获得的地表水能充分补给时，可根据取水构筑物的形式和布局，采用有关岸边渗入公式确定允许开采量。

B. 把总取水量作为允许开采量。当需水量不大且地下水有充足补给时，可只计算取水构筑物的总出水量作为允许开采量。

C. 补偿疏干法。当地下水属周期性补给且有足够的储存量时，采用枯水期疏干储存量的方法计算允许开采量宜符合下列要求。

a. 能够取得的部分储存量，能满足枯水期的连续开采，且抽水孔中动水位的下降不超过设计要求。

b. 能保证被疏干的部分储存量在补给期间得到补偿。

D. 根据泉的动态观测资料确定。当利用泉作为供水水源时，可根据泉的动态观测资料，结合地区的水文、气象资料评价泉的允许开采量，此时应符合下列规定。

a. 需水量显著小于泉的枯水流量时，可根据对泉的调查资料和枯水期的实测资料直接进行评价。

b. 需水量接近泉的枯水流量时，可根据泉流量的动态曲线和流量频率曲线进行评价，也可建立泉流量的消耗方程式进行评价。

c. 需水量大于泉的枯水流量时，如有条件，宜在枯水期进行降低水位的试验，确定有无扩大泉水流量的可能性，在此基础上进行评价。

E. 根据暗河的流量评价。利用暗河作为供水水源时，应根据枯水期暗河出口处的实测流量评价允许开采量。如有长期观测资料，也可结合地区的水文气象资料，根据暗河的流量频率曲线进行评价。

F. 比拟法。当勘查区与某一开采区的水文地质条件基本相似，且开采区已具有多年的实际开采资料时，可根据两地区的典型比拟指标，采用比拟法评价勘查区的允许开采量。

G. 根据群孔抽水试验确定。在农灌区常布置群井开采地下水，此时地下水的允许开采量可根据群孔抽水试验的总出水能力和开采条件下的相应补给量，并结合设计要求对动水位反复试算和调整后确定。

H. 地下水断面径流量法。在地下水的补给以地下水径流为主、含水层的厚度不大、储存量很少且下游又允许疏干的情况下，可采用地下水断面径流量法确定允许开采量，但其值不宜大于最小的地下水径流量。

另外，地下水资源评价的方法还有：基于相似原理的模拟方法（如水力模拟法、电力模拟法及计算机数字模拟法等）、理想模型法、盲数理论、三角模糊技术（基于 Fuzzy Logic）、风险分析法等。

评价地下水资源时，虽有许多方法可以用来计算地下水的允许开采量，但每一种方法都有一定的优缺点和适用条件（表 7 - 14）。因此，只有按具体水文地质条件和可能取得的资料及勘查阶段的要求选择合适的计算评价方法，才能取得较好的效果。具体选择评价方法时，对水文地质条件方面主要应考虑以下几点。

a. 水文地质单元的基本规律。

b. 含水层、隔水层的性质及埋藏条件，水文地质参数在平面和剖面上的变化规律。

c. 地下水的类型及形成地下水开采量的主要来源。

d. 有无地表水流或水体存在，在开采条件下它们可能的变化。

e. 地下水水质的变化规律。

f. 本区地下水开发利用情况及对评价精度的要求。

综合考虑以上情况，再结合各种方法的适用条件来选择一种计算方法（最好是几种计算方法，以便相互验证）进行地下水量的计算。

表 7－14　几种地下水资源量评价方法对比表

评价方法＼对比	优点	缺点	适用条件
水均衡法	原理明确，计算公式简单，成果适用性强，在许多情况下都能运用	有时计算项目较多，对某些均衡要素难以准确测定，对开采条件下各项要素的变化及边界条件的确定比较困难，有时计算结果精度不高	地下水的补给排泄条件较简单，水均衡要素容易确定，开采后变化不大的地区；用以验证其他评价方法的计算结果，论证取水量的保证程度
解析法	理论公式推导严密，只要介质条件、边界条件和取水条件符合选用公式的假定条件，则计算成果准确，可靠性强	计算条件要求苛刻，实际运用中，完全符合公式中假定条件的情况较少，往往只能在简化条件下计算得出近似解	介质条件为均质或简单非均质；边界条件可看作是无限、直线或简单的几何形态；补给条件为均匀连续补给
数值法	可解决许多复杂条件下的地下水资源评价问题，本身精度完全能满足生产要求，计算结果比简化条件下的解析解更精确，应用广泛	要求有较多的基础数据资料，计算精度对水文地质参数和边界条件依赖性强	适用于要求较高、水文地质条件复杂的大中型水源地的水资源评价，为地下水水资源管理和开发利用提供支持
回归分析法	建立在数理统计理论的基础上，考虑了一些随机因素的影响，便于解决一些复杂条件的水文地质问题，理论严谨	需要长系列地下水动态观测资料，对数据一致性要求较高，预报时段不能太长；根据现实物理背景下得出的统计规律，不能反应实际的地下水运动机理	水文地质边界条件较复杂，水文地质参数较少，对含水层内部结构尚不充分了解，但有较长时间地下水动态观测资料的地区；适用于中、短期的水量预报和水位预报
开采试验法	方法简单，求得的允开采量可靠而且准确；无论是潜水还是承压水，无论是孔隙水还是裂隙水或岩溶水，都能应用	花费的人力物力较多，成本较高；不可用作区域性的地下水资源评价	适用于水文地质条件复杂，一时难以查清补给条件，而又急需做出评价，或对水量保证程度要求较高的中小水源地的水资源评价，主要用于中小水源地详勘阶段和开采阶段
水文分析法	方法简单，可直接测量地下水流量，是对其他评价方法的补充	只适用于一些特定地区，有局限性；不适用于小范围的地下水资源评价	岩溶管道流区、具有全排型岩溶大泉的岩溶水系统和发育在基岩山区的裂隙水系统等区域性地下水资源评价

（二）地下水允许开采量的分级

1. 地下水允许开采量的分级方案

地下水允许开采量相当于固体矿产的资源/储量，由全国矿产储量委员会统一审批。为了根据不同目的和具体水文地质条件选择适当的计算评价方法，以得到不同精度的允许开采量，便于地下水的开发利用，有必要对允许开采量进行分级。

全国矿产储量委员会制定了《地下水资源分类分级》，并于 1994 年由国家技术监督局颁布为国家标准（GB 15218—1994）。在该标准中，根据勘查研究程度的不同，将地下水的允许开采量划分为五级，分别用大写的英文 A、B、C、D、E 五个字符代表；尚难利用的资源可分为三级，分别用英文字符 Cd、Dd、Ed 代表。地下水资源分类分级如表 7－15 所示。所分的每一级都与地下水资源勘查的一定阶段相对应，并且有一定的适用范围。

表 7－15　地下水资源分类分级表

分级 / 分类	地下水资源总量				
	探明的资源量			普查推断的资源量	调查预测的资源量
能利用的资源（允许开采量）	A	B	C	D	E
尚难利用的资源			Cd	Dd	Ed

注：1. 能利用的地下水资源与允许开采资源是同义词；允许开采量是允许开采资源量的简称。

2. 在技术、经济、环境或法规方面出现难以克服的问题和限制，存在一个或一个以上问题的 C、D、E 级地下水资源量，即属 Cd、Dd、Ed 级尚难利用的资源量。

3. 地下水允许开采量和资源量的单位分别为 $10^4 m^3/d$、$10^8 m^3/a$；泉水（包括地下暗河，下同）允许开采量和资源量的单位为 m^3/s。

2. 各级允许开采量的命名

（1）A 级。指经开采验证的地下水允许开采量，简称开采验证的资源量。

（2）B 级。指勘探探明的可供开采的地下水允许开采量，简称勘探探明的资源量。

（3）C 级。指详查控制的可供勘探或城镇供水总体规划的地下水允许开采量，简称详查控制的资源量。

（4）D 级。指普查推断的可供详查或地区规划的地下水允许开采资源量，简称普查推断的资源量。

（5）E 级。指调查预测的可供全国或大区远景规划的地下水允许开采量，简称调查预测的资源量。

3. 地下水资源量分级的内容

地下水资源量的分级，应按以下四项内容进行分析和确定：勘查阶段、水文地质研究程度、地下水资源量研究程度、开采技术经济条件研究程度，具体内容见表 7－16。勘查研究程度决定了地下水资源量的级别及应用范围。

表 7-16　地下水资源量分级表［据《地下水资源分类分级》(GB 15218—1994)］

分级＼内容	勘查阶段	水文地质研究程度	地下水资源量研究程度	开采技术经济条件研究程度	应用范围
A级允许开采量	是水源地扩建勘探报告提交的主要允许开采量，水文地质图的比例尺一般为 1∶1 万或 1∶2.5 万。A 级允许开采量是多年开采验证的地下水允许开采量	在水源地勘查和 3 年以上连续开采及水位、开采量、水质动态观测的基础上，对水均衡和存在的问题进行了专题研究或勘探试验工作。直接饮用泉水水源的水源地(简称泉源水源地)，在查明补给、径流、排泄条件的基础上，应掌握历年开采量以及 30 年以上降水观测数据和 15 年以上泉水流量和水质观测数据。区域地下水资源评价工作，宜以水文地质单元为基础，充分搜集分析已有的气象、水文资料，采用计量方法实测地下水的开采量，研究 3 年以上地下水连续开采量和动态变化资料	根据分散及集中开采水源地连续 3 年以上开采和动态观测资料，宜以水文地质单元为基础对地下水允许开采量进行系统的多年均衡计算、相关分析和评价，进一步修正完善地下水渗流场的数学模型。在水质有明显变化的情况下，还应建立地下水溶质浓度场的数学模型。对于泉源水源地，则应根据连续 15 年以上泉水流量观测数据，进行频谱及频率分析计算，建立泉水流量与多年降水量有关的回归方程或数学表达式，计算不同保证率的允许开采量及其误差。在水文地质条件难以查明或尚未查明的条件下，连续开采 5 年以上、动态趋于稳定，采用计量统计的实际开采量可达到 A 级允许开采量的精度要求	根据分散及集中开采水源地或泉源水源地多年开采的实践以及地下水动态观测资料，对开采过程中出现的环境地质问题进行了专题研究，必要时布置适当的勘探工作，提出水源地改造、扩建、调整开采布局、保护环境和合理开采地下水资源的具体方案和措施。圈定水源地的卫生保护区。对地下水开采的经济条件做出评价	a. 可以作为国民经济年度计划开采分配和管理的依据。b. 可以作为水源地合理开采以及改建、扩建工程设计的依据
B级允许开采量	是水源地勘探报告提交的主要允许开采量，水源地水文地质图的比例尺一般为 1∶1 万或 1∶2.5 万	对通过详查或已经选定的水源地进一步布置一些勘探工程和水文地质试验。开展 1 年以上地下水动态观测。针对一些关键性的问题，开展专题研究，查明水源地的水文地质和边界条件，宜建立包括完整水文地质单元的水文地质概念模型。对地下水开采现状进行了详细调查和统计分析工作。在水文地质条件复杂且需水量接近允许开采量的条件下，应进行大流量、长时间的群井开采试验，以验证对边界条件的认识和参数的可靠程度。对于泉源水源地，应查明它的补给、径流、排泄条件，掌握历年开采量并进行 10 年以上的水量、水质动态观测工作。如果具有 30 年以上的降水观测数据、具有连续枯水年份泉水流量观测数据或是历史特枯流量资料，则泉水观测系列可以适当减短	在查明地下水补给、径流、排泄和边界条件后，采用带观测孔的单孔抽水试验、地下水动态观测、野外和实验室测试等方法计算地下水流场范围内不同分区的水文地质参数。根据水文地质概念模型建立均衡法、数值法等求解的地下水数学模型。宜采用两种或两种以上适当的方法，结合不同的开采方案和枯水年组合系列，对水源地的允许开采量进行计算和对比，预测地下水开采期间地下水水位、水量、水质可能出现的变化。在水质可能有明显变化时，宜建立地下水溶质浓度场的数学模型。根据多年降水量的变化和含水层的调蓄能力，按要求的保证率，评价水源地的允许开采量。对于泉源水源地，应根据泉水多年流量观测及访问资料进行频率分析，计算不同保证率的允许开采量。还可根据多年平均降水量和泉水流量观测资料进行多元回归和系统理论分析计算，建立泉水流量与多年降水量有关的回归方程和数学表达式，预报泉水的允许开采量，评价预报可能出现的误差。在水文地质条件复杂或需水量明显小于允许开采量的情况下，前者枯水期、后者平水期，群井或单井抽水试验的稳定出水量可以达到 B 级允许开采量的精度要求	通过模拟试算等方法，提出并论证水源地最优的开采方案。预测由于长期开采地下水水源地影响范围内可能出现的环境地质问题及其出现的地段和严重程度。论证该水源地长期开采对附近水源地、泉水及地表水体的影响。根据钻探及抽水试验资料确定泉源水源地建立泉室或井采的方案。圈定水源地的卫生保护区。对地下水或泉水开采的经济条件作出评价	可以作为水源地及其主体工程建设设计的依据

续表 7-16

内容 分级	勘查阶段	水文地质研究程度	地下水资源量研究程度	开采技术经济条件研究程度	应用范围
C级允许开采量和尚难利用的资源量（Cd）	是水源地详查报告或区域水文地质详查报告提交的主要资源量，水文地质图的比例尺一般分别为1：2.5万和1：5万	通过水文地质测绘、物探、单孔抽水试验、带观测孔的单孔抽水试验、水质分析、枯水期半年以上地下水动态观测等工作，基本查明主要含水层的空间分布、水力联系、导水性、水质特征、边界条件。基本掌握地下水的补给、径流、排泄条件。对地下水的开发利用现状、规划以及存在的问题进行详细地调查和了解。泉源水源地，应初步查明它的补给、径流、排泄条件，掌握历年开采量并开展3年以上的水量、水质动态观测工作。如果有30年以上降水观测数据、具有连续枯水年份泉水流量观测数据或是历史特枯流量资料，则泉水观测系列可以适当减短	在基本查明地下水补、径、排和边界条件后，采用带观测孔的单孔抽水试验、地下水动态观测和实验室测试等资料计算水文地质参数。选择均衡法、解析法、数值法等一种及以上适当的方法，结合开采方案，对水源地的允许开采量及尚难利用的资源量进行初步地计算。对泉源水源地，则应根据它的补给、径流、排泄条件，通过数理统计的方法找出降水量与泉水流量之间的关系，初步确定泉水的允许开采量或尚难利用的资源量。在水文地质条件复杂或是需水量明显小于允许开采量的情况下，考虑补给资源、储存资源和允许误差问题，根据群井或单井抽水试验出水量与降深关系曲线适当外推的出水量可达到C级允许开采量的精度要求	据水文地质条件、钻探和带观测孔的单孔抽水试验结果，对井深、井径、井数、水泵及井的排列等提出建议。对开采地下水可能出现的环境地质问题进行论证和评价。在经过详查的几个水源地中，根据水文地质条件和用水的需要，确定可进一步勘探的水源地。据钻探、抽水试验或物探资料，提出泉源水源地建立泉室或井采的初步方案。初步圈定水源地的卫生保护区。对地下水或泉水开采的经济条件做出初步评价	a. 作为城镇、厂矿供水总体规划或县级农牧业地下水分散开发利用的依据；b. 作为水源地及其主体工程可行性研究的依据；c. 作为编制水源地勘探设计书的依据；d. 在水文地质条件十分复杂，经过勘探不能确定B级允许开采量的情况下，可作为试采的依据；e. 在需水量明显小于允许开采量的情况下，也作为水源地建设设计的依据
D级允许开采量和尚难利用的资源量（Dd）	是区域水文地质普查报告或水源地普查报告提交的主要资源量，水文地质图的比例尺一般分别为1：20万及1：5万	在已有气象、水文、区域地质等资料的基础上进行水文地质综合测绘，初步查明区内主要含水层的埋藏条件、分布规律、富水程度、水质类型、动态规律，圈出宜井区。选择有代表性的有利开采地段进行物探和个别的单孔抽水试验。对可作为水源地的泉水，初步分析其补给、径流、排泄条件，访问其开采情况及动态变化，取得1年以上丰、枯水季节流量观测和水质分析资料	在初步查明地下水补给、径流、排泄条件的基础上，采用物探、单孔抽水试验取得的数据和参数，选用均衡法、解析法等适当的计算方法，对区域或水源地的资源量进行概略计算。对于泉源水源地，则应根据它的补给、径流、排泄条件、多年气象观测资料、流量动态访问资料和1年以上丰、枯季节流量观测结果确定泉水的允许开采量	根据区域和水源地的水文地质条件、物探和单孔抽水试验结果，对地下水开采的技术经济条件和开采地下水可能出现的环境地质问题做出初步的评价	a. 可作为省（自治区、直辖市）和地、市一级制定农业区划或水利建设、工业布局等规划的依据；b. 作为编制区域水文地质详查或水源地详查设计的依据；c. 作为水源地及其主体工程初步可行性研究的依据
E级允许开采量和尚难利用的资源量（Ed）	是区域水文地质调查报告提交的主要资源量，水文地质图比例尺一般为1：50万	根据区域自然地理、地质和少量的民井资料，用已有地质图和航片、卫片进行一定的路线调查，对区域的地下水埋藏条件、含水层的分布和导水性有一个概略的推断，圈出宜井区或富水地段。其主要含水层未经管井或钻孔揭示。可作水源地的泉水，具有1次或1次以上的实测流量和水质分析资料	利用经验参数，根据多年的气象、水文资料，结合地质、地貌条件，采用均衡法、比拟法等简易的方法，对区域和宜井区的地下水资源量进行概略地估算	根据区域水文地质条件，对地下水开采的技术经济条件和开采地下水可能出现的环境地质问题做出概略的评价	a. 可作为全国或大区远景规划、农业区划的依据；b. 可作为编写区域水文地质普查或水源地普查设计的依据

4. 地下水资源量的级别与勘查阶段的关系

地下水资源量的级别与勘查阶段基本对应。具体是：水源地扩建勘探报告，主要提交A级允许开采量，也可提交部分B级允许开采量；水源地勘探报告，主要提交B级允许开采量，也可提交部分A级、C级允许开采量；水源地详查报告或区域水文地质详查报告，主要提交C级允许开采量，也可提交部分D级允许开采量及Cd、Dd级尚难利用的地下水资源量；水源地普查报告或区域水文地质普查报告，可以提交不同类别的D、E级地下水资源量；区域水文地质调查报告，可以提交不同类别的E级地下水资源量。区域地下水资源评价报告，根据实际情况可以汇总和提交A、B、C、D、E五种级别的地下水允许开采量和尚难利用的资源量。

5. 地下水允许开采量的允许误差

地下水允许开采量的误差是自然或预期状态下经过验证的实际允许开采量与提交批准的允许开采量之差同提交批准的允许开采量比值的百分数。即：

$$\text{允许开采量的误差}=\frac{\text{实际允许开采量}-\text{提交批准的允许开采量}}{\text{提交批准的允许开采量}}\times 100\% \qquad (7-54)$$

根据地下水资源的勘查研究程度，参照不同级别矿产资源量的允许误差，不同级别地下水允许开采量的允许误差如下。

(1) A级允许开采量的允许误差为±10%。

(2) B级允许开采量的允许误差为±20%。

(3) C级允许开采量的允许误差为±35%。

(4) D级允许开采量的允许误差为±50%。

(5) E级允许开采量的允许误差不作限定。

计算水源地允许开采量误差时，只计算各含水层允许开采量总的误差，不分别计算各含水层允许开采量的误差；对各含水层水位降深的误差也不作限定。稳定程度不同的泉水，根据不同系列长度的流量与降水量观测数据，在求出了不同保证程度的回归方程及其误差范围后，可参考上述规定的误差范围确定该泉水允许开采量的级别。

四、地下水资源量的评价

进行地下水资源量的评价时，首先应计算、确定允许开采量；然后分析开采条件下截获的补给量和夺取的补给增量以及溢出与蒸发的减量（排泄量的减少量）；分析开采动态类型，论证在整个开采期内开采和补给的平衡；再根据气象、水文多年观测资料，论证开采量的保证程度，预报区域动水位情况，分析开采地下水后对环境是否产生不良的影响等。

（一）地下水资源量评价的原则

由于地下水资源分布广泛，且具有系统性、流动性、可恢复性和可调节性的特点，为了客观、准确地评价地下水资源的数量，在实际工作中必须遵循以下原则。

1. 在水质评价的基础上进行水量评价和开发的环境效应评价

对地下水资源的评价不单是对其水资源量进行计算，还要针对其供水的要求进行水质评价。只有地下水的水质符合要求作为前提时，才计算和评价一个区域或一个水源地的地下水允许开采量。另外，开采地下水使水位下降可能引起一些不良的后果，如土壤干旱、农作物受损、地面沉降、水质恶化等。因此，在评价地下水资源时，必须对地下水资源开发环境效应进行评价，主要是针对地下水开发引起的环境负效应和正效应进行评价，评价的内容包括地下水开发利用引起的或可能引起的地质环境问题、水环境问题和生态环境问题三类，并包括现状评价和预测评价两个方面。对可能产生的不良后果要作出预测和提出防治措施，以达到安全生产的目的。

2. 根据“三水”转化的规律进行评价

地下水是与大气降水和地表水密切联系的，地下水与地表水在一定条件下可以相互转化。开采地下水使这种转化更为明显和加强。例如在河流岸边开采地下水时，其保证稳定开采的补给增量主要是由河水转化而来；而河流的基流量又往往是由地下水转化而来。如果将地下水、地表水分别计算的资源量加起来作为总的水资源量，则会出现重复量。因此，在评价区域地下水资源时，特别是在总的水资源不够丰富的地区，应注意评价在含水层开采条件下地表径流的变化值，最好是将该区地表水与地下水统一评价、统一规划、合理使用。

3. 根据以丰补欠，调节平衡的原则进行评价

在以降水为主要补给源的地区，地下水量有季节性和多年性的变化。有的地区，这种变化幅度可能很大。过去，常取旱季、旱年最小的补给量（或保证率90%以上的补给量）作为地下水资源评价的依据，这样所得结果往往偏小，过于保守。只要含水层有一定的储存量，就可以充分利用储存量的调节作用，取多年平均补给量作为允许开采量。在旱季或旱年，可借用储存量来满足开采；到雨季或丰水年，又可将借用的储存量补偿回来。这样开采，在旱年可能出现水位持续下降的趋势，而到丰水年又可以持续回升，从而达到多年平衡。不过，应进行仔细计算，做到旱年、旱季最大水位降不超过允许降深，及至丰水年水位又能完全补回，以保证在整个开采期限内要求不变储量不能减少。

4. 考虑人类活动增加或减少的补给量及排供结合的原则

评价地下水资源时，应考虑评价区内有无人工水利工程建设，例如修建水库、开挖渠道及运河等，这类活动会引起地下水的补给量增加；当区内有矿井疏干或其他排水设施时，会引起地下水减少。应考虑如何把水用于供水或灌溉的可能性，即考虑供、排结合的可能性，这不仅可以节约资金，对于地下水资源短缺的地区也是解决水源不足的一种理想途径。

5. 根据发展变化的观点进行评价

应可持续发展利用地下水资源，在保证生态良性循环的前提下，让地下水系统能持续提供一定的水资源量。考虑持续开采引起的地下水补给、径流、排泄及边界条件等的变化，根据经济建设的需要和地下水勘查、开发利用程度提高的要求，可每5～10a开展一次区域地下水资源评价。

（二）地下水资源量评价的种类

地下水资源评价分为两种，即区域地下水资源评价和局域水源地地下水资源评价。每一种评价的要求、评价的范围和所采用的计算方法都有所不同。

1. 区域地下水资源评价

区域地下水资源评价是在大面积范围内，主要是针对一个完整的水文地质单元或某一行政区划，为规划开发利用地下水或综合利用自然资源而开展的水量计算和可利用程度的分析评定工作。区域地下水资源评价工作常常是在现有地质勘查资料及开采动态资料的基础上进行的，必要时也要布置适量的勘探、试验等补充性工作。

区域地下水资源评价应按独立的水文地质单元进行，如层状自流水盆地、河谷地带、大型冲洪积扇、山前平原、山间盆地及结晶岩块等；在评价范围内，应划分出水均衡区域，区内应包含补给和排泄区，一般只对区内具有实际意义的主要含水层进行评价。常用的评价方

法是水均衡法和数值法。水均衡法主要用来估算出各分区的各种补给量、排泄量以及储存量；在此基础上结合环境、生态及开发利用条件确定出区域的允许开采量；对各分区进行补给量和排泄量的计算时，通常还利用水文地质比拟法求参。在具有多年地下水动态监测资料的区域可采用数值法进行计算，以提高评价精度，因为通过数值法可优化开采模式，求出在允许水位降深条件下地下水资源的最大可采总量。在区域地下水资源的评价中，还常用枯水径流模数法、电网络模拟法、地下水库容调节法（把地下水库当成地表水库进行水利调节计算）等方法进行估算，但使用这些方法评价结果的精度都比较低。

在区域地下水资源评价时，通常是把地下水系统中的补给量作为区域地下水的可开采资源，但不可忽视以下几点。

（1）由于受各方面条件限制，并非所有的地下水补给资源都能取出。如根据降雨入渗法计算得到的山区地下水补给量就很难用水井方案全部取出。不能利用开采方案取出的这部分水资源就属于目前尚难利用的地下水资源。虽如此，也不影响区域地下水资源量计算结果的应用，因为区域地下水资源评价的结果主要是为国家、省（自治区、直辖市）、市各级政府制定远景规划或区划提供依据的，其评价精度要求不高。

（2）补给量是随时空变化的，因此，一般应以多年平均补给量为准，或采用典型年法（50%平水年、75%枯水年、95%特枯水年）求出不同保证率下地下水的补给量。

2. 局域水源地地下水资源评价

局域水源地地下水资源评价一般是在区域资源量评价基础上，对地下水系统的某一子系统进行的水量计算和成井条件的分析论证，即为一个开采影响未达到地下水系统边界的水源地（甚至是某个开采井）进行的局部评价。局部评价与区域资源量评价不同之处不仅在于评价的范围小、时间序列短，更突出的是评价区的边界往往更具人为性，如按行政区界线，或人为圈划的均衡区边界来处理；其允许开采量与开采方案、井群布局、上下游状况、取水构筑物等密切相关，也具有一定的人为因素。局部水量评价计算出的补给量、储存量仅仅反映了系统某一局部的水量输入特征和储存状态，不能代表地下水系统水资源时空分布的全貌，所以只能称其为水量计算，而不叫补给资源量、储存资源量计算。进行局域水源地地下水资源评价时应充分查明评价区地下水补给量、储存量、排泄量的数量关系，其评价的内容主要有计算允许开采量和进行成井条件分析后提出合理的取水方案两方面。

计算允许开采量一般多采用解析法或数值法。当含水介质和边界条件简单时，常用解析法，而复杂时则用数值法或电网络模拟法等；若水源地位于不大的独立蓄水构造中，也可以用水均衡法来计算，水均衡法常与其他方法同时并用，相互验证；扩建老水源地时，应充分利用多年开采动态资料，可用相关分析法、系统理论法和下降漏斗法计算可扩大的开采量，并可用多年调节水均衡法来论证开采量的保证程度；在水文地质条件复杂的地区，当一时难以查清水文地质结构和边界条件而又急需作出评价或其他方法难以运用时，常采用开采抽水试验法来评价地下水资源；在岩溶地下河系发育地区可用水文分析法来计算允许开采量。

对成井条件进行分析包括两个方面：一方面是对评价区含水层的岩性、厚度、导水能力、补给条件进行具体分析，以确定最佳的打井地点和取水层位；另一方面是分析确定拟建水源地的开采能力，具体是根据钻探和抽水试验获取的水文地质资料、拟建水源地的布井方案，采用解析法、数值法进行计算，以确定符合各项设计要求的各井孔抽水量，并根据实地较长时间的抽水试验验证并调整方案中各井孔的抽水量，通过对比，选出最佳水量限额，应将井孔的开采总量与局部补给量进行比较，以不超过补给量为准。

评价时，应利用地下水水位动态资料论证开采期内可能产生的不良影响，如对邻近现有取水工程的干扰、可能引发的地质环境问题、与其有水力联系的矿山疏干的关系、开采后水质的变化及其他不良后果等。

第四节　地下水资源开发、保护与管理

在水文地质勘查时，除查明地下水的形成、进行水质与水量评价外，还应研究合理地开发和保护地下水资源，以及加强科学管理工作，以利于长期正常地开采利用地下水资源。

地下水的水量和水质都有各自的形成规律。在天然条件下，绝大多数地区地下水的水量与水质均处于相对平衡状态之中。有时，它们也可能随着某种自然因素的变化而变化，但其变化过程一般是非常缓慢的。因此，只要能正确地认识它们的形成规律，就基本上可以做到在不破坏原有均衡关系的条件下充分利用地下水资源为人类造福。但是，如果违背自然规律，盲目、恣意地开采地下水资源，就会破坏其均衡关系，给人类的生活、生产、环境及自然界的生态平衡带来种种严重后果。

随着社会的发展，生产、生活水平的提高，人们对水的需求量愈来愈大，开发利用的地下水资源量也在日益增加。随着开采规模的不断扩大，出现了地下水位区域性持续下降、水质不断恶化及其他种种环境地质问题。这主要是由于人们在开发利用地下水中缺乏统筹兼顾、合理使用和珍惜水资源等观念所造成的。下面简要介绍地下水资源合理开发利用、保护和管理问题。

一、地下水资源的开发

（一）地下水开发利用的原则

地下水的开发利用应遵循以下基本原则。

1. 采补平衡，持续利用

根据地下水补给和储存条件，按照采补平衡的原则，调整优化地下水开采布局和用水结构。超采区应压缩开采量，有资源潜力的地区应扩大开采量，基本做到采补平衡，实现地下水资源的可持续利用。

2. 浅层为主、深层适度、咸淡混合

我国大部分地区以开发浅层地下水为主。在深层地下水资源丰富、开发利用后又不产生较大环境地质问题的地区，可有计划地适度开发深层水资源。在地下咸水分布区，可应用抽咸补淡、淡咸混合等技术，合理利用咸水资源。

3. 合理调控，以丰补欠

充分利用含水层分布广、储存空间大、调控能力强的特点和优势，合理调控地下水位，增加地下储水空间，提高降水的有效入渗量，减少蒸发、蒸腾损失，有效利用土壤水。

4. 保护水质，优质优用

采取有效措施，保护地下水源，严格控制和预防地下水污染。按照优先满足人民生活用水需求，兼顾工业、农业和生态环境用水的次序和原则，合理开发利用地下水。

5. 联合调蓄，统筹兼顾

坚持地表水、地下水，上下游水资源统筹兼顾的原则。水资源调蓄要实行从以地表调蓄为主向地表、地下联合调蓄的战略转变，充分发挥地表水库和地下水库各自的优势，取长补

短，优势互补，综合开发利用水资源。按照不同地区的水文地质条件，调整优化地下水开发布局和用水结构。

6. 综合规划，科学管理

根据地下水资源时空分布特点，结合国民经济区域发展布局和生态环境建设需要，综合规划地下水的开发利用与保护战略，建立科学的管理制度和技术保障体系。

（二）地下水水源地的选择

地下水资源的开发首先要选择好合适的地下水源地，因为水源地位置选择得正确与否，不仅关系到水源地建设的投资，而且关系到是否能保证其长期经济和安全地运转，并避免由此产生的各种不良环境地质问题。

地下水水源地选择，对于大、中型集中供水水源地，就是选择取水地段的具体位置；对小型分散供水的水源地，则是选定水井布置的具体位置。水源地的选择必须在有水文地质勘查成果的基础上，详细分析与对比取水条件的利弊而确定。

1. 集中式水源地的选择

在选择集中式水源地的位置时，一般应综合考虑水文地质条件、地质环境及经济、安全和扩建前景等方面因素选择。

(1) 水文地质条件。主要是取水地段含水层的富水性和补给条件。

为满足需水量和节省建井费用，水源地应尽可能选在含水层透水性好、厚度大、层数多、分布较广的地段上，例如冲洪积扇的中、上部砂砾石带和轴部；冲积平原的古河床；厚度较大、裂隙或岩溶发育的层状、似层状裂隙或岩溶含水层；延续深远的断裂及其他脉状基岩含水带等。

为增加开采补给量，保证水源地的长期均衡开采，水源地应尽可能选择在能最大限度拦截区域地下径流的地段，或接近补给水源、能充分夺取各种补给量的地段。例如，在基岩区，水源地常选在集水条件最好的区域性阻水界面的上游一侧；在松散地层分布区，水源地应尽量靠近补给地下水的河流岸边；在岩溶区，水源地最好选择在区域地下径流的排泄区附近。

(2) 水源地的地质环境。为保证水源地投产后能正常运转和避免开采后产生种种不良后果，在选择水源地时，应尽量远离原有的取水或排水点，减少互相干扰，避免新旧水源之间、工业和农业用水之间、供水和矿山排水之间产生矛盾。

为保证水源地出水的质量，应将其选择在不易引起水质污染或恶化的地段上，如远离城市或工矿排污区的上游，远离已被污染或天然水质不良的地表水体、含水层地段，避开易使水井淤塞、涌沙或水质长期混浊的流砂层或岩溶充填带等；为减少垂向污水渗入的可能性，最好把水源地选择在含水层上部有厚度较大的稳定隔水层分布的地方等。

为了减少因开采地下水后引起的不良环境地质问题，水源地应选在不易引起地面沉降、塌陷、地裂、滑坡等不良地质作用的地段上。

(3) 水源地的经济、安全性和扩建前景。在满足水量、水质要求的前题下，为节省建设投资，水源地应尽可能靠近供水区、少占耕地等；为降低取水成本，应选择在地下水位浅埋或自流的地段；对于河谷水源地，要考虑水井可能被淹没的问题；对于用人工开挖的大口径取水工程，则要考虑井壁的稳固性；当有几个水源地方案可供比较选择时，还应考虑未来扩大开采的前景条件。

在实际工作中，应按以上因素全面分析考虑。若具体条件不能完全满足时，则应分出主次，尽量满足主要条件。

2. 小型分散式水井的选择

集中式水源地选择的各因素对于山区基岩裂隙水小型水井的选择也基本上是适合的。但是，由于基岩地区地下水分布极不均匀，水井的布置主要决定于强含水裂隙带及强岩溶发育带的分布位置。此外，布井地段上游有无较大补给面积、地下汇水条件及夺取开采补给量的条件，也是确定基岩区水井位置时必须考虑的因素。

（三）取水构筑物的类型及适用范围

地下水取水构筑物是指从地下含水层取集表层渗透水、潜水、承压水和泉水的构筑物。在地下水水源地选择的基础上，还要正确选择和设计地下水取水构筑物，最大限度地截取补给量、提高出水量、改善水质、降低工程总造价。

常见的地下水取水构筑物有管井、大口井等构成的垂直集水系统；渗渠、坎儿井等构成的水平集水系统；辐射井、复合井等构成的复合集水系统以及引泉工程。由于类型不同，其适用条件具有较大的差异性。有管井、大口井、渗渠、辐射井、泉室等类型。

1. 管井

由井口、井壁管、过滤器及沉淀管组成的水井（图 7－11）。其井较深，井径较小。它是垂直安置于地下的取水或保护地下水的管状构筑物，是目前应用最广的形式，适用于埋藏较深、厚度较大的含水层。一般用钢管做井壁，在含水层部位设过滤器进水，防止砂砾进入井内。管井口径通常在 500mm 以下，深几十米至几百米。单井出水量一般为每日数百至数千立方米。管井的提水设备一般为深井泵或深井潜水泵。

2. 筒井和大口井

井深不超过 30m 的水井。井径为 1～2m 的称为筒井，而井径为 2～10m 的称为大口井（图 7－12）。它们适用于埋藏较浅的含水层，井身用钢筋混凝土、砖、石等材料砌筑。取水泵房可以与井身合建也可分建，也有几个大口井用虹吸管相连通后合建一个泵房的。大口井由井壁进水或与井底共同进水，井壁上的进水孔和井底均应填铺一定级配的砂砾滤层，以防取水时进砂。单井出水量一般较管井为大。我国东北地区及铁路供水应用较多。

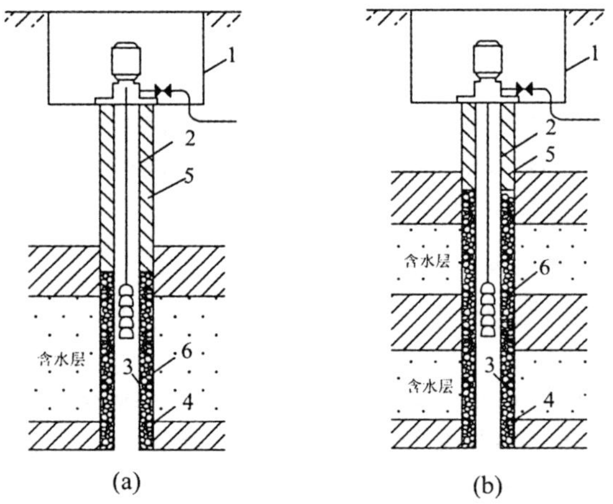

图 7－11　管井的一般构造示意图

（a）单过滤管井　（b）多过滤管井

1. 井室；2. 井壁管；3. 过滤器；

4. 沉淀管；5. 封闭黏土；6. 人工填砾

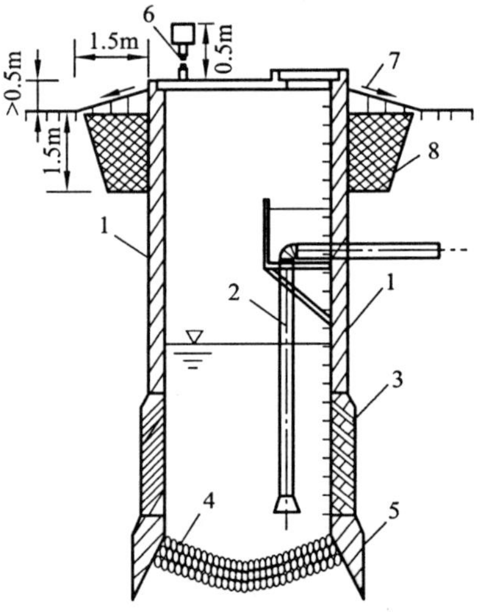

图 7－12　大口井的一般构造示意图

1. 井筒；2. 吸水管；3. 井壁透水孔；

4. 井底反滤层；5. 刃脚；6. 通风管；

7. 排水坡；8. 黏土层

3. 渗渠

适用于埋深较浅、补给和透水条件较好的含水层。它是利用水平集水渠以取集浅层地下水或河床、水库底的渗透水的取水构筑物，由水平集水渠、集水井和泵站组成（图 7－13）。其中，水平集水渠由集水管和反滤层组成。集水管可以为穿孔的钢筋混凝土管或浆砌块石暗渠，集水管的口径一般为 0.5～1.0m，长度为数十米至数百米，管外设置由砂子和级配砾石组成的反滤层，出水量一般为 20～30 m^3/（m·d）。

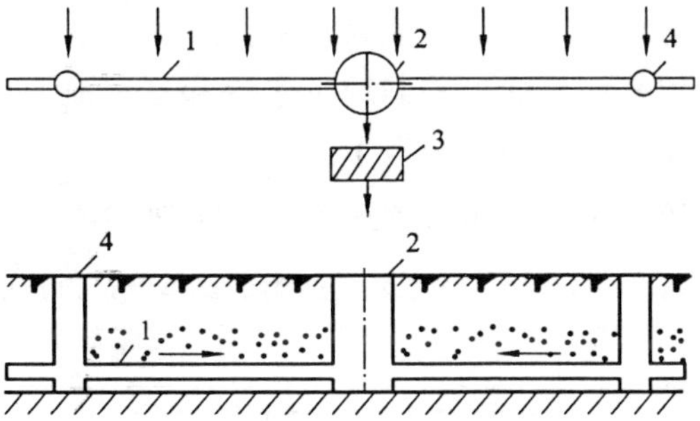

图 7－13　渠渗的一般构造示意图

1. 集水管；2. 泵站；3. 集水井；4. 检查井

4. 辐射井

它是由垂直集水井和水平集水管（孔）联合构成的一种井型，即从集水井壁上沿径向设置辐射井管以采集地下水的构筑物，因其水平集水管呈辐射状故得名为辐射井（图 7－14）。它适用于含水层埋深较浅且透水性较差、单井出水量较小的地区。辐射管口径一般为 100～250mm，长度为 10～30m。单井出水量大于管井。

5. 复合井

它是由非完整大口井和井底下设管井过滤器组成，实际上是一个大口井和管井组合的分层或分段取水系统（图 7－15）。常常用于同时采集上部孔隙潜水和下部厚层基岩高水位的承压水。实验证明，当含水层厚度大于大口井半径 3～6 倍或含水层透水性较差时，采用复合井出水量增加显著。在一些需水量不大的小城镇和不连续供水的铁路给水站中被较多地应用。

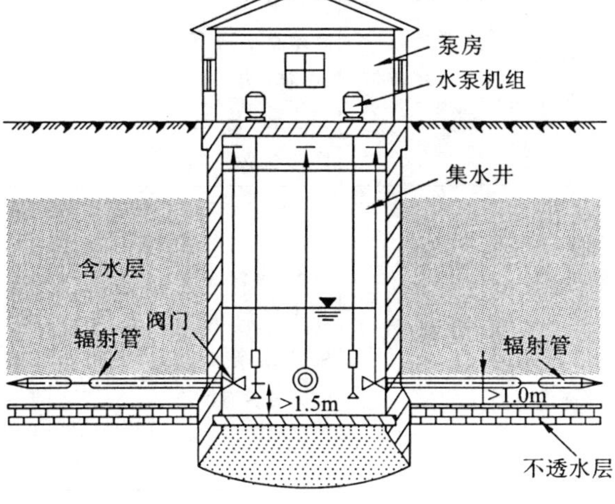

图 7－14　辐射井的一般构造示意图

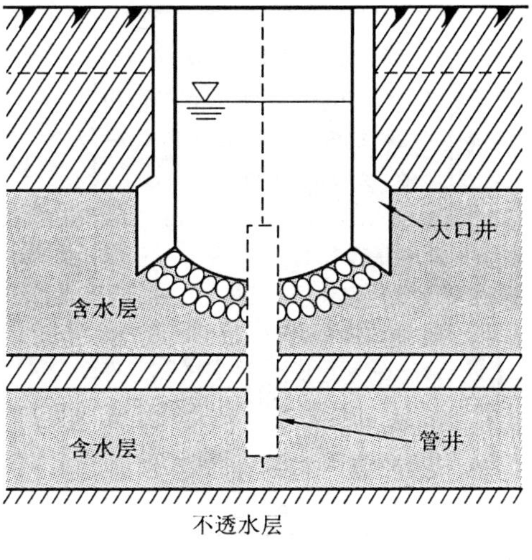

图 7－15　复合井的一般构造示意图

6．泉室

采集泉水的构筑物。对于由下而上涌出地面的自流泉，可用底部进水的泉室，其构造类似大口井。对于从倾斜的山坡或河谷流出的潜水泉，可用侧面进水的泉室。泉室可为砖、石或钢筋混凝土结构，设置有溢水管、通气管和放空管。

此外，还有渗流井、斜井、大池（平塘）、新疆的萨吾尔井等不常见的取水构筑物。现代岩溶地下河开发工程中，修建地下岩溶水库也是地下水开发利用的一种重要方式。现我国已有湖南省保靖县的白岩河地下河水库、湘西洛塔大瓜拉洞地下—地表水库、广西来宾县小平阳岩溶地下水库、贵州省普定县的母猪洞地下水库和马官地下水库、贵州省仁怀长岗出水洞地下河水库、重庆市江北县海底沟岩溶地下水库等。

部分地下水取水构筑物类型及适用范围如表 7－17 所示。

表 7－17　地下水取水构筑物的类型及适用范围

种类	形式	尺寸	深度	适用范围				出水量（m^3/d）
				地下水类型	地下水埋深	含水层厚度	水文地质特征	
垂直取水	管井	井径为 50～1 000mm 常用的为 150～600mm	井深为 20～1 000m，常用的为＜300m	潜水 承压水	在抽水设备能力下不受限制	一般＞5m 或有几层含水层	任何砂、卵石、砾石地层及构造裂隙、岩溶裂隙地带	单井一般为 500～6 000，最大可达 20 000～30 000
垂直取水	大口井	井径为 2～10m 常用的为 4～8m	井深＜30m，常用的为 6～20m	潜水 承压水	埋藏较浅，一般＜10m	一般为 5～20m	补给条件良好，渗透系数最好＞20m/d，任何砂、卵石、砾石层	单井一般为 500～10 000，最大可达 20 000～30 000
水平集水	渗渠	管径为 450～1 500mm 常用的为 600～1 000mm	埋深＜10m，常用的为 4～7m	潜水，河床渗透水	埋藏较浅，一般＜2m	一般为 1～6m	补给条件良好，渗透系数较好，中粗砂、粗砂、砾石或卵石层	一般为 10～30 $m^3/m\cdot d$，最大为 50～100 $m^3/m\cdot d$
水平集水	坎儿井	管径为 1.3～1.5mm 常用的为 0.6～0.7mm	井径为 50～1 000mm，常用的为 150～600mm	潜水	埋藏较浅，一般＜10m	较薄	冲积扇上部、丘陵地区、砂砾石直径为 1～20mm，砾石含量为 60%～70%	
联合集水	辐射井	集水井直径为 2～12m，常用的为 4～8m；辐射管直径为 50～300mm，常用的为 75～150mm	井深＜30m，常用的为 6～20m	潜水 承压水	埋藏较浅，一般＜12m，辐射管距降水层应＞1m	一般＞5m	补给条件良好，含水层最好为中粗砂或砾石层，但不可含有漂石	单井一般为 5 000～50 000

取水构筑物要进行合理的布局，即在确定水源地的允许开采量和取水范围后，进一步明确在采取何种工程技术和经济承受能力下的取水构筑物布置方案，才能最有效地开采地下水并尽可能地减少工程所带来的负面作用。合理布局主要指取水井平面和剖面上的布置（排列）形式及井间距离与井数等的确定。

（四）地下水资源开发的环境效应评价

进行地下水资源评价时，按《1∶25万区域水文地质调查技术要求》（DD 2004-01），需要对地下水资源开发环境的效应进行评价，其评价的内容和方法如下。

1. 评价的内容

地下水资源开发的环境效应评价是地下水资源评价的重要组成部分，主要评价由于地下水开发引起的环境负效应。

评价的内容包括地下水开发利用引起的或可能引起的地质环境问题、水环境问题和生态环境问题三类，包括现状评价和预测评价两个方面。评价时应根据当地水文地质条件和研究程度选择定性分析或定量评价。

2. 现状评价

地下水资源开发环境效应的现状评价是对地下水现状开发利用条件下所引起的环境问题的规模、程度、控制与影响因素、发展趋势等进行的分析与评价。现状评价应符合下列要求。

（1）充分调查与分析地下水的开发利用现状，尤其是地下水开采量的平面分布和不同开采层段的分配情况。

（2）充分调查由于地下水开发利用已经引起的环境问题。

（3）研究区内地下水开发引起的环境问题的成因、形成机制、控制和影响因素。

（4）条件具备时，宜根据水文地质条件及掌握的资料，对地下水开发引起的主要环境问题建立地下水开发利用量与环境问题的数学模型。

3. 预测评价

地下水资源开发环境效应预测评价是针对地下水开发利用规划方案下可能引起的环境问题及其程度所作的预测、估计或分析。预测评价应符合下列要求。

（1）在地下水水动力场、水化学场预测的基础上进行。

（2）对可能引起的环境问题建立预测模型，条件具备时可建立环境问题与地下水的耦合模型。

（3）在充分考虑环境效应的前提下，分析、选择地下水开发利用方案。

4. 地下水资源开发环境负效应评价

（1）地下水开发引起的地质环境问题主要包括地面沉降、地裂缝、岩溶塌陷、地面塌陷等。

（2）地下水开发引起的水环境问题主要包括水资源衰减、水质恶化、海水入侵等。

（3）地下水开发引起的生态环境问题主要包括植被退化、土壤干化、湿地萎缩、荒漠化等。

（4）地下水资源开发环境负效应评价应在现状评价的基础上，针对地下水开发利用规划方案下可能引起的环境问题及其程度进行预测、估计或分析。

5. 地下水资源开发环境正效应评价

地下水资源开发环境正效应评价主要包括减轻土壤盐渍化危害、扩大地下水调蓄能力、改善水质等。

（五）地下水资源合理开发利用战略

地下水参与自然界的水文循环，与地表水、大气降水之间相互联系，相互转化，组成统一的整体。地下水隐伏埋藏于地下岩层中，具有相对独立的储存空间和渗流系统，它的形成、分布和运移主要受地质条件控制。因此，地下水的开发利用必须遵循地下水资源本身所具有的客观规律，需要在查明含水层系统的地质结构、介质分布，地下水的补给、径流和排泄条件的基础上，科学合理地确定地下水的开采地段、开采层位、开采布局和开采量。

地下水具有分布广、储存量大、调蓄能力强、水质水量相对稳定、保证程度高，供水投资少、见效快的特点。从供水的角度看，地下水是缺水山区、水质型缺水地区、城镇地区饮用水的重要水源，更是荒漠地区生态用水最可依靠的就地水资源。充分发挥地下水的优势，把有限的地下水纳入合理开发、经济利用和科学管理的轨道，是今后的战略重点。

正确认识地下水资源的客观规律和作用，对于正确制定我国水资源战略和治水方针，调整水利工程部署，具有十分重要的意义。坚持“人与自然和谐共存”的发展方针和“以水资源的可持续利用支持社会经济可持续发展”的战略思想，充分发挥地下水的优势，把有限的地下水纳入合理开发、经济利用和科学管理的轨道，实现地下水资源的可持续利用，是重要的战略任务。为此，应调整地下水开发利用思路，实施以地下水资源的可持续利用支持我国经济社会可持续发展的战略。

一是按地下水资源赋存和分布规律，实施区域地下水资源开发与保护战略。

二是加强地下水人工调蓄工程建设，从以地表调蓄为主向地表、地下联合调蓄转变。

三是加强地下水水源地储备，从无序应急供水向有序应急供水转变。

四是为改善缺水地区群众生产生活用水条件，实施扶贫找水工程。

五是建立地下水资源保护带，有效防止地下水污染。

二、地下水资源的保护

地下水资源的保护就是保护地下水量不致很快被消耗，以致枯竭；保护地下水质不被污染和恶化；保证开采地下水后不致产生不良的环境地质问题。其目的是为了保证长期、安全地开发利用地下水资源。各国在采、排地下水的早期，多注重取得最大的供水与排水量，因而许多地方很快就产生了水位大幅度下降和水质恶化以及其他环境地质问题。进入 20 世纪 70 年代，国内进一步认识到不合理开发地下水资源的危害，从管理地下水资源和保护地质环境的角度出发，保护地下水资源。

（一）区域地下水位持续下降的原因、危害及防治措施

1. 区域地下水位持续下降的实质和原因

许多开采地下水的地区，均出现了地下水位大面积、大幅度持续下降。究其实质，就是在整个含水层或含水层的某些地段上，由于地下水的开采量长期地超过了补给量，逐渐消耗了永久储存量，并在一定补给周期内得不到恢复的结果（图 7 - 16）。

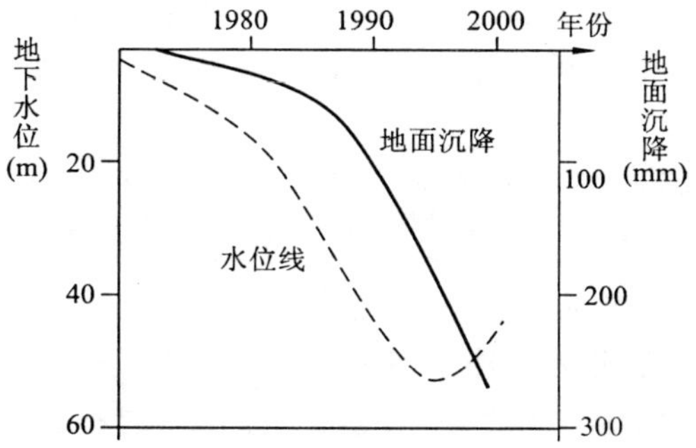

图 7－16 某地地下水位下降与地面沉降关系图

引起区域地下水位持续下降的原因，可归结为四个方面。

(1) 对区域水文地质条件，特别是对地下水资源的形成条件认识不全面，所计算的允许开采量偏大，因而导致开采量长期大于补给量，引起区域地下水位持续下降（表 7－18）。这种水位持续下降现象，一般以区域水位下降漏斗中心处的历年最低水位的变化反映得最明显。

表 7－18 海河流域地下水可采量、现状实际可采量与超采量 （单位：$\times 10^8 m^3$）

分区		浅层地下水				深层承压水			
		浅层可采量	现状开采量	年超采或盈余	1958～1998年总超采量	深层可采量	现状开采量	年超采或盈余	1958～1998年总超采量
滦河冀东沿海平原		13.08	11.41	1.67	10.86	0.63	1.76	－1.03	21.68
海河北系平原		32.43	28.98	3.45	79.79	1.11	3.59	－2.48	60.59
海河南系平原	淀西清北平原	6.61	7.67	－1.06	12.01	0	0.50	－0.50	1.53
	淀东清北平原	4.19	2.96	1.23	14.28	0.59	1.92	－1.33	11.21
	淀西清南平原	16.99	25.24	－8.25	57.64	0	1.27	－1.27	13.41
	淀东清南平原	8.72	4.75	3.97	16.93	3.32	5.42	－2.10	68.66
	滹滏平原	13.70	19.29	－5.59	69.24	2.18	4.42	－2.24	32.18
	滏西平原	10.04	16.35	－6.31	73.68	0.30	1.63	－1.33	23.86
	漳卫平原	12.99	15.41	－2.42	63.82	0.24	3.45	－3.21	38.12
	黑龙港平原	16.26	8.56	7.70	65.89	2.82	7.36	－4.54	96.41
	运东平原	5.19	2.02	3.17	7.12	0.82	1.60	－0.78	56.93
	总计	94.69	102.25	16.06 －23.63	380.59	10.27	27.77	－17.5	342.32
徒骇马颊平原		30.57	22.57	8.00		1.06	0.68	0.38	
海滦河流域平原总计		170.77	165.04	29.19 －23.63	471.24	13.07	33.80	0.38 －21.01	424.60

(2) 不合理开采所造成的地下水位持续大幅度下降。所谓不合理开采，主要是由开采地段、开采层次和时间上的“三集中”，以及开采管理上的无政府状态所造成的。因此，有时

虽整个含水层的补给量与开采量基本是平衡的，但由于某些局部地段或某个含水层位（或在某个深度上）开采井过于集中，开采强度过大，也将造成局部地段或某个含水层的水位持续大幅度下降。

(3) 由于人为或自然因素变化导致地下水补给量减少，引起区域地下水位下降。由于人为或天然原因，使地下水主要补给来源的地表水流量减少、断流，使河床淤积、渗透性变差，导致区域气候变化、降水量减少，矿床或其他地下工程的深部疏干；或由于水源地上游新建井群的截流、外围地区水井增加开采深度；又或城市建筑物和阻水路面覆盖面积的不断增加等，导致地表水对地下水的补给量减少，由此引起的地下水位下降更为明显。

(4) 由于经济建设的发展，城市面积扩大、人口增长、生活水平提高，对水的需求量明显增大，超采造成地下水位下降（图 7－17）。人们明明知道已超过地下水允许开采量和已形成了区域地下水位持续下降，还要扩大开采量，这就更加促进了区域地下水位下降，导致一系列环境地质问题的发生。据统计，20 世纪 90 年代以来，地下水超采量呈持续上升趋势；全国共有 27 个省级行政区发生地下水超采，年超采地下水 117 亿 m^3；至 2000 年，全国地下水累计超采已达 1 531 亿 m^3。

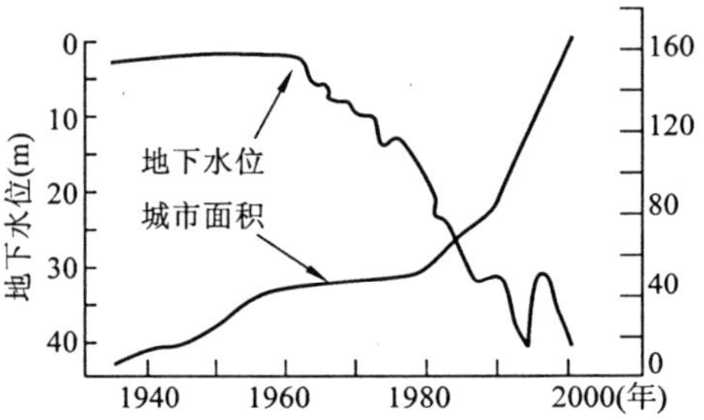

图 7－17　城市面积扩大，超采造成地下水位下降

2. 区域地下水位持续下降的危害

区域地下水位的大幅度持续下降不仅给水源地带来巨大的经济损失，也会产生种种环境地质问题。其主要危害如下。

(1) 由于区域地下水位下降，使取水工程的出水量不断减少，有时必须更换抽水设备才能取水，使抽水成本不断增加；严重时，甚至使水井报废。许多大型水源地和井灌区，都存在此问题。

(2) 由于区域地下水位下降，可引起地面下沉、地裂、地面塌陷、降落漏斗等严重环境地质问题。由于大量抽取地下水，地下水位大幅度下降，促使上部易压缩黏性土层中的孔隙水排出，引起土层的固结压缩，导致地面下沉。地面下沉是目前许多抽取地下水的平原区，特别是滨海城市所共同面临的严重问题。全国有 40 多座城市由于不合理开采地下水而发生了地面沉降，其中沉降中心累计最大沉降量超过 2m 的有上海、天津、太原，个别点最大沉降量已达 3.1m。在河北平原、西安、大同、苏州、无锡、常州等地区，过量开采地下水还导致了地裂缝，对城市基础设施构成严重威胁。我国北方部分地区因不合理开采地下水，出现地下水位持续下降，形成区域地下水位降落漏斗。据初步统计，全国已形成区域地下水降落漏斗 100 多个，面积达 15 万 km^2；华北平原深层地下水已形成了跨冀、京、津、鲁的区域地下水降落漏斗，有近 7 万 km^2 面积的地下水位低于海平面；区域地下水位下降还使平原或盆地湿地萎缩或消失、地表植被破坏，导致生态环境退化。

（3）在沿海地区，由于区域地下水位的大幅度下降，破坏了咸、淡水的天然平衡条件，引起海水入侵，使开采含水层水质恶化。据初步统计，我国发生海水入侵面积已超过 1 500km^2，主要分布在渤海和黄海沿岸。

（4）由于区域地下水位下降，使一些著名的岩溶大泉干枯，破坏了以泉源景观为特色的旅游资源。如山东济南趵突泉等四大名泉、河南辉县百泉及山西太原晋祠泉等，自 20 世纪 70 年代以来，由于区域地下水位大幅度下降，致使泉流量和涌势大减，甚至出现长时间的干枯断流，使泉源旅游观赏价值大减，并使泉口引水工程废弃。

（5）地下水位下降可造成地下空气缺氧的灾害。被疏干的含水层（段），通过水井或地下工程等通道贯入空气，当被疏干的含水层空间为强烈的还原环境时，贯入空气与岩层孔隙壁物质及残存水作用，使低价铁变成高价铁，从而消耗掉空气中的大量氧气，加上有机物质、土壤胶质以及不稳定的盐类也都需要消耗氧气，因此，可使贯入该空间的空气严重缺氧。在修建地下工程时，上述缺氧空气可能会由某些通道突然贯入工地，对施工人员生命造成严重威胁。

3. 防治区域地下水位持续大幅度下降的措施

最好的措施是防，把问题解决在出现之前，以免造成严重后果。在水源地的开发设计中，应根据地下水允许开采量及水资源的形成、分布特点，在开采量和开采井的布局上作出合理的安排，以避免开采后出现水位持续大幅度下降等环境地质问题。为此要求：以地下水流域（系统）或地下水盆地为单位，进行区域地表水、地下水资源统一评价；制定统一的水资源调度和开发方案；统筹兼顾处理区内供、排水问题，并对可能出现的环境地质问题作出预测和提出防治措施，达到既充分利用水资源，又能尽量减少其危害的目的。然而，实际上却难以做到把问题都解决在出现危机之前。这一方面是由于地下水资源量难于做到准确计算；另一方面是由于人们对保护地下水资源的重要性认识不足，为了满足生产、生活的需要，不惜超量开采，常常是等问题严重的时候才进行治理，这是错误的。一般可采取以下防治措施。

（1）关闭某些水源地或减少开采井数，把开采量压缩到水源地地下水补给量所允许的范围内。这是一种在没有条件进行地下水人工补给的地区采取的消极办法。

（2）调整开采布局。这是用于改进因不合理开采引起某些含水层水位大幅度下降时所采取的办法。如可采取减小水井密度、扩大开采区或开采层位的办法；对厚大含水层或多层含水层，可实施分段或分层取水方案等。上海市为减少第Ⅱ、Ⅲ承压含水层的开采强度，规定把新建机井主要打在第Ⅳ、Ⅴ两个含水层中。

（3）加强地下水管理，建立合理的开采制度。为了防止过量开采和集中开采，可作出某些限制水井水位降深、开采量、开采时间及井间距离等的规定。

（4）对含水层进行地下水的人工补给，增加地下水总的可开采量。这是目前世界各国防止区域地下水位大幅度下降、扩大地下水资源的最积极措施。

（5）建立和健全地下水动态监测网，加强水情监测和预报，尽可能早地发现问题，及时采取防患补救措施。

（二）地下水水质恶化的特征、危害、原因及防治措施

1. 地下水水质恶化的主要特征及危害

地下水水质恶化一般是指地下水在开发过程中，因环境污染和水动力、水化学形成条件的改变以及不良勘探所造成的水中某些化学、微生物成分含量不断增加，以致超出规定使用标准的水质恶化现象。地下水的水质恶化是许多国家所共同面临的一个严重问题，也是全球性环境污染的重要组成部分。其主要特征如下。

（1）许多天然地下水中不存在的有机化合物（如各种合成染料、去污剂、洗涤剂、溶剂、油类及有机农药等）出现在地下水中。

（2）天然地下水中含量极微的毒性金属元素（汞、铬、铜、砷、铅及某些放射性元素）大量进入地下水中。

（3）各种细菌、病毒在地下水体中大量繁殖，远远超出饮用水水质标准。

（4）地下水的硬度、矿化度、酸度和某些单项的常规离子含量不断上升，以致超过规定使用标准。

地下水水质环境的恶化，严重损害了地下水资源的使用价值，给人类社会带来了种种不良后果，有损于人体健康，以致造成残疾和死亡；损害了工业产品的质量；使农作物减产和土地盐化；减少了地下水可采资源的数量，致使整个水源地废弃；为处理水质，增加了水的单位成本。

我国地下水水质的污染问题已不容忽视。我国主要城市，有一半是以地下水作为供水水源，全国有三分之一的人口饮用地下水。2011 年，全国 200 个城市开展了地下水水质监测。2012 年 5 月，国土资源部发布《2011 年中国国土资源公报》，公布了地下水监测结果——全国地下水水质监测的 4 727 个监测点，55.1%呈较差、极差级，较差、极差级水的比例已经超过了优良、良好、较好级水（图 7－18）。

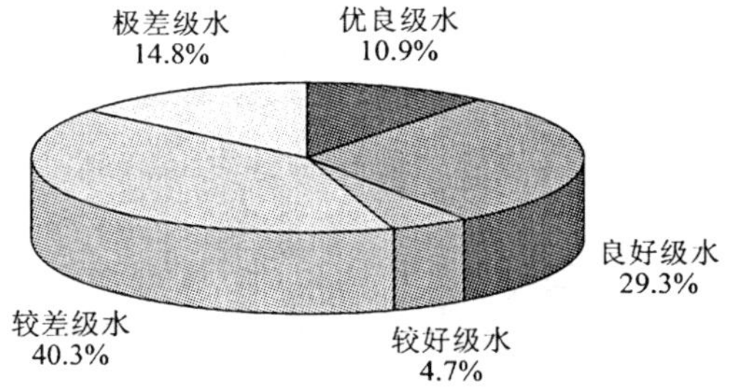

图 7－18　全国地下水水质状况（据国土资源部）

2. 地下水水质恶化的原因

引起地下水源地水质恶化的原因很多，可归纳为以下三个方面。

（1）存在引起地下水水质恶化的污染源。污染源既可存在于地下，也可以存在于地上。从污染源的成因类型来看，可分为两大类。第一类为天然污染源，即自然界本来就存在着的各种劣质水体，如海水、地下高矿化水或其他劣质水体；此外，含水层或包气带中的某些含水介质含有某些矿物（特别是各种易溶盐类），也可成为地下水的污染源。第二类为人为污染源，是指因人类活动所形成的污染源，如各种废水、污水、垃圾及化肥、农药等。人为污染源又可分为直接和间接源两类：各种污水、废水、化肥农药，其

污染物质直接通过包气带进入含水层中，为直接污染源；污染物首先进入大气或地表水体，而后进入含水层中的称间接污染源，如在工业城市附近形成的含硫酸和硝酸的酸雨。酸雨的入渗，一方面直接使地下水酸化，酸化的水可增强溶解能力，使地下水中的金属元素含量大大增加，污染地下水；另一方面，酸雨的污染是大面积的，往往比局部点状污染源造成的危害更大，在某些情况下，井管或输水金属管道的腐蚀、混凝土水管的侵蚀，也可构成水质的污染源。

(2) 存在污染源进入开采含水层的途径（污染通道）。污染物通常以下三种方式进入含水层。

第一种方式，是在含水层的开采降落漏斗范围内，污染物通过含水层上部的透水岩层直接渗入含水层，由于进入途径很短，故常常使地下水迅速遭到重度污染。在相同污染源的情况下，地下水体遭受污染的程度主要取决于地表到含水层之间岩层的渗透性、岩土颗粒对污染物的吸附和净化能力及含水层的埋藏深度。因此，一般承压水较潜水防污染条件好。潜水含水层的包气带内如有黏性土层存在，也会有较好的防护能力。

第二种方式，是污染物从含水层的其他地段进入开采地段。例如，各种天然劣质水体（如海水、大陆高矿化水）、已污染的地表水体或污水体，通过与含水层的直接接触带（特别是补给区）渗（流）入含水层，然后再运移到开采地段。当污染源位于水源地上游时，对水源地水质污染的威胁更大。

第三种方式，是污染物借助某些天然或人为的集中通道进入含水层。天然集中通道主要是指与污染源相沟通的各种导水断层通道、裂隙通道和岩溶通道（包括"天窗"），这种通道一般呈点状或线状分布，但是它可使埋深很大的承压水体遭到污染。人为集中通道主要是指在各种地下工程、水井施工时，因破坏了含水层隔水顶板（或底板）的防污作用，使工程产生的劣质水进入含水层的直接通道。因水井设计和施工上的缺陷（未止水或止水不合要求）、废井未加处理或回填不实、某些失修的水井因井管腐蚀或地震灾害使井管破裂等，均可造成上部污水入侵开采含水层。

(3) 有引起地下水水质恶化的水动力和水化学起因。如果说污染源和污染通道的存在是地下水水质可能恶化的必备条件，那么，在开采条件下所出现的水动力、水化学作用则是导致地下水水质恶化的直接起因。

凡污水入侵开采含水层，均存在一定的水动力条件。其一，开采含水层（或地段）与污水体之间存在某种直接或间接的水力联系；其二，由于开采抽水，在开采含水层（或地段）中形成相对于污染水体的负压区，从而促使污水直接或间接（通过弱透水层）地流入并污染了开采含水层（或地段）。近海水源地因水动力条件改变而引起的海水向大陆含水层入侵，便是这方面的典型例子。在天然条件下，大陆含水层中的淡水是排入海洋的，咸、淡水体之间的平衡界面是依靠含水层中淡水的水头压力高于海面来维持的。在开采条件下，如果水源地的开采量超过补给量，则必然引起含水层中淡水体水位持续下降；当水位降落漏斗扩展到海岸线时，就会导致海水入侵，地下水咸化。在某些情况下，虽开采量未超过淡水的补给量，但当淡水体的水头压力已减少到难以维持咸、淡水体之间的原来平衡条件时，咸、淡水界面也会向大陆推移。如果该界面推进到抽水井的降落漏斗范围内，同样也会导致咸水入侵开采地段，使水质恶化。

大量开采地下水，也会使含水层的水文地球化学条件发生变化。我国许多地下水源地在开采过程中所出现的矿化度、硬度及铁、锰离子含量增高和pH值降低的现象，主要是由于含水层疏干及氧化作用加强所造成的（表7－19）。

表7－19　地下水监测点1980年、2000年水质监测结果对比表

乡镇	取样点	年份	pH值	总硬度（德国度）	氯化物（mg/L）	硫酸盐（mg/L）	氨氮（mg/L）	硝酸盐氮（mg/L）	亚硝酸盐氮（mg/L）
南口	七间房	1980	7.8	30	48.6	43.9		16.7	0.002
		2000	7.4	254	15.9	16.4	0.07	10.3	0.003
兴寿	泰城	1980	7.6	14	30	14.3		3.78	0.09
		2000	7.4	271	10	32	0.13	6.17	0.002
北七家	半截塔	1980	8.1	14	14.1	15	0.12		0.005
		2000	7.7	254	27.6	55	0.07	0.41	0.006

由于开采地下水使水文地球化学环境改变而引起地下水水质恶化的环境水文地质问题可能还有许多，有待今后进一步去研究。但这种改变并非全都是不利的。在一定条件下，由于强烈抽水促使地下水交替循环作用加剧，溶滤作用加强，从而加速了含水层中可溶盐的溶解和排除过程。又如，由于含水层中水位下降，使地下水由原来的封闭还原环境变为开放的氧化环境，导致水中某些化合物沉淀，从而也可降低水中某些有害离子含量，或使水质淡化。因此，在进行水文地质勘查时，应当对当地的地层岩性结构条件、包气带和含水层中可溶盐的类型和含量、补给水源的类型和化学性质、水源地预计开采强度和降深等条件进行深入、综合的分析，这样才能对开采后地下水水质可能出现的变化作出正确的预测。

3. 防治地下水水质恶化的措施

地下水是水圈乃至整个地球环境不可分割的重要组成部分，地下水水质恶化，常具有缓慢、隐蔽、不易及时察觉，一旦恶化又难以治理复原的特点。因此，防治地下水水质恶化的措施，必须与防治环境恶化相结合，进行综合治理，既要有技术措施，又要有管理措施。治理水质恶化，须采取防、治结合，以防为主的方针，确保供水的质量。

（1）预防性的技术措施包括如下几点。

a. 合理的规划和布局水源地。最重要的是，要对城市的发展与水源地的建设作出全面、合理的规划和布局。在制订城市发展规划，特别是制订工业布局时，必须考虑尽量减少城市环境污染和使地下水水质不受污染。应将那些容易造成地下水水质污染的工厂布置在水源地下游较远的地方，或者采用管道排污。同样，新建水源地时，也必须考虑地下水污染的环境条件，而把水源地选择在城市上游或地下水的补给区，或从地层岩性结构方面考虑，防止污染地下水。总之，为保护地下水资源，在城市建设的总体规划中必须考虑环境保护的要求；必须有防治污染、维持生态的观念；要把环保工作与经济发展同步规划、同步实施，做到经济、社会和环境的协调发展。

b. 防止劣质水层或水体入侵。另外，当取水层位上、下或附近有劣质水层或水体分布时（特别是滨海水源地），应严格地控制水源地的开采量和开采降深，以防止劣质水入侵含水层。在水井设计中，最好采用分层取水；当深部有咸水时，应控制井深，使井底与淡、咸水界面保持一定距离；要保证水井施工中的止水、回填质量；对年久失修的水井，要及时更换井管；对报废水井，要回填封死。还应注意，在建筑地下开挖工作中，不要破坏开采含水层上、下或周边的隔水保护层。

c. 设立水源地保护区。设立水源地的保护区虽不可能完全杜绝污染，但是它可在一定时间、一定水文地质条件下控制污染。对于埋藏较浅的潜水及地表覆盖层较薄的水源地，建卫生防护带有明显的效果。因此，2007 年 2 月国家环境保护总局发布的《饮用水水源保护区划分技术规范》(HJ/T 338—2007) 规定“对地下水水源地须设置一级保护区、二级保护区和准保护区”。饮用水水源保护区划分的技术指标应考虑当地的地理位置、水文、气象、地质特征、水动力特性、水域污染类型、污染特征、污染源分布、排水区分布、水源地规模、水量需求等因素。地下水饮用水源保护区范围应根据当地的水文地质条件、供水量、开采方式和污染源分布确定，并保证开采规划水量时能达到所要求的水质标准（GB/T 14848—1993 中的Ⅲ类）。划定的水源保护区范围，应防止水源地附近人类活动对水源的直接污染；应足以使所选定的主要污染物在向取水点（或开采井、井群）输移（或运移）过程中，衰减到所期望的浓度水平；在正常情况下保证取水水质达到规定要求；一旦出现污染水源的突发事件，有采取紧急补救措施的时间和缓冲地带。在确保饮用水水源水质不受污染的前提下，划定的水源保护区范围应尽可能小。

在《饮用水水源保护区划分技术规范》(HJ/T 338—2007) 中提出了保护区半径计算经验公式：

$$R=\alpha \cdot K \cdot I \cdot T/n \tag{7-54}$$

式中：R——保护区半径，m；

α——安全系数，一般取 150%（为了安全起见，在理论计算的基础上增加上一定的量，以防未来用水量的增加以及干旱期影响造成半径的扩大）；

K——含水层渗透系数，m/d；

I——水力坡度（为漏斗范围内的水力平均坡度）；

T——污染物水平迁移时间，d；

n——有效孔隙度。

一级、二级保护区半径可以按公式 (7-54) 计算，但实际应用值不得小于表 7-20 中对应范围的下限值。

表 7-20　孔隙水潜水型水源地保护区范围经验值

介质类型	一级保护区半径 R (m)	二级保护区半径 R (m)
细砂	30～50	300～500
中砂	50～100	500～1 000
粗砂	100～200	1 000～2 000
砾石	200～500	2 000～5 000
卵石	500～1 000	5 000～10 000

对于集中式供水水源地，井群内井间距大于一或二级保护区半径的两倍时，可以分别对每口井进行一或二级保护区划分；井群内井间距小于、等于一或二级保护区半径的两倍时，则以外围井的外接多边形为边界，向外径向距离为一或二级保护区半径的多边形区域（图 7－19）。

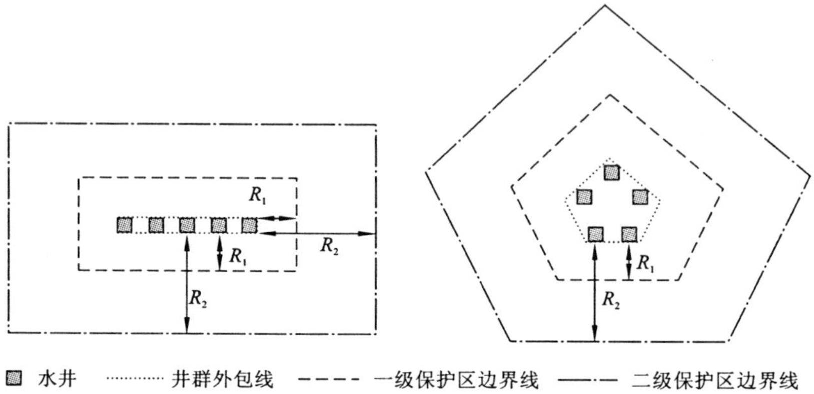

(a)线性布井　　(b)非线性布井

图 7－19　群井的水源保护区范围的概念模型图

R_1. 一级保护区半径；R_2. 二级保护区半径

饮用水水源保护区划分的方法见表 7－21。

表 7－21　饮用水水源保护区划分方法（据 HJ/T 337—2007）

<table>
<tr><th colspan="3">保护区级别 / 保护区划分方法</th><th>一级保护区</th><th>二级保护区</th><th>准保护区</th></tr>
<tr><td rowspan="4">孔隙水饮用水水源保护区划分</td><td rowspan="2">孔隙水潜水型</td><td>中小型水源地</td><td>方法一，以开采井为中心，表 7－20 所列经验值是指以 R 为半径的圆形区域；方法二，以开采井为中心，按式（7－54）计算的结果为半径的圆形区域，该式中，一级保护区 T 取 100d</td><td>方法一，以开采井为中心，表 7－20 所列经验值是指以 R 为半径的圆形区域；方法二，以开采井为中心，按式（7－54）计算的结果为半径的圆形区域，该式中，二级保护区 T 取 1 000d</td><td>为补给区和径流区</td></tr>
<tr><td>大型水源地</td><td>以地下水取水井为中心，溶质质点迁移 100d 的距离所圈定的范围作为水源地一级保护区范围</td><td>一级保护区以外，溶质质点迁移 1 000d 的距离所圈定的范围为二级保护区</td><td>必要时将水源地补给区划为准保护区</td></tr>
<tr><td rowspan="2">孔隙水承压水型</td><td>中小型水源地</td><td>划定上部潜水的一级保护区作为承压水型水源地的一级保护区，划定方法同“孔隙水潜水中小型水源地”</td><td>不设二级保护区</td><td>必要时将水源补给区划为准保护区</td></tr>
<tr><td>大型水源地</td><td>划定上部潜水的一级保护区作为承压水的一级保护区，划定方法同“孔隙水潜水大型水源地”</td><td>不设二级保护区</td><td>必要时将水源补给区划为准保护区</td></tr>
</table>

续表 7－21

保护区划分方法 \ 保护区级别				一级保护区	二级保护区	准保护区
裂隙水饮用水水源保护区划分	风化裂隙水	风化裂隙潜水型	中小型水源地	以开采井为中心，按式（7－54）计算的距离为半径的圆形区域，一级保护区 T 取 100d	以开采井为中心，按式（7－54）计算的距离为半径的圆形区域；二级保护区 T 取 1 000d	必要时将水源补给区和径流区划为准保护区
			大型水源地	以地下水开采井为中心，溶质质点迁移 100d 的距离所圈定的范围作为水源地一级保护区范围	一级保护区以外，溶质质点迁移 1 000d 的距离所圈定的范围为二级保护区	必要时将水源补给区和径流区划为准保护区
		风化裂隙承压水型		划定上部潜水的一级保护区作为风化裂隙承压型水源地的一级保护区，划定方法根据上部潜水的含水层介质类型，参考对应介质类型的中小型水源地一级保护区的划分方法	不设二级保护区	必要时将水源补给区划为准保护区
	成岩裂隙水	成岩裂隙潜水型		同“风化裂隙潜水型”		
		成岩裂隙承压水型		同“风化裂隙承压水型”	不设二级保护区	必要时将水源的补给区划为准保护区
	构造裂隙水	构造裂隙潜水型	中小型水源地	应充分考虑裂隙介质的各向异性。以水源地为中心，按式（7－54）计算，n 分别取主径流方向和垂直于主径流方向上的有效裂隙率，计算保护区的长度和宽度，T 取 100d	计算方法同“一级保护区”，T 取 1 000d	必要时将水源补给区和径流区划为准保护区
			大型水源地	以地下水取水井为中心，溶质质点迁移 100d 的距离为半径所圈定的范围作为一级保护区范围	一级保护区以外，溶质质点迁移 1 000d 的距离为半径所圈定的范围为二级保护区	必要时将水源补给区和径流区划为准保护区
		构造裂隙承压水型		同“风化裂隙承压水型”	不设二级保护区	必要时将水源补给区划为准保护区
岩溶水饮用水水源保护区划分	岩溶裂隙网络型			同“风化裂隙水”	同“风化裂隙水”	必要时将水源补给区和径流区划为准保护区
	峰林平原强径流带型			同“构造裂隙水”	同“构造裂隙水”	
	溶丘山地网络型、峰丛洼地管道型、断陷盆地构造型			以岩溶管道为轴线，水源地上游不小于 1 000m，下游不小于 100m，两侧宽度按式（7－54）计算（若有支流，则支流也要参加计算）；同时，在此类型岩溶水的一级保护区范围内的落水洞处也宜划分为一级保护区，划分方法是以落水洞为圆心，按式（7－54）计算的距离为半径（T 取 100d）的圆形区域，通过落水洞的地表河流按河流型水源地一级保护区划分方法划定	不设二级保护区	必要时将水源补给区划为准保护区

(2) 治理措施。对已污染水源地的治理措施，应针对引起地下水质污染的主要原因、污染途径和当前国家的经济条件来制定。其主要措施有以下几方面。

A. 治理污染源。污染源包括点源和面源两种类型。

a. 点源。点源（点污染源）是指工业“三废”和城市生活污水及垃圾等所构成的污染源，它们是目前集中水源地水质污染的主要来源，其中工业废水的危害最大。因此，控制和治理地下水污染的重点应该是抓好工业废水的综合治理。除采取控制污水排放量和排放标准等法制措施外，主要应大力革新生产工艺，搞好工业用水的闭路循环。这样才能最大限度地减少工业废水排放量，把工业废水消除在生产过程之中；同时也节约了水源，提高了企业的经济效益。

b. 面源。面源（面状污染源）主要指农业污灌、施肥、农药、酸雨以及城市暴雨径流等所产生的污染。据统计，非点源对环境造成的污染负荷占总污染负荷的50%以上，是对地下水污染不容忽视的因素。对面状污染源的治理，可采取对灌溉用污水进行预处理，严格掌握污灌的水质标准，控制灌水定额及根据环境水文地质条件合理规划污灌区的位置，慎重开展污灌及使用易被植物吸收或被土壤分解的化肥和对人体毒性小的农药，并严格掌握化肥与农药的使用量等措施。

B. 兴建配套的环境工程，大力开展污水的处理和利用，是治理地下水水质恶化的治本措施。处理后的污水，可据其质量用于不同目的的供水，以提高废水的重复利用率，增加水资源的总量。

C. 采取防止劣质水（或污水）入侵开采含水层的水力措施。当海水或其他劣质水从侧向侵入开采含水层时，可采用所谓“水力”措施来阻止劣质水体的入侵。现以国外防止海水入侵为例，来介绍以下水力措施。

a. “补给水丘”或“淡水屏障”法。即在海岸与内陆开采地段之间布置淡水注水井，通过注水，使之形成高于天然地下水位的“补给水丘”（图 7－20），以控制咸水面向内陆移动。据报道，美国加利福尼亚州的某沿海地带及以色列沿海都采用了这种方法，成功地阻止了海水入侵。

b. “抽水槽”法。在海岸和内陆开采地段之间布置一条抽水线，通过抽水使之形成阻止咸水向内陆运移的“抽水槽谷”（图 7－21）。抽出的咸、淡混合水，如不能使用，则排入海中。此法较之前一种方法的优越之处，是不需补给水源。这种防止海水入侵的方法，在荷兰沿海的淡水砂丘带得到了广泛的使用。

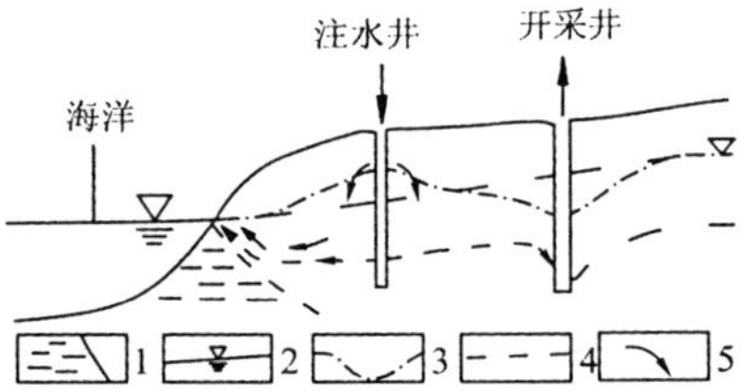

图 7－20　补给水丘（或淡水屏障）示意图

1. 咸水体；2. 开采前的天然地下水位；3. 采取注水后的地下水位；4. 天然状态下的地下水流向；5. 采取注水、抽水后的地下水流向

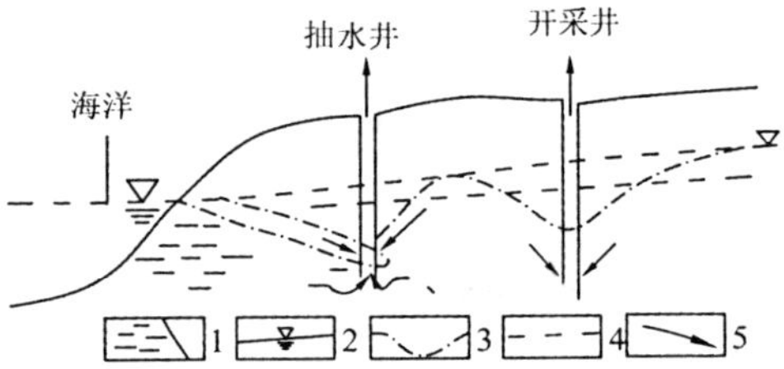

图 7－21　抽水槽示意图

（图例同图 7－20）

c. “注水和抽水相结合”的方法。一般是将抽水槽布置在靠近海岸的地方，将注水井布

置在靠近开采水源地的一侧。

d. 修建“地下挡水墙”。这种方法主要用于咸水沿着狭窄透水通道入侵的地段。例如日本长崎县曾在某沟道的入海口附近含黏土的砂砾石层中建造了阻止海水入侵的灌浆帷幕。在其上游形成了人工地下水库，使地下淡水的开采量由原来不到 200t/d，增加到 288t/d。

三、地下水资源的管理

水资源是不可替代的自然资源，是人类生存与社会发展的重要物质基础。在整个水资源系统中，地下水是极其重要的组成部分。我国水资源总量居世界第六位，但我国人口众多，人均水资源占有量只有 2 500m^3，约为世界人均水量的 1/4，在世界排第 110 位，已经被联合国列为 13 个贫水国家之一。我国水资源短缺、水旱灾害频繁，水资源与人口、耕地分布极不协调，特别是北方水少地多，水资源短缺，许多地区对地下水开发利用产生极大的依赖性。1990～2000 年间，我国北方浅层地下水开采率达到了 43%，其中海河平原区为 113%、海河南系高达 134%、海河北系为 104%，辽河和黄河平原区浅层地下水开采率分别达到 74%和 49%，山东半岛达到 83%。近年来，随着人口增长或经济发展，地下水开采不合理、污染严重，由此引发的生态环境问题日趋加剧，受到了全社会的广泛关注。

国家高度重视地下水资源保护，近年来各级水行政主管部门积极理顺水资源管理体制，依法加强水资源统一管理，加强水资源评价规划等基础工作和地下水的水资源论证和取水许可管理，推进地下水超采区治理，取得了初步的成效。但从总体上看，我国地下水资源管理依然较为薄弱，难以适应新形势下加强地下水保护的要求。因此，进一步加强地下水资源的管理是变化着的生态环境要求，也是我国经济社会发展的必然趋势。

（一）地下水资源管理的目的、任务

地下水资源管理是在充分了解地下水资源状况和开发利用状况以及动态变化的前提下，运用行政、法律、经济、技术、教育等手段，对地下水资源开发、利用和保护实施组织、协调、监督，实现地下水资源可持续利用和生态环境的有效保护。这里地下水资源状况是指资源的赋存、资源的数量和质量；开发利用状况不仅仅是指开发利用量，还包括开发利用程度、机井密度与状况、开发利用中出现的问题等；动态变化包括水质、水位和水量的变化。

地下水资源管理的基本目的就是采取科学的措施，保证在地下水资源开发中做到最优规划、最优评价、最优设计和最优开采运行，把开采或排泄地下水可能或已经造成的危害降低到最小，让使用水者在经济、技术、社会和环境上获得最大的效益。地下水资源管理的任务就是采取有效的组织措施，通过水文地质人员、管理及开发和用水者的共同努力，用现代科学技术手段，将地下水从规划调配、评价、开采利用到保护水资源、保护环境以及开源节流等一系列环节，全部纳入科学管理之中；建立管理模型，实施最优化的论证与选择，以满足各方面对水的需求，或权衡利弊，保证重点用水对象的要求。

（二）地下水资源管理的内容

地下水资源管理是水资源管理的重要组成部分，主要指地下水资源权属管理和与权属管理有关的水资源开发、利用、节约保护的行政管理。包括运用法律、行政、经济、技术等手段对水资源的分配、开发、利用、调度和保护进行管理，促进水资源的可持续利用，以满足社会经济发展和生态环境保护的需要。

地下水资源管理涉及内容很广，既包括《中华人民共和国水法》(2002) 等有关法律法规确立的管理工作，同时也涉及与地下水管理有关的技术工作内容。就水行政管理方面来讲，地下水资源管理主要包括以下内容：地下水资源评价、地下水资源规划、地下水资源管理、地下水资源开发利用监督管理、地下水资源保护、地下水动态监测与信息发布等。

1. 地下水资源调查评价

地下水资源调查评价是水资源管理的重要基础性工作，是制定地下水资源开发利用政策、编制工作的基础。地下水资源调查又称水文地质调查，其目的是查明天然及人为条件下地下水的形成、赋存和运移规律、地下水水量水质的变化规律，为地下水资源评价、开发利用、管理保护以及治理相关生态环境问题提供资料，地下水资源调查主要采用地质调查方法和水资源调查方法进行；地下水资源评价包括地下水资源数量评价、质量评价和开发利用评价，它要求在客观、科学、系统和实用的基础上，遵循地表水与地下水统一评价、水量水质统一评价、地下水资源利用和保护统一评价等原则。

2. 地下水资源规划

地下水资源规划是指在开发利用地下水资源活动中，对地下水资源开发利用目标及其功能在相互协调的前期下做出的总体部署和安排。水行政主管部门组织编制地下水规划及贯彻落实地下水资源规划，是地下水资源管理的重要内容。地下水资源规划的目的是科学评价和合理配置地下水资源，支撑经济社会可持续发展，改善生态环境，科学合理地利用地下水资源，实现水资源合理开发、经济社会发展与生态系统保护相协调。

3. 地下水资源权属管理

我国《宪法》第九条和《水法》第三条规定，水资源属于国家所有，即国家拥有水资源的所有权。《水法》第四十八条规定，直接从江河、湖泊或者地下水取用水资源的单位和个人，应当按照国家取水许可制度和水资源有偿使用制度的规定，向水行政主管部门或者流域管理机构申请办理取水许可证，并缴纳水资源费，取得取水权。由此可见，地下水水权包括地下水资源所有权和使用权，并对所有权和使用权实行分离管理。我们一般讲的水权，主要指水的使用权。水利部《水权制度建设框架》指出，地下水权属管理主要包括制度是界定、配置、调整、保护和行使水权，明确政府之间、政府和用水户之间，以及用水户之间的权、责、利关系，从法制、体制、机制等方面对水权进行规范和保障。

4. 地下水资源开发利用监督管理

地下水开发利用监督管理主要指各级水行政主管部门对行政管理相对人开发利用地下水活动的监督管理。主要包括地下水取水工程建设监督管理、地下水取水工程登记及档案管理、地下水取水工程运行及报废监督管理等。

5. 地下水资源保护

地下水资源保护是指为防止和治理不恰当开发利用地下水资源或人类活动而造成地下水超采、污染或破坏所采取的法律、行政、经济、技术等综合措施。主要包括地下水超采区治理、地下水水源地保护、矿产资源开发区地下水保护、地下水污染预防、地下水补给等。

6. 地下水动态监测与信息发布管理

(1) 地下水动态监测管理。地下水监测是开展地下水资源评价规划、合理开发利用和优化配置调度的重要基础工作。地下水动态监测指标主要包括地下水水位、水温、水化学成分以及井、泉的流量等。地下水监测管理主要包括两点。一是制定地下水监测站网规划，完善地下水监测井网。在地下水超采区、大型漏斗区、重要水源地、地表水严重污染区和生态环境保护区，要建设一批国家重要地下水监测井。二是要做好地下水监测资料的分析。加强地下水动态分析，开展地下水预测预报，揭示地下水开发利用中存在的问题，提出地下水资源合理开发利用、管理和保护的建议和措施。

(2) 地下水资源信息发布。地下水资源信息发布，是按照国家政府信息公开管理有关规定，向社会发布的地下水资源信息。主要包括：地下水动态、地下水资源信息、地下水资源开发利用及其管理状况、地下水资源管理监督检查状况等。目前，我国有关地下水资源信息发布主要形式是《中国北方平原区地下水通报》和各省（自治区、直辖市）水行政主管部门发布的地下水通报。

（三）地下水资源管理的措施

为使水资源得到有效的管理，必须从经济、法律、行政和技术等方面采取有效措施。

1. 地下水资源管理的经济、法律措施

(1) 经济措施。由于对水的需求量不断增加，用传统的简单方法从自然界取水已不可能。经常需要采用现代的工程措施如修建水库、引水渠道以及抽水站、自来水厂等，也就是说需要投入大量的活劳动和物化劳动才能获取，这样就使水具有了商品的属性。因此取水用水就要交纳水资源费和水费，管理水的部门就要讲求经济效益。新中国成立 60 多年来，我国长期以来无偿地或低价地供水，特别是农业供水，水的价格与价值长期背离，水利工程管理单位的水费收入不能维持其运行、维修和更新改造，导致工程设施老化失修，以致不能抗御意外灾害，这种状况必须改变。

(2) 法律措施。为了合理地开发、利用和有效保护水资源，还必须制定水的法律和各种规章制度，由政府颁布并严格执行。我国依法管水起步较晚，自 1984 年起，我国在总结历史的经验和参考国外水法的基础上，开始了制定《水法》的工作。1988 年 1 月，我国第一部《水法》在第六届全国人大常务委员会第二十四次会议通过，从 1988 年 7 月 1 日起实施，此后我国在开发、利用、保护和管理水资源的实施方面有了法律依据。在第一部《水法》实施多年后，我国又对其作了修改，第二部《水法》于 2002 年 8 月 29 日第九届全国人大常务委员会第二十九次会议通过，2002 年 10 月 1 日起实施。

2. 水资源的行政管理措施

(1) 国内外现行的水资源管理体制。目前世界各国水资源管理体制主要有：①以行政机构为基础的管理体制；②以流域（区域）为主的管理体制；③其他的或介于两者之间的管理体制。水的主管机关，有的国家是国家级的水资源委员会，主管机关的性质，有的是权力机构，有的是协调机构；也有的国家（如日本）则没有设立这种统一的机构，是由几个部门协调管理水资源工作。

我国国务院设有全国水资源与水土保持领导小组，其日常办事机构设在水利部，负责领导全国的水资源工作。根据《水法》规定，国务院的水行政主管部门为水利部，负责全国水资源的统一管理工作，其主要任务为：①负责水资源的统一管理与保护等有关工作；②负责实施取水许可制度；③促进水资源的多目标开发和综合利用；④协调部门之间和省（自治区、直辖市）之间的水资源工作和水事矛盾；⑤会同有关部门制定跨省水资源的分配方案和水的长期供求计划；⑥加强节水的监督管理和合理利用水资源等。除中央统一管理水资源的部门外，各省（自治区、直辖市）也建立了水资源办公室。许多市、县也建立了水资源办公

室或水资源局。与此同时，在全国七大江河流域委员会中建立了水资源管理机构，积极推进流域管理与区域管理相结合的制度。

(2) 我国水资源的管理体制及改革。1998 年以前，我国地下水资源采取分级、分部门管理模式，地下水缺乏统一、高效的管理；水资源管理较为混乱，水权分散，形成“多龙治水”的局面。例如，气象部门监测大气降水、水利部门负责地表水、地矿部门负责评价和开采地下水、城建部门的自来水公司负责城市用水、环保部门负责污水的排放和处理，再加上众多厂矿企业的自备水源，致使水资源开发和利用各行其是。1998 年国务院机构改革，重新调整了管理部门职能划分，将地下水管理职能划入水利部，改变了“多龙管水”、工作交叉、责任不清的局面。近年来，水利系统在加强地下水管理，强化地下水监测、合理配置和有效保护等方面做了大量工作。

水资源管理体制的改革是贯彻落实《水法》的关键工作和重要任务，也是推进水资源实现统一管理的首要目标。实践证明，原《水法》(1988) 规定对水资源实行统一管理与分级、分部门管理相结合的管理体制，实际上却造成了“多龙管水”、条块分割，既不能实现水资源的优化配置、高效利用和有效保护，又造成了水资源的严重浪费，使我国本来就紧张的水资源更趋紧张。为此，新《水法》在修订中，吸收了国内外水资源管理和立法的新理念和成功经验，根据我国水资源管理的实践及可持续发展的要求，规定国家对水资源实行流域管理与行政区域管理相结合的新的管理体制。也就是说，改革的重点集中在以下三个方面：①加强和充分发挥流域机构在水资源统一管理中的地位和作用；②要切实落实行政区域对水资源的统一管理；③努力探索，逐步建立流域管理与区域管理相结合的管理体制。

3. 地下水资源的技术管理措施

地下水资源管理不仅涉及水文地质学的各个领域，而且涉及与地下水开发活动有关的自然环境、社会环境和技术经济环境等诸多方面。地下水资源技术管理，除应用传统水文地质学科的理论和技术方法外，还需要应用计算机技术、通讯技术、遥感技术、地理信息系统、全球定位系统等新技术与方法。近年来，随着科学技术的飞速发展，地下水资源管理进入了一个新阶段，地下水资源管理新技术与新方法不断涌现，涵盖了地下水资源管理的各个领域。

(1) 地下水资源管理应采取“开源”与“节流”并重的措施。地下水资源的开源表现在供水环节，主要包括修建地下水库、进行人工补给、含水层回灌及储冷储热、利用矿井排水及开发地下热水等。目前，利用地下储水空间建造地下水库调节供水，已成为水资源管理工作的一个重要方面，它是高效率地利用有限水资源的重要途径。人工补给地下水资源就是通过各种人工方法，把地表水补充、蓄积到含水层内，以增加可利用的地下水资源和弥补地表水资源天然流失较大、时间分配不均和难于全部利用的缺点；人工补给是直接扩大地下水资源最有意义的手段，也是解决当前许多地区过量开采地下水、水资源不足和改善水圈环境的一个重要途径，更是防治区域水位下降、沿海地带的海水入侵及地面沉降等地质灾害的有效措施。将矿井排水处理后用作供水，也是充分利用水资源，解决供、排水矛盾的最好措施之一。

地下水资源的节流表现在用水环节，包括节约工业用水、农业用水和生活用水。开展节水措施，不仅是为了解决水资源的供需矛盾，也是减少排污量、改善环境、提高企业经济效益的有效措施；在某些水资源不足的地区，开源难以解决水的供需矛盾，只有通过节约用水矛盾才能得到缓解。

(2) 水资源智能管理系统。水资源的智能管理系统是将先进的微电脑控制技术、智能卡技术和自动控制应用于地下水资源管理，在使用上采取用水户预交水费、凭卡开机用水，管理系统自动计量与计费。若卡中水费用尽时，系统则自动停机，用水单位无法用水。

智能管理系统由一台主机和若干台分机组成。主机包括计算机、发卡系统软件、读写卡器、打印机等；分机包括控制柜和智能水表。主机和分机之间通过智能卡传递数据。主机(即计算机系统)由水资源管理部门操作使用，负责读写卡系统的维护及查询、统计等工作；分机安装在用水户的深井管道上，用于读卡和控制用水户的用水量。在用水前，用水户需到水资源管理部门购买一定时期的需水量，由管理部门将用水户购买的水量，通过主机写入用水户的智能卡中。用户用水时，将该卡插入系统分机，分机识别正确后，在控制柜显示器上显示分机内的水量总数，用户将卡拔出后，即可正常用水。在使用过程中，分机内的剩余水量随用水量的递增而减少，当剩余水量达到设定的下限水量时，分机会发出报警声提醒用户重新购买水量。若剩余水量用完，分机将自动切断电源，停止供水，直到用户输入新买的水量后才能使用。

(3) 地下水资源的管理软件与模型。地下水管理软件与模型主要有：MODFLOW 软件、Visual MODFLOW 软件、FEFLOW 软件、地理信息系统 (GIS)、遗传算法、小波随机耦合模型、小生境混合遗传算法等。

a. MODFLOW 及 Visual MODFLOW 软件。MODFLOW 是由美国地质调查局(USGS) 开发的用来模拟地下水流动和污染物迁移等特性的计算机程序。目前，MODFLOW 是全世界范围内模拟地下水流的应用程序。MODFLOW 如此受欢迎，归功于它具有的以下特点：MODFLOW 所用的有限差分方法容易理解，并且适用于许多现实条件；MODFLOW 可以用于一维、二维、准三维和三维模型；数据输入格式、基本理论和每一个模块都经过了广泛验证；模块化结构便于用户根据实际需要添加程序、完善功能和其他应用软件如 Surfer 、Excel 等的结合；MODFLOW 模拟的结果，可以用许多软件如 Surfer 、AutoCAD 等显示和处理，而且它自己的三维可视化结果处理，也很便于用户理解和应用。

Visual MODFLOW 于 1994 年 8 月首次在国际上公开发行，是目前国际上最盛行、且被各国同行一致认可的三维地下水流和溶质运移模拟评价的标准可视化专业软件系统。该系统是由加拿大 Waterloo Hydrogeologic 公司在 MODFLOW 软件基础上，应用现代可视化技术开发研制的。高度集成的软件包，包括了用于地下水流模拟的 MODFLOW、粒子运动轨迹和传播时间模拟的 MODPATH、污染物在地下水中输移过程模拟的 MT3D，以及用于水文地质参数估计与优化的 PEST，并且具有直观的、强有力的图形交互界面。新颖的菜单结构，便于用户对研究区离散及选择有效计算单元、确定边界条件与参数赋值、运行及校正模型，以及用等值线或颜色阴影实现结果的可视化，真正实现了人机对话。在模型的开发及结果显示过程中，模型网格、输入参数和模拟结果，都可以用剖面图或平面图显示。这个软件系统的最大特点，是将数值模拟过程中的各个步骤天衣无缝地连接起来，从开始建模、输入和修改各类水文地质参数与几何参数、运行模型、反演校正参数，一直到显示输出结果，使整个过程从头到尾系统化、规范化。这些特点是目前我国乃至世界上同类软件所不具备的。

b. 地下水资源优化管理模型软件。地下水资源优化管理模型软件 (简称 REMAX 软件) 是由国际灌溉中心和美国科学软件公司在地下水三维模拟软件 (MODFLOW) 基础上联合开发研制而成。它共由四大模块组成：模拟模块、预优化模块、优化模块和分析模块。该软件可根据区域地下水资源具体的管理方案来确定管理目标和约束条件，输入相应控制文件和参数，逐步运行上述四大模块，就会得到理想的结果。它善于解决多层越流含水层系统中多种复杂地下水资源优化管理问题，是目前国际上地下水资源优化管理模型软件中功能强大的优秀专业软件之一。

思考题

1. 什么是地下水资源？你怎样理解“地下水资源是一种矿产资源”？
2. 地下水资源由什么组成？有什么特点？
3. 地下水资源评价的含义和内容是什么？简述地下水资源评价的一般程序。
4. 如何划分地下水类型区？
5. 地下水水质评价的依据和内容是什么？
6. 地下水水质评价的方法是什么？内梅罗指数法有什么特点？
7. 补给量、储存量、允许开采量（或可开采量）分别指什么？
8. 补给量及其组成是什么？补给增量的来源是什么？储存量及其组成如何计算？
9. 什么是允许开采量？开采量由哪三部分组成？写出其水量均衡方程，讨论如何按这三部分来确定允许开采量。
10. 天然和开采状态下地下水各量的转化关系是什么？
11. 计算地下水允许开采量的主要方法有哪些？
12. 简述水均衡法的步骤、特点及适用条件。
13. 简述运用解析法和数值法进行地下水资源评价的主要步骤。
14. 地下水允许开采量分级的依据是什么？
15. 说明地下水资源分类分级及各级允许开采量的名称。
16. 简述地下水资源的评价的原则和种类。
17. 地下水的开发利用应遵循哪些基本原则？
18. 在选择集中式供水水源地的位置时，一般应考虑哪些因素？
19. 简述地下水取水构筑物及类型和适用范围。
20. 地下水资源开发环境效应评价的内容是什么？
21. 区域地下水位持续下降的原因及危害是什么？
22. 地下水水质恶化的主要特征及危害有哪些？应采取哪些预防措施？
23. 地下水资源管理的措施有哪些？

第八章 水文地质图的编制

在水文地质勘查时，通过野外水文地质测绘、物探、坑探、钻探、试验、采样分析、地下水动态的长期观测等勘查手段实施中进行相应的施工管理和原始地质编录、水文地质计算和地下水资源评价中所获得的大量原始地质资料，都要进行全面、系统、科学、细致地综合分析研究，采用图件、文字、表格等形式反映出水文地质勘查成果。编制水文地质图是对水文地质勘查成果最集中、直观、明显的体现，也是水文地质勘查工作的重要环节。

第一节 水文地质图的基本概念及其分类

一、水文地质图的基本概念

水文地质图是用一定的图例（颜色、符号、花纹、线条等）将某一区域的地质组成、水文地质现象等，按一定的比例尺反映在特定投影面上的地质图件。

现代水文地质学新的发展和实践丰富了水文地质编图的内容和方法。目前水文地质图正在向着作为记录、贮存、传输信息的重要工具方向发展，它是第一性水文地质空间信息的载体，没有这个空间模型，其他分析、计算就无从谈起。通过科学的编图，利用图件的图形、符号、色彩、花纹、线条等不同组合形式，表达人们对自然的认识和思维的概念，达到交流信息、提供科学数据的目的。因此，水文地质图可以表达用文字难以表达的信息，已成为一种特殊的语言系统和工具。

二、水文地质图的分类

以往的水文地质图的分类是按编图的目的和图件用途，把水文地质图分为区域水文地质图和专门水文地质图两类。前者以反映编图地区的区域水文地质特征为主，是为综合目的服务的；后者则仅为一项或少数几项专门目的服务。

就水文地质勘查的要求和图件内容而言，水文地质图可分为以下三类。

(1) 基础图件。基础图件是为编制综合水文地质图提供地质依据和基础地质资料而编制的图件，如实际材料图、地貌图、第四纪地质图、研究程度图、地质图、构造图等。

(2) 综合水文地质图。综合水文地质图是具有通用目的水文地质图，是反映以天然要素为主的水文地质图件，属于综合型图件，它表示了含水层、隔水层的埋藏条件、岩性成分、透水性、富水性及地下水运动要素以及水质、水量、水温、地下水径流模数等全部水文地质要素。编制综合水文地质图所需要的含水岩组、隔水层、岩性、地质年代、构造、地貌、含水层埋藏条件、结构及相互关系，均是以野外调查、试验成果为基础，因此综合水文地质图是水文地质勘查最主要的成果。

综合水文地质图可分为平面图、剖面图及柱状图、镶图。分析型的通用水文地质图有地下水化学图、矿化度图、地下水等水位线图、含水层埋藏深度图、包气带岩性图、入渗系数分区图等。

(3) 专门水文地质图。专门水文地质图是为解决某项专门任务而编制的图件，是有人类活动因素参与下的水文地质图件。

三、水文地质图编制的一般要求

(1) 图件规格。为了统一规格和便于折叠保存起见，除按标准分幅编制的图件外，一般图件的规格宜尽量采用 A4 标准纸（21cm×29.7cm）的整倍数。

(2) 图件的布置、方向、图幅大小。平面图的方向应是上北下南或右北左南；剖面图的正北、北东、东、南东端一般放在右侧，也可将方位角 0°～180°范围内的放在右侧；图幅大小以图内不剩大块空白为原则。

(3) 接图表。标准分幅图件接图表示方式按区域地质调查的有关要求处理；一般图件如因图幅过大而需分成数幅绘制时，应在每幅图廓外侧的右上方绘出接图表，接图表要按各图幅的相对位置绘出本幅图及其四周相邻图幅界线，注出各分幅图的编号，并在本幅图范围内打上阴影，分幅图的相邻图幅要保证接图质量。

(4) 应注明资料来源。凡使用其他单位的地质图或其他图件所编制的综合图件，要在图签中注明其资料来源，必要时可在图的下方适当位置附一示意小图。

(5) 统一色调、花纹、符号及字体。同一勘查区的各类图件上相同地质体的色调、花纹、文字符号必须一致，可能时须使图的主要内容突出；图件内不得采用国务院公布的汉字简化方案以外的任何简字；字体、字级应按有关标准图式规定执行；图内注记不得用行、草书体。

(6) 图件复制与归档。综合图件都应采用复照或彩色胶印；所有图纸在清绘后均需经过严格校对，才能复制；作为归档的底图应与复制图内容完全一致。

(7) 图件的编号。力求简单明了，所有图纸应采用一个顺序编号，以便整理清查。

(8) 图件精度。各类图件基本内容的精度应与图面比例尺一致；某一项工作精度达不到有关规范相应比例尺规定的要求时，应列为简图或草图以示区别。

(9) 对重复内容精减。同一勘查区的各类附图、附表中的重复内容可酌情精减，但以不影响图件所应表达的主要内容为原则。

四、水文地质图的图面设计

水文地质图中的图面要素常有基本图面、图名、比例尺、图例、图签等。一般水文地质图的图面设计为：上方是图名、比例尺；中间是图面；下方是图例、图签；四周是图框（图 8-1）。综合水文地质图的图面要素较多，除以上基本的图面要素外，图面中常附有水文地质剖面图、柱状图，还需注明图幅号、镶图、坐标网、资料来源、保密等级等。注意各图面要素应布局合理、图面紧凑、整齐美观；布置的各图面要素要使各部位留有一定的间隙（一般为 2～3cm），所空图边要大于间隙，并尽量使间隙、空边各自对称（图 8-2）。

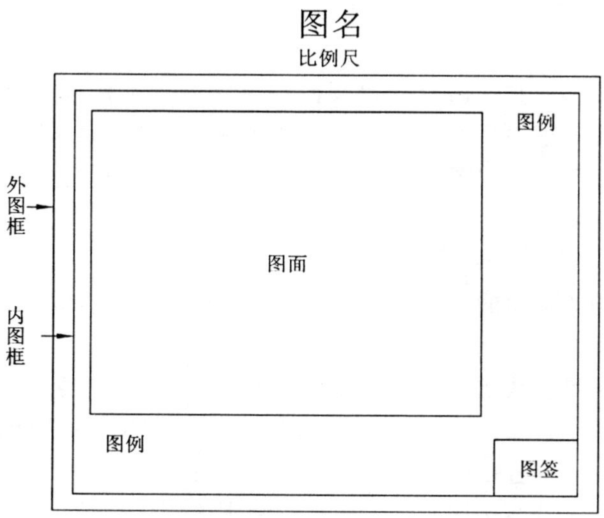

图 8－1　水文地质图的一般图面设计

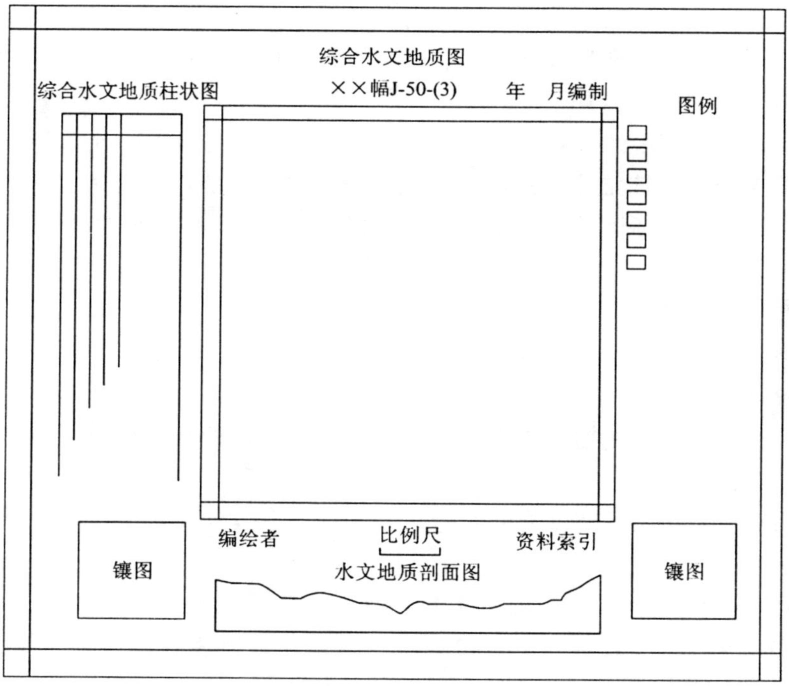

图 8－2　综合水文地质图的一般图面设计

1. 图名

图名表明图幅所在地区和图的类型，一般不同种类的水文地质图有不同的命名方式。图名一般由下列三部分按顺序排列组成："工作地区（省、县或人所共知的地理或地质单元）＋勘查区名称或编号＋图的类别"。如"××省××县（市）××勘查区综合水文地质图"

“柴达木盆地冷湖构造地质图”等；水文地质剖面图及其他种类的图件可省去“工作地区行政区划”名称，命名为“××勘查区××水文地质剖面图”。

图名应全部采用汉字，必要时可注以汉语拼音字或当地民族文字。单幅图件应写大图名，大图名一般写在图的正中最上方，但有时也可视图面结构写在图的左上方或右上方；多幅图件的大图名可写在上排中间图幅的最上方，也可根据图面总体结构写在左上方或右上方图幅中。

2. 比例尺

所有各类图件均须添加图的比例尺，从比例尺可以了解图上线段长度、面积大小和地质体大小及反映详略程度。

比例尺有数字比例尺和线条比例尺，比例尺≤1∶5万的各类平面图应兼有数字比例尺和线条比例尺；比例尺≥1∶1万的平面图可只画数字比例尺；剖面图有时可只写数字比例尺及垂直标尺，但在一个勘查区应统一规定，以免混乱。

标准分幅图件的数字及线条比例尺绘于南图廓下方正中；任何分幅图件的比例尺绘于图的上方正中（一般在大图名之下）。

3. 图例

图例是对图面内各种颜色、线条、符号等的标注和说明，是水文地质图不可缺少的部分（常用图例符号见附录2）。图例都画成大小适当的长方形（规格为10mm×20mm）的格子排成整齐的队列。其具体内容如下。

（1）地下水类型及富水性。一般按松散岩类孔隙水、碎屑岩类的孔隙裂隙水、碳酸盐岩类岩溶水、基岩裂隙水、冻结层水的顺序排列；所有富水等级，一律由强至弱按顺序排列。

（2）地下水水质。包括因地下水水质引起的地方病、具有特殊水质的地下水、调查点水质。

（3）控制性水点。包括泉、水文地质钻孔及其他。

（4）特殊地区特征符号。如干旱区、冻土区、岩溶区。

（5）界线及其他。

（6）地质及构造要素。如构造要素、断层、构造和断层的水理性质。

（7）地理要素。

（8）剖面图图例。包括示例及岩性符号。

4. 图签

图签是图的责任标签，置于图的右下角。探槽、探井和钻孔柱状图等图件可以不设图签，但必须有单位名称和责任人，可以按顺序书写也可列表表示；综合图件必须设置图签，图签的项目包括单位名称、图名、责任栏及图件的相关信息等（图8-3）。

5. 图框

图框有内、外图框，一般用不同的线型区别，间距为10mm（图8-3）；当内、外框线间有如坐标数值或标高等时，内、外框线间距可适当放大。

第二节　水文地质图件的编制

水文地质图件一般先编制水文地质基础图件，然后编制综合水文地质图件，再据需要编

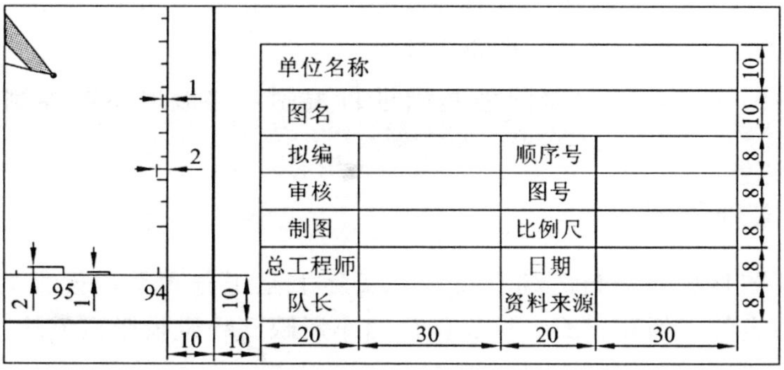

图 8－3　图签、刻度和图框尺寸（mm）示意图

制必要的辅助图件。鉴于水文地质基础图件中的第四纪地质图、地貌图、构造图等在其他课程中已讲述，故在此不再赘述。下面对实际材料图、综合水文地质图及主要辅助图等的编制进行简述。

一、实际材料图

（一）编制实际材料图的目的

实际材料图是反映和整理测绘工作的定额、工作量、工作计划、工作布置以及野外任务完成情况的平面图件，它是编制和检查、校对其他地质成果图件的资料依据。

（二）实际材料图的编图内容与要求

实际材料图应在图面上表示出野外测绘小组的临时基地位置、控制面积、地层观测点、断层和节理观测统计点、地下水调查点、勘查点、试验点、地下水动态或地震观测点、取样点、化石标本采集点、地表水体和河流观测点、气象站及水文站等的位置及编号；观测路线的位置及进行方向；勘查线和剖面线的位置及编号；经纬线与主要居民点和交通线。

实际材料图要充分反映实际的工作量、工作内容、工作布置、路线和日程的安排；各类观测点位置要准确、编号要统一，便于查阅；要采用国家规定统一图例和工程代号；应标出国际图幅编号、比例尺、图的名称、接图简表、图例和图签；实际材料图不应拿到野外使用，不可折叠，应放在图筒内保存。

（三）实际材料图的表示方法

（1）编图前先选好一定比例尺的地形地质图作底图，并拟定好统一图例及各种代号，并与其他图件统一。

（2）将计划的各搬迁站及其控制面积、工作日期表示在图上，在基地转移前按任务完成的实际情况进行校核修正。

（3）应将当天记录的各种点、线等野外草图，按统一规定的代号添加到实际材料图上。将各搬迁站的工作范围以不同颜色线条圈出，每条观测路线用不同线条加以区别，把日期用箭头标出。

（4）实际材料图上的两个观测点之间的连线，必须是野外实际的观测路线，不允许以直线相联。

(5) 在剖面线和勘查线的两端标出编号，如Ⅰ－Ⅰ′剖面线和1－1′勘查线等。

(6) 实际材料图应附有各项工作量的统计表。

(7) 实际材料图应以地形地质图为基础进行编制，地形地质图编制方法可参阅有关规范。

二、综合水文地质图

综合水文地质图是野外资料的综合反映。实际上是把各种手段搜集的野外水文地质条件、现象等，用特定的图例和方式，按比例尺缩小反映到一定投影面上的一种综合性水文地质图件，是水文地质勘查工作的主要成果之一。

编制综合水文地质图的目的是全面、系统、清晰地反映工作地区的水文地质规律，表明区内地下水类型及其埋藏条件，反映地下水形成特点以及含水岩组的富水性，岩性时代，水质、水量变化规律，地下水资源分布，并提出水资源开发利用和保护措施，圈定地下水开发远景地区，以满足工农业发展、国防建设、城市发展规划的需要，并为今后的水文地质详查、勘探和开发地下水资源提供水文地质资料。因此，综合水文地质图的编制要以实际调查资料（包括勘查成果）为主体，在野外工作阶段要及时确定含水岩组的分布界线及各类水点的位置和富水性界线等，并充分搜集工作区已有资料。综合水文地质图要充分客观地反映实际情况，并力争具有科学性、地区性、综合性、实用性。

综合水文地质图的主要组成内容包括平面图（即主图）、剖面图、柱状图、辅助图、典型地段的水文地质立体剖面、说明书等。

（一）综合水文地质平面图

1. 综合水文地质平面图编制原则和特点

综合水文地质平面图反映多种水文地质因素，但要重点地突出含水岩组的富水程度。编制的基本原则是：立足于地下水资源的分布规律，考虑水资源的综合评价，突出地下水资源远景区，兼顾一般水文地质条件。潜水与承压水、松散岩层和基岩的含水岩组皆表现在一张图上，若其下伏有主要含水岩组则以隐伏型加以表示，并有一定数量的代表性控制水点，以便尽可能反映较具体的水文地质条件。小比例尺的地表水资源分布图和地下水资源远景区规划图可用插图形式放在说明书中。有些地区资料比较丰富，可以控制和反映第四系地层以下的基岩含水层情况，而且第四系地层有较大的水文地质意义时，也可分别编制前第四纪基岩水文地质图和第四纪水文地质图。

目前编制的综合水文地质图有以下几个特点。

(1) 反映了“五种基本类型”地下水分布、富水程度、埋藏条件和水质等，突出了富水性及其埋藏条件的表示。综合水文地质图中首先要划分“五种基本类型”地下水（岩性＋空隙），即松散岩类孔隙水、碎屑岩类裂隙孔隙水、碳酸盐岩类裂隙溶洞水（岩溶水）、基岩裂隙水和冻结层水。每种基本类型，可根据不同情况划分为若干亚类；类和亚类应突出表现出富水等级、埋藏条件和水质。

(2) 采用底色法和区域法相结合方法，可反映出上部（潜水或浅层水）、下部（承压水或深层水）两个含水岩组及富水性与埋藏条件；岩溶水地区反映裸露与埋藏岩溶水的富水性；咸水地区可反映出淡、咸水的叠置关系。

(3) 运用地质力学方法反映线状充水构造或地下热水分布。

(4) 水质方面反映咸水与微咸水及地下水的污染和有害离子。

(5) 通过区域剖面与重点剖面结合的透视图反映含水层结构（包括第四系地层结构）、地下水水质及水量等地下水补排关系的水文地质问题。

(6) 采用小比例镶图方法进一步反映了水文地质规律并丰富了水文地质编图的内容。

(7) 编写水文地质图说明书，全面阐述各类地下水形成条件、分布规律、“五种基本类型”地下水特征及其开发利用情况和水资源的保护措施与防止地下水污染的建议。

2. 综合水文地质平面图的内容及表示方法

(1) 综合水文地质平面图的主要水文地质内容。在划分地下水“五种基本类型”的基础上，综合水文地质图突出表现以下三个内容：一是富水性，即按地下水的类型及其富水性划分富水等级；二是埋藏条件，重点反映潜水位或承压水位的埋藏深度、各类双层结构下部含水层组的顶板埋深；三是水质，重点按矿化度反映微咸水、咸水的分布和含量超过水质标准的有害微量物质的分布。其具体内容如下。

a. 含水岩组的分布。一般是数个含水岩层的集合体，且常处在不同的层位，因而要求以地质时代确定含水岩组的垂向顺序。

b. 含水岩组的富水程度。由于比例尺和研究程度所限，除以水点资料圈定外，少数地区也可以依据类比法确定岩组相对富水性的强弱。若研究程度较高，含水层富水性变化则应以井（孔）涌水量的数值圈定，其富水程度的指标数则在图例中标明。

c. 反映含水层的顶底板的埋藏深度、潜水、浅层承压水或深层水水位埋深、各类双层含水层结构以及下伏含水层顶板埋深及富水性。

d. 地下水化学类型及矿化度的表示。地下水矿化度分级、热矿水、肥水和超标的有害微量元素的分布。

e. 典型的自流水盆地。自流水盆地的界线以及自溢区均以特殊形式表示。

f. 地层（或岩体）代号及其界线。地层划分主要依据含水岩组需要适当简化合并为系或进一步细分至段。

g. 地质构造表示。与地下水有关的深大断裂带、断陷盆地、深大断陷带等。

h. 地表水系。注意到水文地质要素与地表水体之间的有机联系。反映地下水的补给、排泄以及区域地下水径流与地表水系的关系。

i. 代表性的控制水点。如著名的泉、有代表性的井（孔）。

(2) 主要内容的表示方法如下。

A. 单层结构含水岩组表示。作为图件主要内容的含水岩组或地下水类型及富水性，用底色法表示比较适宜，因为底色法在各种表示方法中表现力最强，用它表示图的主要内容效果显著。但是，用底色法所表示的现象必须是连续的、整片的空间分布，也就是说，这些现象必须连续地布满全制图区域，不能产生两种同级分布区的重叠。因此，用底色法只适用反映平面图的第一个（即单层）含水岩组的分布。其具体表示内容如下。

a. 按着不同的色序表示不同含水岩组类型及其分布，在同一岩组类型中以颜色的深浅或色调线条的不同方向表示该岩组的富水性的强弱。下伏含水岩组的顶板埋深可用等值线表示。

b. 用花纹符号表示咸水、微咸水和超过规定标准的有害微量元素，大面积咸水可用灰色图例表示。

c. 用与含水层时代相同的色序等值线表示地下水位埋藏深度。

d. 用地质图例规定的地层符号和灰色界线圈闭岩层分布范围。

e. 对于图面上的控制水点（井、泉、孔），应表示出孔深，含水岩组涌水量、水质、水位等有关地质资料。

B. 多层结构含水岩组的表示方法如下。

松散岩类孔隙水多层结构含水组，一般可归并为潜水与承压水或浅层水与深层水、上下两组的双层结构或者浅层淡水-咸水-深层淡水以及咸水-浅层淡水-深层淡水组成为上、中、下三层结构。对于单一的巨厚含水层，必要时也可以划分成两段或三段，采用双层或三层结构的方法表示。

岩溶水可以划分为下列多层结构含水组：被第四系含水层覆盖的岩溶水称为覆盖型岩溶水；隐伏于其他地层的岩溶水称为埋藏型岩溶水。具体可以划分为松散岩类孔隙水与隐伏碳酸盐岩类岩溶水，碎屑岩类裂隙水与隐伏碳酸盐岩类岩溶水组成的双层结构形式，或松散岩类孔隙水与隐伏碎屑岩类裂隙水及隐伏碳酸盐岩类岩溶水组成的三层结构形式。一般情况下，以突出表示隐伏岩溶水为主的双层结构为宜。其他如冻结层上水与冻结层下水组成的双层结构含水层等。

在《综合水文地质图编图方法与图例》一书中，对于松散岩类多层结构含水组的表示方法作了如下规定：双层结构的表示方法是采用宽、窄条相间（常用 3mm 与 1mm 间距），宽条代表上部潜水、窄条代表下部承压水，富水性用不同色调表示；如果是三层含水组则可采取等值线（注明富水性等级）或编制镶图以及其他的方法加以表示，并仍以色调区别富水性等级。与此同时，还规定了以宽窄条表示下部含水组的顶板埋藏深度，用这种不同色调反映富水性大小、宽窄条相间反映上下层结构，实际上已超过了底色法的范畴。之所以称其为底色法是因为它仍然以普色区分主要内容，且表示现象连续地布满全制图区域，并不产生两种同级分布区的重叠。

一般把双层结构含水组的上部含水组视为一个空间，在图的同一个层面上表示，而把双层结构的下部含水组视为另一个空间，作为另一个层面表示。第一个层面采用底色法，以不同的色块图例表示不同含水岩组及其富水性强弱；第二层面的松散岩类下部含水组或覆盖在其他地层下的隐伏岩溶水，则根据它们的富水性级别和含水组顶板埋深，分别设计不同方向的晕线图例，用区域法表示。二者是叠置关系，而不是组合关系，它们之间的图例都是独立存在的，从而在平面图上反映两个层次，既明显、又易读。这种区域法在图上有选择地表示现象的分布区域，可以是连续面整片分布的或者是分散分布的，但并不是都布满制图区域，这正符合于松散岩类双层结构含水组和隐伏岩溶水的分布特征。在设计晕线图例时，可采用粗细、疏密、宽窄等对比的手法，显示含水组富水性的数量指标，晕线方向则表示不同的顶板埋藏深度。如富水性级别划分得更细，可多设计一些晕线图例来区分。倘若需要分别表示不同隐伏地层的裂隙岩溶水，可以采用不同颜色的晕线来区分，如奥陶系用蓝色线划，寒武系用蓝绿线划，石炭二叠系用蓝灰线划等。

对于第三个含水组的分布范围、富水性级别、埋深情况可在图例说明内阐述。例如浅层淡水-中层咸水-深层淡水的三层结构含水组，用底色法和区域法配合可以分别表示浅层淡水与深层淡水的分布界线、富水性和浅及深层淡水顶板埋深；而用等值线法表示中层咸水层的情况，如表示咸水层顶板埋藏或表示咸水体厚度，等值线法表示的内容，其规律性较明显，但需注意选择适当的间隔。多层含水组只能反映它们平面分布规律和空间的相对关系，不能充分显示各个含水岩组之间的结构特征和垂直分布规律，须用综合水文地质剖面图显示类型地段的水文地质特征及含水岩组的结构特征。但应选好剖面线位置，用恰当的纵横比例尺，并对剖面内容进行合理的综合归并，使其主要内容突出而不失真实性。

松散岩类中不透水而含水或基本不透水的黏土或泥砾可视为非含水层，可采用绿色斜方格表示，不上普染色。如果下伏其他含水层，则可取叠加的方法表示。碎屑岩或其他基岩不含水的、起相对隔水作用的泥质隔水层，可用棕色方格表示。地下水类型及富水性图例格式的设计见表 8-1。

表 8-1　地下水类型及富水性图例格式

松散孔隙水

(1) 浅层淡水或潜水——采用普染底色表示富水性（用单井涌水量表示）。

绿色	单井涌水量＞5 000m^3/d
浅绿	单井涌水量为 1 000～5 000m^3/d
黄绿	单井涌水量为 100～1 000m^3/d
黄色	单井涌水量＜100m^3/d

(2) 深层淡水或承压水顶界面埋深——采用绿色线划表示。

含水层顶板埋深

＜100m　　100～200m　　＞200m

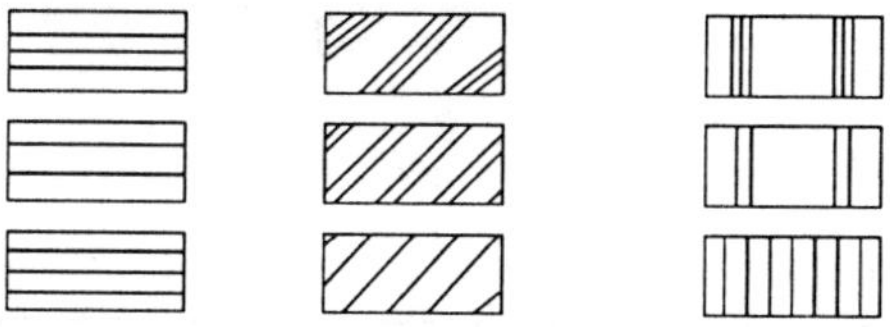

单井涌水量＞5 000m^3/d

单井涌水量为 1 000～5 000m^3/d

单井涌水量＜1 000m^3/d

碳酸盐岩裂隙岩溶水

(1) 裸露型（水位埋深小于 50 m）——采用普染底色表示富水性（用单井涌水量表示）。

蓝色	单井涌水量＞1 000m^3/d
中蓝	单井涌水量为 100～1 000m^3/d
深蓝	单井涌水量＜100m^3/d

(2) 覆盖型或埋藏型灰岩顶板埋藏深度——采用蓝色线划表示。

含水层顶板埋深

＜50m　　50～100m　　100～200m

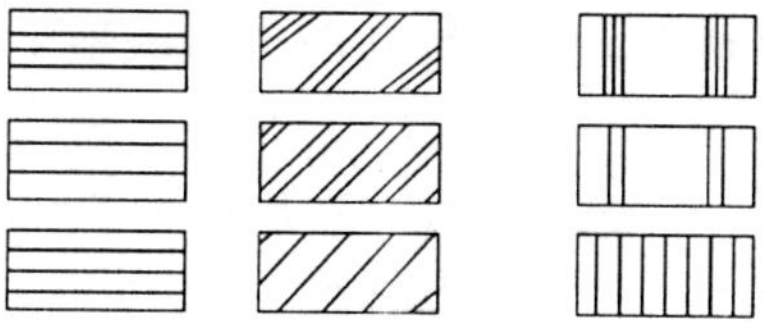

单井涌水量＞5 000m^3/d

单井涌水量为 1 000～5 000m^3/d

单井涌水量＜1 000m^3/d

续表 8-1

基岩裂隙潜水及承压水

（1）基岩裂隙潜水——水位埋深小于 50m 采用普染底色表示富水性（用单井涌水量表示）。

红色	单井涌水量 >1 000m³/d
中红	单井涌水量为 100～1 000m³/d
深红	单井涌水量<100m³/d

（2）基岩裂隙潜水及承压水顶板埋深——采用红色线划表示。

含水层顶板埋深

<50m　　50～100m　　>100m

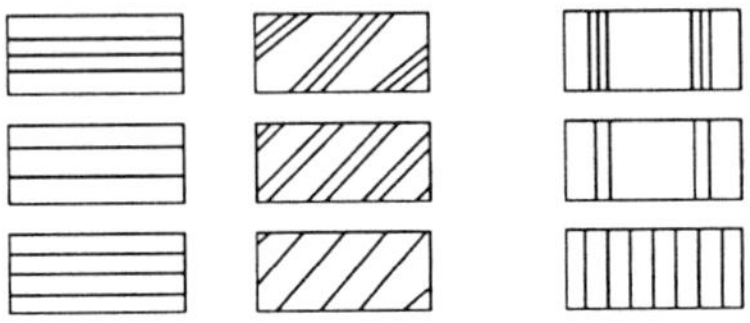

单井涌水量>1 000m³/d

单井涌水量为 100～1 000m³/d

单井涌水量<100m³/d

多年冻土孔隙裂隙潜水

（1）冻结层上水——采用普染底色表示。

灰色	单井涌水量≥100m³/d
浅色	单井涌水量<100m³/d

（2）冻结层上水——承压顶板埋深采用灰色线条表示。

含水层顶板埋深

<50m　　50～100m

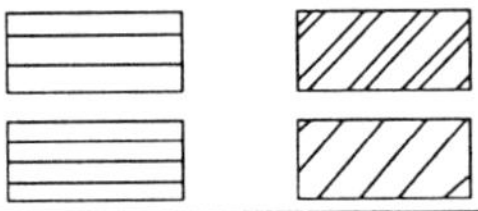

单井涌水量≥100m³/d

单井涌水量<100m³/d

C. 含水岩组的构造表示。为了反映地下水的形成，平面图上必须反映出含水地层断裂及褶皱构造。图面上尽可能表示基岩产状及断层的走向延长方向和断层性质、导水（透水）断层、富水（储水）断层、隔水（阻水）断层以及由断层作用形成的富水带位置，并控制性表示出基岩裂隙的方向、裂隙大小及褶皱轴线方向，同时要区别出近期活动及非活动的断裂。对由各类储水构造形成的富水带，如侵入岩接触带储水构造、岩脉储水构造、向斜或背斜储水构造或由隔水层阻水作用形成的储水构造等，应尽可能设计相应的图例加以表示，一般可沿储水构造界线加绘蓝色小圆点表示；背斜或向斜储水构造，采用蓝色轴线表示，如果充水断裂带，可在断层线充水一侧加蓝色小圆点；如果两侧充水，则两侧均加蓝点。

D. 地下水矿化度及地下水位。地下水矿化度及地下水位埋深的表示均可采用两种不同色序或不同粗细（或实线设点线）线条表示。如果地下水矿化度比较复杂或地下水位埋深变化较大的地区，也可以另外编制辅助图件。

E. 控制性水点。控制性水点（孔、井、泉）一律按规定的符号用蓝色表示；矿泉水采用桃红色；钻孔及各种集水建筑物用红色表示。图面上一般应有控制水点 5～10 个/dm²，包括钻孔 1～4 个，应根据具体情况合理选择。例如，天然水较多的平原地区与天然水点较少的山区，不能采取平均分配的办法；在天然水点十分缺乏的干旱地区，原则上所有水点都要放在图面上。

3. 编制综合水文地质图应注意几个问题

（1）应采用新近编制的同比例尺的地质图为底图，按编制水文地质图的要求予以修编。要保留地理底图的水系，要有较大的主干河系足以表现地表水体和地下水的相互关系；第四系松散岩层不宜剥离过多，否则势必歪曲了原有的水文地质条件。地质底图中地层的合并应按含水岩组划分情况决定。

（2）确定含水岩组及富水性时，要结合物探成果及地下水动态长期观测资料以及搜集的水文地质资料，并考虑水文地质环境。在基岩地区固定富水性时，要考虑岩性变化及大面积岩浆岩和古老变质岩的分布，一般富水性应与地层界线一致；如果富水性不均匀，也可以在同一岩组内再划分出强、中、弱不同的地段；第四系地层岩性界线；岩相变化规律以及和地表水体的关系等综合因素。岩溶地区要考虑地层界线，同一岩性段要考虑岩溶发育程度以及地表水系的关系。

（3）水文地质界线一律用细深棕色线表示。勘查剖面线用直线表示，并标明地下径流量或各段的单位流量，自流盆地采用特定线条圈出，也可圈出承压区或自流区。地下水流向、地表水与地下水补给关系，采用符号表示。水源地开采量及地区储量数字、滨海地区海水入侵影响界线、地下水开采区的区域下降漏斗和各类冻结层的分布界线等，均应按规定图例表示。

（4）平原地区，应适当反映第四纪地质结构，如冲洪积扇前缘和古河道带的界限（埋藏冲洪积扇、古河道均用虚线表示，并标明深度）。地形等高线采用浅棕色，并适当选取等高距。此外，还应表示海岸线、海滩、河流、湖泊、沼泽、沙丘、山峰、水库、干渠以及其他地形要素。地貌方面应表示崩塌、滑坡、溶洞、暗河、伏流、落水洞、火山等。水文地质图上居民点按规定选取，但要包括县镇与重要乡镇、铁路、公路、境界及地表水体等。

（5）在冻结层广泛分布地区，应把冻结层水作为一个单独类型，可划分松散岩类冻结层水及基岩类冻结层水两个亚区。并分别表示冻土层上水及冻土层下水的富水等级，同样采用双层结构的表示方法。一般情况下，可将冻结层间水合并到冻结层上水内；必要时，应同时表示冻结层下水顶板埋深。在冻土厚度比大的情况下，应反映冻土厚度，并表示冰锥、冰丘和冰水岩盘等物理地质现象；对岛状冻土分布地区，应圈出其范围。

（6）松散岩类中含水且不透水或基本不透水的黏土或泥砾层，可视为非含水层，采用绿色斜方格表示，不上普染色；如果下伏其他含水层可采取叠置方法表示。碎屑岩中不含水岩层（隔水层）用棕色方格表示。

（7）图例说明力求简明扼要，以阐明富水性为主，可直接标明单位涌水量或泉流量和地下径流模数，必要时对含水岩性、厚度、水位、顶板埋探、水质等也可作扼要的补充说明，但应避免重复。对各种类型（或亚类）地下水，必要时在标题后面可以加括弧注明主要含水岩组的地层符号。

4. 含水岩组类型的划分

自 20 世纪 50 年代至今，国内学者针对水文地质分层问题进行了研究，提出的各种划分方法大体可以归纳为三种，即含水岩系法、地下水类型法和含水岩组法（表 8－2）。这些方法对于第四纪松散堆积物与前第四纪基岩给予分开讨论都无异义，主要是对基岩水文地质分层意见不一。

表 8-2　含水岩组类型划分及其对比表

<table>
<tr><td rowspan="2">划分依据</td><td rowspan="2">划分方法</td><td colspan="4">划分系统对比</td></tr>
<tr><td>Ⅰ</td><td>Ⅱ</td><td>Ⅲ</td><td>Ⅳ</td></tr>
<tr><td rowspan="3">以地层时代作为划分基础（A）</td><td rowspan="3">含水岩系划分方法</td><td rowspan="2">含水岩系</td><td rowspan="2">第四纪含水岩系
前第四纪含水岩系</td><td>含水期（举例）</td><td>亚组</td></tr>
<tr><td rowspan="2">山前冲积平原孔隙水，河谷平原孔隙水，白垩系上统砂岩裂隙水，三叠系中、下统灰岩喀斯特水，寒武系中、上统灰岩喀斯特水，太古宙变质岩裂隙水</td><td rowspan="2">第四纪含水层按富水程度划分亚组；前第四纪含水层，在一般情况下将含水组和富水程度结合在一起，不再划分亚组</td></tr>
<tr><td>非含水岩系</td><td>透水不含水地层
隔水层</td></tr>
<tr><td rowspan="2">以地下水的介质空隙类型作为划分基础（B）</td><td rowspan="2">地下水类型划分法</td><td rowspan="2">含水岩系
隔水层
透水不含水层</td><td>地下水类型</td><td>亚类（举例）</td><td rowspan="2">各亚类根据富水程度、埋藏条件分别表示，例如，碳酸盐岩类裂隙溶洞水可分为裸露型、覆盖型、埋藏型三种</td></tr>
<tr><td>松散岩类孔隙水
碎屑岩类孔隙裂隙水
碳酸盐类裂隙溶洞水
基岩裂隙水
冻结水</td><td>潜水：潜水与承压水；
一般碎屑岩空隙水：红层承压水、碳酸盐岩类裂隙溶洞水；
构造裂隙水：风化裂隙水、玄武岩孔隙裂缝水；
松散岩类冻结水：基岩冻结水</td></tr>
<tr><td rowspan="2">以含水介质岩性和空隙类型作为划分基础（C）</td><td rowspan="2">含水岩组划分法</td><td rowspan="2"></td><td>含水岩组</td><td>亚组（举例）</td><td rowspan="2">根据富水程度分级表示；对基岩含水岩组、亚组与富水程度结合表示</td></tr>
<tr><td>松散岩类孔隙含水岩组；
碎屑岩类孔隙裂隙含水岩组；
碳酸盐岩类裂隙岩溶含水岩组；
岩浆岩类裂隙含水岩组；
变质岩类裂隙含水岩组</td><td>河谷平原冲积卵砾石孔隙潜水含水岩组；
山前平原冲洪积砂卵石空隙带水含水岩组；
碳酸盐岩类夹碎屑岩类、裂缝岩溶含水岩组；
火山岩类、空隙裂缝含水岩组</td></tr>
</table>

所谓含水岩组是指含水特征相同或相近的岩层，归为同一含水岩组，多属于含水岩层的集合体。它不同于按地质时代划分的含水层，也区别于按岩石类型划分的含水岩类。它是地壳多旋回过程形成的含水特征基本相同的岩层组合，反映了地下水赋存的空间条件。含水岩组类型既显示了岩性及其组合关系，同时又在一定程度上显示了蕴藏于该层中地下水类型以及富水性强弱特征。因此，含水岩组类型是由含水介质空间特征及其岩体结构决定的。岩体结构的形成是地壳发展历史过程中不同构造阶段和大地构造条件决定的，因而要根据地壳多旋回过程中形成不同沉积物成因与结构类型、各沉积时期的古地理和古沉积物岩相划分含水岩组。因此，含水岩组不受地质时代限制，不同时代的岩层若其含水特征相同可归并成一个含水岩组，而时代相同但含水特征不同的岩层可划分不同含水岩组。这就打破含水岩组的地层界线，突出岩层富水性的划分方法。

5. 富水性等级的划分和富水性的圈定

综合水文地质图突出含水岩组的富水性，采用什么标准、如何反映在平面图上是一个复杂的问题，也是综合水文地质编图的一个核心问题。

(1) 含水岩组富水性等级的划分方法如下。

a. 对松散含水岩组富水性等级的划分。对松散含水岩组富水性等级的划分，要根据各含水岩组的结构、埋藏条件与补给来源等综合因素，结合钻孔或生产井资料，划分其富水性。对松散岩类孔隙水，比较常用的方法是按单井涌水量为主，一般可划分四或五个富水等级。各地区具体划分几个等级，要根据实际情况确定，在各个区间内，还可根据需要细分为两级或三级。但原则上各区间不应互相跨越，以免影响与邻幅接图（表 8－3）。

表 8－3　松散岩类孔隙水富水性等级划分表

地区	富水性等级	单井涌水量（m^3/d）	单位涌水量［L/（s·m）］	地下水补给模数［L/（s·m^3）］
山前地区	极丰富	＞5 000	＞5	＞20
	丰富	1 000～5 000	1～5	7～20
	中等	100～1 000	0.5～1	3～7
	微弱	＜100	＜0.5	＜3
平原地区	极丰富	＞3 000	＞3	＞15
	丰富	1 000～3 000	1～3	10～15
	中等	100～1 000	0.5～1	5～10
	微弱	＜100	＜0.5	＜5
滨海地区	极丰富	＞500	＞2	＞10
	丰富	200～500	1～2	5～10
	中等	100～200	0.5～1	3～5
	微弱	＜100	＜0.5	＜3

b. 对基岩含水岩组富水性等级的划分。对碎屑岩孔隙裂隙水，根据组成的岩性、构造条件及补给条件，结合勘查资料，按单井涌水量划分富水等级。同一含水岩组，在不同地段或不同构造部位，由于储水条件或补给条件的差异而导致富水性的不同，应分别划分其富水等级，一般可划分为三级或四级（表 8－4）。

对碳酸盐岩裂隙岩溶水，应根据岩性、构造、地貌及补给条件与水动力条件，结合勘查资料，按泉及暗河流量或地下水径流模数等综合因素，划分富水等级。在同一含水岩组，由于不同情况而出现富水性的差异时，应分别划分其富水等级，不能单纯按岩组统一富水等级。在测流资料或水文资料较多的地区，可采用地下水径流模数作为划分富水等级的主要指标；在泉流量或暗河测流资料较多的情况下，可采用泉或暗河流量统计结果，将多数常见泉（或暗河）水流量作为划分富水等级的指标，一般划分为三级或四级（表 8－4）。

对基岩裂隙水，应根据岩性、构造、地貌条件等综合因素，结合泉流量统计与地下水径流模数均分富水地段。在泉水流量资料较多的地区，按流量统计结果，将多数常见流量作为划分富水等级的主要指标、一般可化分为三级或四级（表 8－4）。

表 8-4　基岩裂隙水富水性等级划分表

地下水类型	富水性等级	单井涌水量（m^3/d）	单位涌水量［L/（s·m）］	地下水补给模数［L/（s·m^3）］
碎屑岩裂隙孔隙水	丰富	＞500	＞50	＞5
	中等	300～500	10～50	3～5
	微弱	100～300	5～10	1～3
	弱	＜100	＜5	＜1
碳酸盐岩类裂隙溶洞水	丰富	＞3 000	＞3	＞15
	中等	1 000～3 000	1～3	7～15
	微弱	100～1 000	0.5～1	1～7
	弱	＜100	＜0.5	＜1
基岩裂隙水	丰富	＞700	＞100	＞7
	中等	300～700	50～100	3～7
	微弱	100～300	10～50	1～3
	弱	＜100	＜10	＜1

一般情况均按地下水径流模数划分富水等级，但有的地区（如晋南、晋北、华南、华北）的径流模数差异较大，与泉流量的比例关系也要因地而异。因此要根据地区实际情况，确定分级标准，对断层脉状水比较发育的地区，还应在图例中根据泉流量或钻孔涌水量说明其富水性。

（2）富水性的圈定。富水性不能单纯按岩组来圈定，有些情况下，富水性和岩组是不一致的，如在碎屑岩中不能单纯按钻孔资料确定，应考虑几个泉水资料来划分，要分析控制富水性的主要因素。在平原地区古河道支流与主流富水性不一；洪积扇上、下游或河流的左右两侧，不同高度不同岩性的阶地或同一阶地上的上、下游，富水性都不会相同。在基岩地区富水性很大程度上受构造条件控制，同一层石灰岩由于岩溶发育不均，其补给不一，富水性也不一致，有些地区含水层直接接受河流补给，其水量较丰富。在断裂密集地区，同一岩组内富水性是不同的。因此，按构造、岩性、地貌等主要因素来圈定较为合适，从图 8-4 可以看出富水性与地貌有明显关系。

6. 含水岩组的边界的确定

由于含水介质和地下水在自然界是连续、广泛分布的，因此，任何一个地下水系统都不可能孤立存在。相邻的地下水系统之间，在天然条件下具有相对稳定的边界。这种相对稳定的边界又可进一步细分为隔水边界及具微弱地下径流的边界，如与新生界断陷盆地相毗邻的深埋岩溶水，两者之间亦不存在隔水地质体，但却各成系统，有自己独特的“源”与“汇”，彼此间径流微弱。在人为因素的影响下，地下水系统的边界随时间的增加而变化，边界逐渐扩展或缩小，则可细分为零通量面边界及径流通畅的边界（给水边界）。比如一个不断扩大的区域地下水降落漏斗，其漏斗上游为径流通畅的边界，而下游则为零通量面边界。所谓零通量面边界是指边界虽不存在隔水体，但通过边界的径流量却等于零，由天然或人工抽汲形成的地下水分水岭即属于零通量面边界。

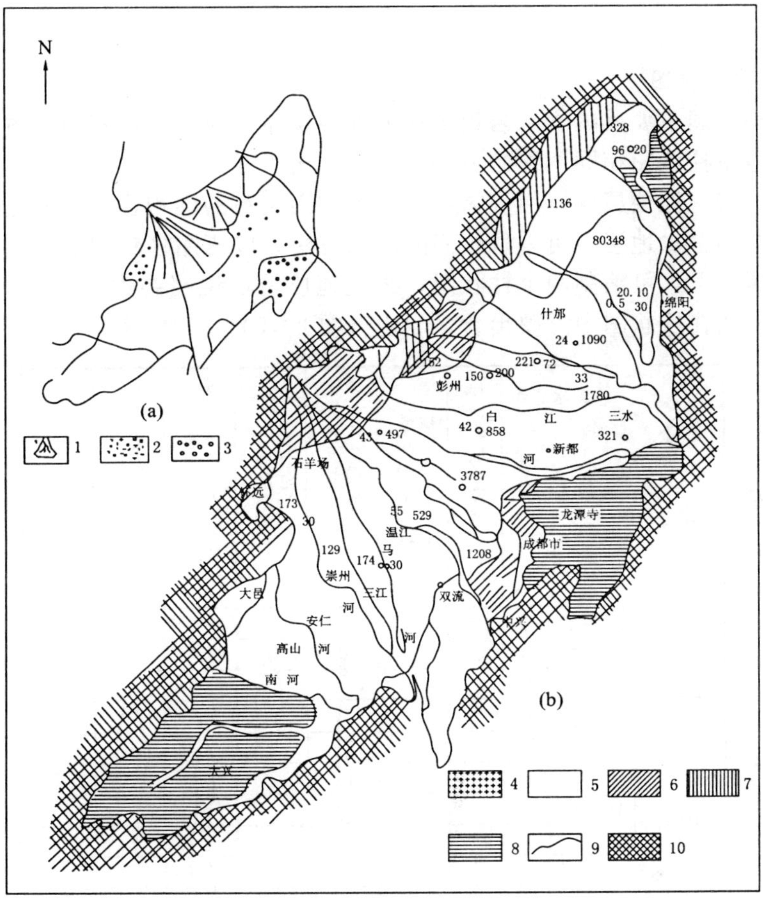

图 8－4　地下水富水性分区图（据四川省地质矿产勘查开发局）

(a) 地貌图；(b) 岩层与富水性图

1. 冲洪积扇；2. 砂层；3. 冰水泥砾；4. 单井流量为>3 000m³/d；5. 单井流量为 1 000～3 000m³/d；6. 单井流量为 100～1 000m³/d；7. 单井流量为<100m³/d；8. 微弱或不含水岩层；9. 富水性分区界线；10. 基岩

（二）综合水文地质剖面图及柱状图

1. 综合水文地质剖面图

一般每张图以选择两个（纵、横）剖面为宜，需能充分反映本地区各类含水岩组及水文地质结构。剖面的选择除横穿全区的剖面外，必要时也可选择少量局部地区的代表性剖面，如重要河谷的第四纪含水层剖面或具有供水意义的自流水盆地等。剖面图中的各含水层、组，均按平面图设计的富水性色相上色。含水层中的隔水层及潜水位以上的包气带不上色，属第四纪多层结构的含水岩组，应按含水岩组的富水性上色，即不考虑单层含水层的富水性。同一含水层、组，因厚度或岩性发生变化导致富水性有差异时，应根据水文地质结构，采取逐渐过渡的方式划分出两者的界线，对基岩层间水，应考虑受深度的限制，即一定深度以下不再上色。对基岩裂隙水，一般大致按风化裂隙带的深度为界着色。

水文地质剖面的地形线应适当示意性地反映地貌特征，如阶地、古夷平面、峰林、峰丛等。剖面内还必须反映地质结构和水文地质内容，如水位、承压水头、控制钻孔及其涌水量、充水断面或储水构造、淡水及咸水、影响水质的含盐地层等，并示意性地表示溶洞、落水洞、暗河等。

2. 水文地质柱状图

水文地质柱状图主要反映含水岩组形成的地层层序。原则上可利用地质图的柱状图加以修编，采用与地质柱状图相同的缩制方法。但要突出主要方面，例如，第四系要选择最主要和最有代表性的编入地层层序，而不需要把所有成因关系的堆积物都穿插进去；地层厚度很大而又不是主要的含水地层，可采取中间隔断的方法，以压缩柱状图的长度；在同一地区出现两套地层的情况下，可编制两个柱状图。水文地质特征说明要力求简明扼要，突出重点。同时，也可以采用在柱状图中反映出含水岩组（图 8－5）。

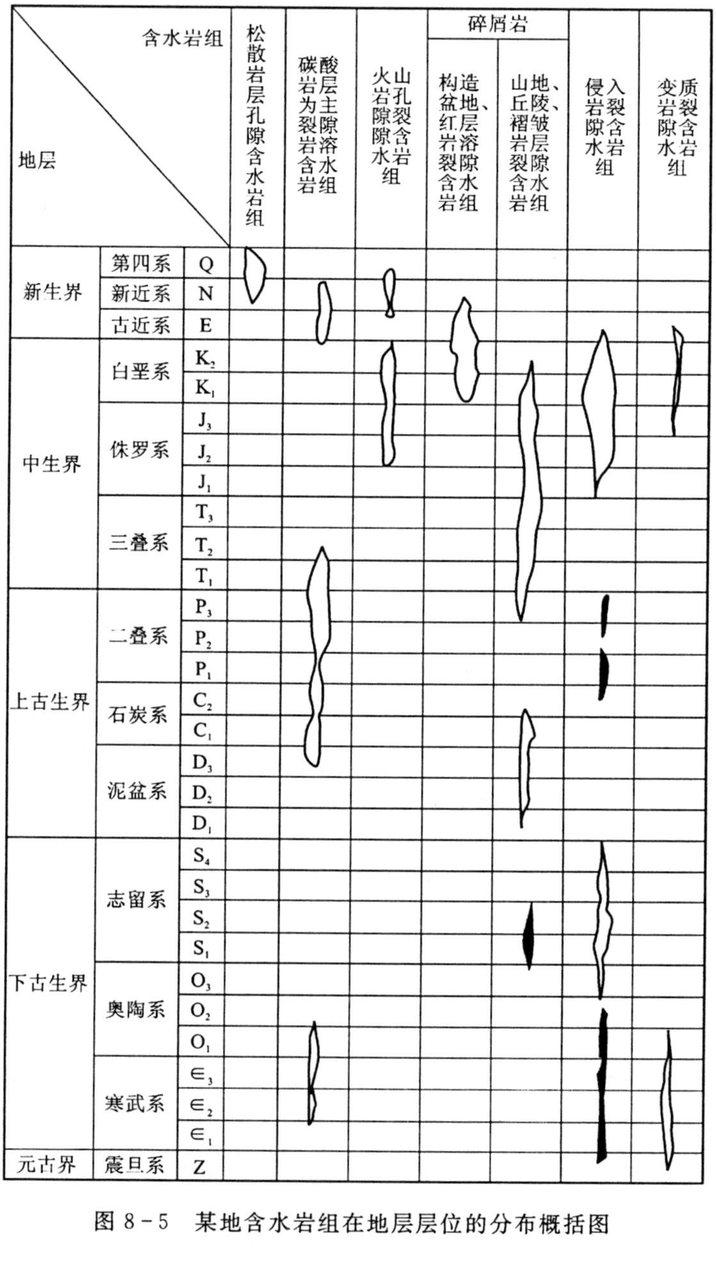

图 8－5　某地含水岩组在地层层位的分布概括图

三、辅助图

辅助图主要是采用一两个制图要素以反映地下水某一方面的规律而编制的图件，其内容单一、图面清晰、规律性强。为突出编图主要对象、减轻图面的负载量，因而常被用来表现综合性水文地质平面图所反映不足的内容。一般是采用较小的比例尺编制辅助图。如果资料较多、条件复杂也可以采用与平面图相同的比例尺编制，其内容根据具体需要而定。常用的辅助图，如含水层等厚线图、水化学图、潜水等水位线图、承压水等水压线图等，它们都可以作为镶图。鉴于潜水等水位线图、承压水等水压线图、地下水埋藏深度、地质构造图等在其他课程中已有专门讲述，故下面简要说明含水层等厚线图、地下水水化学图的编制方法。

（一）含水层等厚线图

1. 编图目的

编制含水层等厚线图的目的是在平面图上反映出含水层的厚度变化和古河道分布规律。

2. 编图原则

含水层等厚线图应根据钻孔和生产井及民井等实测资料进行编制。比例尺可按勘查区面积大小确定；为了图面清晰，应分别编制不同时代或不同岩性的含水层等值线图；编制含水岩组等厚线图应考虑含水层倾角变化；基岩裂隙水和岩溶水分布地区，一般不编制含水层等厚线图；等厚线的间距应视勘查区含水层厚度变化情况而定，一般以 5m 为宜。

3. 编图内容

含水层等线图的内容单一，主要反映第四纪含水砂层的厚度和古河道的分布。有条件也可以在平面上反映出含水岩组顶、底板的等高线，以利分析古地理条件。

4. 编图方法

(1) 首先按平行或垂直地貌单元编制水文地质剖面图，进行含水岩组划分，或者划分咸水与淡水，深层水与浅层水等作为编图的目的层。

(2) 按规定的比例尺编制钻孔平面分布图，将各孔的编图目的层再按不同含水岩组分别统计砂层厚度，注记在平面图上。

(3) 按编制地形等高线常用的内插法，将各钻孔砂层厚度相同的各点连线构成了含水层等厚线图（图 8－6）。

(4) 用规定线条网纹反映出基岩山区分布。在勾划含水砂层等厚线时应注意古地理条件和砂层的成因类型（冲、洪、湖、冰积等）以及施工钻孔岩芯采取率等具体情况。

（二）地下水水化学图

1. 编图目的

地下水水化学图是根据水质分析资料结合地区的水文地质条件特点编制的，它是综合性水文地质测绘中的基本图件之一。地下水化学分析资料的整理及编图是系统研究某一地区地下水化学成分的基本手段。成果图件能反映出地下水化学成分的特点及其分布的规律性，它是各种不同目的的水质评价结论的重要依据。

2. 地下水化学图的种类

水化学图的种类很多，大致可分为下列三种：①水化学类型图；②水化学成分等值线图

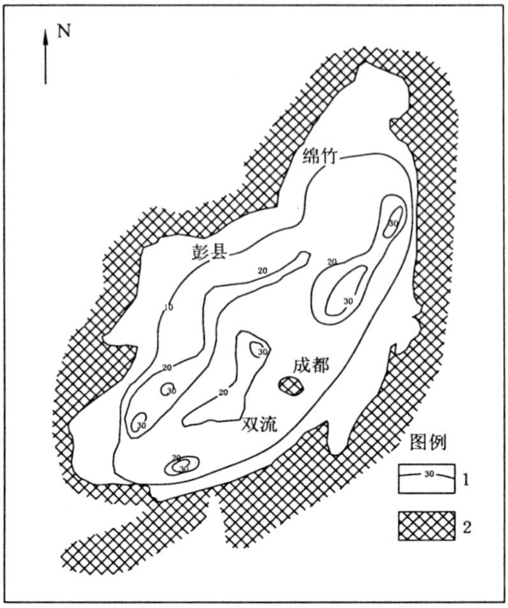

图 8-6　含水层等厚线图（据四川省地质矿产勘查开发局）

1. 含水层厚度等值线；2. 基岩

(包括总矿化度图、氯离子、硫酸盐、总硬度等值线图)；③不同目的水质评价分区图（如饮用水、灌溉用水等)。

3. *编图主要内容*

水化学图编制通常是将地下水化学类型及矿化度两个内容放在一张图上，这样更能反映出地下水化学成分的特点、形成及其水化学成分的变化规律。水化学图反映地下水化学成分的以下几个特点：反映调查区地下水的化学类型及矿化程度特征；反映地下水化学类型及矿化度与调查区构造、岩性、地貌及水文地质条件关系变化规律；反映地下水水化学成分的形成过程（包括地下水矿化类型与矿化度变化规律的相互关系、地下水与地表水的相互作用联系等)。在上述基础上，按照水化学的特点，进一步分析地区地下水的形成条件和水化学作用的方向。

(1) 按一定地下水化学成分分类方法，表示出地区内的各种不同地下水化学类型和它们的分布情况。

(2) 用等值线表示出不同的矿化程度及其分布情况。

(3) 用箭头表示出地下水的主要流向。

(4) 将地区的主要地表水体（河流、海洋、湖泊）和水文地质现象（沼泽、湿地、盐渍化等）标示在图上，并指出水化学类型与矿化度。

(5) 标出主要居民点和控制性水样点。

4. *图件内容的表示方法*

(1) 水化学类型的分区及其表示方法。将水化学类型分成区及亚区，区的划分原则是按主要阴离子进行划分，如 HCO_3^- 水区、SO_4^{2-} 水区、Cl^- 水区，或者分为 HCO_3—SO_4 水区、

HCO_3—Cl 水区等；亚区则根据次要阳离子进行划分，如 HCO_3—CaNa 水、HCO_3—NaMg 水等。

浅层地下水水质可采用不同色调表示水化学类型，如 HCO_3^- 水区用浅绿色、SO_4^{2-} 水区用浅红色、Cl^- 水区用浅黄色表示；Ca^{2+} 用平行垂直线、Mg^{2+} 用平行斜线、Na^+ 用平行横线条表示。

盆地地下水化学垂直分带类型可以采用不同颜色的符号或线条表示出淡水、微咸水、咸水及盐水等。含有特殊组分的矿泉点，可以采用红色化学符号表示，如氟（F）、锂（Li）、硫化氢（H_2S）、碘（I）、溴（Br）等。

（2）矿化度的表示方法。矿化度是反映水质情况的重要指标，等级应按国家统一规定，并结合不同目的和地区实际情况进行划分；矿化度在图上用等值线表示，也可用与地层时代相同颜色的不同线条和不同方向反映地下水水质类型，即矿化度的等级（图 8－7）。圈定时必须考虑水文地质环境；等值线间距应按矿化度等级确定；下伏含水层的水质可用底色法和区域法相结合的方法（与双层结构含水层表示方法相同）表示，也可在控制性水点中阐明。

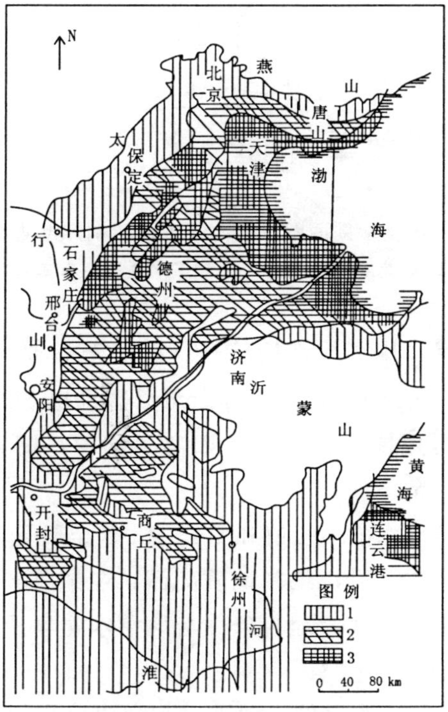

图 8－7　地下水矿化度图

1. 浅层地下水矿化度＜1g/L，为淡水；2. 浅层地下水矿化度为 1～2g/L，为微咸水；3. 浅层地下水矿化度＞2g/L，为丰咸水

5. 水化学剖面图的编制

水化学剖面图的编制目的是为了使研究者更清楚地看出地下水化学成分在不同深度上变化的特征，可以进一步研究地下水矿化度的形成、分布规律以及元素的迁移特征等。

水化学剖面图一般选择在比较典型的地段（最好是能横切地质构造线或纵切洪积扇，能反映出水文地质作用的方向）编制。在剖面图上，除反映地质特征和水化学成分外，还应将地下水的运动方向、补给和排泄关系、泉的出露形式、采样点的位置等标示在图上。

水化学剖面图可以用来综合地观察地下水矿化作用与地质条件的关系等。根据剖面上元素含量的异常部分分析，可以对水化学异常作出合理的解释。水化学剖面图的编制方法：在横坐标上根据一定比例尺记下采样点或钻孔，在右侧纵坐标上表示地下水的矿化度值(g/L)，将各个钻孔水质分析的矿化度值用断线相连，可反映出矿化度变化规律；在左侧纵坐标上根据一定比例尺记下各离子的含量（用 mg/L 表示），先记下各个钻孔阴离子的含量，自下而上标记为：HCO_3^-、SO_4^{2-}、Cl^- 等（图 8－8）。

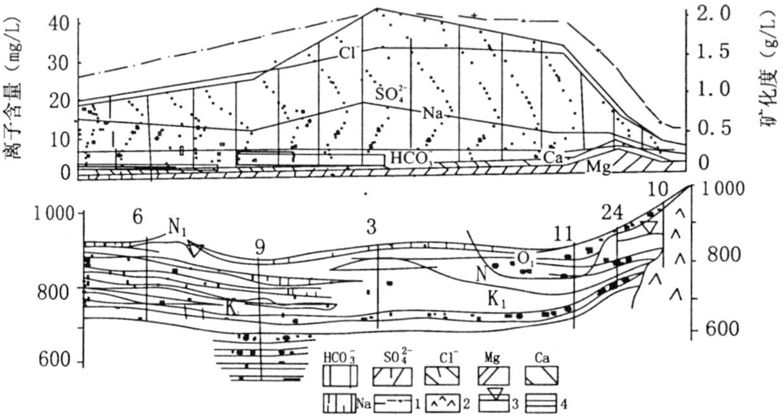

图 8－8　水化学剖面图（据内蒙古地质矿产勘查开发局）

1. 矿化度；2. 基岩；3. 地下水位；4. 砂砾石

对钻孔中各离子的含量点，用实线连接起来。在横坐标轴与 HCO_3^- 线之间的面积可用线条或颜色加以区别表示 HCO_3^- 的含量。同样，可以区别出 SO_4^{2-}、Cl^-、NO_3^- 等含量。将阴离子的剖面图绘制好后，再用同样方法记下阳离子的值，阳离子的含量可自下而上标记为：Ca^{2+}、Mg^{2+}、Na^+、K^+ 等。

在此剖面上方还可以再绘出水的 pH 值和 Cu、Zn 等金属元素的含量曲线。

在整个水化学剖面图的下方，可以编制地质剖面，在地质剖面上要记下钻孔位置及地下水的水位和实验成果，以反映出岩性、地貌条件与地下水化学成分关系。

6. 编制地下水化学图应注意的问题

(1) 勾划界线时首先应考虑地质条件、地下水化学成分在雨季前后的变化及人为因素的影响。如石灰岩地区地下水水化学类型常为 HCO_3—Ca 型水、花岗岩地区常为 HCO_3—Na 型水、地下水的补给地区常为重碳酸钙镁或钙钠型水、排泄区因蒸发排泄常为高矿化的氯化物或硫酸型水、滨海地区常为氯化物水等，故可以通过综合分析勾划出合乎实际情况的界线。

(2) 勾划界线过程中发现异常地段，要分析异常产生的原因，属于自然因素的则勾出一定范围，属于人为因素或水质分析的误差，均应说明。

(3) 各种界线不宜穿切地表水体。界线勾绘完后，应对照原始资料进行审查、校对。

(4) 将地表水体用浅蓝色表示在图上，如果此地表水体已进行了水化学分析，对其结果应予以表示。

思考题

1. 水文地质图的概念及其分类方法分别是什么？
2. 水文地质图的图面包括哪些要素，在图面的设计中，分别具有什么要求？
3. 实际材料图、第四纪地质平面图应具有哪些内容？
4. 简要叙述富水性等级的划分。
5. 什么叫做综合水文地质图？简要叙述如何编制水文地质柱状图。
6. 地下水埋藏深度图编制的目的和主要内容有哪些？

第九章　水文地质勘查报告编写

第一节　水文地质勘查报告编写的基本要求

水文地质勘查报告是水文地质勘查工作全部成果的体现，利用它可以阐述勘查区的水文地质规律和进行区内地下水资源评价，对地下水资源的开发利用、保护与管理作出科学论证。它是工业布局、农田基本建设、国防建设和科学研究工作的基础资料；同时，它也可以为建立水文地质数据库、实现水文地质资料社会共享、建设水文地质空间信息分析系统奠定基础。

水文地质勘查报告一般由文字说明、附图、附表及必要的附件组成。文字内容与水文地质图件相辅相成，是对水文地质图表的进一步说明和补充，报告应阐明地下水的形成条件、特征和分布规律，突出表现各种类型的地下水富集程度、埋藏条件和水质，对地下水资源进行计算和评价，还必须密切结合工作目的、联系生产实际，从水文地质角度对工作地区国民经济建设长远规划、城镇供水、农业发展、水利建设以及国防建设等提出具体意见，并对地下水资源及其开发前景作出评价；附图应包括主要的基础图件和综合图件；对区内测量成果、钻孔资料、水样分析结果等资料，一般用附表形式表现；附件为某些专题研究资料、水文地质参数计算方法、勘查资质和合同等。水文地质勘查报告必须数字化，以便于使用和资料更新、补充、修改；所有水文地质勘查报告都应有纸质和光盘两种载体。

水文地质勘查报告要求针对性强、精选材料、抓住核心问题；内容真实准确、论据充分、重点突出，力求文字通顺、条理分明、简明扼要、结论明确、文图一致；要尽可能采用代表性插图、镶图、剖面图、图表、分析曲线、素描、照片等辅助方法，丰富报告内容，减少文字说明。编图使用的资料应准确，应采用规范的方法、步骤和统一的图例，客观地反映勘查成果；图面负担应当合理，重点突出、层次分明、避让得当、图面清晰、颜色协调、界线准确，实用易读；水文地质条件复杂、研究程度高的地区，可以将综合性图件分解，编制单要素图；平面图、剖面图、柱状图互相印证；图例说明应简单扼要。

编制水文地质勘查报告是水文地质勘查工作系统的重要阶段和组成部分（图 9－1），也是一项综合研究和评价地下水资源的重要工作过程，是为国家建设提供地质资料的重要手段。报告编写是一项综合性、研究性很强的工作，要用辩证唯物主义的观点和方法，对现场搜集到的大量第一性实际资料进行认真地分析，找出其规律，系统地综合起来，使报告具有科学性。报告要充分利用已有资料，特别是最新资料，经过分析研究，系统、全面、准确地阐明水文地质条件和规律，并对地下水资源作出评价。

第二节　水文地质勘查报告编写提纲

水文地质勘查报告应根据工作目的、工作范围及地质条件等具体情况按相应勘查规范要求的提纲进行编写。下面对提纲的一般内容进行说明。

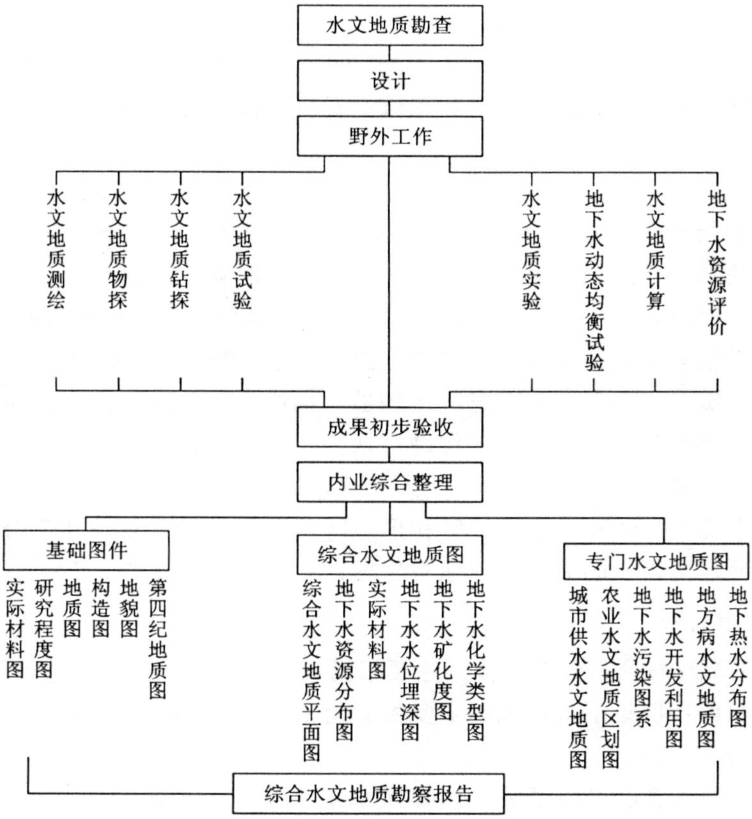

图 9-1　水文地质勘查系图

一、文字说明

（一）序言

（1）目的与任务。根据本地区特点与具体情况，阐明上级下达任务书所明确的勘查阶段，工作意图和规划要求。查清主要的地质、水文地质问题，结合工农业建设，在普查工作中要注意所解决的问题，包括地理坐标与行政区划、图幅编号，名称、面积，并附交通位置图。

（2）自然、经济地理。主要概述地区地势、气候、水系、雪线、土壤、植被等自然条件，以及自然灾害情况与工农业生产情况，如需水情况、农牧业情况、水利规划与水利化程度及工农业的发展规划。

（3）水文地质研究程度。着重地评述本区主要的水文地质工作成果以及有关这方面的参考文献。前人成果较多的地区应附研究程度图。

（4）工作完成概况。主要说明开工及完工时期、队伍组织情况、开动钻机类型与台数、完成的实际工作量（附工作量一览表）以及施工质量和存在的问题；对机井或生产井资料搜集和利用情况、钻孔的探采结合情况及实际效果等。

（二）影响地下水形成的自然因素

（1）气象、水文。着重分析本区气象、水文的多年观测资料，特别是多年月平均及年平均降水量资料，主要河流月平均与年平均径流量资料，指出枯水期与丰水期及地震前后水文变化情况等。

（2）地层。阐明地层分布情况及其主要特征，对地层描述要突出重点。对重要含水层组应详尽的论述，分析岩性、岩相的变化、上下地层接触关系，并附必要的典型剖面、素描或照片。对分布范围较小、无重大水文地质意义的地层仅作概略说明。

（3）构造。分析构造体系与断裂系统，阐明构造裂隙的特点与发育规律。附典型的断裂或褶皱剖面、裂隙统计图和构造体系纲要图，图中应标识断陷或坳陷盆地。

（4）第四纪地质。重点阐明第四纪地质构造，如阶地、盆地、冲洪积扇、大型河谷等。对各种沉积物成因类型进行描述并对时代进行划分，要注意对冰川问题进行研究等。要附典型剖面图或照片、素描。

（5）地貌。主要阐明地貌的成因类型和形态特征及地貌发展史，注意分析地貌与岩性、构造以及新构造运动等因素的关系。附地貌略图、地貌剖面、素描图及照片。

（三）水文地质特征

（1）地下水的赋存特征与分布规律。主要根据本区地层、地貌、构造以及气候、水文等有关自然条件，概略阐明地下水形成的主要控制因素，以及在不同地貌、地质条件下，地下水的赋存特征与分布规律。

（2）地下水类型与含水岩组划分。主要按地下水类型分别阐明各类含水岩组的埋藏条件、富水性、水质、水动力特征。一般可分以下内容描述：松散岩类潜水及承压水、碎屑岩类孔隙裂隙承压水、碳酸盐岩类裂隙岩溶水、基岩裂隙水。有的地区也可划分为平原地区水文地质与基岩山区水文地质进行描述。要注意不同地貌、岩性与构造条件下富水性的变化，合理划分富水等级；同一含水岩组在不同地段，其富水等级可以有所不同。

对松散岩类孔隙水，可按潜水、承压水分别论述，也可按全新统及上、中、下更新统分别描述。要阐明含水层的结构、岩性、厚度、分布范围、埋藏深度、潜水位或承压水位、动态变化、涌水量与水的化学成分以及含水层之间的水力联系，并合理划分富水等级，应附反映含水层结构的典型剖面和有关钻孔抽水资料等。

对碎屑岩类孔隙裂隙水构成的自流盆地，着重阐明盆地构造、补给区、承压区与自流区的范围，岩性特征与承压含水层的埋藏条件（包括顶板与水头埋深）；综合分析钻孔涌水量和泉流量资料，阐明构造、岩性、补给条件等因素对含水层富水性的控制，并在此基础上合理划分富水等级。应附必要的构造剖面图与有关插图。

对岩溶水应分析岩溶的发育规律，结合泉或暗河的枯季流量及枯季径流模数对其富水性作出评价。要充分利用水文站、气象站、水库等多年观测资料进行水文分析，计算地下径流模数，作为评价富水性的主要依据。对大泉及重要暗河均要详细论述。应附大泉及暗河分布图和一览表，以及各种典型剖面与分析图表。

对基岩裂隙水应分析裂隙的控水作用，分别论述构造裂隙和风化径流模数，划分富水等级。

对断裂带脉状水发育地区，要在分析断裂系统及其力学性质的基础上，详细论述充水断裂与非充水断裂的主要特征以及充水断裂脉状水的富集规律。

（3）地下水的补给、径流、排泄条件。主要阐明补给区、径流区与排泄区的分布情况，分别论述垂向补给与测向补给途径。垂向补给方面，应结合动态观测资料，着重论述降水、河流、渠系等对地下水的补给关系。排泄方面应详细论述泉的排泄量。注意分析排入河流或湖泊的地下水径流量以及水面蒸发与潜水蒸发。地下水大量开发地区，包括农业用水、城市用水、工业用水，要注意搜集开采量的资料。详细论述地下水与地表水的相互转化关系，分析由于修建水库等人为因素对地下水补给产生的影响。

（四）地下水资源计算与评价

是水文地质勘查报告的重点部分之一，主要阐明地下水的天然资源与开采资源的计算与评价。

1. 地下水资源计算

（1）计算分区的方法和依据。

（2）计算方法的选择和依据。

（3）主要参数的选取。

2. 不同地区地下水资源计算

（1）平原地区——计算依据，天然资源和开采资源。

（2）丘陵地区——计算依据，天然资源（裂隙水、岩溶水、孔隙水可分别计算）。

（3）全区地下水资源（天然资源及开采资源）的分布规律。

3. 天然资源的评价

（1）首先进行计算方法和参数的评价。

（2）阐明地下水、地表水、大气降水“三水”转化关系，地下径流的垂向补给，越流补给与大气降水入渗补给的关系。

（3）进行天然资源保证率计算。

4. 地下水开采资源评价

（1）评价地下水开采资源计算方法的可靠程度，并进行开采资源保证程度的计算。

（2）依照工、农业、城市供水及国防建设发展规划对地下水资源的需求量，结合本地区实际情况，进行供需平衡预测，并评价地下水开发后引起的生态平衡转化关系。

（3）进行开采地下水的经济概算。

（五）环境水文地质

（1）阐明地下水化学基本特征及水平和垂直分布规律。分析水质变化因素及其与地貌、岩性、埋藏条件和经济条件的关系。

（2）进行地下水化学特征与有关地方病因的探讨。

（3）按国家规定的各种用途的水质标准进行不同目的的水质评价。

（4）阐明地下水污染原因及其防治途径，根据调查资料进行污染分类。阐明地下水污染物来源、污染途径，并进行污染水文地质计算，提出预防和改造地下水污染的措施。

（5）阐述地下水咸水的分布、形成特点，提出咸水的利用和改造意见。

（6）地下热水与矿泉水。主要阐明地下热水与矿泉水出露情况、形成及埋藏条件、矿泥或泉华沉积、水温在水平或垂直方向的变化、水质特征、矿泉或钻孔流量及泉动态、矿水利用情况与开发前景。应附矿泉分布图、水温等值线图、指示性离子等值线图、钻孔中水温随深度变化曲线图以及剖面图等。

（六）地下水动态及其变化规律的预测

（1）根据资料占有情况，列章或列节阐述地下水动态形成的主要因素。

（2）阐明本区地下水动态特点，并进行地下水动态变化规律的预测。

（3）阐述地下水水位、水质、水温动态变化规律，进行季节、年、多年动态预测。

（4）进行动态均衡分析计算。

（七）地下水开发利用

（1）根据地貌条件和水文地质特征，包括含水层的岩性、层数、埋深、厚度、砂层百分比、单井出水量、潜水面埋深、承压水水头高度、水质及灌溉面积等进行水文地质分区。也可按灌区类型分区，如井灌区、泉水灌区、河水灌区和井渠合灌区等。亚区再按含水层富水性划分，突出富水地段。

（2）进行地下水开发方案的经济概述，并进行方案对比。

（3）地下水开采规划，包括井灌区规划和管井布局方案，具体地提出地下水开采方式和集水建筑物的设计，水井的类型、结构、宜井深度、井位、井径、井数、合理井距、打井工具、提水工具、水泵的类型、规格、卧泵深度及井孔取水段的位置等。

（4）有关合理开采利用地下水的措施与建议，在哪些地区集中开采，哪些地区分期分批建井，什么地区搞井渠结合和人工回灌，采用哪些改造利用咸水增加地下水补给资源的措施，以及地下水资源的管理和保护意见，对地下水动态长期观测工作提出建议。

（八）结论

要针对本区主要水文地质问题，提出结论性意见。对重点地区关键性的水文地质问题，提出具体看法，阐述结论要有针对性，不同地区应有所侧重，例如，关于地下水资源与开发利用前景和资源保护意见、关于岩溶地区暗河开发利用意见、对水质有关的地方病及地下水污染的环境地质工作意见、对进一步开展水文地质勘查工作的意见等。

最后说明编写报告参考过的重要著作、论文、已出版或未出版的地质报告等参考文献，将其按时间顺序列出。

二、报告的附图、附表

（一）水文地质勘查报告的主要附图

水文地质勘查报告的主要附图有：实际材料图，地质图及第四纪地质图，地貌图，勘查工程平面布置图，钻孔综合柱状图，综合水文地质柱状图，勘查线剖面图，综合水文地质剖面图，地下水资源图，水文地质图，综合水文地质图，地下水化学图，地下水环境图，地下水资源开发利用图，河水水位、流量历时曲线图，降水量历时曲线图，地下水动态长期观测曲线图，井泉调查和水土分析成果综合图，其他专门性图件，如等厚线、等深线、等水位（压）线、物探图件等。

（二）水文地质勘查报告的主要附表、附件

水文地质勘查报告的主要附表有：水文、气象资料图表，井（泉）调查表，水质分析成果统计表，颗粒分析成果统计表，地下水动态观测图表，抽水试验综合成果图表，地质钻孔综合成果表册，各类采样测试、鉴定分析、实验汇总表，地下水水源地（包括开采的和已评价的）汇总表，地下热水、矿水汇总表及其他表格。

对报告中涉及而又不能详尽讨论的专门问题，以专项报告作为附件。水文地质勘查报告的主要附件有：水文地质空间数据库及数据库说明书或建设工作报告，遥感解译、物探、测试、监测、水资源计算过程，矿泉水水源地卫生保护区的水文地质条件论证报告、水质及卫生保护方面的专项报告等专项报告，专题科研成果报告，其他如勘查单位资质证书、勘查合同、评审文件等。

实际编写报告时，应根据勘查阶段、水文地质条件的复杂程度和需水量大小及各类规范的具体要求，对以上提纲的内容进行合理的增删。

三、编写勘查报告的注意事项

1. 勘查报告应在各项综合分析全部勘查资料的基础上编写

报告内容应该有论据、有分析、有建议，力求简明扼要，文字通顺，条理分明；除了定性的分析以外，应尽量有定量的分析。凡能采用图表来表示者，应尽量采用图表形式。凡各种重要地质现象，均应采用各种插图加以说明，以减少文字叙述。

2. 报告的文字组成及一般要求

报告由封面、扉页、正文等组成。正文是报告的核心，叙述要清楚，层次要清晰，文字要简练，名词术语要统一。

(1) 名词术语、符号、量纲均应符合有关标准规范的规定。

(2) 计量单位一律用法定计量单位。

(3) 报告章节统一编号。正文可用章、节，以下用一、(一)、1、1)、(1)，也可章用1、节用1.1、小节用1.1.1等。

(4) 标点符号要按新闻出版总署公布的“标点符号使用方法”准确使用。

(5) 表格。表序号可写在表右上面，按章或节编写，如表3-1-1表示第3章第1节第1个表。

(6) 插图。图序号写在图的下面，按章、节编号，如图2-1-1表示第二章第1节第1张插图。

3. 报告提纲的使用原则

(1) 上述报告提纲为大型水文地质勘查项目的报告提纲，对中、小型项目可根据具体情况予以删减。

(2) 如因需要或技术委托书要求，可编写专门技术报告，如物探报告、测量报告等。

思考题

1. 水文地质勘查报告应具有哪些要求？简要叙述报告文字部分包括的内容。
2. 在地下水地质特征中应说明哪些内容？
3. 地下水资源的计算有哪些？地下水开采资源评价有哪几个方面？
4. 水文地质勘查报告的结论主要的内容有哪些？
5. 水文地质勘查报告的主要附表和附图有哪些？

第十章　各类专门性的水文地质勘查简述

不同种类的水文地质勘查，在勘查目的、勘查阶段划分及任务与要求、勘查技术手段选择、勘查设计编制、采样、地下水资源评价、勘查报告编制内容等方面有较大的差异。下面简述区域水文地质调查、供水水文地质勘查、水利水电工程水文地质勘查及其他领域水文地质勘查等。

第一节　区域水文地质调查

一、区域水文地质调查概述

区域水文地质调查是指中小比例的综合性水文地质调查，亦称综合水文地质调查。其调查目的主要是为国民经济建设和某项国民经济的远景规划提供水文地质依据。有时，这种调查也可能是为某项水文地质勘查任务提供区域性的水文地质背景资料。区域性水文地质调查的主要任务是，概略查明区域性宏观的水文地质条件，特别是区域内地下水的基本类型及各类地下水的埋藏分布条件，地下水的水量及水质的形成条件，以及地下水资源的概略数量。

区域水文地质调查的范围一般较大，可达数千平方千米。具体范围视任务需要而定，可以是某个自然单元、一个或几个较大的水文地质单元，也可以是某个行政区域。目前我国中比例尺地形图和数字地理底图数据库，已由过去的 1∶20 万改为按国际 1∶25 万分幅进行，全国新一轮区域水文地质调查也以 1∶25 万比例尺为主，故现以 1∶25 万区域水文地质调查为例进行介绍。

二、区域水文地质调查的基本要求

（一）调查区选择和范围确定

1∶25 万区域水文地质调查区的选择要根据国民经济建设的战略布局和需要，结合地区水文地质条件与研究程度确定，优先考虑国民经济与社会发展对水资源急需的地区，以及自然因素或人类作用下已经产生严重环境地质问题的地区。调查范围一般按照区域地下水系统确定。

（二）调查原则

(1) 应充分运用遥感（RS）、全球定位系统（GPS）、同位素水文地质、数值模拟、地理信息系统（GIS）等技术方法，采用资料搜集、遥感解释、水文地质测绘、物探、钻探、水文地质试验、地下水动态监测、取样测试、模拟分析、综合研究等手段。

(2) 要充分搜集与调查区气象、水文、土地利用、地质、水资源开发利用、环境地质、社会经济现状和发展规划等有关的资料，并进行分析整理、综合研究，重视资料的再开发利用。

(3) 应以地下水赋存和补给、径流、排泄条件为重点；加强对地下水的资源、生态与环境功能进行评价，以提出区域地下水资源可持续开发利用方案为目标。勘查深度应达到有开发前景的含水层（组）底板。

(4) 调查的工作方法和工作量应根据调查区水文地质研究程度和水文地质条件复杂程度结合调查区在国民经济发展中的地位、环境地质问题的严重性以及地下水资源开发利用前景综合确定（表 4－2）。

（三）调查工作阶段

区域水文地质调查一般可分为以下六个阶段。

(1) 准备阶段，搜集整理有关资料，进行野外踏勘，了解区内水文地质背景条件和存在的主要问题，明确主要调查内容和重点问题。

(2) 设计编制阶段，按照任务书的要求编写总体设计和年度工作方案，设计评审、审批。

(3) 调查实施阶段，按照批准的勘查设计开展工作。

(4) 综合研究阶段，根据获取的资料开展综合研究。

(5) 成果编制、评审、审查阶段。

(6) 成果复制、资料归档阶段。

三、调查内容与要求

（一）基础地质调查

1. 地形地貌调查

调查地貌类型及其分布、高程、形态、成因、时代、物质组成与地貌单元间的接触关系；调查研究地形地貌与地下水的形成、埋藏、富集、补给、径流、排泄的关系。

2. 地层岩性岩相调查

(1) 调查地层层序、地质时代、成因类型、岩性岩相特征、产状、厚度和分布及接触关系。

(2) 前第四系地层单元的划分应按含水层系统结构特征确定。一般碎屑岩和碳酸盐岩类宜划分至统或亚统（组）；变质岩划分至界或群，含水岩组应划分至组或段；岩浆岩宜按岩类结合构造运动期划分。具有特殊水文地质意义的岩层应单独划分。沉积岩和变质岩应记录层序时代、岩性、颜色、粒度成分、矿物组成、结构构造、孔隙和裂隙性、风化特征、地层厚度和地层接触关系。

(3) 第四纪松散堆积层地层单元应在成因类型基础上划分至统或组。应记录松散层的成因、时代、岩性、颜色、粒度成分、矿物组分、结构构造、孔隙裂隙孔洞发育特征、密实程度、透水性和含水性。

(4) 观测和记录沉积岩岩相古地理研究的环境标志，如物质成分、结构构造、原生沉积构造、古生物化石等，确定岩相类型和分布规律，分析沉积相与地下水及其水质形成的关系。

3. 地质构造调查

在搜集和分析已有资料的基础上，了解工作区大地构造单元部位、区域构造和新构造运动特征。通过遥感解译和地面调查，调查地质构造类型、性质、产状、规模、分布、形成时代、活动性及其水文地质意义。

（1）调查褶皱构造的类型、形态、规模，组成的地层岩性和产状，次级构造类型、特征和分布，储水构造类型、规模和分布。

（2）调查断裂的类型、力学性质和活动性，级别、序次，影响的地层，断层构造岩分带及断层的水理性质。

（3）调查构造裂隙的类型、力学性质、发育程度、分布规律，裂隙充填情况，构造裂隙与地下水储存和运动的关系。

（4）调查研究对地下水形成具有控制作用的大型构造和主干断裂。

（二）地下水调查

1. 地下水类型、含水层、隔水层调查

（1）调查地下水类型及分布，地下水埋藏条件，含水层岩性、导水性及水力性质，地下水水质，分析地下水的赋存和富集规律，圈定富水地段和富水层位。调查包气带的厚度、岩性、空隙特征、含水率及地表植被状况。

（2）调查泉的类型、位置、出露条件，含水层、补给来源，泉的流量、水温、水质，搜集或访问泉水动态及利用情况等信息，对于大泉（岩溶泉、溢出带泉群等）应调查泉域范围或主要补给区（或补给源），选择代表性泉进行泉水动态监测。

2. 地下水补给、径流、排泄调查

（1）调查地下水的补给来源、补给方式或途径、补给区分布和补给量；地下水的径流条件、径流分带规律和流向；地下水的排泄形式、排泄途径和排泄区（带）分布；不同含水层之间、地下水和地表水之间的水力联系。

（2）调查地下水人工补给区的分布、补给方式和补给层位，补给水源类型、水质、水量、补给历史，地下水水位、水温、水质动态及存在的问题。

（3）应统测枯水期区域地下水位，绘制地下水等水位线和埋藏深度图。

（4）应选择有利地段进行地表水测流，计算地下水与地表水之间的补给与排泄量。

3. 地下水系统边界条件调查

调查确定区域性地下水系统的空间分布，调查确定外部边界和内部边界的类型、性质与位置，调查研究人类活动对边界条件的影响。

4. 地下水人工调蓄调查

调查已建的和宜建设的地下水人工调蓄工程的位置、范围和建库条件，估测调节库容量。

5. 地下水开发利用调查

（1）调查开采井的位置、数量、密度及出水量变化。

（2）统计地下水开采量在不同地下水系统、不同开采层位及行政区域的分配特征。

（3）调查统计地下水年开采总量和各含水层（组）的开采量。

（4）调查地下水利用状况，分别调查统计工业用水、农业用水、生态用水和生活用水量。

（5）地下水开采历史和现状，地下水开采量和地下水位、水质的动态变化。

（6）调查地下水开采诱发的环境地质问题。

（7）调查地下水取水工程的类型与效率，同时调查与地下水有关的地表水开发利用历史和现状，其内容包括：实测河川引水灌溉量、天然灌溉量，河川径流量的变化；径流期和断流期河流水质和被污染状况；库塘修建时间、位置、调蓄库容；引水工程、引水渠道长度、分布；渠道引水量、渠道衬砌工程、渠道有效利用系数；地表水灌区分布、范围、面积；地表水灌区（或井渠混合灌区）每年渠灌次数、定额、单位面积年灌水量、灌溉方式、节水措施和节水前景。

（三）气象水文调查

搜集调查区及周边地区的降水量、蒸发度、气温、湿度、冻结深度及暴雨等气象资料。调查地表水系、水库、湖泊等地表水体的分布；搜集主要河流的流域面积、径流量、流量、水位、水质及水温资料；调查水库、湖泊的容量、水质。

（四）水文地质条件变化与环境地质调查

调查调查区近20年来地下水的补给、径流、排泄条件、水化学条件等的动态变化特征，调查其变化原因，及其与地下水开发及环境影响的关系。

从地下水可持续开发利用角度，调查天然环境引起的和人类活动产生的不良环境地质问题。主要包括与地下水开发利用有关的地质环境问题、水环境问题和生态环境问题。重点调查区域地下水位下降、地下水资源衰减、地面沉降、地裂缝、海（咸）水入侵、生态环境恶化、水质污染、土地盐渍化、沼泽化、地方病等，调查其分布、规模（或程度）、危害、形成条件及产生原因。

四、调查技术方法与要求

区域水文地质调查的技术方法从资料搜集入手，选择遥感技术、水文地质测绘、物探、钻探、抽水试验、地下水均衡试验、同位素技术、地下水动态监测及水、土、岩样分析实验等，各方法的具体要求见表10－1。

表10－1　区域水文地质调查技术方法要求

调查技术方法	要求
资料搜集	根据调查工作的目的、任务与要求，有针对性地系统搜集基础地质、水文地质、遥感与地球物理勘探、气象水文、环境地质、地下水开发利用、国民经济现状、发展规划及其对水资源的需求等有关资料，经初步分析整理，掌握调查区地质概况、研究程度和存在的水文地质问题，为设计编制提供依据
遥感技术	应尽可能选用多种类型、多种时相的航天、航空遥感影像、数据；遥感解译工作应先于水文地质测绘；野外检验应与水文地质测绘紧密结合；有条件时可根据影像信息和借助计算机技术判别影响降水入渗、蒸发的因素和土壤湿度、地表植被覆盖类型，定量或半定量求取相关水文地质参数；对特殊影像，应选定重点地段进行多时相遥感资料的动态解译分析；对各种地质界线，一般应采用追索法在图像中连续圈定；遥感（RS）解译应与GPS、GIS联合用于编制影像地图，实现地质信息的可视化和虚拟再现
水文地质测绘	以地面调查为主，对地下水和与其相关的各种现象进行现场观察、描述、测量、编录和制图
物探	应根据调查任务的需要，结合工作区地形、地貌、探测对象的物理条件和几何尺度以及交通等工作条件，确定地面物探方法和仪器设备；对水文地质钻孔均应进行水文物探测井
钻探	应在遥感解译、水文地质测绘和充分利用以往勘查孔资料的基础上，根据地质资料，合理布置勘查线和勘查网；有目的地布置钻孔并一孔多用以满足查明水文地质条件、开展地下水资源评价和其他专门任务的需要

续表 10-1

调查技术方法	要求
抽水试验	对所有水文地质钻孔均应进行分层或分段抽水试验；根据试验目的、任务、含水层的结构、水力性质以及试验条件等选择抽水试验类型；原则上按非稳定流抽水，一般宜采用完整井型并用水泵抽水，出水量测量需采用标准堰箱或孔口流量计，抽水孔须下入测水管；动水位测量可采用自计水位仪或电测水位仪
地下水均衡试验	地下水均衡试验场地的位置应选择在具水文地质代表性并能取得均衡要素资料的典型地段；试验方法可根据试验精度要求和试验条件选用地中渗透仪法或零通量面法；通过试验获取降水入渗补给系数、潜水蒸发系数、灌溉水回渗补给系数、含水层给水度等资料
同位素技术	通过采取地下水同位素样品测定地下水的年龄，研究“三水”的转化关系和地下水的形成、演化规律及地下水的补给、径流、排泄条件
地下水动态监测	通过布置监测网对地下水水位、水量、水质、水温、环境地质问题以及气象要素等进行监测；当研究地表水体与地下水关系时，还应包括地表水体的水位、流量、水质的监测
水、土、岩样分析实验	采样进行水质简分析、全分析或专项分析，为水质评价和制定保护地下水资源的策略等提供依据；采集必要的岩土样品进行鉴定、测试和化学分析，为划分岩土类型和研究岩土化学成分对地下水化学成分形成的影响及研究地下水形成条件、地下水资源量评价等提供地质参数

五、地下水资源评价的基本要求

1. 地下水水质评价基本要求

地下水水质评价应在调查地下水的物理性质、化学成分、卫生条件和变化规律基础上，结合水文地质条件进行分区、分层、分质评价。地下水水质评价属区域性的水质评价包括地下水常规供水水质评价和地下水质量评价。地下水常规供水水质评价包括生活饮用水水质评价、农业与生态用水水质评价和工业用水水质评价。

2. 地下水资源量评价的基本要求

区域地下水资源量评价包括地下水补给资源、储存资源和开采资源的计算以及开采条件的分析。地下水资源量计算的方法应根据调查区水文地质条件确定，宜选择数值法、水均衡法、解析法、数理统计法等几种适合于调查区特点的方法进行计算和分析对比，得出符合实际的结论。地下水资源量计算应充分发挥地理信息系统的强大空间数据操作优势，宜将 GIS 技术与地下水流数值模拟相结合。

六、区域水文地质调查成果

（一）基本要求

综合利用各类资料，充分反映区域水文地质调查所取得的成果，形成区域水文地质调查报告。要求阐明区域水文地质条件，正确划分地下水系统，宜建立水文地质模型，科学评价地下水资源；阐明调查区存在的主要环境地质问题。成果必须数字化，以便于使用和资料更新、补充、修改；所有成果都应有纸质和光盘两种载体。

（二）成果主要内容

1. 文字报告

(1) 前言。包括任务来源、目的任务和意义，任务书编号及其主要要求，项目编码、工作起止时间。工作区以往地质研究程度及地下水开发利用现状和规划。调查工作过程以及完成的工作量，调查工作质量评述，本次调查工作的主要成果或进展。

(2) 地理位置、社会经济发展与水资源。

(3) 地下水形成的自然条件。包括气象水文、地形地貌、地质构造、地质发展史、新构造运动特征等。

(4) 水文地质。包括地下水系统与含水层系统划及分边界条件，地下水储存条件与分布规律，地下水类型或含水岩组特征，地下水补给、径流、排泄条件，地下水水化学特征与水质评价，同位素水文地质，地下水成因，地下水富水地段等。

(5) 环境地质。包括与地下水有关的环境地质问题的类型、分布、形成条件与产生原因以及发展趋势预测。

(6) 地下水资源评价。包括评价原则、水文地质概念模型与数学模型、计算方法、水文地质参数确定，天然资源量计算、可开采量计算及其保证程度论证，地下水质量评价，地下水开发利用条件分析，地下水开采现状及开采潜力评价，开采方案与开采量，地下水开发环境效应评价。

(7) 地下水可持续开发利用方案与水资源保护。在全面分析各开采方案地下水的补给保证程度和可能产生的环境地质问题的基础上，提出地下水可持续开发利用方案与水资源保护方案。

(8) 结论和建议。包括调查工作主要成果，合理利用和保护地下水资源与生态环境的建议，本次工作存在的问题，下一步工作建议。

文字报告可以根据工作区实际情况增加有关内容。例如，地下热水、矿水、矿产资源、岩相古地理、岩溶发育规律，主要城镇供水水文地质条件，高氟水的形成条件与分布规律，调查经费使用情况等。

2. 附图

主要包括地下水资源图、综合水文地质图、地下水水化学图、地下水环境图、地下水资源开发利用图及其他图件［如地貌图、地质图、基岩地质图、地下水等水位（压）线与埋藏深度图等］。

3. 附件

区域水文地质空间数据库及数据库说明书或建设工作报告；遥感解译、物探、测试、监测、水资源计算等专项工作报告；专题科研成果报告等。

4. 原始资料

野外调查记录本、记录表（或卡片）；野外调查手图、实际材料图；地质钻孔综合成果表册（包括本次施工的和搜集的）；各类采样测试报告、鉴定分析实验报告和汇总表；气象、水文资料汇总表；地下水动态监测成果汇总表和动态曲线图；地下水水源地（包括开采的和已评价的）汇总表；地下热水、矿水汇总表等。

第二节　供水水文地质勘查

供水水文地质勘查是以地下水作为供水水源，通过各种手段，查明勘查区地下水资源的水文地质条件和人类活动的影响，进行地下水质与量的评价，确定合理的可开采量，并对它的发展趋势作出预报，为地下水合理开发和科学管理提供基础资料的水文地质勘查工作。

在供水水文地质勘查工作开始前，必须明确勘查任务和要求，搜集分析现有资料，进行现场踏勘，提出勘查设计或纲要；然后进行勘查工程的施工管理和原始地质编录搜集资料；野外工作结束后，应编写供水水文地质勘查报告。水文地质勘查工作的内容和工作量，应根据水文地质条件的复杂程度、需水量的大小、不同勘查阶段、该地区已进行工作的程度和拟选用的地下水资源评价方法等因素，综合考虑确定。本节主要内容是城镇和工矿企业的供水水文地质勘查。

一、供水水文地质勘查的目的、任务和工作内容

1. 供水水文地质勘查的目的

供水水文地质勘查的目的在于查明勘查区地下水的赋存规律、地下水资源、地下水开发利用条件，为水源地的选择和地下水资源合理开发与保护提供依据。供水水文地质勘查的重点是：圈定富水地段，选择供水水源地；评价地下水的可开采量和水质；研究与相邻水源地的关系；论证地下水合理的开采方案，预测水源地开采后可能产生的环境地质问题及其防治措施。在 20 世纪 70 年代以前，我国供水水文地质工作主要是寻找和评价地下水资源，只要能为各种用水部门找到足够可用的地下水资源，就达到了目的；到了 20 世纪 70 年代之后，由于我国很多地区不合理地开发利用地下水，引发了一系列的环境恶化问题，供水水文地质勘查工作的目的不仅是寻找与评价地下水资源，还要为开发、保护与管理地下水资源提供依据，而且后者占有愈来愈重要的地位。

2. 供水水文地质勘查的具体任务

(1) 查明勘查区的水文地质条件、地下水开采情况和污染情况，确定地下水源的开采层位和开发地段。

(2) 评价地下水资源，即评价地下水的水质和水量，提出允许开采量，并预测开采后地下水量、水位、水质动态的变化。

(3) 为地下水资源开发、保护和管理提供水文地质依据。

(4) 预测开发地下水资源可能出现的环境地质问题，并提出科学的对策及预防措施。

总之，应为取水工程设计（如选择取水工程类型、工程布局及工程结构等），提供所需的水文地质资料。

二、供水水文地质勘查的供水方式

按取水工程的规模、开采方式和开采强度等，可将供水方式分为集中式连续性供水、分散式间歇性供水、零星供水三种类型。它们对水文地质勘查工作的要求各异。

1. 集中式连续性供水

城市和大型厂矿企业的供水属此类型。其特点如下。

(1) 开采量常常很大（每日数万到数十万吨），在单位面积上的开采强度（开采模数）也很大。

(2) 开采井群一般都在相互干扰下连续运行；对水量的保证率要求很高（一般要求大于95%）。

(3) 对水质的要求也很严格。

(4) 为了便于管理和节省建设投资，常常是将取水工程集中布置于含水层（带）的某一地段上，进行大降深、大流量的取水。

(5) 其开采影响范围大，一般都涉及整个含水层的边界。

鉴于这种供水方式开采规模巨大及其在保证人民生活和生产正常秩序中的重要性，对该类供水工程的水文地质勘查工作，必须严格按照规范规定的勘查程序和勘查工作量进行。要求对水源地及其所在水文地质单元的水文地质条件进行全面、深入地研究，以便正确选择开采层位和开采地段，对水资源数量作出可靠结论，对地下水水质作出全面评价，为制定合理的开采方案、水源地卫生防护措施、地下水开采动态监测系统的布置提供所需的水文地质依据，并对开采地下水可能引起的环境地质问题作出预测和提出防治措施。

2. 分散式间歇性供水

平原地区农田灌溉和草原牧业供水属这种类型。其特点如下。

（1）在大范围内间歇性（或季节性）的大量取水。

（2）对供水保证率的要求不高，一般为75%。

（3）水质要求也不如集中式连续性供水类型高。

（4）为了减少输水渠道的渗漏损失，取水井常常是大致均匀地布置在含水层分布的整个范围内，就地开采就地灌溉。

这种开采方式，在一个点上的开采强度可能不大，但由于井数很多，故总开采量仍然很大。其开采影响范围仍将涉及含水层的边界。鉴于该类取水方式的特点，只要做到开采量和区域水资源的年平衡或多年平衡，即可保证取水工程的正常运行。因此，该类供水工程的水文地质勘查工作的主要任务是：查明区域水文地质条件，对区域地下水资源做出正确评价，并与水利部门合作，共同订出区域内各类水资源的合理调配方案及合理开采地下水井点布局方案；对开采地下水可能引起的环境地质问题，也必须作出预测，并提出防治措施。

3. 零星供水

属于这类供水方式的有缺水山区的人、畜饮用水，山区丘陵的灌溉用水，需水量不大的厂矿或村镇用水。其特点是总需水量不大（每日数百到三千吨），一般只需1～3口水井即可满足需水量要求。对这类供水方式，水文地质勘查工作的特点是：勘探和开采工作常常结合进行。在查明供水点附近岩性、地质构造、地下水补给条件的基础上，结合已有水文地质勘查或水井资料，即可圈定出富水带范围，确定具体井位，并可探采结合成井。

三、不同水源地供水水文地质勘查的要求

水源地的类型划分有以下几种方法。

（1）根据水源地供水规模即可开采量，可将水源地划分为四级（表10-2）。

表10-2　水源地规模分级［据《供水水文地质勘察规范》(GB 50027—2001)］

水源地规模	分级标准，可开采量（$10^4 m^3/d$）
特大型水源地	＞15
大型水源地	5～15
中型水源地	1～5
小型水源地	＜1

注：小型水源地供水规模下限可根据各地具体条件制定。

（2）根据地下水的类别、含水层结构、地下水补、径、排条件及水质特征，对地下水勘查的难易程度等，可将水源地划分为“三类九型”（表10-3）。

表 10－3　水源地勘查难易程度分类

［据《城镇及工矿供水水文地质勘察规范》（DZ 44—1986）］

类型		水文地质特征
孔隙水类	简单型	浅埋的单层或双层含水层，岩性、厚度比较稳定或有规律的变化，补给条件较好，水质简单
	中等型	双层或多层含水层，岩性、厚度不很稳定，补给条件与水质比较复杂
	复杂型	埋藏较深的多层含水层，岩性及厚度变化较大，补给条件不易搞清，水质复杂或咸、淡水相间，开采后易与咸水层或海水发生水力联系
岩溶水类	简单型	地质构造简单，可溶岩裸露或半裸露，岩溶发育比较均匀，地下水补给边界条件简单
	中等型	地质构造比较复杂，可溶岩埋藏较浅（一般小于 50m），岩溶发育不均匀，地下水补给边界条件较复杂
	复杂型	地质构造复杂，可溶岩埋藏较深，岩溶发育极不均匀，地下水补给边界条件复杂
裂隙水类	简单型	含水层比较稳定，补给条件及水质较好，埋藏条件比较简单，一般为浅层层间承压水或强烈风化带潜水
	中等型	含水层不稳定，地质构造、补给条件及水质较为复杂，一般为深埋并断续分布的多层层间承压水或断裂带脉状水
	复杂型	地质构造复杂，含水层（带）分布极不均匀，一般为构造裂隙水或断裂带脉状水

（3）根据含水层的类型、特征及分布情况，可将水源地划分为“四类十三型”，各类型水源地除查明一般水文地质条件外，还应根据各自的特点有针对性地查明相应的专门水文地质问题（表 10－4）。

表 10－4　水源地水文地质类型

［据《城镇及工矿供水水文地质勘察规范》（DZ 44—1986）］

类型		分布地区	各类型水源地应查明的水文地质问题
孔隙水类水源地	山间河谷型	狭长山间河谷地区	①河谷与河谷阶地的类型、分布范围，河道的分布范围，河流水文特征；②山区地下水对河谷地下水的补给作用；③地下水与河水在不同的河谷地段和不同时期的相互补排关系；④河水补给地下水途径、补给带宽度、河床沉积物结构，对多泥沙河流还应尽可能确定淤积系数
	傍河型	具有常水头河流的傍河冲积平原地区	
	冲洪积扇型	山前冲积、洪积倾斜平原及山间盆地冲积扇、洪积扇地区	①山前冲洪积扇和掩埋冲洪积扇的沉积结构、分布范围及水文地质条件；②山区与平原的接触关系、山前断裂与坳陷对冲洪积扇的形成作用，调查本流域范围内的山区水文地质条件及山区河流与地下水对平原地下水的补给特征；③地下水溢出带的分布范围、溢流量
	冲积、湖积平原型	山前冲积、洪积倾斜平原至滨海平原之间的宽阔平原及大型盆地中部地区	①不同成因类型、不同河系堆积物的沉积关系，岩相特点及水文地质特征；②确定古河道、古湖泊的分布范围；③咸水体的空间分布范围及咸水体与淡水体的接触关系；④第四纪陆相与海相堆积物的接触形式
	滨海平原型	滨海平原地区	①海岸性质、海滨变迁、海水入侵范围及潮汐对地下水动态的影响，确定地下水、河水与海水之间的水力联系和补排关系；②三角洲的面积、河流冲积层和海相沉积层的空间分布位置，尽可能查明三角洲的形成时代和变迁情况；③咸、淡水层的空间分布范围，天然或开采条件下的补、排转化关系
	河口三角洲型	河流入海口及内陆湖口三角洲地区	

续表 10-4

类型		分布地区	各类型水源地应查明的水文地质问题
岩溶水类水源地	裸露岩溶型	碳酸盐岩类大片或块段出露地区	①可溶岩与非可溶岩的界线及分布范围，圈定地下河补给区，大致确定地下水分水岭的位置及其变动情况；②地下河的分布及其大致轨迹；③地下河“天窗”、溶洞深潭、季节性溢洪湖、落水洞、洼地、干谷、地下河出口以及地表水消失和再现等岩溶地质现象；④基本查明岩溶管道、洞穴、溶孔的发育规律及充填情况，查明岩溶发育程度及垂直分带；⑤调查地质构造、地层岩性、地形地貌、河流水文等因素与岩溶发育的关系，查明有利于岩溶水形成的地层层位，褶皱部位和断裂带等富水地段；⑥调查岩溶大泉的形成条件及主要控制因素，确定岩溶大泉的泉域范围、泉流量及泉水下游的地下水排泄量；⑦选择典型地段分别在旱季、雨季和洪峰期进行连通试验，以查明地下河连通情况和地下水的流向、流速、流量以及岩溶水在各通道之间、岩溶水与地表水之间的相互转化条件和补给关系；⑧对大型洞穴应进行专门调查与测量
	隐伏岩溶型	岩溶地层大部分被其他地层覆盖地区	①盖层类型（松散层或碎屑岩类盖层或双重盖层）、分布及厚度、盖层中的含水层与下伏岩溶含水层之间的关系，以及岩溶水的水力特征；②岩溶发育的主要层位、深度及其发育特征，着重研究地质构造与岩溶发育的关系；③确定主要岩溶洞穴通道的大体空间分布位置、充填情况、岩溶水的富集规律与边界条件；④当隐伏岩溶区相邻的补给区或排泄区为裸露岩溶时，应利用邻区水文地质资料，综合分析补给与排泄条件，作为该区岩溶水资源评价的依据；⑤岩溶矿区，应充分搜集矿区水文地质资料，研究供、排结合的可能性
裂隙水类水源地	红层孔隙裂隙型	主要指三叠纪以后、以红色为主夹有杂色薄层的泥岩、砂岩、砾岩分布区	①红层中的溶蚀孔洞发育规律，以及砂岩、砾岩岩层的分布、厚度及富水性；②浅层孔隙裂隙潜水富集部位；③褶皱、断裂及裂隙对地下水富集规律的控制作用
	碎屑岩裂隙型	指侏罗纪以前的以砂岩、页岩为主的地层分布区	①软硬相间地层组合情况及其中硬脆性岩层的厚度及裂隙发育程度，确定其局部富水地段，查明单一硬脆性岩层的断裂构造富水带；②可溶岩夹层的分布、溶蚀程度，确定其富水性；③不整合面和沉积间断面上出露的泉及其裂隙富水带
	玄武岩裂隙孔洞型	主要指新生代玄武岩分布区	①各期玄武岩顶气孔带、底气孔带、原生柱状裂隙、大型孔洞的发育特征和空间分布规律及含水性能，各喷发间断期的沉积物特征及分布规律；②玄武岩裂隙、孔洞发育层与凝灰岩等隔水层接触带富水情况
	块状岩石孔隙裂隙型	主要指火成岩、片麻岩、混合岩分布区的风化带、接触带、断裂带	①风化壳的性质、深度、分布规律和含水性能，确定具有一定汇水面积的富水地段；②岩浆岩围岩接触蚀变带的类型、宽度、破碎情况和裂隙发育程度及其富水情况；③脉岩的岩性、产状、规模、穿插关系、透水性以及脉岩迎水面裂隙带和脉岩与断裂相交部位的富水程度；④断裂带与节理密集带的产状、规模、充填及富水情况
混合类型		两种或两种以上水源地类型分布区	

四、供水水文地质勘查的勘查阶段划分

不同供水种类对勘查阶段的划分略有不同，不同勘查部门也制定有不同的勘查规范，但划分阶段的基本原则是相同的。各部门对各阶段的具体要求不尽相同，各种规范的内容也是随勘查工作的发展和科技进步而在不断地修改、完善。

（1）按《供水水文地质勘察规范》（GB 50027—2001），可将供水水文地质勘查工作划分为普查、详查、勘探和开采四个阶段，各阶段的任务和精度的要求见表 1－1。

（2）据《城镇及工矿供水水文地质勘察规范》（DZ 44—1986），供水水文地质勘查是在区域水文地质普查的基础上进行的。勘查工作分为前期论证、初步勘查、详细勘查和开采四个阶段，其勘查精度应满足相应供水设计阶段的要求。

a. 前期论证阶段。在搜集与分析已有水文地质资料和调查地下水开发利用现状的基础上，概略计算地下水资源，进行供需平衡分析，圈定具有供水前景的富水地段，必要时，对具有供水前景的富水地段进行水文地质调查和勘探，初步查明其水文地质条件。提供的地下水资源应满足 D 级级别的要求，为城镇和经济区的规划、大型建设项目总体设计（预可行性研究）以及厂址选择提供水源依据。

b. 初步勘查阶段。为特定的供水目的，对富水地段进行比较，选择供水水源地。要求基本查明区域水文地质条件，初步评价地下水资源，对兴建集中供水水源地的可能性作出评价，确定布置水源地的有利地段及详细勘查工作的内容和方法。提供的地下水资源应满足 C 级级别的要求，为建设项目的初步设计（可行性研究）提供地下水源依据。

c. 详细勘查阶段。在初步勘查工作的基础上选定的或根据已有资料论证适宜兴建供水水源地的地段，并已列入国家计划或有对口单位需要时，应进行详细勘查工作。要求在详细查明水文地质条件的基础上，主要通过钻探、试验等手段，对地下水开采技术条件、长期开采的保证程度作出可靠的评价，建立并初步论证地下水渗流的解析模型或数值模型，预测开采期间地下水资源的变化趋势、开采后对邻近已建水源地的影响，以及可能产生的环境地质问题，为设计项目编制水源地的技术设计提供依据。提供的地下水资源应满足 B 级级别要求。

d. 开采阶段。对中型以上水源地，在开采过程中，验证地下水资源，查明扩大水源的可能性；针对出现的水量减少、水质恶化以及不良工程地质现象等问题，进行专门调查研究，必要时辅以勘查、试验等手段；继续完善地下水动态监测系统，利用开采过程中地下水动态资料及补充勘探、试验资料，计算地下水 A 级资源，提出调整地下水开发方案及水资源保护措施；在条件具备时，建立地下水管理模型及数据库。

对一个开发建设地区的供水水源进行宏观规划时，一般应进行前期论证工作，但对某一具体建设项目，可以不进行本阶段的工作。小型水源地及水文地质条件简单、研究程度较高、水源地已基本确定的中型以上水源地，其初步勘查和详细勘查可合并进行。为扩建水源地所进行的补充水文地质勘查工作，应达到详细勘查阶段的精度要求。

五、供水水文地质勘查对勘查手段及其工作量的要求

供水水文地质勘查工作一般采用遥感、水文地质测绘、物探、钻探、水文地质试验、地下水动态观测以及水、土及岩石的分析鉴定等综合手段。但因其勘查地区不同，所采取的勘

查手段也不同。在资料较少或者没有开采的一般地区，往往应完成一个完整的勘查工作程序；而在已经开采的地区，一般只要进行补充工作。其具体内容如图 10－1 所示。

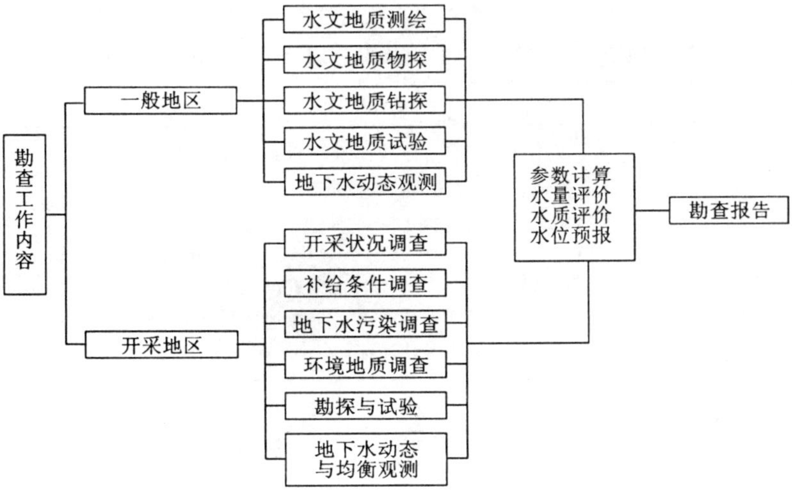

图 10－1　供水水文地质勘查工作内容框图

［据《地下水资源管理培训教材》（水利部水资源管理中心，2008）］

根据不同水源地类型、不同勘查阶段、不同水文地质条件，因地制宜地、有所侧重地选用勘查手段。应尽量利用系统工程和先进技术，以提高勘查精度，减少工作量。对不同手段的工作内容和要求可参照相应的规范（表 10－5）。

表 10－5　不同勘查阶段的勘查手段及工作内容

［据《城镇及工矿供水水文地质勘察规范》（DZ 44—1986）］

阶段	遥感	测绘	物探	钻探	水文地质试验	动态观测
前期论证阶段	搜集卫星图像、航空相片等遥感图像，进行室内水文地质解译，编制水文地质解译图	利用已有 1∶20 万、1∶10 万水文地质勘查成果和其他地质资料，有目的、分重点地进行地面踏勘；对有供水前景的地段，根据需要作少量水文地质调查	搜集、分析、整理地面物探和测井资料	若地区研究程度不能满足规划要求，可布置少量钻孔	若计算参数不能满足规划要求，可做少量抽水试验	搜集地下水动态和水文气象资料，利用已有井、孔、泉和地表水测流点进行动态观测
详细勘查阶段		根据需要对水源区进行补充水文地质测绘	少量补充性物探工作	布置群孔干扰抽水试验孔或试验性开采抽水孔及观测孔	进行群孔干扰抽水试验或试验性开采抽水试验，根据需要补充单孔及多孔抽水试验	在初步勘查基础上健全地下水观测网点
开采阶段		专门性水文地质调查	专门性地面物探和测井工作	专门性钻探	试验性开采抽水试验和其他专门性试验，如模拟试验、开采技术研究、地下水污染机理问题研究等	继续地下水和地表水的长期观测工作，建立地下水动态预报模型，并建立与专门性试验有关的观测工作

供水水文地质勘查工作区范围，对中型以上水源地可参照表 10－6 执行，小型水源地可根据供水目的和需水量而定。

表 10－6 中型以上水源地勘查工作区范围

［据《城镇及工矿供水水文地质勘察规范》（DZ 44—1986）］

勘查阶段	比例尺	测绘范围	勘查范围
前期论证阶段	1∶20 万～1∶5 万	根据城市、经济区或建设项目总体规划方案或设想，结合水文地质条件确定，应尽量包括完整的自然单元	
初步勘查阶段	1∶5 万～1∶2.5 万	前期论证阶段中确定的若干个富水地段所在的完整水文地质单元，平原地区可根据具体水文地质条件确定	主要在富水地段，必要时，在相邻水文地质单元布置少量勘探孔，以查明边界条件
详细勘查阶段	1∶2.5 万～1∶1 万		初步勘查阶段选定的水源地，宜大于预计地下水开采漏斗影响范围

1. 对水文地质测绘的基本要求

供水水文地质勘查主要用于前期论证和普查（或规划选址、初步设计）阶段，而详查和开采阶段，除地质条件极为复杂的基岩区外，一般都无需再投入测绘工作量。水文地质测绘的技术定额应根据勘查阶段、目的、任务、水文地质条件的复杂程度和研究程度合理安排，不能平均使用。以解决水文地质问题为前提、满足相应勘查阶段的精度要求为准则，不能单纯追求工作量。

水文地质测绘的范围应适中，过大会造成浪费，过小则难以查明区域条件，满足不了水资源评价或设计需水量的要求，以致延误工期。测绘范围的大小，取决于需水量的大小、当地水资源丰富程度及供水勘查阶段（表 10－7），一般应包括一个完整的水文地质单元（或地下水系统），若估算水量不能满足所需，应再扩大。当需水量不大、含水层延伸范围广阔时，可据估计的开采影响范围（开采补给范围）来确定。

2. 对物探的基本要求

地面物探工作一般在初步勘查阶段进行，在详细勘查阶段只作些补充工作。工作量可参照相同比例尺的物探规程、规范执行。物探方法在供水勘查中主要被用于以下几个方面。

（1）在水文地质测绘中，可以用各种地面电法探测隐伏地质体及各种地质界面；也可用重力、磁力和地震勘探方法探测覆盖层厚度、基底起伏和基底断裂。此外，航空物探技术也可用于供水勘查，如用红外技术寻找和圈定地下水分布区、海湖底的冷水和淡水泉眼、有热异常的污水体和河渠两侧的淡水体。恰当地选用一些物探方法，不仅可减少野外工作量，还可提高测绘成果的精度和地质推断的可靠性。

（2）用某些物探方法寻找地下水源、确定含水层和富水带位置、为布置钻孔或布井提供可靠依据，常有其他方法所不及的效果。

（3）将各种物探测井技术与钻探配合，能可靠地划分钻孔岩性剖面，确定含水层（带）、岩溶和裂隙发育带、地下咸淡水界面位置。

（4）用物探方法测定含水层的某些水文地质参数效果较好，如地下水的流速和流向、地下水的矿化度、钻孔流量、抽水井的影响半径及岩层孔隙度等。

物探方法虽然能够解决许多水文地质问题，但由于各种物探方法受到客观条件的一定限制，其成果解释往往有多解性，因此，还应与其他钻探、试验方法配合使用。水文地质人员还必须与物探人员共同合作，才能取得较好的效果。

对物探的实测资料，应结合地质条件进行综合分析，提出物探成果和相应的水文地质解释。

3. 对钻探的基本要求

钻探工作在供水水文地质勘查中占有最重要的地位，是最费时、费资金的工作，也是能否以较少的投资获得水文地质资料的关键。因此，对钻探工作必须慎重布置，精心设计。钻孔的布置，宜在水文地质测绘和物探的基础上进行，应能查明勘查区水文地质条件，取得有关水文地质参数和评价地下水资源所需的资料。在集中供水勘查的不同阶段，钻孔布置最主要的原则如下。

在普查、城市规划设计或厂址选择阶段，钻探工作的主要任务是：用少量钻孔，查明区域内水文地质条件总的变化规律，对区内可能的富水层位、地下水资源总量及其开采前景作出概略的评价。勘查线应沿着区域内水文地质条件变化最大的方向布置；在确定钻孔位置时，要以能揭露区域内最有希望的含水层（带）为目的。

在详查或初步勘查阶段，钻探工作的任务是为不同取水方案（或水源地）对比提供水文地质资料。为达到此目的，钻探工作量只能分散布置在几个可能的富水地段，钻孔主要应布置在水量有代表性和控制意义的地段上。当不需要进行方案对比时，钻探的任务是为了确定开发地段的范围，这时，可按拟定地下水资源评价方法的要求布置钻探工作。

在勘探或详细勘查阶段，钻探工作的主要任务是获取已定水源地地下水资源评价及取水工程设计所需的水文地质资料。本阶段是投入钻探工作量最多的阶段，布置的钻孔要为地下水资源评价时建立水文地质概念模型提供所需资料，应在计算区内布置多条勘查线，了解水位、含水层结构和参数的变化规律。在含水层的边缘也应有适量的钻孔，以确定边界位置和性质。在补给地段也须布置钻孔或勘查线，以便计算地下水的补给量。

4. 对抽水试验的基本要求

抽水试验工作是获得地下水水量计算所需资料的关键。随着勘查阶段的深入，抽水试验工作的地位愈来愈重要，其要求和取得参数的精度也愈高。某些勘查项目的大型群井抽水试验，常常要延续数月，花费大量的资金。因此，供水勘查人员必须慎重布置此项工作。

在初步勘查阶段，凡有一定供水意义的含水层（带），或同一含水层的不同富水地段，均应布置一定数量的抽水试验。一般用单孔抽水试验即可，并在钻孔中进行。

在详细勘查阶段，一般要求凡揭露了含水层的所有钻孔均应做抽水试验。为取得可靠的水文地质参数，应尽量多做多孔抽水试验。为满足地下水资源评价和取水工程设计的需要，还要开展群孔干扰抽水试验。

抽水试验的具体工作量，在一些规范中均有详细规定（表 10－7）。对抽水试验孔的布置，应在布置钻孔设计工作时一并考虑。只有在钻孔不能满足抽水试验的特殊要求时，才设计专门的抽水试验钻孔。

表 10－7　抽水试验工作一览表

［据《城镇及工矿供水水文地质勘察规范》（DZ 44—1986）］

<table>
<tr><th>勘查阶段</th><th colspan="2">试验类别</th><th>孔隙水</th><th>岩溶水</th><th>裂隙水</th></tr>
<tr><td rowspan="4"></td><td rowspan="2">单孔抽水试验</td><td>抽水钻孔占控制性钻孔（不包括观测孔）数的百分比（%）</td><td>＞60</td><td colspan="2">凡具有供水价值和对参数计算有意义的钻孔均应抽水</td></tr>
<tr><td>稳定时间（h）</td><td colspan="3">8～24</td></tr>
<tr><td rowspan="2">多孔抽水试验</td><td>抽水孔组数</td><td colspan="3">每个有供水价值的参数区至少 1 组</td></tr>
<tr><td>最短延续时间（d）</td><td>7</td><td colspan="2">10</td></tr>
<tr><td rowspan="6">详细勘查阶段</td><td rowspan="3">群孔干扰抽水</td><td>抽水孔组数</td><td colspan="2">1</td><td></td></tr>
<tr><td>总抽水量占提交可开采量的百分比（%）</td><td>＞30</td><td>＞50</td><td></td></tr>
<tr><td>最短延续时间（d）</td><td>10</td><td>15</td><td></td></tr>
<tr><td rowspan="3">试验性开采抽水</td><td>抽水孔组数</td><td colspan="2">1*</td><td>1</td></tr>
<tr><td>总出水量</td><td colspan="3">接近需水量</td></tr>
<tr><td>最短延续时间（d）</td><td colspan="3">30（枯水期进行）</td></tr>
</table>

注：* 凡做了群孔干扰抽水试验的水源地，可不做试验性开采抽水试验。

5. 岩（土）样分析工作量

对松散层地区的取芯孔应取粒度分析样。每个中型以上水源地尽量选取一两个钻孔采集孢粉、微体古生物、古地磁等分析样品。对基岩地区，每个中型以上水源地应选一两个钻孔采集岩石镜下鉴定样品；可溶岩应同时采取岩石化学分析样品。

6. 地下水动态观测

地下水动态观测范围应大于勘查区的范围。观测孔密度可按表 10－8 的规定执行。观测孔尽量利用已有钻孔或其他水点，必要时可布置专门地下水动态观测孔。

表 10－8　地下水动态观测孔密度（个/km²）

［据《城镇及工矿供水水文地质勘察规范》（DZ 44—1986）］

<table>
<tr><th rowspan="2">勘查阶段</th><th rowspan="2">孔隙水</th><th colspan="2">岩溶水</th><th rowspan="2">裂隙水</th></tr>
<tr><th>裸露岩溶型</th><th>隐伏岩溶型</th></tr>
<tr><td>初步勘查阶段</td><td>0.30～0.50</td><td>0.05～0.20</td><td>0.03～0.10</td><td>0.05～0.20</td></tr>
<tr><td>详细勘查阶段</td><td>0.30～0.50</td><td>0.20～0.40</td><td>0.10～0.30</td><td>0.20～0.40</td></tr>
<tr><td>开采阶段</td><td>0.20～0.40</td><td>0.10～0.30</td><td>0.10～0.40</td><td>0.10～0.30</td></tr>
</table>

注：供水水文地质勘查工作量，应根据水源地水文地质类型及水源地勘查难易程度分类来确定，简单型取工作量下限定额、复杂型取上限定额、中等型取中间值。

7. 同位素技术

同位素技术在供水水文地质勘查中有以下几个方面的用途。

（1）利用同位素技术分析地下水的循环机制。测定地下水中同位素（主要常用氘、氚、^{18}O）的含量及其分布规律，可以了解地下水的起源、水流动态、含水层之间的水力联系、补给来源及新老水混合程度，以及确定地下水的循环时间等。

（2）根据水体中同位素含量可确定水体的年龄。目前，测定水体年龄的同位素方法有

^{14}C、^{3}H、^{32}Si、^{39}Ar 及 $^{234}U/^{238}U$ 法等，其中只有 ^{3}H 和 ^{14}C 两种方法比较成熟，其余方法还处于探索阶段。

(3) 利用同位素研究地下水中溶质运移的机制（地下水化学成分示踪）。某些同位素在多孔介质水体中运移时具有成分不变且可测性较好等特点，故可用它们作示踪剂，圈定地下水的污染范围，测定含水层的弥散系数及孔隙渗透速度等溶质运移参数。目前，使用较多的有 ^{131}I、^{82}Br、^{60}Co 等半衰期短、放射性较低的人工同位素。

六、供水水文地质勘查报告编写

勘查报告是所有勘查工作的最终成果。勘查人员应尽最大的努力，以严肃认真的态度做好勘查报告的编写工作。由于不同勘查种类、不同勘查阶段的目的和任务不同，以及各地区水文地质条件的差异，因而很难给出通用的报告提纲。根据《供水水文地质勘察规范》（GB 50027—2001），供水水文地质勘查报告书应包括下面的内容。

（一）文字报告部分

序　言

①说明任务的来源及要求；②简要评述勘查区以往水文地质工作的程度及地下水开发利用的现状和规划；③概述勘查工作的进程以及本次勘查所完成的工作量。

第一章　自然地理及地质概况

①概述勘查区的地形和地貌条件；②简述气象和水文特征；③叙述地层和主要地质构造的分布及特征。

本部分应侧重叙述与地下水的形成、补给、径流、排泄条件，以及与地下水污染有关的内容。

第二章　水文地质条件

①叙述含水层（带）的空间分布及其水文地质特征；②阐述地下水的补给、径流、排泄条件及其动态变化规律；③叙述地下水的水化学特征、污染现状及其变化规律；④说明拟采含水层（带）与相邻含水介质及其他水体之间的水力联系状况。

第三章　勘查工作

结合地下水资源评价方法的需要，论述勘查工作的主要内容及其布置，提出本次勘查工作的主要成果，并评述其质量和精度。

第四章　地下水资源评价

①论述水文地质参数计算的依据，正确计算所需的水文地质参数，论述水文地质条件概化和数学模型的建立；②水量计算，计算地下水的天然补给量和储存量，以及开采条件下的补给增量，根据保护资源合理开发的原则，提出相应勘查阶段的允许开采量，论证其保证程度，并预测其可能的变化趋势；③水质评价，根据任务要求，说明水质的可用性，结合环境水文地质条件，预测开采条件下地下水水质有无遭受污染的可能性，提出保护和改善地下水水质的措施；④预测地下水开采可能引起的环境地质问题。

第五章　结论和建议

①提出拟建水源地的地段及主要水文地质数据和参数；②评价地下水的允许开采

量、水质及评价精度；③建议取水构筑物的型式和布局；④指出水源地在施工中和投产后应注意的事项；⑤建议地下水动态观测网点的设置及要求；⑥建议水源地卫生防护带的设置及要求；⑦指出本次工作的不足和存在的问题。

（二）主要附图、附表

主要附图包括勘查工程平面布置图、水文地质图及其剖面图、与地下水有关的各种等值线图、钻孔柱状图及抽水试验综合图；主要附表包括水文气象资料图表、井泉调查表、水质分析成果统计表、颗粒分析成果统计表、地下水动态观测表等。

在编写报告时，还应根据需水量的大小、水文地质条件的复杂程度和勘查阶段，对本提纲的内容（包括文字和图表）进行合理的增、删。

第三节　水利水电工程水文地质勘查

水利水电工程水文地质勘查在一般情况下应与工程地质勘查合并进行。但在灌区、可能发生严重渗漏和大面积浸没的地区、水文地质条件复杂的地区，应进行专门性的水文地质勘查；当施工过程中水文地质条件明显变化并引起相应工程设计方案的重大调整及工程运行期间出现严重水文地质问题时，也可根据需要进行专门性水文地质勘查。水利水电工程区符合下列条件之一，即可被确定为水文地质条件复杂地区：①岩溶发育地区；②含水层多且含水岩组变化大；③地下水补给、径流、排泄条件复杂或地下水位存在明显异常；④地质构造复杂，岩体透水性强；⑤有较高承压水头的承压含水层分布。

水利水电工程水文地质勘查的目的是查明水利水电工程所在区域地下水的赋存条件及运动规律，为水利水电工程的施工安全及正常运行或为病险水利工程的除险加固提供设计依据。

水文地质勘查工作应遵循下列基本程序：搜集分析工程区已有资料；进行现场水文地质工作，包括水文地质测绘、物探、钻探、试验和水文地质巡视、观测、分析预报等；资料整理与技术成果编制。

一、水利水电水文地质勘查的勘查阶段划分

专门性水文地质勘查工作的勘查阶段，应与水利水电工程地质勘查的相关规范的规定一致。据《水利水电工程地质勘察规范》（GB 50487—2008），大型水利水电工程地质勘查宜分为规划、项目建议书、可行性研究、初步设计、招标设计和施工详图设计等阶段；项目建议书阶段的勘查工作宜满足可行性研究阶段的深度要求；病险水库除险加固工程勘查宜分为安全评价、可行性研究和初步设计三个阶段。根据《中小型水利水电工程地质勘察规范》（SL 55—2005），中小型水利水电工程地质勘查应分为规划、可行性研究、初步设计和技施设计四个勘查阶段；地质条件简单的小型工程，其勘查阶段可适当合并；各勘查阶段工作应与相应阶段设计的工作深度相适应。

二、水利水电工程水文地质勘查的目的、任务、内容及勘查方法

下面对水利水电工程中水库区、坝（闸）址区、地下洞室、渠道、灌区、堤防、边坡、

岩溶区水文地质勘查作简要介绍（表 10－9）。

表 10－9　不同水利水电工程区水文地质勘查的目的、任务、内容、方法

［据《水利水电工程水文地质勘察规范》(SL 373—2007)］

种类＼项目	目的任务	勘查基本内容	勘查方法及主要水文地质问题评价
水库区（渗漏、浸没）水文地质勘查	查明水库区水文地质条件，为工程设计提供依据；分析和评价与水库渗漏、浸没等有关的水文地质问题	地形地貌条件，重点是单薄地形分水岭、河间地块、古河道等以及临近库岸的农（林）作物区、建筑物区；地层岩性特征，隔水层、透（含）水层的空间分布及渗透性；地质构造发育特征、渗透性及其与水库的关系；地下水的类型及其补给、径流、排泄条件，地下水位及其动态变化，地下分水岭位置及高程	包括水文地质测绘、钻探、试验、地下水动态长期观测等；对水库渗漏、水库浸没问题的评价
坝（闸）址区水文地质勘查	查明坝（闸）址区水文地质条件，划分坝（闸）址区岩土体渗透结构类型，进行岩土体渗透性分区；分析评价坝（闸）址区可能存在的坝基及绕坝渗漏、渗透变形、坝基基坑涌水等主要水文地质问题，为水工建筑物和防渗、排水工程设计提供有关的水文地质资料及建议	各透（含）水层和相对隔水层的岩性、厚度、渗透性及其空间分布规律，古河道的分布规律及其渗透性；褶皱、断层、软弱夹层、裂隙和岩体风化卸荷带的分布规律及其渗透性，尤其是集中渗漏带的分布特征及其与地表水的连通条件；地下水补给、径流、排泄关系，各含水层地下水位及其动态变化规律，地表水和地下水的水力联系；地表水和地下水的化学特性、环境水对混凝土的腐蚀性评价、环境水对混凝土腐蚀的评价应符合《水利水电工程地质勘察规范》（GB 50287—2008）的有关规定；水文地质边界条件，岩土体渗透结构类型，岩土体渗透性分区；重大工程坝基、坝肩岩体的各向异性渗透特征及其在高水头下的渗透性；对坝基及绕坝渗漏、渗透变形、坝基基坑涌水等水文地质问题进行分析评价，提出相应的工程处理建议；进行坝（闸）址区水文地质观测、施工期水文地质巡视及分析预报，提出对有关问题的处理建议	包括水文地质测绘、物探、钻探、试验、观测与巡视、分析预报与建议等；对坝基及绕坝渗漏问题、坝基基坑涌水问题、坝基土渗透变形问题的评价
地下洞室水文地质勘查	查明地下洞室区的水文地质条件，为工程设计和施工提供水文地质资料及处理建议；预测地下洞室区可能的涌水量、外水压力分布、突水突泥等问题，分析评价工程活动对当地水文地质环境的影响	地层岩性，岩层产状，地质构造，主要断层、破碎带、裂隙密集带的空间分布、规模、性状、组合关系及其与地表溪沟的连通情况；岩（土）层透水性，含水层、汇水构造、强透水带的分布、埋藏条件及其富水性；洞室地段岩溶发育规律，主要洞穴的发育层位、规模、连通与充填情况、富水性；地下水位、水温、水压，地下水动态变化特征，地下水补给、径流和排泄条件，地下水与地表水的水力联系；地下水的化学特性及其对混凝土的腐蚀性、环境水对混凝土腐蚀的评价应符合《水利水电工程地质勘察规范》（GB 50287—2008）的有关规定；预测涌水和突泥的可能性及其对围岩稳定和环境水文地质条件可能的影响，估算最大涌水量；预测可能的外水压力	包括水文地质测绘、物探、钻探、试验、观测与巡视、分析预报与建议等；对地下洞室涌水问题的评价、地下洞室外水压力问题的评价、地下洞室突泥问题的评价
渠道水文地质勘查	查明渠道沿线的水文地质条件；分析和评价渠道渗漏、浸没等水文地质问题，提出预防及处理建议	渠道沿线地形、地貌，地层岩性，岩土体的渗透性，可溶岩地区喀斯特赋水特征；傍山渠道沿线岩土体、构造赋水特征及其对边坡稳定的不利影响；渠道沿线地下水类型、地下水位及其动态变化，地下水与地表水的水力联系，环境水对混凝土腐蚀性；对渠道渗漏、渗漏引起的浸没及盐渍化、渠道开挖涌水等问题进行分析评价；预测渠道运行期间两侧水文地质条件的变化及其对工程和环境的影响	包括水文地质测绘、物探、钻探、试验等；对渠道渗漏问题的评价、渠道浸没问题的评价、渠道开挖涌水问题的评价

续表 10－9

项目 种类	目的任务	勘查基本内容	勘查方法及主要水文地质问题评价
灌区水文地质勘查	查明灌区水文地质条件；对灌区地下水资源进行计算与评价；查明灌区土壤盐渍化、沼泽化现状，分析由于农业开发对地下水环境所产生的影响，提出防治土壤盐渍化、次生沼泽化的建议	水文、气象、农田水利及水资源利用状况；区域水文地质条件及地下水资源量；灌区地形、地貌、地层岩性、地质构造和水文地质条件；主要含水层补给量、储存量和可开采量；根据灌区的发展与规划情况，分析预测潜水位变化趋势；土壤盐渍化的类型、程度及其分布特征；地下水与土壤的水盐动态平衡；分析确定土壤盐渍化的潜水临界深度和地下排水模数；提出地下水开发方式，以及防治土壤盐渍化、次生沼泽化等土壤改良措施的建议	包括水文地质测绘、物探、钻探、试验（抽水、注水、渗水、土样）、对地下水和土壤的水盐动态观测；进行地下水资源评价、土壤盐渍化评价
堤防水文地质勘查	查明工程场区的水文地质条件，为堤防工程设计提供水文地质资料；对可能产生的水文地质问题做出评价，提出预防及处理的地质建议	堤基地质结构，地层岩性，岩土体透水性，基岩区断层破碎带、裂隙密集带的发育特征，堤基相对隔水层和透水层的埋深、厚度、特性及其与地表水的水力联系；堤线附近埋藏的古河道、古冲沟、渊、潭、塘等的分布与性状特征，堤基土洞、岩溶洞穴的分布、规模及充填情况，分析其对堤基渗漏、稳定的影响；已建堤防自建成以来所产生的渗漏、渗透稳定等情况；地下水补给、径流、排泄条件，各含水层地下水位及其动态变化规律，井、泉分布及水位、流量变化规律，地下水、地表水化学特性及其对混凝土的腐蚀性；对堤基渗漏、渗透稳定等问题进行分析评价，提出工程处理建议；对采用垂直防渗的堤段应预测其对环境水文地质条件的影响	包括水文地质测绘、物探、钻探、室内试验及抽水试验、注水试验、压水试验等适宜的原位试验方法；堤基土渗透变形问题的评价、堤基渗漏问题的评价
边坡水文地质勘查	查明边坡地段的水文地质条件；研究分析地下水对边坡稳定性的影响，为工程边坡设计处理提供水文地质资料	各透（含）水层、相对隔水层的岩性、厚度、渗透性及空间分布特征；地下水补给、径流和排泄条件，各含水层地下水位及其动态变化规律，地表水与地下水的水力联系；地下水出露情况，主要包括泉井类型、出露高程、涌水量及其动态变化，勘查洞及天然洞穴内地下水的出渗情况、变化规律及其与周边地质环境的关系；分析评价地表水（包括库水）和地下水活动可能产生的冲刷、溶解、软化、潜蚀、静水压力和动水压力的变化等对边坡稳定性的影响；分析评价降水入渗、泄水雨雾对边坡稳定性的影响	包括水文地质测绘、物探、钻探、试验、观测等
岩溶区水文地质勘查	查明水库及建筑物区的岩溶水文地质条件；对工程场地存在的岩溶水文地质问题进行分析和评价，为工程设计和施工提供处理建议	岩溶地貌发育特征及其与邻近河流之间的关系，可能出现渗漏的低邻谷高程、距离，河弯捷径长度，本河流裂点及下游排泄基准面高程、距离等；新构造运动特点及其对岩溶发育的控制作用，褶皱、断裂性质及空间展布情况；岩溶特征、规模、分布、发育规律，岩溶洞穴类型、规模、充填物及其空间分布规律，延伸性及贯通性，岩溶发育随深度的变化情况等；对岩溶化岩组的分类；相对隔水层的岩性组合特征、厚度、延伸分布及其封闭条件；可溶岩沟通库内、外或坝址上、下游，组成统一的岩溶含水系统情况；岩溶含（透）水层的类型及其富水性、透水性；岩溶水补给源、补给方式和渗流条件、形式；岩溶水流动系统的边界和水文地质结构特征、水动力特征；地下水水位、流量、水质的动态变化规律，地下水分水岭位置、高程；对岩溶渗漏及建筑物区渗透变形问题进行评价，提出防渗处理建议	包括水文地质测绘、物探、钻探、试验、观测等；对岩溶区水库渗漏问题的评价

三、水利水电工程水文地质勘查成果

通过对各类水文地质资料进行系统整理和综合分析，应编制并提供与其工作深度相适应的水文地质勘查成果报告。水文地质勘查成果一般可作为工程地质勘查报告的一部分（篇、章、节）提供，也可根据需要单独编写专门性水文地质问题勘查报告。

作为工程地质勘查报告组成部分的水文地质勘查报告正文，应包括工程（建筑物）区水文地质条件、主要水文地质问题评价、结论与建议等；专门性水文地质问题勘查报告正文，应包括绪言、工程（建筑物）区地质概况、水文地质条件、专门性水文地质问题及评价、结论与建议等。各部分具体内容应根据工程实际存在的问题确定。

水文地质勘查报告中主要附图宜按表 10－10 选择。

表 10－10　水文地质勘查成果附图

序号	图件名称	阶段			
		规划	可行性研究	初步设计	技施设计
1	综合水文地质图		＋	＋	
2	专门性水文地质图			＋	＋
3	坝（闸）基渗透剖面图		＋	√	
4	典型地段（或专门性问题）水文地质剖面图		＋	＋	＋
5	渗透性分区图		＋	＋	＋
6	灌区地下水开采分区图	＋	√	√	
7	灌区土壤盐渍化程度分布图	＋	√	√	

注：“√”表示应提交的附图；“＋”表示视需要而定的附图。

水文地质勘查报告中的主要附表、附件应符合表 10－11 的要求。

表 10－11　水文地质勘查报告附表、附件

图件名称	阶段			
	规划	可行性研究	初步设计	技施设计
水文地质试验成果汇总表		√	√	√
地下水动态监测成果汇总表		＋	＋	＋
水质分析成果汇总表		＋	√	
水文地质物探成果报告	＋	√	√	√
水质分析报告	＋	＋	＋	＋

注：“√”表示应提交的附表、附件；“＋”表示视需要而定的附表、附件。

第四节　其他领域水文地质勘查

一、农田灌溉水文地质勘查

开采地下水作为灌溉用水具有以下优点：①地下水资源比较稳定，年内和年际间变化

小，灌溉保证率高；②井灌工程输水线路短，灌溉水利用率高；③投产时间短，收效快，便于群众自办；④可节省大量的投资。如山西省大同市经过40多年的水利开发建设，现在枯水期各河流的地表径流已经基本利用，此时如再扩大灌溉面积，就必须提高径流的调节程度，如兴建水库、再利用地表水灌溉的基本建设投资为2.25～2.7元/m^2，而利用地下水开发井灌区基本建设投资仅为0.45～0.6元/m^2，两者相差4～5倍。

（一）农田供水水文地质勘查的特点

农田供水的水文地质勘查涉及一些特殊的水文地质问题，与城镇供水水文地质勘查相比，它具有以下特点。

(1) 施行"边打井，边做抽水试验"的探采结合形式。平原地区农田开采地下水一般面积大、分布广且开采时间集中，要求补给快、机泵配套容易、开采费用低等。因此，灌溉开采往往以浅层地下水为主。其水文地质勘查应分为普查阶段、初勘阶段和详勘阶段。井灌区在进行初步设计时，根据井灌规范要求，水文地质调查应做到初步勘探或详细勘探阶段及相应程度的水资源评价，但要做到这一步，需要作大量的水文地质物探、钻探、试验及水资源评价，需要观测大量的水文数据，所需用费用较大，农田水利部门往往无法承担。如大同盆地中部平原区2003年施工的井灌区，灌区控制面积约1 200km^2，如果要做到相应阶段的水文地质勘查工作，所需经费经初步估算为0.8～1.0亿元，农业部门无法解决这笔费用，但是根据农业发展要求又不能推迟地下水的开发，因此，实际工作中是在水文地质普查阶段的基础上，实行边打农田灌溉生产井边做抽水试验的方式，施行采探结合，所打的水井由疏至密，开采量由小到大变化，实行"边开采、边钻探、边试验、边观测、边分析"；同时，对开发区作出地下水资源的评价时，为避免盲目性和不合理的布井和开发，也应实行逐步开采、逐步评价。这样既可为农业生产提前开采地下水赢得时间，又能避免在地下水不知数量的情况下招致严重的超采，造成大面积地下水位下降的局面。

(2) 农田灌溉供水季节性很明显，评价时应以丰补欠。农田灌溉开采地下水与工业开采不同，工业开采全年基本处于均衡状态，而灌溉开采既有季节性又有不均衡性。例如，在干旱季节，地下水的开采量大，而地下水的补给量小；雨季（汛期）地下水补给量多，开采量小，非灌溉期地下水开采量为零。因此，在计算井灌区水量供需平衡时，必须考虑含水层的水量调节作用，以便充分发挥地下水的灌溉效益。

(3) 在进行地下水资源评价时，不能将天然补给量的多少作为评价根据，而应根据开采状态下地下水补给量和消耗量的变化来评价。在天然状态下，平原地区的地下水水力坡降、渗透速度都很小，水平运动缓慢，地下的侧向径流补给甚微，地下水补给来源主要是降雨入渗、地表水体入渗及灌溉水入渗，地下水的主要消耗量只是缘于蒸发，地下水动态属于入渗-蒸发型。其运动特征是垂直补给和排泄，地下水的多年平均总补给量和多年平均消耗量基本处于平衡状态。但当地下水被开采后，就打破了这种平衡，地下水的补给量和消耗量都要发生变化。在地下水埋深较浅的地区，地下水被开采后，地下水位降低，潜水蒸发变小，降雨入渗和地表水体入渗增加。因此，地下水在开采条件下的补给量较开采前（天然补给量）的大，而蒸发消耗量则相反，在开采条件下蒸发量较未开采条件下小。所以，在地下水资源评价时，不能以天然补给量的多少作为评价根据，而应在充分考虑开采条件下地下水补给量和消耗量的变化的前提下评价地下水的允许开采量。

(4) 山丘区和平原区地下水的资源量计算方法截然不同。平原区第四纪含水层较深厚，以垂直入渗补给为主，地下径流迟缓，垂直入渗量可以较长时间滞留在平原区。而山丘区大部分是基岩构成，地下水主要为裂隙水、岩溶水和少部分覆盖的第四纪含水层。基岩区地下水开采条件较差，不能大量开采，只有在河谷的第四纪含水层中才能采到地下水。河谷一般呈条状平缓地形，宽度较小，地下径流坡度较大，降雨入渗和灌溉入渗水量不能较长时间滞留在河谷中，而是很快地流入河道，其地下水资源量主要是河川径流量。因此，在山丘区的河谷或在基岩区以井的形式开采的地下水量，应在山丘区地表水量中按其开采过程扣除，然后再进行地表水的供需平衡计算；山丘区人畜用水，在水文径流计算中由于数量较小一般不需还原，在山丘区水量供需平衡计算中也不需扣除。

（5）地下水和地表水联合应用。一般在干旱季节才利用地下水灌溉；在汛期，当降雨量大、河水多时，一般仅利用地表水灌溉，让地表水在灌溉过程中入渗补给地下水。能全部利用地表水灌溉的年份（丰水年份），可不再抽取地下水，使灌溉水入渗弥补干旱年份被超采的地下水。因此，在进行水量平衡计算时，不能把农作物所需的水量全部作为地下水的开采量，而应从农作物所需的水量中扣除地表水的用量后，这才是需要开采的地下水资源量。

（二）平原地区灌溉需水量的供需平衡计算

1. 地下水补给量的计算

地下水可供水量是指开采区能有多少水补给地下含水层，用补给量表示，开采超过补给，就会造成地下水水位下降，因此开采量不能超过补给量。

进入含水层的补给水量有下列途径：降水入渗补给；区外地下水侧向径流渗入补给；地表水（包括江河、湖泊、水库、渠系）渗入补给；农田灌溉补给；越流补给。

（1）降水渗入补给量。按式（10－1）计算：

$$Q_{降水}=10^3\alpha PF \tag{10-1}$$

式中：$Q_{降水}$——降水渗入补给量，m^3/a；

P——多年平均年降水量，mm，可由水文图集中查得；

F——降水渗入补给面积，km^2；

α——降水入渗系数，如无法求得，可取含水层岩土样颗粒分析，确定岩土类后，查相关手册取经验值。

（2）湖泊、水库、河渠等地表水渗入补给地下含水层的量。按式（10－2）得：

$$Q_{河渠}=KIALT \tag{10-2}$$

式中：$Q_{河渠}$——河渠渗入补给量，m^3/a；

K——渗透系数，m/d，可由抽水试验资料确定；

I——垂直于计算剖面方向上的水力坡度，可由地下水等水位线算出；

A——单位长度河段计算的剖面面积，m^2；

L——计算河段长度，m；

T——渗入补给时间，d/a，为年内河道水位高于岸边附近地下水位的平均时间。

（3）地下水的侧向渗入补给量。按达西定律计算：

$$Q_{地侧}=KIHLT \tag{10-3}$$

式中：$Q_{河渠}$——含水层中地下水的侧向流入量，m^3/d；

K——含水层的渗透系数，m/d；

T——侧向渗入的时间，d；

H——含水层的厚度，m；

I——垂直于计算剖面的水力坡度，可由地下水等水位线算出；

L——垂直于地下水流向的计算剖面的含水层长度，m。

（4）农田灌溉渗入补给量。此值可根据事先已确定的农田灌溉回归入渗系数 β，然后计算出灌溉回归渗入补给量 I_r（$I_r=\beta I_{灌}$，$I_{灌}$ 为灌溉水量，mm），再累计并换算为 $Q_{灌回}$（m^3/a）。一般而言，灌溉回归渗入补给量为灌溉水量的15%左右。

（5）越流补给量。当深层承压水水头高于浅层潜水位时，通过弱透水层的水量即越流补给量可按式（7－20）或利用抽水试验资料求得，再累计为年越流量 $Q_{越}$（单位为 m^3/a）。

（6）总补给量。可按式（10－4）计算：

$$Q_{总补}=Q_{降水}+Q_{河渠}+Q_{地侧}+Q_{灌回}+Q_{越} \tag{10-4}$$

式中：$Q_{总补}$——年均总补给量，10^8m^3。

2．地下水可开采量的计算

可开采量的计算方法很多，有开采模数类比法、开采系数法等。在农田供水中常用平均布井法，即根据当地的开采条件确定单井出水、影响半径、年开采时间，在计算区内进行平均布井，这些井年内开采量可代表本区的地下水可开采量 $Q_{开采}$。其计算式为：

$$Q_{开采}=10^{-8}qNt \tag{10-5}$$

其中：

$$N=\frac{10^6F}{F_s}=\frac{10^6F}{4R^2} \tag{10-6}$$

式中：$Q_{开采}$——年均可开采量，10^8m^3；

q——单井出水量，m^3/h；

N——计算区内平均的布井数（眼）；

t——机井年均开采时间，h；

F——计算区布井面积，km^2；

F_s——单井控制面积，m^2；

R——单井影响半径，m。

但应注意该开采量是本地区总的可开采量，它应为小于地下补给量并扣除已有的人、畜、工业、农业用水，以及考虑今后规划发展迫切需要的用水后的水量，即：

$$Q_{开采}<Q_{总补} \tag{10-7}$$

3．灌溉需水量的计算

利用地下水的农田灌溉可分水田、旱田两部分。在已实行节水喷灌的灌区，旱田的设计灌水定额应根据当地试验资料确定。在缺乏试验资料的地区，可按邻近地区的喷灌试验结合实地调查确定需水量。无试验资料地区可按下列公式计算：

$$m=0.1rh(\beta_1-\beta_2)/\eta \tag{10-8}$$

式中：m——喷灌一次的设计灌水定额，mm；

r——土壤密度，g/cm^3，其值根据土壤特性确定；

h——计划湿润层深度，cm，一般采用40～60cm；

β_1——适宜土壤含水量上限（质量百分比，以百分数表示），其值相当于田间持水量；

β_2——适宜土壤含水量下限（质量百分比，以百分数表示），其值相当于田间持水量的60%～70%；

η——喷晒水利用系数，以百分数表示，有条件时宜通过实测研究确定，无实测资料时可根据气候条件选用。当风速低于3.4m/s时，$\eta=0.8$～0.9；风速为3.4～3.5m/s时，$\eta=0.7$～0.8。

4. 可灌面积的确定

$$水田灌溉面积=可开采的地下水量/水田灌溉定额 \quad (10-9)$$

$$旱田喷灌灌溉面积=可开采的地下水量/旱田喷灌定额 \quad (10-10)$$

如为喷灌，其用水量较少，一般可开采量均能满足设计面积要求。

在地下水丰富地区，由于旱田用水小且可延长灌溉时间，只要在作物耗水最旺时期的允许最大间隔时间内灌完即可，该间隔时间称为灌溉周期。设计灌溉周期由下式确定：

$$T_{设}=\frac{m_{设}}{e}\eta \quad (10-11)$$

式中：$T_{设}$——设计灌溉周期，d；

e——作物耗水最旺期的日平均耗水量，mm/d；

其他符号意义同前。

此时，单井灌溉面积不再受上述平均布井法的井距控制，如井距加大，布井数量可减少。单井灌溉面积为：

$$A=qtT_{设}\ \eta/m \quad (10-12)$$

式中：符号意义同前。

（三）山区农田灌溉用水问题

山区的地下水资源比较贫乏，而灌溉所需用水量甚大，一般不靠抽取地下水来解决农业用水问题，而是通过以下几个途径解决：①修建水库截流洪水，利用地表水进行灌溉；②修建各种集雨池，储存雨水灌溉；③发展节水灌溉技术，减少灌溉用水量。

当山区面积较大时（山间盆地平原面积大于1 000km^2或河谷平原面积大于500km^2、宽度大于10km），含水层以第四系孔隙为主，降雨入渗和灌溉入渗水量可以较长时间滞留在山间盆地和河谷平原的含水层中，此时，可按平原区的要求进行分区和地下水资源计算。

（四）灌溉水质与地下水资源管理

为保证地下水的总含盐量和钠盐量在规定的农田灌溉水质要求范围内，应在勘查阶段取地下水样化验测定。

在采用地下水进行农田灌溉时，应特别注意根据水文地质条件、气象条件、灌区范围以及种植作物和用水条件，在查清地下水分布及可开采水量的基础上，力争做到井数最少、工程和设备投资最省、水资源利用及调配最合理、控制灌概面积最大、经济效益最高，以便充分体现井灌的优势，使井灌在农田灌溉中得到最大程度的普及和推广。

在井灌区进行有效的地下水资源管理十分重要。近年来，由于井灌区面积很大（如河北省的统计资料显示，在20世纪末，其井灌面积占到全省灌溉面积的80%），用水量剧增，井灌区的地下水被严重超采，使得地下水位持续下降，许多地方已出现了浅层淡水日益枯竭、纷纷打深井灌溉的现象。如果任其发展下去，可能爆发两方面危机：①地下水位持续下降，开采成本增加；②地下水质严重恶化，不能用于灌溉。

（五）节水注溉措施

1. 工程技术类节水

（1）水资源的合理开发利用。如利用坑塘截流调控地下水、深沟河网蓄水、不同水源的联合利用、劣质水改造利用技术等。

（2）渠系输水过程节水。包括渠道各类防渗技术、利用管道输水等。

(3) 田间灌溉节水。如改进灌溉技术膜下灌、喷灌、微灌技术等。

2. 管理措施

包括实施节水灌溉技术、灌区配水及量水技术、现代化灌溉管理技术等。

3. 政策类节水措施

建立节水灌溉服务体系，调整水价与水费收取标准，制定节水奖惩制度，制定限制超采制度和防治污染对策等。

二、地热资源水文地质勘查

地热水是一种宝贵的自然资源，它既是一种水资源又是一种能源。地热资源具备洁净、方便、廉价、环保、蕴藏量巨大，不受白昼和季节变化的限制，能够直接被利用等有利的自然条件，被广泛用于发电、旅游、洗浴、供暖、养殖、医疗等领域。在国家能源建设、保证国民经济可持续发展、保护生态环境方面具有显著的优势，对经济的可持续发展和第三产业的促进有着重要意义，现已引起世界各国的广泛关注。

我国是温泉广布和利用地热水历史悠久的国家，在一些古籍中有关温泉的记载很多。早在公元 2 世纪早期，中国科学家张衡在《温泉赋》中已指出温泉可以治病。最新的调查和统计结果表明，世界地热发电大国的高温地热资源温度一般为 260～300℃。我国现有大于或等于 25℃的温泉 2 200 处。其中，25～40℃的有 859 处、40～60℃的有 807 处、60～80℃的有 398 处、大于 80℃的有 136 处，分别占全国温泉总数的 39%、37%、18%和 6%。全国温泉放热总量为 10 190×10^{13} J/a，各温级的放热热能分别为 5 198×10^{13} J/a、2 149×10^{13} J/a、2 886×10^{13} J/a 和 1 957×10^{13} J/a，分别占全国总量的 32%、21%、28%和 19%。全国温泉水每年携带出来的热量折合标准煤为 354 万吨。

(一) 地热资源基本概念

地热资源是在我国当前的技术经济条件下，地壳表层下在一定深度内具备现实或潜在开发利用价值的已勘查和待勘查的地热能、地热流体及其有用组分的总和。地热资源一般以开发地热流体的方式得到有效利用。地热的基本术语见表 10－12。

表 10－12　地热的相关术语

地热术语	解释及现象
地热资源	供给热储中地热流体热的来源，可以是现代岩浆活动或来自地壳深部的热传导；一般存在于沟通深部热源的现代活动性断裂带，构成局部的热源
地热资源要素	热储层、热储体、热流体通道、热源、近期岩浆活动型、断裂（裂隙）型、沉降盆地型
热储	指埋藏于地下、具有一定有效孔隙度和渗透性的地质构造（地层、岩体或构造带），其中储存有一定的地热流体可供地热开发生产
地热田	指埋藏于地下、具有一定有效孔隙度和渗透性的地质构造（地层、岩体或构造带），有良好渗透性热储的地热区；理想的地热田具有热源、储热层（热储）和盖层三个要素
大地热流	从地球内部经岩石的热传导作用源源不断地流出的热量，温度高于 25℃的地下热水、地热蒸汽和热气体的总称
地热异常	物理异常、化学异常、地温异常、重力异常
地热显示	火山爆发、温泉、沸泉、喷泉与间隙喷泉、喷气孔、水热大爆炸、泉华、水热蚀变、水热矿化

（二）地热资源水文地质勘查的目的和任务

1. 目的和任务

地热资源勘查评价的目的是为了开发与保护地热资源，提供资源储量及其所必需的地质资料，以减少开发风险，取得地热资源开发利用的最大社会经济效益和环境效益，最大限度地保持资源的可持续利用。地热资源水文地质勘查的目的是通过地球物理、地球化学、地热钻井、试验测试、动态监测等先进的技术方法查清地热流体动力场特征，地热水的来源和补、径、蓄、排关系，地热流体的水化学特征和同位素特征，地热流体通道及循环模式，各含水层之间的水力联系。其具体任务包括以下几个方面。

（1）查明热储的岩性、结构、空间分布、孔隙率、渗透性及其与常温含水岩层的水力联系的密切程度；同时及早建立地热流体动态监测网，以便掌握地热流体的天然动态和开采动态变化规律。

（2）查明地热流体动态（水位、水温、水质、水压）特征并进行长期观测，分析研究地热流体压力、温度、化学组分和同位素组成及变化规律，分析不同储层和主要热储层的不同构造部位地热流体的循环模式。

（3）查明地热流体动力场特征，地下水类型，水位埋深，地热水的来源和补、径、蓄、排、运动，动态规律及流体通道；预测地热水开发利用的演变趋势。

（4）查明地热区水文地质特征，对地热资源现状作出评价，圈定地热流体富集地段，并确定地热田或地热资源的成因模式、可开发利用的区域及可开发利用深度。

2. 地热资源水文地质勘查工作

地热资源水文地质勘查工作的技术路线如图 10－2 所示。

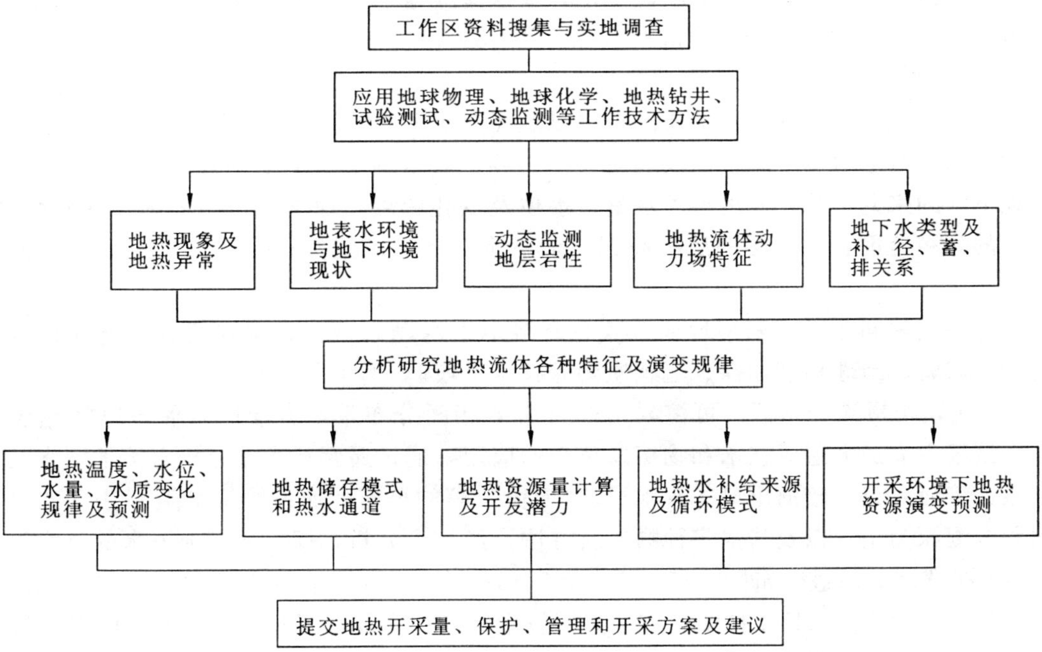

图 10－2　地热资源水文地质勘查技术路线

进行地热资源水文地质勘查不仅仅是寻找与评价地热资源，还要为开发、保护与管理地热资源提供依据，随着地热开发力度的不断加大，如何在开发利用的同时做好地热资源的保护管理已愈发显得重要。

三、岩溶石山和红层盆地缺水区找水水文地质勘查

（一）岩溶石山缺水区找水水文地质勘查

1. 岩溶石山区缺水的原因

岩溶石山区虽处亚热带，水热条件较好，但由于地表、地下岩溶十分发育，水土流失严重，造成土壤贫瘠、地表缺土少水的恶劣生态环境。虽然岩溶石山区地下暗河、大型溶洞和岩溶管道十分发育，地下水资源丰富，但由于岩溶水系统复杂，分布不均，有些地方地下水的埋深大于100m，开发十分困难。为此造成了目前在黔中、黔南、黔西南、黔东北、滇东南、桂西北、桂中等地区，因缺水而贫困的人口达3 400万人，仅贵州、云南、广西岩溶石山区缺水人口就在800万人以上，四川岩溶石山区缺水人口也达496万人。

2. 岩溶石山区找水目的层

四川、重庆、云南、贵州、广西五省（自治区、直辖市）岩溶石山区地下水类型有碳酸盐岩类裂隙岩溶水、松散岩类孔隙水和基岩裂隙水，但裂隙岩溶水是区内主要供水目的层。

裂隙岩溶水主要赋存于寒武系、奥陶系、泥盆系、石炭系、二叠系和三叠系的灰岩、白云岩等碳酸盐岩地层中，主要赋集于岩石破碎的褶皱轴部谷地和断裂带附近或断块之间的谷地之中。在褶皱轴部谷地或断裂带附近，岩石破碎、空隙发育，岩溶水径流通畅，水交替积极，溶蚀作用强，溶洞、地下廊道、暗河发育，水量往往丰富。溶蚀洼地、溶蚀槽谷和溶蚀平原往往是因断陷作用而形成的断陷盆地，在这些盆地中，溶蚀洼地、溶蚀漏斗、暗河等大都沿着构造线方向发育，岩溶管道水丰富。

3. 地下水的勘查方法与开发利用模式

岩溶石山区缺水区的水文地质勘查主要是要解决下面的问题：①调查岩溶地下水赖以储存、运动的岩溶通道的分布情况及其规律；②调查岩溶地下水的活动规律，包括补给面积，岩溶地下水的来龙去脉，岩溶地下水量、水位及变化幅度，地下水与地表水互相转化情况，含水层的分布范围，隔水层的底板高程，地下水分水岭位置等；③调查岩溶地下水的开采条件。

为解决上述问题，可采用地面调查、岩溶地下水动态观测、洞穴调查、连通试验、钻探、抽水试验、地球物理勘探、遥感遥测等技术手段。

(1) 在紧密褶皱分布区，可溶岩与非可溶岩相间分布带，岩溶地貌形态以峰丛洼地为主，在该区中需加大遥感技术和物探新技术的应用，通过遥感技术去分析岩溶地下水的露头点、泉、暗河入口、暗河出口、落水洞、“天窗”等的分布，通过物探电阻率法（尤以电测剖面和电测深为主）以及其他多种物探新方法，经综合分析，探测岩溶地下水的富水地段。

(2) 在宽缓的褶皱分布区，灰岩广布，以峰林洼地为主，在地面地质调查的基础上，通过多种物探手段，如EH-4技术、核磁共振技术等新技术及电测深、音频大地电磁法等传统物探方法，确定富水部位或伏流地段。

在岩溶石山区，岩溶地下水的开发利用大致可分为暗河的利用和岩溶水点的利用两大类。

(1) 暗河的利用。在有暗河分布的岩溶地区，可直接采用暗河水。此外还可根据暗河的埋藏深度和水位变幅的不同，采取不同的开采方式，如从深洞中提取暗河水、堵塞暗河抬高水位引水、堵塞暗河利用岩溶洼地作水库、利用暗河通道调水等。

(2) 岩溶水点的利用。除直接利用岩溶泉水外，还可利用钻孔、大口井、斜井等方式开采岩溶水。

(二) 红层盆地缺水类型区找水水文地质勘查

西南地区自三叠纪末期至白垩纪沉积了一套河、湖相巨厚红色碎屑岩系，岩性单一，以紫红、棕色砂岩、泥岩为主，偶见砾岩、页岩、灰岩，人们称之为“红层”。红层地区地下水资源贫乏，该区主要以河流、水库地表水作为工农业及人畜用水水源。由于地表水资源时空分布不均，旱灾频繁发生，造成人畜及农灌用水十分困难，常年饮水困难人口约 1 000 万人。

红层盆地缺水类型区主要分布于四川盆地、云南中部和西部、滇桂黔接壤地区，总面积为 29.55 万 km^2。红层区干旱缺水全国闻名，据统计，1951～2001 年的 51 年间，有 44 年出现程度不同的干旱，可谓“十年九旱”，其中严重干旱就有 24 次，并有逐年加重趋势。自 1997 年以来，该地区连续发生干旱，灾情遍及整个红层丘陵区，殃及 3 500 多万人口，占红层区人口的 60%以上。1998 年夏旱持续 30 天以上，1997 年、1998 年部分地区春、夏连旱竟达一年之久。1998 年夏旱区内千余座中、小型水库相继干枯，溪沟、河流枯竭，200 多万亩粮田严重受旱，玉米萎蔫或枯死，栽插的棉花因旱叶片翻黄脱落的达 50 多万亩，600 余万人、280 万头牲畜缺乏饮用水，许多地区滴水难寻，只得靠从外地拉水维持基本用水，部分城镇、单位、学校因缺水无法正常办公、生产、上课，饮水困难长期困扰着红层区，成为制约地方经济可持续发展的重要原因之一。

1. 红层区干旱缺水原因分析

该区以构造剥蚀丘陵为主，构造变动轻微、褶皱宽缓，岩层近水平，断裂发育微弱。岩性以砂岩、泥岩为主，为一套弱含水地层。上述诸条件，决定了该区地下水储存、运移、排泄的条件差，使地下水相对贫乏，成为中国有名的红层干旱缺水区。

2. 红层区的找水经验

红层地区找水方向主要为碎屑岩风化带裂隙水，其次为层间裂隙水、构造裂隙水，在局部地区为松散岩类孔隙水。

红层地区地下淡水主要为风化带裂隙水，风化裂隙带发育深度一般为 20～30m。地下水资源贫乏，单井涌水量一般小于 50 m^3/d，其富水性与地形、地貌及岩性关系密切。层间裂隙承压水具有地表补给面积小、贮水空间有限的特点。由于地貌、构造、地层组合的多样性，造成红层承压水分布不均，一般单井出水量为 100～500m^3/d。构造裂隙水的富水性受构造裂隙发育程度和岩层性质的控制，并受降水量和地表水补给的影响。

3. 红层区地下水物探勘查技术与地下水开发模式

对红层区地下水的物探勘查技术的应用主要是为了确定风化壳底界埋深、风化壳的富水性以及构造带空间的分布特征，或为了了解咸淡水界面。其具体方法组合和工作步骤见表 10－13。

表 10－13 红层盆地地下水勘查物探技术

(据中国地质调查局，2003)

地下水类型	物探		
	解决问题	方法组合	工作步骤
浅层风化裂隙水	确定风化壳底界埋深以及风化壳的富水性；了解咸、淡水界面	高密度电阻率法、探地雷达法、激发极化法、核磁共振法	高密度电法、探地雷达法用于查明风化壳埋深、厚度及其裂隙发育程度，了解咸、淡水界面；激发极化法、核磁共振法用于判断富水性
构造裂隙水	确定构造带空间分布特征；了解咸、淡水界面	频率域电磁测深法、瞬变电磁法、激发极化法	频率域电磁法或瞬变电进法用于查明构造分布特征，了解咸、淡水界面；激发极化法用于判断富水性

鉴于广大红层地区风化裂隙水量小而分布广泛的赋存特征，以及广大农村人口居住分散、需水量较小的特点，宜充分利用风化带裂隙水的调节能力，采用以“分散浅井”为主的供水模式——地下水取水工程类型宜为小口径浅井，农户分散供水浅井宜井深度一般为20m，小型集中供水井宜井深度一般为20～60m，云南红层分布区构造裂隙地下水宜井深度小于150m。

四、地下水库水文地质勘查

21世纪人类面临人口、资源、环境三大挑战，水资源短缺已在世界各地蔓延。长期以来，为改变水资源的时空分布并使其适应人类的各种需求，各国均积极探索、研究出各种有效的方法和措施。例如，地面水库（如三峡大坝）、凿井、水窖、渠道、集雨池、海水淡化、人工降雨、跨流域调水（如南水北调）、污水资源化（如中水利用）、地下水人工回灌、双管道供水（生活用水与冲厕、洗浴分管供水与排出、工农业用水供排）等。

地下水库工程是人为改变水资源时空分布的一种途径，是有目的、主动地储备、调节、利用水资源和缓解水危机的工程措施。我国北方干旱、半干旱地区和水资源较匮乏、生态环境相对脆弱的岩溶区，针对这两种地区均存在资源型缺水、工程性缺水、水质缺水和管理性缺水的特点，开发和修建地下水库是合理调配与开发利用水资源、实现其优化配置的重要途径，也是缓解水危机与修复脆弱生态环境的重要手段。地下水库因几乎不占地、建库投资少、调节气候、储冷储热、防止地面沉降、净化水质、不容易污染（但污染后难治理）等优点被许多专家、学者推崇。河南郑州、石家庄、山东、吉林、北京、重庆等地区修建地下水库，均取得了不同程度的效果。

（一）地下水库的基本概念

国外许多学者对地下水库给出了不同的定义，如“地下水库就是含水层，含水层不但有储水和释水功能，而且具有年内和年际的天然调蓄能力”。我国学者提出许多对地下水库定义，具体如下：林学钰（1984）提出“地下水库是一个便于开发和利用的地下水的储水地区，具有多种功能，包括水的供给、储存、混合和输送”；褚恒华等（2000）认为“所谓地下水库是指地下水富集区”；杜汉学（2002）认为“地下水库就是指存在于地下的天然大型储水空间，一般指厚度较大、范围较广的大型层状孔隙含水层，也可能是大型岩溶储水空间、大型含水断裂带等”。

到目前为止，地下水库没有一个统一的定义。无论以上学者对地下水库的看法是否一致，但均阐述了地下水库的关键因子，出发点均为察知地利、利用地利，探索合理开发水资源的途径。总的来看，地下水库调蓄应同时具备四个条件：①具备回灌水量与水质的水源；②具备一定规模（量）、易于控制的地下调蓄空间；③具备便利、良好的水更替条件；④具备良好开采条件与经济可行性条件。

水循环在大气圈、岩石圈和生物圈三者中间不间断地循环，水资源在不同环境（空中、地表、地下）的存在方式、形态不同。可以根据地下水存在特征和地下水库的本质特征把地下水库划分为四种类型（表 10 - 14）。

表 10 - 14　地下水库分类

分类	主要特征	工程实例
盆地到地下水库	盆地中松散堆积物厚度大，渗透性强，基本是完整的水文地质单元，易接受地下水补给（有较好的入渗场）	辽宁阜新地下水库、新疆柴窝堡盆地地下水库
冲洪积扇（古河床）地下水库	含水层厚度大，颗粒较大，透水性强，具备较大规模的蓄水构造，易接受大气降水（有较好的入渗场）	南宫地下水库
开采漏斗型地下水库	利用地下水超采腾出的地下空间，地下水力联系密切，有较好的渗透性，可视地下水降落漏斗边缘为地下水库边界（有较好的入渗场）	大庆地下水库边界（有较好的入渗场）
岩溶地下水库	利用岩溶地下封闭和半封闭（近封闭）空间加以人工修筑地下防渗帷幕，以达到蓄水目的	奋发洞地下水库（贵州省独山县）、普定马官岩溶地下水库（贵州普定县）

注：从严格意义上讲，地下空间没有绝对的封闭空间，在实际修建过程中可能是以上水库的复合型水库或经人工改造形成的水库，应详细勘查并选择建库库址，做到查知地利、利用地利。

（二）地下水库水文地质勘查

（1）选择适宜修建地下水库的库址，并确定地下水库的库区范围。

（2）在查明地下水库库区水文地质特征的前提下，对库区现状水资源作出评价，确定水更替条件，对合理的开发利用程度和利用方向作出评价。

（3）查明并确定地下水库库区、入渗场（回灌区）的地层岩性，以及地下水类型、含水层（对多层含水层应分层抽水试验）、水位埋深、补给、径流、调蓄、排泄及动态规律等，同时作出评价。

（4）查明地下水库库区地表水环境和地下水环境现状，各种固体污染物、污染源现状、来源、途径、范围和危害程度、水化学成分及变化规律，圈定有未来可能造成水污染的区域，并给出治理建议。

（5）规划并圈定地下水库库区的各级保护区，对圈定区域的环境地质现状及未来作出评价和预测，为地下水库的科学管理、安全营运、生态运行和可持续发展提供技术支撑。

在条件适宜的典型地区修建地下水库是探索和开发水资源的一种有效途径。地下水库勘查的目的不仅仅是寻找与调蓄水资源，还要为开发、保护与管理水资源提供依据。在不同区域修建地下水库所使用的方法不同（图 10－3），勘查内容也不一样（表 10－15）。

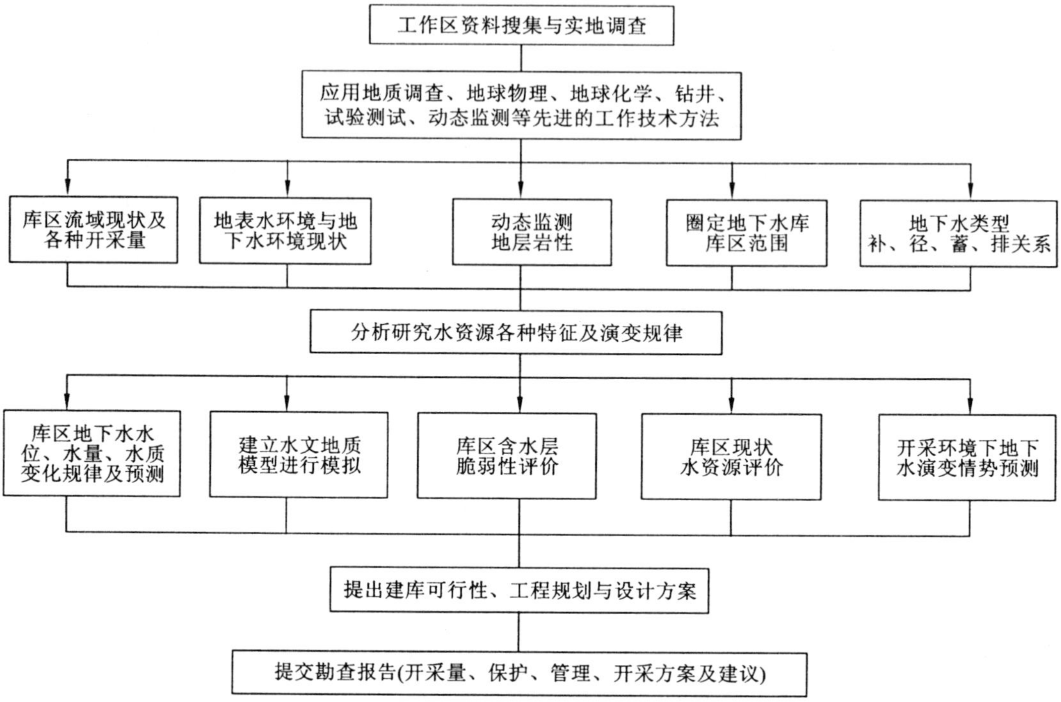

图 10－3　修建地下水库的技术路线图

表 10－15　不同地下水库水文地质勘查内容

<table>
<tr><th>分类</th><th>主要勘查类容</th><th>确定地下水库范围及水文地质特征的方法</th></tr>
<tr><td>盆地型地下水库</td><td>查清盆地边界，岩层的变层深度，地下水赋存、形成与分布规律，地表水体与地下水体之间的水力联系，地下水的类型、形成和补、径、蓄、排条件及其动态变化规律、水质、水量及富水性</td><td rowspan="4">1. 水文地质物探（地震法、电法勘查、探地雷达和核磁共振技术）：能确定储水空间分布的范围和体积，分析地下水的类型、形成和补、径、蓄、排条件及其动态变化规律；
2. 水文地质钻探：直接取得地层岩芯，了解地层的岩性和含水层的层数、厚度、埋深、结构，再通过抽水了解地下水位、水质、水量情况，进一步查清水文地质边界条件和水文地质参数；
3. 水文地质模拟：采用数值模拟为地下水库的设计提供特征水位、特征库容、可调蓄水量、可供水量及开采条件下的地下水位流场变化规律，并指导蓄、采；
4. 动态监测与试验测试：查清地下水的运动规律和回灌能力。
5. 各种方法联合：综合以上方法，掌握区域资料及库区的情况，采用两种或两种以上的方法，查清地下水类型、形成和补、径、蓄、排条件及其动态变化规律，指导蓄、采</td></tr>
<tr><td>冲洪积扇（古河床）地下水库</td><td>查清山区与平原交接关系，冲洪积物的来源与岩性特征，冲洪积扇区地表水环境与地下水环境（水文特征），各种水体的补、径、蓄、排关系，地下水埋深、水质、水量的现状与初步预测，冲洪积扇区各类型地下水的分布及动态规律</td></tr>
<tr><td>开采漏斗形地下水库</td><td>查清含水层特征（分布情况、厚度、富水性及各含水层之间的关系），地下水埋深和分布规律，地下水类型、水量的变化规律及相互关系，良好的入渗场地，地下水的水化学特征、污染现状及其变化规律</td></tr>
<tr><td>岩溶地下水库</td><td>查清水库边界，地表与地下各种水体之间的水力联系、水质和水量、岩溶管道水系统，岩溶管道具体分布；确定其封闭或近封闭空间</td></tr>
</table>

注：对各类型地下水库，应该根据具体情况选择具体方法确定库址，为地下水库的生态规划、设计、施工及其生态运行提供数据技术支撑。

主要参考文献

安永会，张福存，吴登定，等．红层盆地缺水类型区人畜饮用地下水勘查［A］．//中国地质调查局．严重缺水地区地下水勘查论文集［C］．北京：地质出版社，2003：60－62.

曹剑峰，迟宝明，王文科，等．专门水文地质学［M］．北京：科学出版社，2006.

曹玉志．贵州省麻江县贫困岩溶石山缺水地区地下水资源勘查与开发利用［A］．//中国地质调查局．严重缺水地区地下水勘查论文集［C］．北京：地质出版社，2003：71－78.

陈崇希，唐仲华．地下水流动问题数值方法［M］．武汉：中国地质大学出版社，1990.

陈梦熊．水文地质学及其分支学科的发展［A］．//王鸿祯．中国地质学科学展的回顾［C］．武汉：中国地质大学出版社，1995.

陈梦熊．现代水文地质学的演变与发展［J］．水文地质工程地质，1993，20（5）；1－2.

陈梦熊．新中国水文地质学发展的四个时期［A］．//王鸿祯．中外地质科学交流史［C］．北京：石油工业出版社，1992.

陈伟海．GIS 技术在岩溶水文地质工作中的若干应用——以广西来宾小平阳为例［J］．中国岩溶，2001，20（2）：161－166.

戴长雷，迟宝明．地下水监测研究进展［J］，水土保持研究，2005，12（2）：86－88.

丁次乾．矿场地球物理［M］．东营：中国石油大学出版社，2003.

房佩贤，卫中鼎，廖资生．专门水文地质学（修订版）［M］．北京：地质出版社，1996.

高而坤．贯彻《水法》推进水资源管理体制改革［J］．中国水利，2003（B 刊）：11－13.

高文山，韩桂春，康玉梅．农田灌溉开采地下水问题的探讨［J］．地下水，2003，25（3）：136－137.

工程地质手册编写委员会．工程地质手册（第 3 版）［M］．北京：中国建筑工业出版社，1992.

谷朝君，潘颖．内梅罗指数法在地下水水质评价中的应用及存在问题［J］．环境保护科学，2002，109：45－47.

郭琳，陈植华．岩溶地区地下河系统水资源定量评价的问题［J］．中国岩溶，2006，25（1）：1－3.

郭孟卓，赵辉．世界地下水资源利用与管理现状［J］．中国水利，2005（3）：59－62.

韩再生．地下水资源分类及其勘查研究程度分级［J］．水文地质工程地质，1994，（2）：31－33.

韩再生．国家标准《地下水资源分类分级标准》简介［J］．工程勘查，1995，（3）：38－39.

贾效亮，贾惠颖．智能管理系统在地下水资源管理中的应用［J］．地下水，2001，24（2）：86－87.

蒋辉，郭训武．专门水文地质学［M］．北京：地质出版社，2007.

蓝俊康，郭纯青．水文地质勘察［M］．北京：中国水利电力出版社，2008.

蓝俊康．地下水工程学的内涵及其发展前景［J］．地下水，2008，30（4）：5－8.

李伯权．地下水资源评价中有关概念的讨论［J］．西北水电，2001，（3）：1－4.

李进，陈益滨，师伟，等．模糊综合评价法在地下水水质评价中的应用［J］．地下水，2006，28（2）：4－22.

李如忠，钱家忠，汪家权，等．基于盲数理论的地下水允许开采量计算初探［J］．地理科学，2004，（6）：733－737.

李如忠．基于 Fuzzy Logic 的地下水允许开采量计算［J］．辽宁工程技术大学学报（自然科学版），2008，（1）：117－120.

李延强，留俊贤，葛文彬，等．四川盆地红层地区人畜饮用水地下水找水方法初步总结［A］．//中国地质调查局．严重缺水地区地下水勘查论文集［C］．北京：地质出版社，2003.

李砚阁．地下水库建设研究［M］．北京：中国环境科学出版社，2007.
李正根．水文地质学［M］．北京：地质出版社，1980.
李智毅，唐辉明．岩土工程勘察［M］．武汉：中国地质大学出版社，2000.
林学钰，侯印伟，邹立芝，等．地下水水量水质模拟及管理程序集［M］．长春：吉林科学技术出版社，1988.
林学钰，廖资生．地下水资源的本质属性、功能及开展水文地质学研究的意义［J］．天津大学学报（社会科学版），2004，6（3）：193－195.
林祚顶．对中国地下水监测工作的分析［J］．地下水，2003，25（4）：259－262.
刘学英．利用地下水灌溉农田的水量供需平衡计算［J］．吉林水利，2005（8）：56－57.
刘予伟，金栋梁．平原区地下水资源评价方法综述［J］．水利水电快报，2004，25（12）：5－8.
刘予伟，史春华，金栋梁．山丘区地下水资源评价方法综述［J］．人民长江，2004，35（9）：33－36.
陆基孟，王永刚．地震勘探原理［M］．东营：中国石油大学出版社，2003.
陆小明，严锋，朱道军．江苏省地下水资源计算简介［A］. //全国水文水资源科技信息网. 华东组、西北组 2004 年交流论文集［C］，2004.
罗斯科·摩斯公司．地下水开发手册［M］．吴朝玉，译．北京：中国水利水电出版社，2009.
潘宏雨，马锁柱，刘连成．水文地质学基础［M］．北京：地质出版社，2008.
钱桂兰，张保康．普通物探［M］．北京：地质出版社，2007.
史长春．水文地质勘察（上册）［M］．北京：水利电力出版社，1983.
史长春．水文地质勘察（下册）［M］．北京：水利电力出版社，1991.
束龙仓，朱元生，孙庆义，等．地下水允许开采量确定的风险分析［J］．水利学报，2000，（3）：77－80.
宋传英，赵桂芳，孟祥全．利用地下水灌溉农田的水量供需平衡计算［J］．黑龙江水专学报．2003，30（1）：61－62.
孙北祥．地下水资源评价原则［J］．吉林水利，2004，（9）：5－8.
唐健生，关碧珠，吴少斌，等．南宁新生代沉积盆地地热资源前景研究［M］．桂林：广西师范大学出版社，2005.
唐克旺，吴玉成，侯杰．中国地下水资源质量评价（Ⅱ）——地下水水质现状和污染分析［J］．水资源保护，2006，22（3）：1－4.
田胜龙，佟胤铮．多元线性回归在地下水资源评价中的应用［J］．东北水利水电，2006，24（3）：23－24.
汪集旸，孙占学．神奇的地热［M］．广州：暨南大学出版社，2001.
王玮，张戈，秦宇鹏．理想模型法计算区域地下水允许开采量［J］．人民长江，2006，（7）：21－23.
王秀兰，刘忠席．矿山水文地质［M］．北京：煤炭工业出版社，2007.
熊盛青，唐文周，刘浩军．航空物探与遥感技术在地下水勘查中的应用［A］. //中国地质调查局．严重缺水地区地下水勘查论文集：第二集［C］．北京：地质出版社，2004.
鄢毅，王全伟．四川红层区干旱缺水现状及对策［A］. //中国地质调查局．严重缺水地区地下水勘查论文集［C］．北京：地质出版社，2003：57－59.
杨成田．专门水文地质学［M］．北京：地质出版社，1981.
于纪玉．节水灌溉技术［M］郑州：黄河水利出版社，2007.
张福存，安永会．岩溶石山缺水类型区地下水勘查［A］. //中国地质调查局．严重缺水地区地下水勘查论文集［C］．北京：地质出版社，2003：79－81.
张应华，仵彦卿，温小虎，等．环境同位素在水循环研究中的应用［J］．水科学进展，2006，17（5）：738－747.
张永波．水工环研究的现状与趋势［M］．北京：地质出版社，2001.
章光新，邓伟，李取生．REMAX 在吉林省西部地下水资源管理中的应用［J］．长春科技大学学报，2001，31（3）：279－283.
章至洁，韩宝平，张月华．水文地质学基础［M］．徐州：中国矿业大学出版社，1995.
赵雁冰. 地下水监测研究工作现状分析及对策［J］．地下水，2005，27（4）：272－273.
郑世书．专门水文地质学［M］．徐州：中国矿业大学出版社，1999.

郑万模，魏伦武．西南红层严重缺水地区现状及找水方法综述［A］．//中国地质调查局．严重缺水地区地下水勘查论文集［C］．北京：地质出版社，2003：44－47.

朱谷昌，杨自安，张普安，等．遥感和物探新方法在宁夏南部地下水勘查中的应用［A］．//中国地质调查局．严重缺水地区地下水勘查论文集［C］．北京：地质出版社，2003：115－122.

朱学愚，钱孝星．地下水文学［M］．北京：中国环境科学出版社，2005.

DD 2004-01，1∶25万区域水文地质调查技术要求［S］．北京：地质出版社，2004.

DD 2006-01，固体矿产勘查原始地质编录规程（试行）［S］．北京：地质出版社，2006.

DZ/T 0148—1994，水文地质钻探规程［S］．北京：地质出版社，1994.

Fetter C W．应用水文地质学［M］．孙晋玉，译．北京：高等教育出版社，2011.

GB 12719—1991，矿区水文地质工程地质勘探规范［S］．北京：中国标准出版社，1991.

GB 15218—1994，地下水资源分类分级［S］．北京：中国标准出版社，1994.

GB 50027—2001，供水水文地质勘察规范［S］．北京：中国计划出版社，2001.

GB 50487—2008，水利水电工程地质勘察规范［S］．北京：中国计划出版社，2008.

GB 5084—2005，农田灌溉水质标准［S］．北京：中国标准出版社，2005.

GB 5749—2006，中华人民共和国生活饮用水卫生标准［S］．北京：中国标准出版社，2007.

GB 8537—2008，饮用天然矿泉水［S］．北京：中国标准出版社，2008.

GB/T 13727—1992，天然矿泉水地质勘探规范［S］．北京：中国标准出版社，1992.

GB/T 14157—1993，水文地质术语［S］．北京：中国标准出版社，1993.

GB/T 14158—1993，1∶5万区域水文地质工程地质环境地质综合勘察规范［S］．北京：中国标准出版社，1993.

GB/T 14538—1993，综合水文地质图图例及色标［S］．北京：中国标准出版社，1995.

GB/T 14848—1993，地下水质量标准［S］．北京：中国标准出版社，1993.

HJ/T 164—2004，地下水环境监测技术规范［S］．北京：中国环境科学出版社，2004.

SL 256—2000，机井技术规范［S］．北京：新华出版社，2000.

SL 31—2003，水利水电工程钻孔压水试验规程［S］．北京：中国水利水电出版社，2003.

SL 373—2007，水利水电工程水文地质勘察规范［S］．北京：中国水利水电出版社，2007.

SL 454—2010，地下水资源勘察规范［S］．北京：中国水利水电出版社，2010.

SL 55—2005，中小型水利水电工程地质勘察规范［S］．北京：中国水利水电出版社，2005.

Telford W M．应用地球物理［M］．陈石，译．北京：科学出版社，2011.

附录1　利用开采试验资料推求地下水的允许开采量

地下水的允许开采量是指在水源地设计的开采时期内，以合理的技术经济开采方案，在不引起开采条件恶化和环境地质问题的前提下，单位时间内可以从含水层中取出的最大水量。

一、开采抽水法

开采抽水法就是在水源地内，按开采条件（开采降深和开采量）进行较长时期（几个月，最好在旱季）的抽水试验，然后根据抽水试验的结果来确定允许开采量。

抽水试验的结果可能出现两种情况：稳定状态和非稳定状态。

（1）稳定状态。按设计需水量进行长时间抽水，最终主井和观测井内的动水位都能在允许的降深范围内保持稳定（即后期$\frac{\Delta S}{\Delta t}=0$）；停抽后各井水位又都能较快地恢复到原始水位。《供水水文地质勘察规范》（GB 50027—2001）第9.4.6条规定，当需水量不大，且地下水有充足补给时，可把取水构筑物的总出水量当作允许出水量。因此，当抽水试验的结果为稳定状态，抽水井又已达到极限抽水能力（即达到水井的允许抽水量）时，$Q_{允}=Q_{抽}$。

（2）非稳定状态。按设计需水量长时间进行抽水，但最终各井水位达不到稳定，特别是观测孔中的水位一直在持续下降（即后期$\frac{\Delta S}{\Delta t}\neq 0$）；停抽后水位虽有所恢复，但始终达不到原始水位。说明所抽的水量已大于补给量，消耗了含水层的储存量，按这样的抽水量开采是没有保证的。因此，在非稳定状态的抽水情况下，可把开采条件下的补给量作为允许开采量，即$Q_{允}=Q_{补}$。

在非稳定抽水状态下，抽水初期主井的水位下降很快，随即趋于稳定，而观测井中水位仍持续下降，降落漏斗仍在扩展。在抽水后期，出现主井与观测井的水位同步等幅下降。这时设任一时段Δt的抽水所产生的水位下降为ΔS，这时据水均衡关系得到：

$$(Q_{抽}-Q_{补})\Delta t=\mu F\Delta S \quad （潜水）$$

$$(Q_{抽}-Q_{补})\Delta t=\mu^{*} F\Delta S \quad （承压水）$$

得到：

$$Q_{抽}=Q_{补}+\mu F\frac{\Delta S}{\Delta t} \quad （潜水） \qquad （附1-1a）$$

或

$$Q_{抽}=Q_{补}+\mu^{*} F\frac{\Delta S}{\Delta t} \quad （承压水） \qquad （附1-1b）$$

式中：$Q_{抽}$——抽水量，m^3/d；

$Q_{补}$——开采条件下的补给量，m^3/d；

ΔS——在Δt时段中的水位下降值（负值），m；

μF（或$\mu^{*} F$）——潜水（或承压水）水位下降1m时消耗的储存量，m^2；

μ、μ^*——分别为潜水含水层的给水度、储水系数；

F——降落漏斗的面积，m^2。

可把抽水试验中不同的抽水量和相应的水位降深分别代入式（附 1－1a 或附 1－1b），得到系列方程式；然后联立求解，求出 μF（或 $\mu^* F$），再利用式（附 1－1a 或附 1－1b）求得补给量 $Q_补$。

例 1　某水源地位于基岩裂隙水的富水地段（潜水）。对水源地的三个孔进行四个月的抽水试验（各井之间距离超过 300m），观测数据见附表 1－1。求该水源地的允许开采量 $Q_允$。

解：表中数据显示，抽水试验分两个阶段进行。第一阶段为 5 月 1 日至 6 月 2 日；在暂停 4 天后，进行第二阶段抽水（6 月 7 日至 6 月 30 日）。虽然每个阶段的抽水量均逐步减小，但水位降深都在增大，表明在抽水试验过程中降落漏斗随抽水时间的延长逐步扩大，抽水呈不稳定状态。

把表中数据代入式（附 1－1a）得到下面五个方程式：①$3\ 169=Q_补+0.47\mu F$；②$2\ 773=Q_补+0.09\mu F$；③$3\ 262=Q_补+0.94\mu F$；④$3\ 071=Q_补+0.54\mu F$；⑤$2\ 804=Q_补+0.19\mu F$。

附表 1－1　抽水试验观测资料

（据房佩贤，1987）

时段（月·日）	5.1～5.25	5.26～6.2	6.7～6.10	6.11～6.19	6.20～6.30
平均抽水量（m^3/d）	3 169	2 773	3 262	3 071	2 804
水位平均降速（m·d）	0.47	0.09	0.94	0.54	0.19

为了减少误差，把五个方程搭配联解，分别求出 $Q_补$ 和 μF。结果见附表 1－2。

附表 1－2　方程搭配联解结果

（据房佩贤，1987）

联立方程号	①和②	③和④	③和⑤	④和⑤	平均值
$Q_补$（m^3/d）	2 679	2 813	2 688	2 659	2 710
μF（m^2）	1 042	473	611	763	723

从计算结果看，不同时段组合所求出的补给量相差不大，但 μF 值变化较大，可能是裂隙发育不均匀（各段 μ 差异大）、降落漏斗扩展速度不均匀（各抽水期 F 增速等）所致。

二、水位恢复法

当抽水完全停止或只进行少量抽水（即当 $Q_抽=0$，或 $Q_抽<Q_补$）时，地下水位在获得外围的补给后得以缓慢上升。根据质量守恒，有：

$$Q_补=Q_抽+\mu F\frac{\Delta S}{\Delta t}\quad（潜水）\quad（附 1－2a）$$

$$Q_补=Q_抽+\mu^* F\frac{\Delta S}{\Delta t}\quad（承压水）\quad（附 1－2b）$$

即补给量＝抽水量＋含水层储蓄量的变化。

式（附 1－2a 或附 1－2b）中：ΔS 在 Δt 时段中的水位升幅（正值）——含水层在此时

段内的水位升幅（正值）；

其他各项意义同前。

据此，可以求出水源地的允许开采量 $Q_{允}$（非稳定状态下的补给量就是允许开采量）。

如例 1 中，根据其水位恢复资料也可求出该水源地的补给量（附表 1－3）。

附表 1－3　水位恢复观测资料

（据房佩贤，1987）

时段（月·日）	水位恢复值（m）	$\frac{\Delta S}{\Delta t}$（m/d）	平均抽水量（m^3/d）	计算式	补给量 $Q_{补}$（m^3/d）	
7.2～7.6	19.36	3.87	0	$Q_{补}=\mu F\frac{\Delta S}{\Delta t}$	2 798	平均值 2 658
7.21～7.26	19.96	3.33	107	$Q_{补}=Q_{抽}+\mu F\frac{\Delta S}{\Delta t}$	2 517	

三、相关曲线外推法

相关曲线外推法就是先建立开采量水位降深 Q-S 之间的相关方程，再根据其相关方程外推未来在设计降深时的开采量。这种做法没有考虑水源地的外围是否存在补给潜力，只适用于抽水量小于补给量的稳定开采状态（因为在非稳定开采状态下，开采量超过了水源地的补给量，即超过了水源地的允许开采量）。

根据经验，Q-S 的关系大体呈以下四种情况。

（1）直线型。分两种情况。

a. 当 Q 和 S 的关系为通过原点的直线时，表达式为：

$$Q=qS \tag{附 1－3}$$

根据最小二乘法原理，方程中参数 q 由抽水试验资料，利用下式求得：

$$q=\frac{\sum_{i=1}^{n}Q_iS_i}{\sum_{i=1}^{n}S_i^2} \tag{附 1－4}$$

b. 当 Q 和 S 的关系为不通过原点的直线时，表达式为：

$$S=a+bQ$$

根据最小二乘法原理，方程中系数 a、b 可由下式求得：

$$b=\frac{n\sum_{i=1}^{n}Q_iS_i-\sum_{i=1}^{n}Q_i\sum_{i=1}^{n}S_i}{n\sum_{i=1}^{n}Q_i^2-(\sum_{i=1}^{n}Q_i)^2};\qquad a=\frac{1}{n}\left(\sum_{i=1}^{n}S_i-b\sum_{i=1}^{n}Q_i\right) \tag{附 1－5}$$

相关系数为：

$$\gamma=\frac{\sum_{i=1}^{n}(Q_i-\bar{Q})(S_i-\bar{S})}{\sqrt{\sum_{i=1}^{n}(Q_i-\bar{Q})^2\sum_{i=1}^{n}(S_i-\bar{S})^2}} \tag{附 1－6}$$

（2）抛物型。表达式为：

$$S=aQ+bQ^2$$

根据最小二乘法原理，方程中系数 a、b 可由下式求得：

$$b=\frac{\sum_{i=1}^{n}S_i-\sum_{i=1}^{n}Q_i\sum_{i=1}^{n}S_{0i}}{n\sum_{i=1}^{n}Q_i^2-(\sum_{i=1}^{n}Q_i)^2};\qquad a=\frac{1}{n}(\sum_{i=1}^{n}S_{0i}-b\sum_{i=1}^{n}Q_i)\qquad(附1-7)$$

其中

$$S_{0i}=\frac{S_i}{Q_i}$$

(3) 幂函数型。表达式为：

$$Q=aS^{1/b}$$

根据最小二乘法原理，方程中参数 a、b 由下式求得：

$$b=\frac{n\sum_{i=1}^{n}(\lg S_i)^2-(\sum_{i=1}^{n}\lg S_i)^2}{n\sum_{i=1}^{n}(\lg S_i\lg Q_i)-\sum_{i=1}^{n}\lg S_i\sum_{i=1}^{n}\lg Q_i}\qquad(附1-8)$$

$$\lg a=\frac{1}{n}(\sum_{i=1}^{n}\lg Q_i-\frac{1}{b}\sum_{i=1}^{n}\lg S_i)\qquad(附1-9)$$

(4) 对数型。表达式为：

$$Q=a+b\lg S_i$$

根据最小二乘法原理，方程中参数 a、b 由下式求得：

$$b=\frac{n\sum_{i=1}^{n}(Q_i\lg S_i)-\sum_{i=1}^{n}Q_i\sum_{i=1}^{n}\lg S_i}{n\sum_{i=1}^{n}(\lg S_i)^2-(\sum_{i=1}^{n}\lg S_i)^2};\qquad a=\frac{1}{n}(\sum_{i=1}^{n}Q_i-b\sum_{i=1}^{n}\lg S_i)\qquad(附1-10)$$

例2　某水源地已有多年的开采资料（附表1-4），现要求外推设计降深为26m时的开采量。

解：根据散点图，初步推测 Q-S 的关系为直线或幂函数关系。现进行这两种相关关系的试算。

(1) 直线关系计算。其计算过程见附表1-4。

附表1-4　直线相关关系计算表

（据房佩贤，1987）

年份	开采量 Q_i (10^4 m^3/d)	水位降 S_i (m)	$Q_i-\bar{Q}$	$S_i-\bar{S}$	$(Q_i-\bar{Q})^2$	$(S_i-\bar{S})^2$	$(Q_i-\bar{Q})(S_i-\bar{S})$	Q_iS_i	Q_i^2
1959	60	16.5	−8.3	−2.2	68.89	4.84	18.26	990	3 600
1960	67	18.0	−1.3	−0.7	1.69	0.49	0.91	206	4 489
1961	60	16.5	−8.3	−2.2	68.89	4.84	18.26	990	3 600
1962	63	17.5	−5.3	−1.2	28.09	1.44	6.36	102.5	3 969
1970	80	21.5	11.7	2.8	136.89	7.84	32.76	1 720	6 400
1971	80	21.9	11.7	3.2	136.89	10.24	37.44	1 752	6 400
总和	410	111.9			441.34	29.69	113.99	760.5	28 458
平均	$\bar{Q}$=68.3	$\bar{S}$=18.7							

根据式（附1-5），回归方程中的系数 a、b 为：

$$b=\frac{n\sum_{i=1}^{n}Q_iS_i-\sum_{i=1}^{n}Q_i\sum_{i=1}^{n}S_i}{n\sum_{i=1}^{n}Q_i^2-(\sum_{i=1}^{n}Q_i)^2}=\frac{6\times7\ 760.5-410\times111.9}{6\times28\ 458-(410)^2}=0.258\ 3$$

$$a=\frac{1}{n}\ (\sum_{i=1}^{n}S_i-b\sum_{i=1}^{n}Q_i)\ =\frac{1}{6}\ (111.9-0.258\ 3\times410)\ =0.999\ 5$$

则该回归方程为：　　$S=a+bQ=0.999\ 5+0.258\ 3Q$

或　　$Q=3.87S-3.87$

根据式（附 1-6），其相关系数为：

$$\gamma=\frac{\sum_{i=1}^{n}(Q_i-\bar{Q})(S_i-\bar{S})}{\sqrt{\sum_{i=1}^{n}(Q_i-\bar{Q})^2\sum_{i=1}^{n}(S_i-\bar{S})^2}}=\frac{113.99}{\sqrt{441.34\times29.69}}=0.996>0.917\ (\alpha=0.01)$$

（2）幂函数关系计算。其计算过程见附表 1-5。

附表 1-5　幂函数关系计算表

（据房佩贤，1987）

年份	$\lg Q_i$	$\lg S_i$	$\lg Q_i\lg S_i$	$(\lg S_i)^2$	$\lg Q_i-\frac{1}{n}\Sigma Q_i$	$\lg S_i-\frac{1}{n}\Sigma S_i$
1959	1.778	1.218	2.165 6	1.483 5	−0.053	−0.050
1960	1.826	1.255	2.291 6	1.575 0	−0.005	−0.013
1961	1.778	1.218	2.165 6	1.483 5	−0.053	−0.050
1962	1.799	1.243	2.236 2	1.545 0	−0.032	−0.025
1970	1.903	1.332	2.534 8	1.774 2	0.072	0.064
1971	1.903	1.340	2.550 0	1.795 6	0.072	0.072
总和	10.987	7.606	13.943 8	9.656 8	0.001	−0.002
平均	1.831	1.268				

据式（附 1-8）、式（附 1-9），方程中的系数为：

$$b=\frac{n\sum_{i=1}^{n}(\lg S_i)^2-(\sum_{i=1}^{n}\lg S_i)^2}{n\sum_{i=1}^{n}(\lg S_i\lg Q_i)-\sum_{i=1}^{n}\lg S_i\sum_{i=1}^{n}\lg Q_i}=\frac{6\times9.656\ 8-(7.606)^2}{6\times13.943\ 8-10.987\times7.606}=0.936$$

$$\lg a=\frac{1}{n}\ (\sum_{i=1}^{n}\lg Q_i-\frac{1}{b}\sum_{i=1}^{n}\lg S_i)\ =\frac{1}{6}\ (10.987-\frac{1}{0.936}\times7.606)\ =0.476\ 8$$

则：$a=2.998$

相关系数为：

$$\gamma=\frac{\sum_{i=1}^{n}(\lg Q_i-\frac{1}{n}\sum_{i=1}^{n}Q_i)(\lg S_i-\frac{1}{n}\sum_{i=1}^{n}\lg S_i)}{\sqrt{\sum_{i=1}^{n}(\lg Q_i-\frac{1}{n}\sum_{i=1}^{n}Q_i)^2\sum_{i=1}^{n}(\lg S_i-\frac{1}{n}\sum_{i=1}^{n}\lg S_i)^2}}$$

$$=\frac{0.015\ 96}{\sqrt{0.017\ 03\times0.015\ 1}}=0.995>0.917\ (\alpha=0.01)$$

则该相关方程为：$Q=aS^{1/b}=2.998S^{1.068\ 4}$

(3) 外推进行预测。这两个方程的相关系数 γ 都很大，均超过了显著水平的最小值，因此均可用来预报地下水的未来开采量。利用这两个方程外推预测设计降深（26m）时的开采量如下。

直线相关法：$Q=3.87S-3.87=3.87\times 26-3.87=96.75\times 10^4$（$m^3/d$）

幂函数相关法：$Q=2.998S^{1.0684}=2.998\times 26^{1.0684}=97.41\times 10^4$（$m^3/d$）

用这两种方法预测的结果十分接近。不过，由于直线方程的相关系数较大些，它的预测结果应与实际更接近，实践也证明了这一点。

最后需要提醒的是，利用 Q-S 关系外推法求地下水的允许开采量没有考虑到扩大开采时的补给因素是否增加，若扩大开采造成补给不足时，仅根据相关关系预测是有问题的，所以在预测时还应进一步验证相应的补给量。

附录 2　水文地质图常用图例、符号

一、地下水质

1. 地下水水质引起的地方病

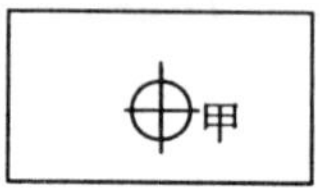

地方病点（地甲病）

地方病村屯（侏儒病）

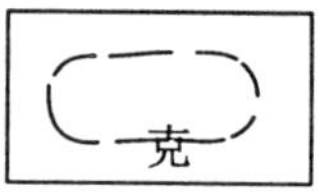

地方病范围（克山病）

2. 具特殊水质的地下水

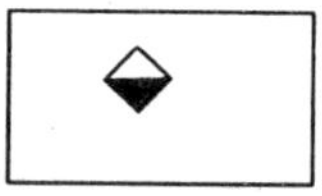

肥水

具有工业价值的盐卤水

3. 调查点水质

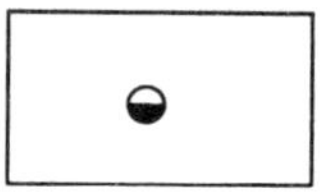

上咸下淡孔

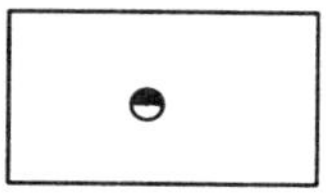

上淡下咸孔

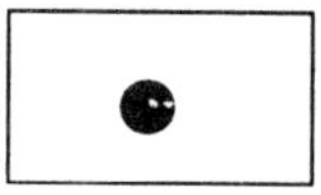

咸水孔

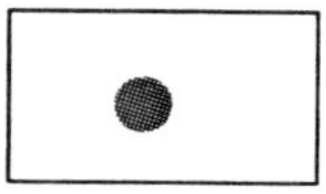

淡水孔

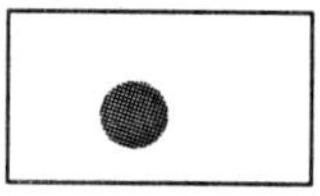

微咸水孔或半咸水孔

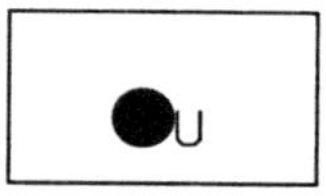

具特殊组分的钻孔（U－铀、Ra－镭、Rn－氡等）

二、控制性水点

1. 泉

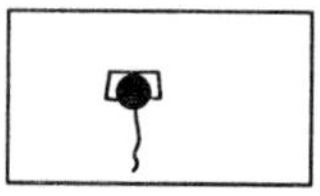

作为供水水源地并有人工建筑的泉

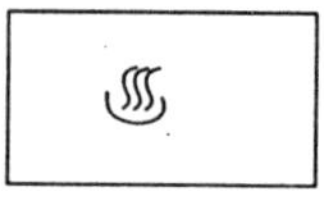

热泉（>40℃）

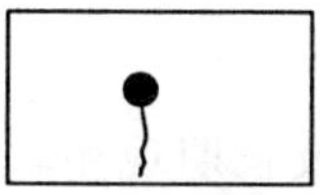
矿泉

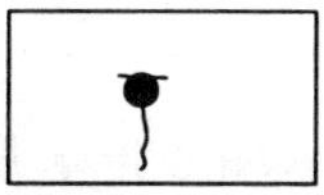
悬挂泉

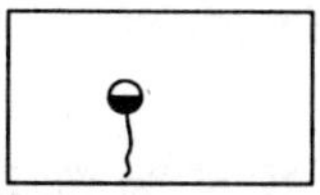
脉动泉

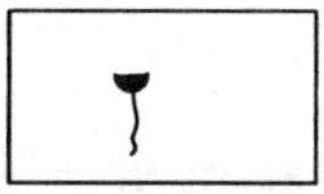
季节泉

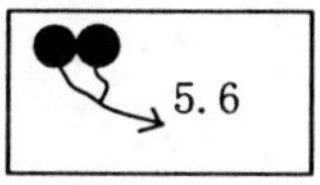

泉集河（数字为河流量，L/S）

特大泉（>10L/s）

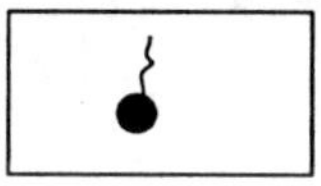
上升泉

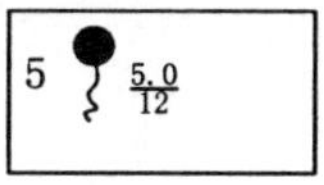

下降泉编号

泉群

长期观测泉

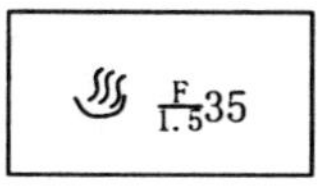

温泉水温（20～40℃）

2. 水文地质钻孔

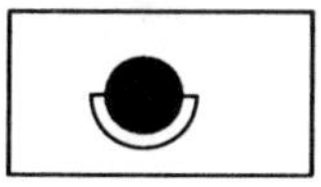
观测孔

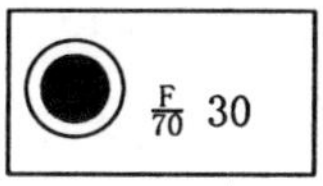

温水孔水温（℃）

回灌孔

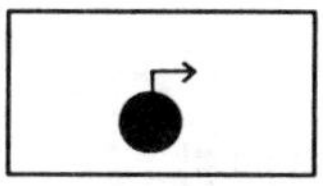
自喷的承压水孔

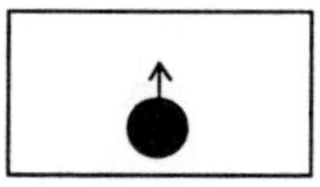
承压水孔

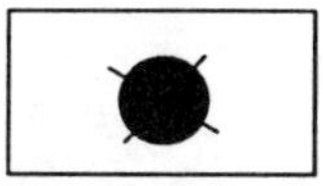
生产孔

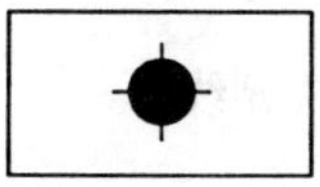
探采结合孔

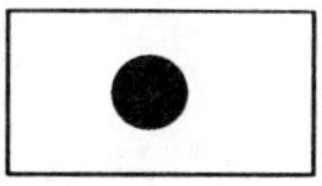
钻孔

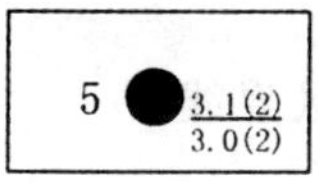

多层抽水孔编号

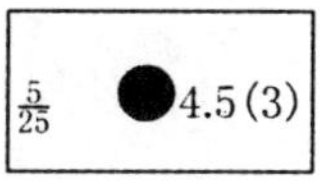

单层抽水孔（降深，m）

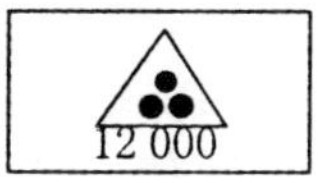

大于 $10^4 m^3/d$ 的供水水源地（数字为开采量，m^3/d）

3. 其他

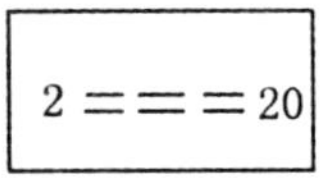

有水隧道（编号排水量，m^3/d）

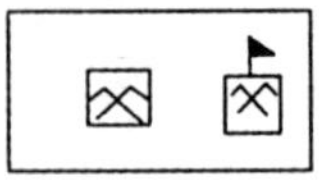

矿山坑道及长期观测矿山坑道

截流墙（数字为流量，m^3/d）

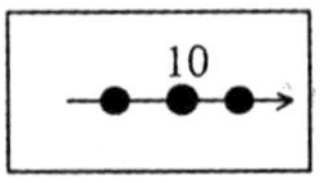

坎儿井（数字为流量，m^3/d）

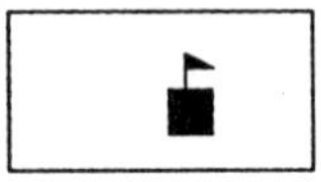

观测井

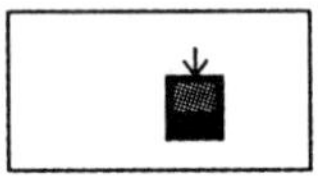

人工补给渗坑

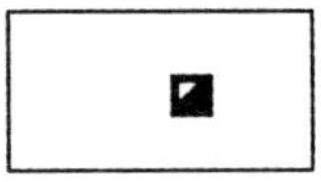

试坑

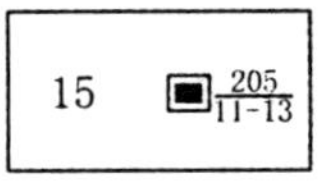

斜井编号

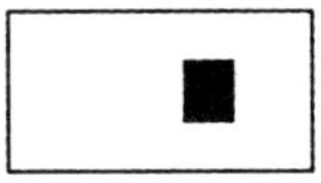

大口井

干井

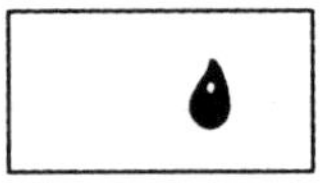

盐井

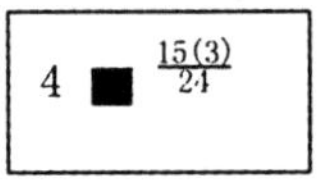

民井编号

三、特殊地区特征符号

1. 干旱区

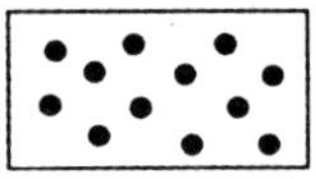

戈壁潜水浅埋带

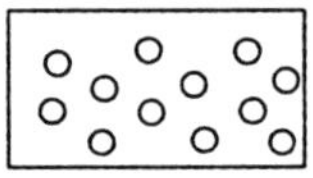

戈壁潜水深埋带

2. 冻土区

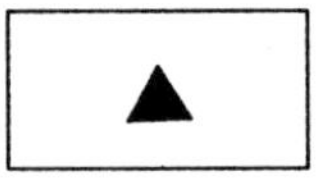

冰锥

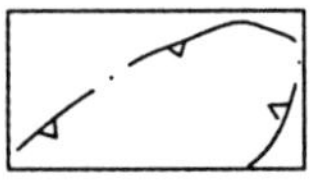

岛状冻土区界线

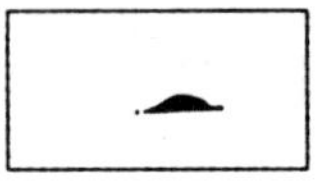

冰丘

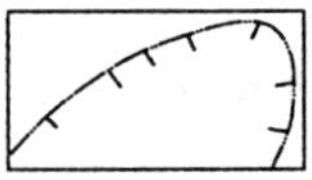

多年冻土区界线

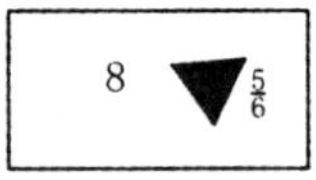

冻土厚度观测点编号

3. 岩溶区

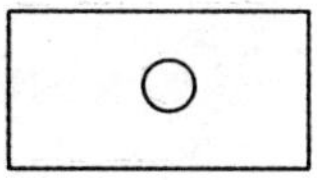
地表塌陷

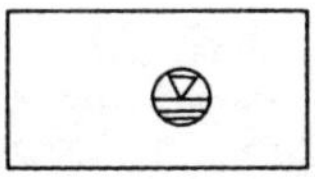
溶潭

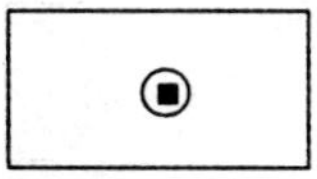
充水的天然竖井（溶井）

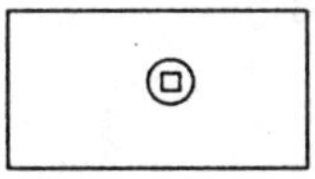
干枯的天然竖井（溶井）

充水的落水洞

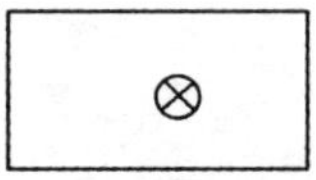
干枯的落水洞

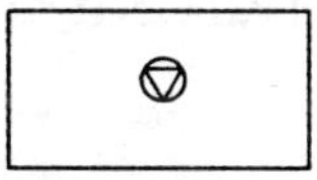
干枯的岩溶漏斗

充水溶洞

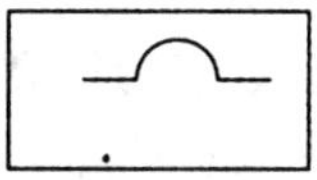
能容数百人的大型溶洞

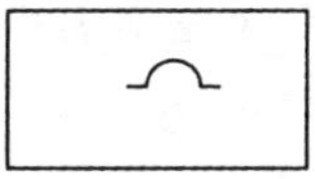
能容数十人的中型溶洞

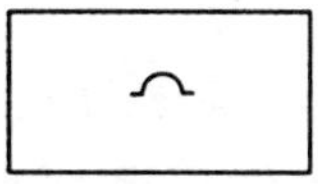
能容数人的小型溶洞

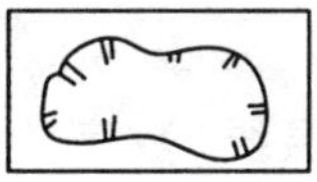
岩溶湖

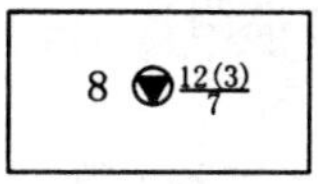

充水的岩溶漏斗编号

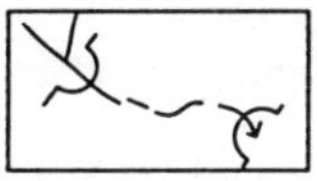
伏流及其进出口（数字为枯期流量，L/s）

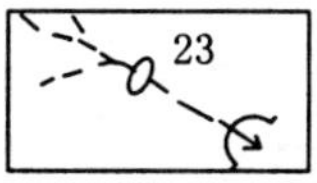

地下暗河及出水口（数字为流量，L/s；椭圆圈表示取水工程）

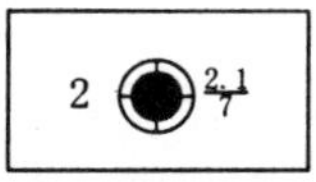

暗河天窗编号

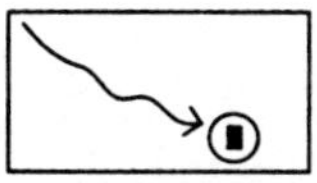
盲谷

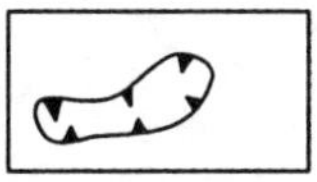
岩溶洼地

四、界线及其他

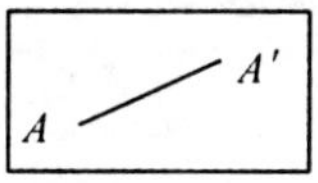

剖面线

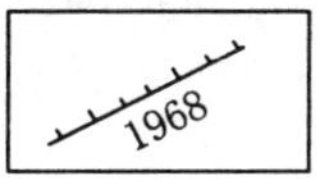

洪水泛滥界线（数字为年代）

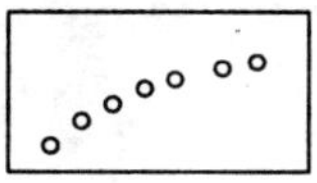
地下分水岭

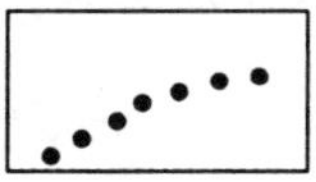
地表分水岭

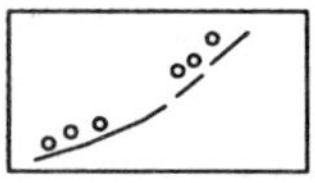

以卵砾石为主的冲洪积扇边界（虚线为掩埋）

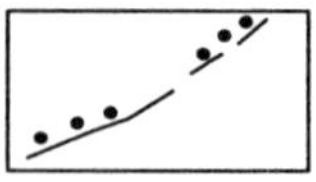

以砂砾石为主的冲洪积扇边界（虚线为掩埋）

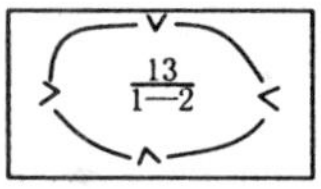

区域下降漏斗

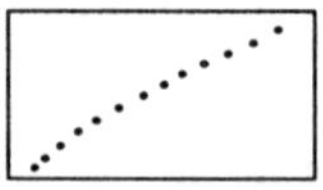

矿化度界线

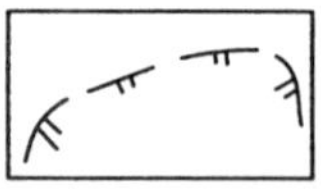

地下水开采有利或富集地段

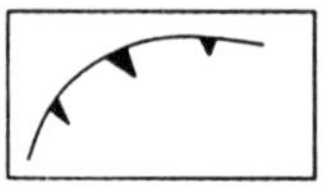

咸水层上淡水分布区

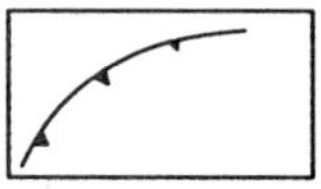

开采区内全淡水区

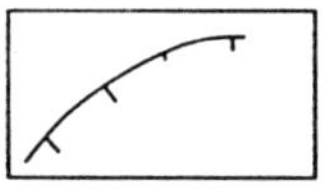

开采深度内无淡水区

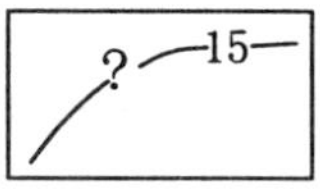

岩层等厚线（数字为岩层厚度，m，“?”处为推测）

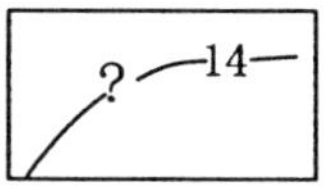

岩层顶板或底板标高（埋深）等值线（数字为标高或埋深，m，“?”处为推测）

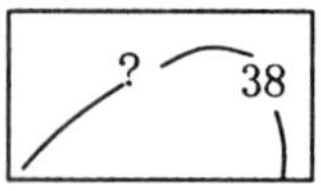

地下水等温线（数字为水温，℃，“?”处为推测）

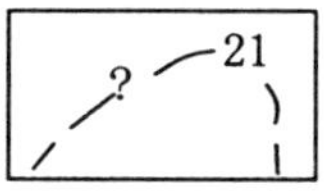

地下水埋藏深度等值线（数字为水位埋藏深度，m，“?”处为推测）

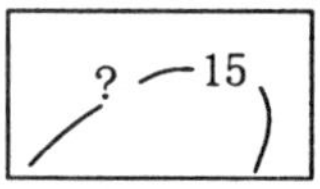

地下水等水位线（数字为水位标高，m，“?”处为推测）

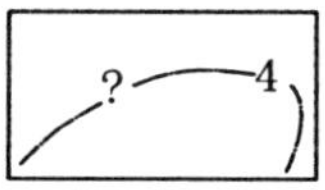

地下水等水压线（数字为测压水位标高，m，“?”处为推测）

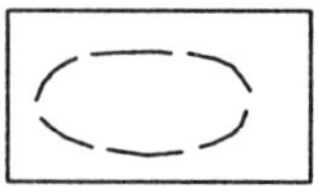

地热异常范围

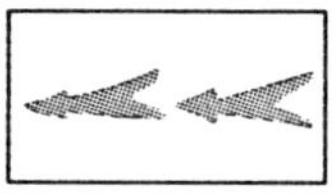

潜水及承压水流向

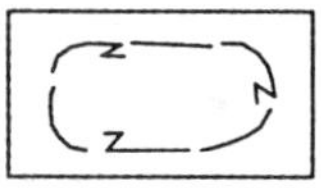

推测上层滞水分布范围

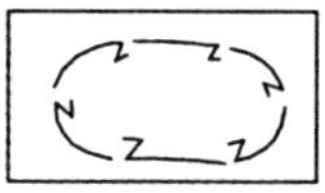

上层滞水分布范围

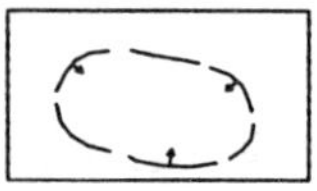

推测自流水分布范围

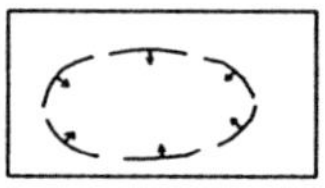

自流水分布范围

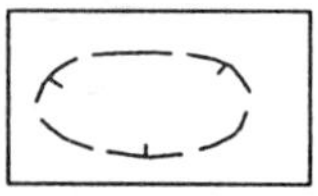

推测承压水分布范围

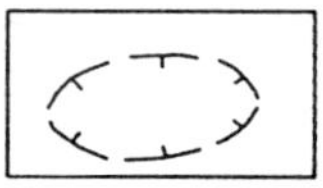

承压水分布范围

五、地质及构造要素

1. 构造要素

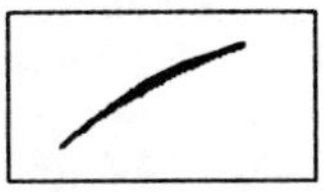
背斜轴

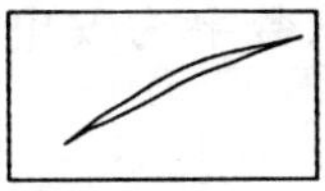
向斜轴

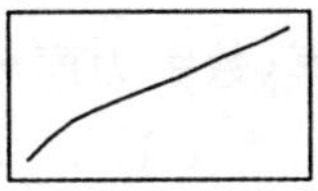
地质界线

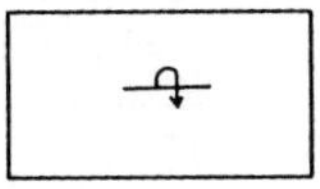
倒转地层产状

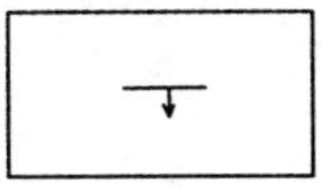
直立地层产状

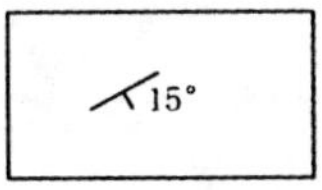

地层产状

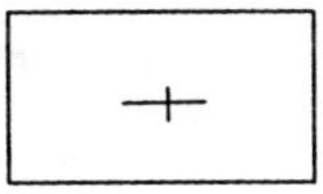
水平地层产状

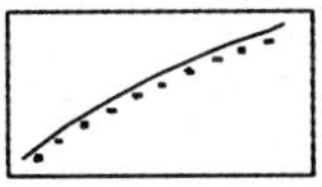
角度不整合界线

2. 断层

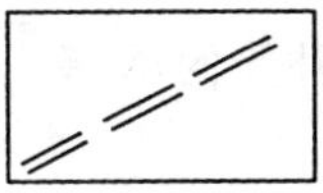
隐伏活动断裂

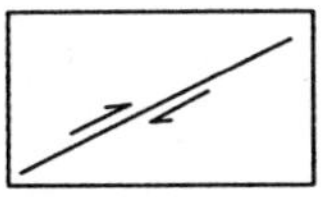
平推断层

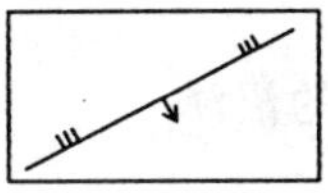
逆掩断层

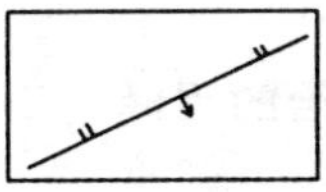
逆断层

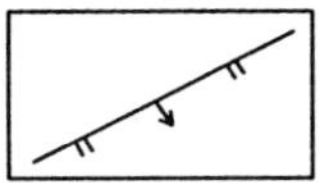
正断层

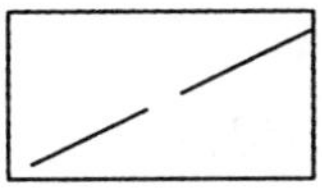
推测断层

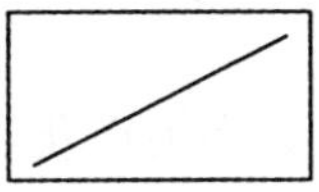
断层(性质不明)

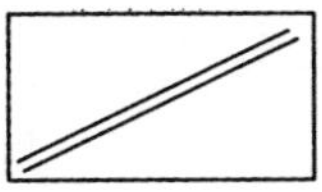
现今活动断裂

3. 构造和断层的水理性质

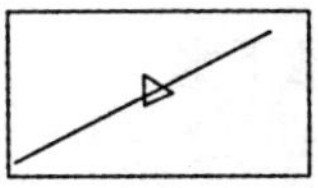
横越断层

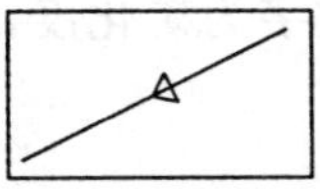
导水断层

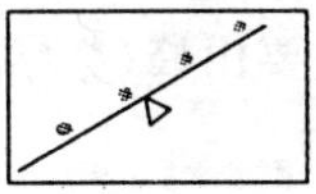
一侧充水一侧阻水断层

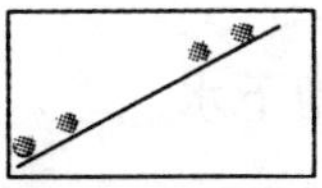
推测充水断层

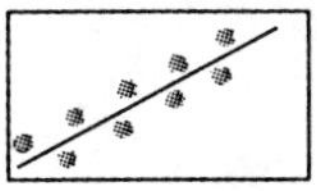
两侧充水断层

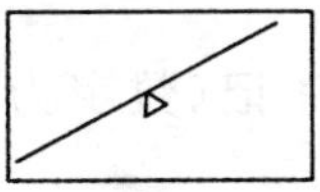
阻水断层

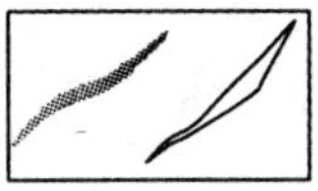
储水的背斜和向斜

六、地理要素

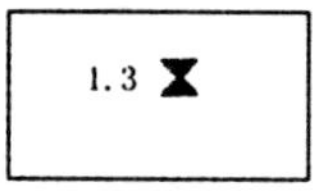

已建电站(数字为发电功率)

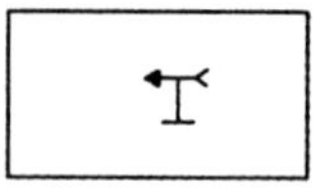
气象站

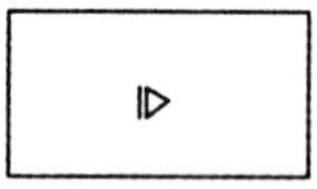
小型水库

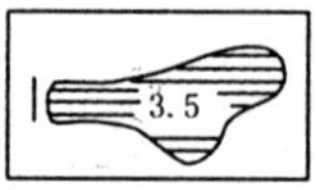

大中型水库(数字为库容，$10^8 m^3$)

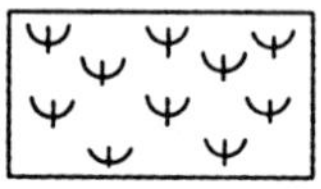
喜水植物

硬壳化

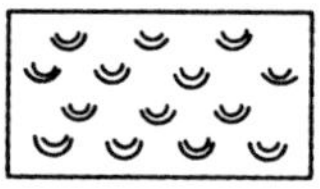
重盐渍化

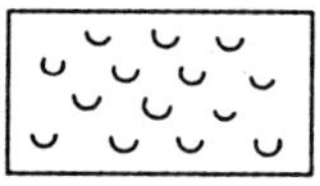
盐渍化

盐沼

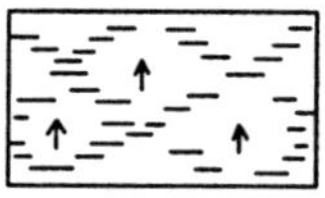
受地下水补给的沼泽

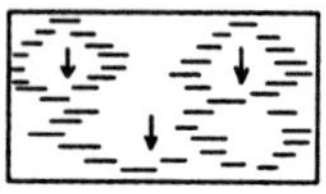
受降水补给的沼泽

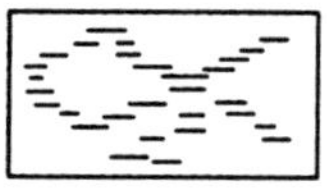
通过容易的沼泽

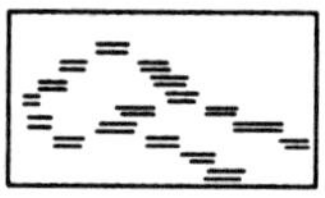
通过困难的沼泽

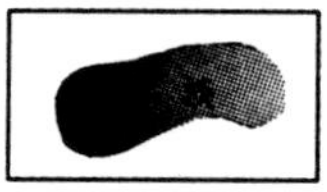
淡水湖

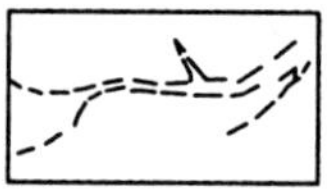
间歇河

微咸水湖(数字为矿化度，g/L)

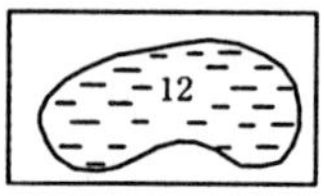

咸水湖(数字为矿化度，g/L)

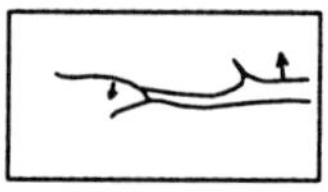
河流补给地下水

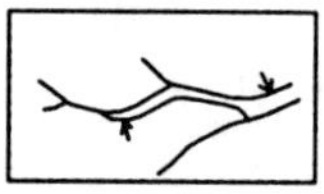
河流排泄地下水

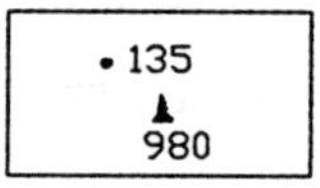

高程点、主要山峰(数字为高程，m)

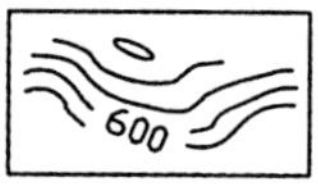

等高线及注记(数字为高程，m)

七、剖面图图例

1. 剖面图图示

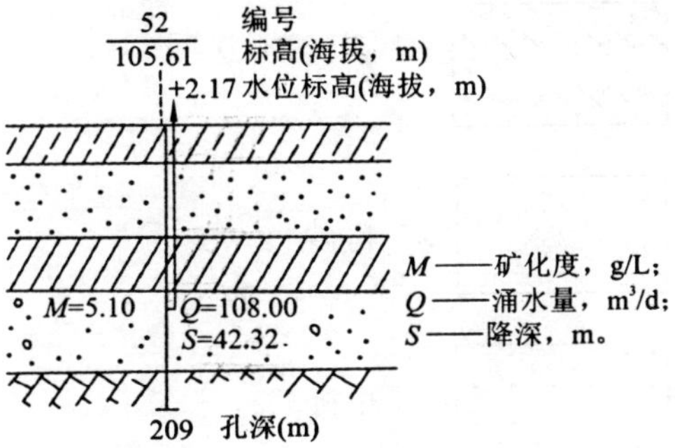

2. 剖面图和柱状图的岩性符号

松散岩类

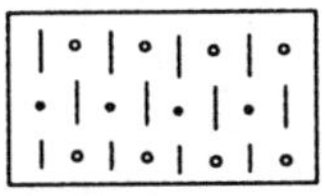
冰水泥砾

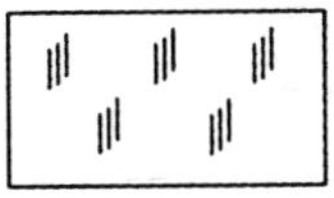
化学沉积

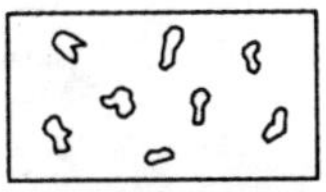
砂姜

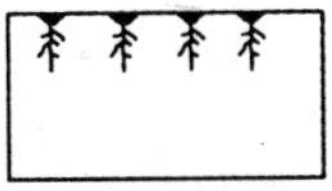
腐殖土层

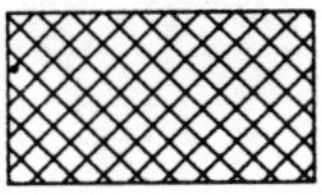
人工填土

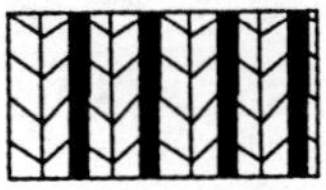
泥炭

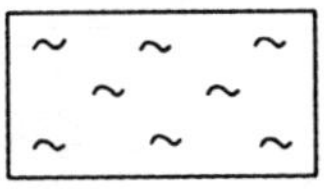
淤泥

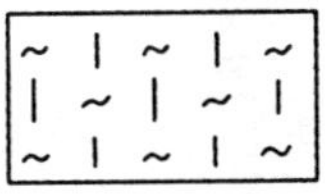
淤泥质黏土

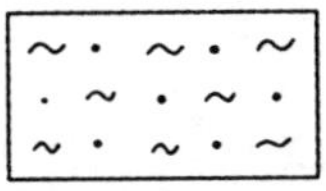
淤泥质亚黏土

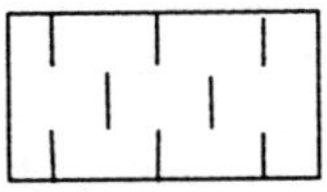
软黏土

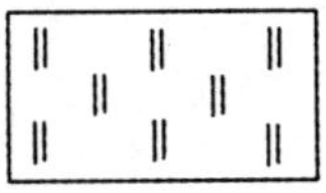
红黏土

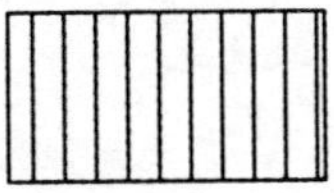
黄土

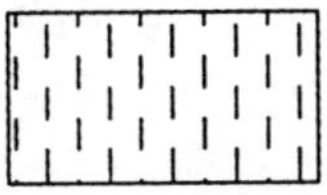
黄土状黏土

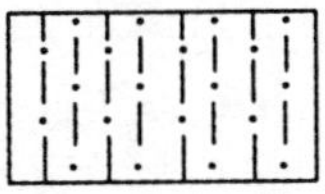
黄土状砂土

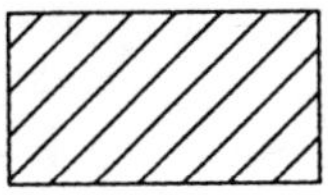
黏土

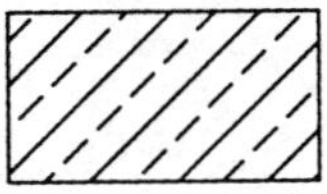
亚黏土

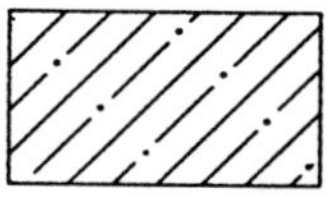
粉质亚黏土

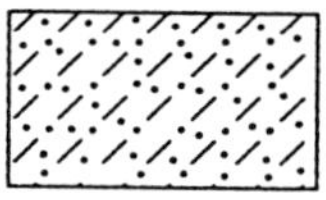
粉质亚砂土

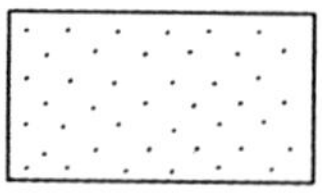
细砂

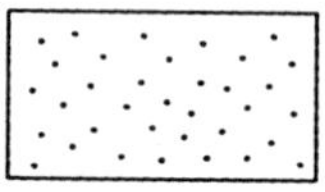
中砂

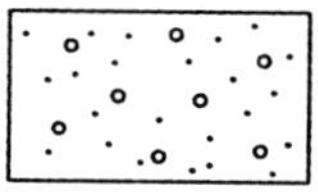
砂砾石

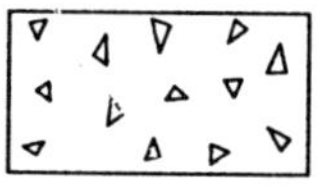
碎石

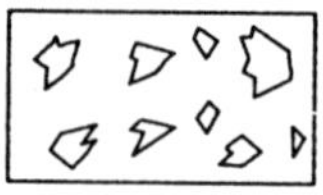
块石

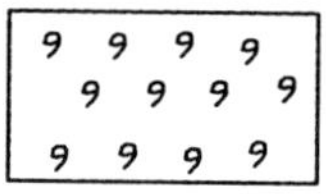
贝壳层

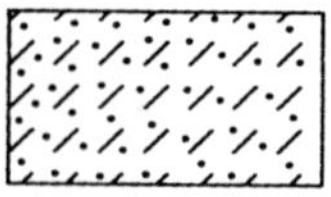
亚砂土

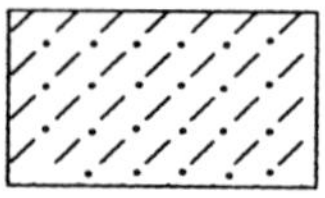
粉土

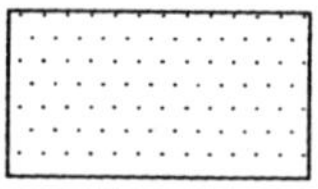
粉砂

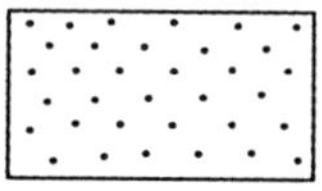
粗砂

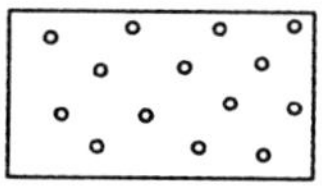
砾石

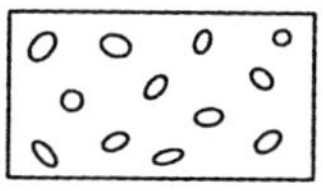
卵石

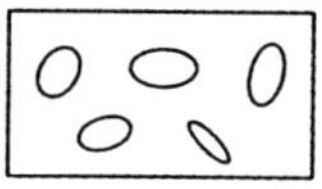
漂石

图书在版编目(CIP)数据

水文地质勘查方法/徐智彬,朱朝霞主编;裴灵副主编．—武汉:中国地质大学出版社有限责任公司,2013.12(2015.5 重印)
ISBN 978-7-5625-3237-8

Ⅰ.①水…
Ⅱ.①徐…②朱…③裴…
Ⅲ.①水文地质勘探-教材
Ⅳ.①P641.72

中国版本图书馆 CIP 数据核字(2013)第 205973 号

水文地质勘查方法　　徐智彬　朱朝霞　主编
裴　灵　副主编

责任编辑:高婕妤　张　琰　　责任校对:戴　莹

出版发行:中国地质大学出版社有限责任公司(武汉市洪山区鲁磨路 388 号)　邮政编码:430074
电话:(027)67883511　传真:(027)67883580　E-mail:cbb @ cug.edu.cn
经　销:全国新华书店　http://www.cugp.cug.edu.cn

开本:787 毫米×1 092 毫米 1/16　字数:531.2 千字　印张:20.75
版次:2013 年 12 月第 1 版　印次:2015 年 5 月第 2 次印刷
印刷:荆州鸿盛印务有限公司　印数:1 001—2 000 册

ISBN 978-7-5625-3237-8　定价:56.00 元